MANUEL

D'ORNITHOLOGIE.

IMPRIMERIE DE FAIN, PLACE DE L'ODÉON.

MANUEL

D'ORNITHOLOGIE,

OU

TABLEAU SYSTÉMATIQUE

DES OISEAUX QUI SE TROUVENT EN EUROPE;

PRÉCÉDÉ

D'UNE ANALYSE DU SYSTÈME GÉNÉRAL D'ORNITHOLOGIE,

ET SUIVI

D'UNE TABLE ALPHABÉTIQUE DES ESPÈCES;

PAR C.-J. TEMMINCK,

MEMBRE DE PLUSIEURS ACADÉMIES ET SOCIÉTÉS SAVANTES.

SECONDE ÉDITION,

CONSIDÉRABLEMENT AUGMENTÉE ET MISE AU NIVEAU
DES DÉCOUVERTES NOUVELLES.

PREMIÈRE PARTIE.

A PARIS,

CHEZ GABRIEL DUFOUR, LIBRAIRE,

QUAI VOLTAIRE, N°. 13.

OCTOBRE 1820.

INTRODUCTION

DE LA SECONDE ÉDITION.

Lorsqu'en l'année 1815, je publiai la première édition de ce Manuel, il ne me paraissait guère probable que, cinq années à peine écoulées, cette édition se trouverait épuisée, et qu'une occasion aussi favorable se présenterait pour ajouter à mes premières tentatives les observations nombreuses recueillies en trois voyages, entrepris dans le but principal d'étudier les productions des différentes classes du règne animal qui se trouvent en Europe.

Ces êtres qui nous environnent semblent avoir été oubliés par les naturalistes ; on va chercher dans les régions de la zone torride et vers les glaces des pôles des sujets à ajouter aux nombreuses espèces déjà connues, au moyen desquelles on augmente le catalogue de nomenclature sans aucun but d'u-

tilité scientifique : stériles acquisitions , que
les amateurs de curiosités peuvent estimer ,
mais qui seront encore long-temps étrangères pour le domaine de la science. Un autre but m'a guidé; j'ai cru rendre service
en exploitant avec plus de détail le domaine
qui nous environne , et l'expérience m'a
prouvé que , sans parcourir les mers et les
pays éloignés, on peut trouver dans notre
Europe une riche moisson d'êtres inconnus ,
d'autant plus intéressans à faire connaître ,
qu'ils vivent près de nous sans que nos
regards se soient encore portés vers eux. Les
oiseaux , mais surtout les poissons et les
différentes classes des animaux invertébrés ,
fournissent dans les différentes contrées de
l'Europe, au sein des mers qui la baignent et
dans les fleuves qui la parcourent, une
quantité d'espèces dont l'existence paraît
nouvelle à nos yeux. Je me suis particulièrement voué à l'étude de ces animaux, celle
des oiseaux m'ayant déjà occupé précédem-
ment; j'ai cherché partout dans mes voyages l'occasion de comparer le premier travail avec la nature, d'en corriger les erreurs
de description ou de synonymie , surtout
d'ajouter presque à chaque article un plus

grand nombre d'observations et plus de critiques dans ceux qui traitent des genres. Je me suis particulièrement appliqué à rassembler des individus de la même espèce dans différens pays, ce qui m'a prouvé que l'abondance ou la disette de nourriture influe plus sur tous les animaux, mais particulièrement sur les oiseaux, que la différence même très-marquée des climats et des contrées. Toutes mes espèces ont été de nouveau examinées sur un grand nombre d'individus, dans chaque cabinet un peu marquant en Europe; elles l'ont été aussi avec le plus grand nombre de leurs espèces dans l'Amérique septentrionale; ce qui m'a procuré l'occasion de citer souvent l'excellent ouvrage de Wilson sur les oiseaux des États-Unis. Partout où cet observateur exact a été indiqué dans ce Manuel, on peut être certain que l'espèce est identique avec celle d'Amérique. Plusieurs exemples de cette identité parfaite entre certaines espèces d'oiseaux européens et américains, se trouvent déposés dans mon cabinet, où j'ai pris soin d'en réunir un grand nombre. Les diagnoses sont aussi plus nombreuses dans cette nouvelle édition; elles s'y trouvent toujours, lorsque la possibilité existe que deux espèces voisines peuvent être prises l'une pour l'autre. Ces courtes descriptions sont en lettres italiques ; quoique trouvant peu ou point à corriger aux synonymes, je puis assurer qu'elles ont toutes été revues ; les ouvrages qui ont été publiés depuis ma première édition ont été cités en plusieurs endroits, toujours à ceux où nous différons d'opinion ou de manière de voir ; les erreurs que j'ai cru trouver chez ces auteurs sont indiquées dans une note ou bien aux remarques générales, dans lesquelles on trouvera aussi un petit nombre d'observations sur l'arrangement méthodique de quelques genres et espèces d'oiseaux étrangers *; un supplément de cinquante-sept espèces européennes, dont trente sont inédites ou si l'on veut, nouvelles, enrichit cette édition qui comprend environ quatre cents espèces distribuées en quatre-vingt-huit genres répartis en quinze ordres.

L'ébauche du système proposé dans la première édition se retrouve dans celle-ci ;

----

* On trouvera dans l'*Index général des oiseaux* les développemens des motifs qui me font supprimer plusieurs genres et un grand nombre de sous-genres établis récemment.

je ne m'y suis permis d'autres changemens que l'ajouté de l'ordre des *Alectorides* *, qui suit après celui des *Coureurs* ; il ne comprend en Europe qu'un seul genre et une seule espèce. J'ai supprimé totalement l'ordre indiqué sous la dénomination de *Grimpeurs* dont il m'a paru mieux vu de former deux ordres, sous les noms de *Zygodactyles* et *Anisodactyles* *. On pourra voir, aux articles mentionnés, les motifs qui m'ont guidé dans ce changement. Les genres qui ne font point partie du premier plan sont *Nucifraga* de Brisson, composé du seul *Corvus caryocatactes* ainsi que *Pyrrhocorax* de Cuvier, composé de *Corvus graculus* et *Pyrrhocorax*, ainsi que de deux autres espèces exotiques, ces oiseaux ne pouvant être classés dans le genre *Corvus*, tel que nous en avons défini les caractères : il m'a fallu adopter aussi le genre

---

* Formé d'après Illiger de sa 29e. famille, mais dans laquelle il se trouve des genres qui n'y sont point à leur place, et d'autres qui, devant en faire partie, s'en trouvent éloignés. *Voyez* les genres destinés à faire partie de cet ordre à l'article *Alectorides*.

** Formés d'après les *tribus* sous ces dénominations dans l'analyse d'une nouvelle classification méthodique des oiseaux, par M. Vieillot, en l'année 1816.

Saxicola de Bechstein , pour y classer tous les oiseaux indiqués sous les noms de *tra-quets, moteux et tarriers*. Ces espèces, et particulièrement celles étrangères, ne pouvant être rangées avec les *becs-fins* dont les caractères sont bien tranchés et les mœurs différentes. Le genre de *Porphyrie* de Brisson ne se trouvait point dans mon premier plan ; mais l'existence d'une espèce de ce genre dans le midi rend cet ajouté nécessaire. J'ai adopté dans le genre de *Falco* un autre arrangement des sections : les *Faucons proprement dits* se trouvent en tête, et les *Busards* terminent cette série d'espèces , plus convenablement liée par ces derniers aux chouettes diurnes et à longue queue , comprises dans le genre *Strix*. J'ai retiré le genre *Lanius* du premier ordre ou des *rapaces*, où ils vont très-mal, pour les mettre à la tête des *insectivores*, troisième ordre, dont ils ne peuvent être séparés, vu tous les oiseaux exotiques avec lesquels ils viennent se grouper. Illiger l'avait déjà fait, et d'autres ont suivi son exemple : le genre *Pyrrhula* de Brisson a été adopté , et celui du *Fringilla* divisé en trois sections , d'après les trois formes principales, qui peuvent servir de type pour classer ce grand nombre d'espèces qui le composent. Ce sont là les changemens que j'ai crus nécessaires, afin de mieux établir la concordance avec le système général des oiseaux, dont les genres qui se trouvent en Europe n'offrent qu'une partie de la série.

On ne trouve pas, ni dans ma première édition, ni dans celle-ci, quelques espèces d'oiseaux, qui, pour avoir été tués en Angleterre ou ailleurs, et indiqués comme européenne, ne sont que des individus isolés, d'espèces étrangères, fuyards des ménageries, ou qui ont pu s'échapper de vaisseaux naufragés sur les côtes d'Angleterre, ainsi que j'ai été à même d'en recueillir deux exemples prouvés; celui d'un héron, *Ardea œquinoctialis*, et celui de l'agami, *Psophia crepitans*, qui, après être échappés d'un vaisseau d'Amérique, brisé sur les côtes d'Angleterre, ont été vus en liberté dans les bois, et tués après un séjour de plusieurs mois; le premier de ces oiseaux est au Muséum britannique, et le second, dans le cabinet de lord Stanley.

Dans les articles qui traitent du genre et des espèces, j'ai tâché d'indiquer, par le

moins de mots possible, les différences
principales qui caractérisent et les sexes et
les jeunes des espèces groupées en un même
genre; à chaque espèce, on trouvera indiqués tous les changemens périodiques et
successifs, que subit le plumage dans les
sexes et chez les jeunes. Dans ce grand
nombre d'espèces connues en Europe, on
n'en trouvera que deux ou trois dont je
n'ai pu réussir à compléter l'histoire sous
ces rapports. On verra que les observations fréquentes faites dans toutes les époques de l'année n'ont point été épargnées;
mais, indépendamment des peines que je
me suis données et des courses qu'il m'a fallu
faire, je n'aurais pu réussir à rassembler
dans mes voyages un si grand nombre de
faits, et me procurer, par mes seuls
moyens, tant d'espèces et d'individus de
toutes les contrées de l'Europe, si plusieurs naturalistes de mes amis n'avaient
bien voulu me faire part de leurs observations recueillies dans les différens pays
de leur demeure ou qu'ils ont parcourus,
dans le but de rassembler et d'étudier leurs
productions. Je dois, sous ces rapports,
des remercimens à MM. Meyer, à Offen-

bach; Boyé, à Kiel; Nilsson, à Lund; le docteur Leach et M. Sabine, à Londres; le professeur Bonelli, à Turin; le chevalier de la Marmora, à Gênes; MM. Natterer, à Vienne; Naumann, à Ziebick; Kuhl, de Hanau; le professeur Fischer, à Moscou; MM. Baillon et de Lamotte, à Abbeville; Schintz, à Zurich, et Bonjour, à Lausanne : tous ont bien voulu mettre le plus grand empressement à me faciliter les moyens de recherches, ou à me faire part de leurs observations locales. Toutefois on peut être certain qu'aucune des espèces dont il a été fait mention dans ce Manuel, n'y a été introduite sur les seules indications de mes amis, ou d'après d'autres ouvrages; j'ai tué moi-même, ou examiné dans les collections, plusieurs individus. Au reste, on peut voir dans mon cabinet, sans contredit pour l'ornithologie, le plus complet et le plus riche de tous ceux qui existent en Europe, à l'exception seulement de neuf espèces et de quelques variétés d'âge et de mue *, toutes celles

---

* Les espèces qui manquent à ma collection, sont : *Falco tinnunculoides*, mâle et femelle. — *Strix acadica*,

qui font partie de cette nouvelle édition. Je dois plusieurs espèces et des individus en mue, difficiles à se procurer, aux soins des amis mentionnés; il m'est agréable de trouver l'occasion de les remercier publiquement de l'empressement qu'ils ont mis à me faciliter les moyens d'observer, et à me seconder de leurs lumières.

En parlant de l'obligation que j'ai à d'autres naturalistes, je ne dois point passer sous silence les productions de ceux qui, ayant fait la critique de ma première édition, ont beaucoup contribué à rendre celle-ci plus parfaite. Les remarques de mes amis, le Vaillant et Meyer, et la critique faite par M. Boyé, de Heidelberg, sous l'écrit périodique portant pour titre : *Heidelbergische Jahrbucher der litteratur*, année 1816, n°s 25 et 26, m'ont été très-utiles. D'une autre trempe est celle placée dans le nouveau Dictionnaire d'histoire naturelle, vol. 24, art. *Ornitholo-*

---

mâle et femelle. — *Turdus atrogularis*, adulte et jeune. — *Turdus Naumanni*, adulte et jeune. — *Sylvia subalpina*. — *Caprimulgus rufficollis*. — *Phalaropus platyrinchus*, plumage d'été et d'hiver. — *Sterna caspia*, en plumage d'été, et *Procelarlia Leachii*.

*gie**, où M. Vieillot a pris la peine de parler longuement et avec amertume de cette première édition; et, quoiqu'il n'y soit traité que des oiseaux d'Europe, l'auteur de la critique a cependant associé mon nom à ceux des auteurs qui ont publié des systèmes complets. Il est vrai qu'il se borne pour ceux-ci à quelques lignes d'approbation ou d'improbation également peu intéressantes; mais il me consacre deux pages entières, outre la place qu'occupe et la revue de mon histoire des pigeons et celle des gallinacés, ainsi que quelques autres gentillesses qui me sont directement adressées, et dont il serait difficile de concevoir l'utilité dans un Dictionnaire.

Sans doute déjà quelques-uns de mes lecteurs ont rendu justice à la conduite de M. Vieillot, et peut-être on me blâmera de répondre à des puérilités; mais attaqué, comme je le suis, par un censeur qui vise à la célébrité, non moins par les prétentions littéraires que par les travaux

---

* Je ne fais mention ici que du 24°. volume; ceux qui voudraient s'amuser un instant à lire les observations de M. Vieillot au sujet de mes ouvrages, peuvent en trouver l'occasion dans d'autres volumes.

scientifiques, je montrerai à mon tour de la suffisance en empruntant d'autres armes que les siennes. Il trouve la dénomination de catharte * (deuxième genre de mes rapaces) *dure et mal sonnante comme beaucoup d'autres que cet Hollandais a tâché d'introduire dans notre langue, qui paraît ne pas lui être familière.* Je me permettrai d'abord de demander à M. Vieillot, s'il y a moins de dissonnance dans les noms génériques de sa façon, comme, pour ne point nous écarter de l'ordre des *Rapaces*, ses noms génériques de *Zopilote***, de *Gallinaze****, de *Circate*, de *Spizaëte* et

---

* Catharte, formé du grec *cathartes* (*purgator* d'Illiger), comprend le prétendu vautour de Norvége de Buffon (qui n'est point le *Vultur leucocephalus* d'Illiger, comme le prétend M. Vieillot), les *Vautours uruba*, *aura*, le *roi des Vautours*, le *Condor* et plusieurs autres ; ce nouveau genre se sous-divise en deux sections.

** *Zopilote*, fabriqué par M. Vieillot du nom mexicain, *Tzopilote*, employé par Hernandès et Jean de Laët, pour désigner un oiseau du genre *Vautour*.

*** *Gallinaze*, fabriqué de *Gallinazo*, nom espagnol, dont il est fait mention par don Ulloa dans le catalogue des oiseaux des environs de Carthagène. Les *Zopilotes* et les *Gallinazes* de M. Vieillot forment mon genre *Catharte*, dont Illiger ne connaissait que trois espèces ; car le *Vultur leucocephalus* de Linn., Gmel. et Illig., est synonyme

de tant d'autres qu'il prétend avoir le droit
exclusif de tirer, non du grec, mais de tous
les idiomes; et je lui conseillerais ensuite
de censurer avec la même ardeur tous les
termes techniques de racine grecque, dont
les nombreuses découvertes, dans toutes
les sciences, ont enrichi le vocabulaire français. Au reste, si la langue française, si
douce et si sonore, mais malheureusement
si pauvre en expressions rigoureuses, n'est
point aussi familière *à cet Hollandais*,
qu'un puriste pourrait le désirer, j'espère
que les naturalistes me sauront gré d'avoir
fait le sacrifice de la langue de mon pays
en faveur d'un but d'utilité plus général;
on trouvera même déplacée la censure de
fautes typographiques qu'il est presque impossible d'éviter, lorsque l'on est forcé
d'employer les presses hollandaises, et on
ne pardonnera peut-être pas à M. Vieillot
l'ignorance absolue de la langue allemande,
dont il fait preuve presque partout dans les
citations et *indications* placées dans le

---

avec le *Vautour Griffon;* mais Latham avait réuni plusieurs des synonymes du *Catharte alimoche* dans l'article
de son *Leucocephalus*.

Dictionnaire *. Une autre remarque de M. Vieillot, au sujet du Manuel, n'a pu paraître que ridicule. *Ayant rejeté*, dit-il, *le nom de pinnatipèdes imposé à cette division, il l'a remplacé par celui pinnatipèdes, dénomination dont on attend l'étymologie.* Ici, le censeur a voulu relever la transposition de lettres, commise par le prote, en imprimant, pag. 452 du Manuel, *pinantipèdes;* mais, par un hasard assez singulier, le prote du nouveau Dictionnaire a commis la faute inverse, qui devient plus marquante, en ce qu'elle a échappé à la correction de l'auteur français.

Le censeur termine son article par le reproche que je me suis approprié les recherches de M. Meyer**. *Tel est*, dit-il, *la compilation qu'il donne comme le fruit de ses travaux......* N'est-ce pas rappeler

---

* Je ne chercherai point long-temps pour en trouver un exemple : même volume 24, et même page 136. *Land a waservogel*, au lieu de *Land und wasservögel*.

** Auteur des ouvrages suivans: *Tasschenbuch der deutschen Vögelkunde*, en 2 vol. ; le 3ᵉ paraîtra après la publication de cette nouvelle édition; *Kurze beschreibung der Vögel Liv-und esthlands*, 1 vol. — *Naturgechichte der Vögel deutschlands*, en grand format in-folio, avec de belles gravures.

la Fable du Géai ? Rassurez-vous , trop scrupuleux Vieillot ! Je ne rappellerai point à mon tour d'autres allégories du bon La Fontaine....

La citation seulement d'une quarantaine d'ouvrages sur les oiseaux , produite sous le titre pompeux de *Bibliographie ornithologique*, fournit encore au censeur l'occasion d'épancher de nouveau sa bile contre moi ; il me fait la galanterie de reparler de mon Manuel, et d'en annoncer la deuxième édition, dans laquelle il me souhaite *plus de bonne foi que dans la première.* Mais avant il aurait dû examiner s'il se trouvait lui-même à l'abri de tout reproche; or, M. Vieillot agit-il avec la meilleure foi du monde , lorsqu'il termine sa très - incomplète Bibliographie à l'époque de 1815 , dans un ouvrage publié sur la fin de 1818? Ne serait-ce point afin de pouvoir passer sous silence, et l'analyse d'une nouvelle ornithologie élémentaire qu'il a produite en 1816, et la brochure que j'ai publiée dans les premiers jours de 1817, ayant pour titre : *Observations sur la classification méthodique des oiseaux , et remarques sur l'analyse d'une nouvelle ornithologie* *élémentaire ,* etc. * Ceux qui ont lu cet opuscule de 60 pages, ont dû être moins étonnés de la colère de M. Vieillot, qui paraît ne pas tenir beaucoup à cette réputation de politesse qui, dans tous les pays, fait rechercher les écrits français.

L'essai de classification méthodique ou de système général d'ornithologie que je publie à la fin de cette édition, n'est point nouvelle ; les élémens en ont été composés depuis environ dix ans; les monographies des pigeons et des gallinacés en sont un démembrement ** ; c'est l'analyse du grand travail qui a été commencé depuis plusieurs années, et qui va être livré sous peu à l'impression. Mais la description la plus minutieuse ne pouvant rendre avec vérité toutes ces différences propres aux genres, et bien

---

* Se vend à Amsterdam et à Paris, dans les librairies de G. Dufour ; à Genève, chez Paschoud ; et à Leipsig, chez Fleischer.

** Le système des oiseaux d'Europe, tel qu'il est présenté dans cette édition, forme une partie de la série générale ; mais, vu le but auquel cet ouvrage est destiné, il a été nécessaire d'entrer dans plus de détails ; une simple diagnose ou une très-courte description n'aurait point suffi sans le renvoi aux ouvrages de planches, et sans donner les portraits des espèces qui n'ont point encore été figurées.

moins encore ces légères nuances dans les formes et les couleurs des espèces d'oiseaux; mes vœux tendaient constamment vers le but de voir figurer le grand nombre d'espèces dont les portraits n'ont point encore été donnés. Ces vues auraient probablement été bien long-temps avant de pouvoir se réaliser, si je n'avais trouvé, fort heureusement, dans un amateur zélé ce même goût et ces mêmes désirs, mûris par un projet ébauché, tendant à publier une collection de planches enluminées comme suite à celles des oiseaux de Buffon. M. le baron Laugier, de Paris, que j'eus l'honneur de connaître, me fit part de ses projets : ses plans se rattachant naturellement à mes vœux et au but que je me proposais dans la publication d'un index général d'ornithologie, nous ne fûmes pas long-temps à stipuler les bases de cette grande entreprise, et à réunir nos vues, qui, s'unissant en un même corps d'ouvrage, fourniront aux naturalistes le catalogue le plus complet des oiseaux, et rattacheront les portraits des espèces nouvelles et de celles non figurées à la collection la plus étendue et la plus répandue qui existe. Continuer une partie des travaux du Pline français, nous paraît une tâche aussi honorable qu'utile. Secondés par les talens distingués de M. Huet, peintre d'histoire naturelle au muséum de Paris, et de M. Prêtre, déjà si avantageusement connu dans les grandes entreprises du même genre, nous sommes persuadés d'une réussite complète dans la partie qui est du ressort de ces artistes, comme de celles qui dépendent de l'exécution des gravures, remises aux soins des premiers sujets de Paris. Les professeurs du Jardin-du-Roi, et surtout MM. Cuvier et Geoffroi ont bien voulu concourir à protéger cette entreprise ; les directeurs des principaux musées publics, et les possesseurs des cabinets d'histoire naturelle nous offrant aussi de seconder nos vues, nous espérons, aidés par le concours de si préeieux moyens, former de ce grand ensemble un ouvrage sous tous les rapports cosmopolite.

Je n'ai épargné ni travaux ni moyens pour mettre l'*Index général* au niveau des connaissances actuelles en ornithologie, c'est-àdire, que je l'ai épuré, autant que possible, des emplois doubles, triples et souvent quadruples dont Gmelin, Latham ainsi que plusieurs ouvrages, plus récens encore, sont encombrés. Tous les musées publics et presque tous les cabinets un peu marquans en Europe, excepté ceux qui peuvent exister à Pétersbourg ou à Madrid, ont été utilisés, et le seront encore pour revoir tout mon *Species*. Ce travail, refait en entier d'après l'examen exact et des comparaisons souvent renouvelées sur une multitude d'individus, n'offrira plus de doute sur l'existence des espèces. La grande quantité d'oiseaux non décrits ou mal classés de l'Australe-Asie, dont le muséum de Paris, mon cabinet, celui de la société linnéenne à Londres, et de lord Stanley près de Liverpool, offrent, réunis, la série la plus complète ; les découvertes nouvelles faites au Brésil par S. A. S. le prince de Neuwied ; celles faites au Paraguay par d'Azara ; les objets envoyés par différens voyageurs au cabinet impérial de Vienne, à ceux de Paris et de Berlin ; ceux de Java que le professeur Reinward vient de rassembler ; les envois qui m'ont été faits des Moluques et d'Afrique ; les fruits de travaux de MM. Natterer, Duvaucel, Diard, Leschenaut, Lalande et Freyreiss ; les espèces nouvelles découvertes

par M. Burchel en Afrique, et par M. Hors-
field dans les îles de la Sonde; enfin celles
d'Europe, données dans la nouvelle édition
du Manuel, formeront, de cet index géné-
néral et des planches enluminées qui l'accompagnent, le catalogue le plus complet
et la collection de figures la plus nombreuse
qui existe. Chaque variété, chaque différence
d'âge ou de sexe bien constatée, seront
rapportées à leur vrai type ; les espèces mentionnées ne seront plus douteuses, et les
emplois doubles ne pourront se trouver
dans cet ouvrage qu'en très-petit nombre.
La ferme résolution que j'ai prise de n'introduire dans l'index que les oiseaux vus et
bien examinés, sans emprunter aucune
description d'autres ouvrages, quand même
elle serait accompagnée d'une figure, donne
les plus sûres garanties que les bases de
mon plan sont bien différentes de celles
des autres ouvrages de ce genre. Les espèces
décrites ou figurées dans les ouvrages sur
l'ornithologie, mais dont on n'aura pu retrouver les individus dans les collections, seront toujours indiquées séparément, comme
suite et appendix de chaque genre, dont
ils *paraissent* faire partie. Plusieurs de ces

espèces nominales qu'il est impossible de retrouver parmi les sujets déposés dans les cabinets d'Europe, ne doivent probablement l'existence qu'à la manie des compilations, dont le galimatias a tellement embrouillé le système de la nature, qu'il m'a paru bien plus facile, et surtout moins ennuyeux, de recommencer l'immense besogne et de faire en entier le *species* des oiseaux, que de passer mon temps, sans espoir de succès, à rapprocher des descriptions altérées par les traductions, et par les copies ou extraits faits par des gens souvent peu versés dans l'étude de la nature. Je dois ajouter encore, à regret, que plusieurs descriptions et même quelques figures d'oiseaux ne reposent absolument que sur des individus fabriqués de parties hétérogènes, dont on voit malheuresement quelques possesseurs faire grand cas.

Les beaux ouvrages de planches publiés par Buffon, Edwards, Lewin, Shaw, Guérin, Levaillant, Audebert, Desmarets, Vieillot, Wilson et autres, reposant sur des espèces qui existent dans les cabinets, il n'était pas difficile de retrouver ces êtres; ce sont les oiseaux de la Nouvelle-Hollande, indiqués dans le supplément de Latham, et ceux du Paraguay par d'Azara, qui m'ont coûté le plus de peine, et laisseront encore le plus de lacunes dans mes comparaisons des descriptions avec la nature. Le premier a très-souvent multiplié les espèces des variétés et des différences d'état, d'âge ou de sexes ; nous ne possédons malheureusement pas en Europe des échantillons de toutes celles trouvées au Paraguay par l'excellent observateur d'Azara. Il n'est également plus possible de retrouver dans les collections un nombre assez considérable d'espèces formées par Seba, ce collecteur sans goût et sans talent d'observer, de plus dessinateur peu exact. Le principal but de mes voyages a été d'examiner dans les cabinets publics et de particuliers, tous les individus originaux sur lesquels les auteurs ont formé leur description ; ce qui m'a souvent fait découvrir d'un coup d'œil les identités d'espèces, données comme différentes ; faits à la recherche desquels la compilation ne m'aurait pu guider.

En publiant, dans l'essai ou l'analyse du système général qui termine cet ouvrage, tous les noms nouveaux que j'ai donnés depuis long-temps aux genres qui ne font point partie du *Prodromus mammalium et avium* du savant Illiger, dont l'ouvrage m'a servi de base et de modèle, je n'aurais fait que ce que font tant d'autres; mais il m'a paru plus juste et plus utile que mes noms fussent sacrifiés à ceux que M. Cuvier a proposés dans son règne animal. J'ai conséquemment adopté une partie des noms de sous-genres établis par cet illustre savant, et j'en ai fait usage pour les dénominations qui correspondent aux groupes ou *genres* que j'adopte suivant *ma manière de voir*. Quelques noms nouveaux de M. Vieillot, qui correspondent à mes indications, ont été égalemént conservés, tels qu'ils se trouvent dans l'analyse d'une nouvelle classification méthodique, publiée par cet auteur en 1816. Je dis quelques noms, parce que le plus grand nombre de ceux que M. Vieillot a publiés dans son analyse ne sont que des divisions empruntées du *Prodromus* d'Illiger, de mes gallinacés, du Manuel et de quelques autres ouvrages présentés ou sous le même nom, sans indiquer l'auteur, ou sous un nom synonyme et moins correct, ou bien sous un nom qui paraît nouveau, par la suppression de quelques lettres et une composition un peu différente *.

Je me suis déterminé à publier dans cet ouvrage mon système général d'ornithologie, en forme d'essai analysé, afin de ne plus me trouver dans la nécessité de changer les indications adoptées avant et pendant l'impression de quatre gros volumes *in*-4°, dont l'index, quoique réduit au moins de phrases possibles, et seulement aux synonymes les plus exacts, sera composé. Sans entrer ici dans des détails sur mes divisions d'ordres et de genres, qui sont renvoyés à l'index général, je dirai seulement que j'ai tâché de rendre justice à chacun pour ses découvertes, en citant, comme dans mes ouvrages, tous ceux récemment publiés sur les différentes parties de l'ornithologie. J'en excepte ceux en forme de Dictionnaire, que les auteurs pa-

---

* M. Vieillot prétend qu'il n'a point connu l'ouvrage d'Illiger avant la publication du sien. Il voudra bien me permettre de lui rappeler qu'à sa demande, je lui remis, en 1812, l'exemplaire du *Prodromus* que j'avais à Paris ; conséquemment plus de trois années avant que l'analyse de son ouvrage fût imprimé, mes dénominations données à quelques genres et aux espèces ont dû lui être connues.

raissent ne plus destiner à servir de guide à l'explication et à l'étymologie d'un nom adopté ou connu par d'autres ouvrages ; on en fait usage aujourd'hui pour publier les vues nouvelles sous des noms également nouveaux, tirés indifféremment de tous les idiomes : ainsi, pour obtenir la connaissance des qualités ou des propriétés d'un nom *inconnu*, une recherche exacte dans trente ou quarante gros volumes devient nécessaire. On ne peut aussi trouver ni rapporter à leur vrai type toutes ces espèces isolées, le plus souvent très-vaguement décrites, sous des noms nouveaux, dans les volumineux ouvrages de différentes académies et de sociétés d'histoire naturelle; mémoires que le hasard fait découvrir, et qui ne sont presque jamais accompagnés de figures. Je ne les citerai qu'autant qu'ils forment la monograghie d'un genre, et que les figures d'une ou de plusieurs espèces accompagnent ces écrits. Un dessin bien fait vaut toujours mieux que la plus minutieuse description, surtout dans les classes d'animaux si nombreux en espèces, et dont les caractères sont si difficiles à définir par des mots. Le nom

spécifique donné par Linné ou par Latham
a été conservé; j'ai aussi adopté la plupart de ceux donnés aux oiseaux dans les
cabinets publics, même souvent en faisant
le sacrifice de celui que je leur avais donné
dans mon cabinet particulier, il y a plus
de dix ans. J'ai surtout conservé les noms
donnés par les voyageurs qui ont étendu
le domaine des sciences par leurs découvertes : on leur doit ce tribut d'hommages;
le leur ravir, ce serait porter les mains sur
une propriété qui doit être sacrée. Si j'ai
dû changer des noms, ce n'est que lorsque
par erreur on a fait usage d'une dénomination déjà employée pour désigner une
autre espèce. Dans plusieurs cabinets publics et particuliers existent, sous des
noms nouveaux, les différens états d'âge,
de sexe ou de mue, d'espèces décrites ou
dont les types sont nouveaux; dans ces cas,
les noms ont été supprimés. En général,
plus on voudra s'entendre réciproquement
par rapport à la nomenclature des genres
et des espèces, plus les sciences y gagne-
ront, et moins on aura à s'occuper du travail le plus ennuyeux et le plus stérile que
je connaisse.

Quant au système proposé, dont le développement se trouvera dans l'index général, chacun, sur ce point, peut avoir sa manière de voir ; celui qui se sera éloigné le moins possible de l'idée que nous pouvons nous former de la série naturelle des êtres créés, aura approché le plus près de la vérité. Je donne ce travail pour ce qu'il peut valoir aujourd'hui, me permettant de faire observer que le naturaliste qui n'aura vu qu'une seule collection d'oiseaux, ou seulement quelques espèces, sera toujours plus enclin à multiplier le nombre des genres que celui qui a été à même d'observer la presque totalité des espèces connues ; le travail du dernier, basé sur les rapports que ces êtres ont entre eux, doit naturellement le porter à diminuer les groupes, et le faire juger avec plus d'exactitude et de vérité de la série naturelle dans laquelle cette classe du règne animal paraît être répartie. J'ai tâché, autant que possible, de mettre mes vues générales en concordance avec celles proposées par M. Cuvier dans son règne animal, et n'ai nulle prétention à ce que mon Manuel ou mon système fasse autorité : leur

contenu est basé sur l'examen le plus sévère
de la nature, sans aucune espèce de compilation; toutes les espèces ont été vues et
souvent comparées entre elles dans tous
les cabinets de l'Europe; voilà peut - être
les seuls mérites de mon ouvrage, et la
seule différence qui le distinguera de ceux
publiés par des naturalistes sédentaires et de
bibliothèque.

AVANT-PROPOS

DE LA PREMIÈRE ÉDITION,

AUGMENTÉ DE NOUVELLES OBSERVATIONS.

Depuis un certain nombre d'années, le goût pour l'étude des sciences naturelles a acquis un développement considérable; cette science s'est fait de toute part des partisans, dont les travaux et les observations ont beaucoup contribué à lui donner cet élan vers la perfection. Ce sont particulièrement les écrits éloquens de Buffon, qui, en sonnant l'éveil aux bouts de l'univers, ont ajouté de nouveaux charmes à cette étude aimable; l'ordre et l'harmonie, que la classification doit au grand Linné, n'ont pas moins contribué à augmenter le nombre de ses amateurs zélés ; d'illustres savans, en prenant pour guides les écrits de ces hommes célèbres, se sont acquis la gloire de voir leurs noms inscrits au temple de mémoire.

Une marche aussi rapide a dû nécessairement multiplier le nombre et le genre des livres qui traitent de cette vaste partie ; les uns ayant pour but d'enseigner les principes, les autres étant plus particulièrement destinés à faciliter les recherches de ceux qui se livrent à cette étude, soit par vocation, soit par un goût dominant.

Des ouvrages en tout genre ont paru dans les différentes parties de l'histoire naturelle. Plusieurs de ceux-ci, destinés à l'étude de l'ornithologie, nous ont fait connaître d'une manière plus exacte l'histoire des oiseaux qui peuplent les différentes parties de notre globe ; mais aucun livre n'a jusqu'ici fourni un traité complet et en même temps peu volumineux, propre à nous faire connaître tous les oiseaux qui sont habitans de l'Europe. Les seuls ornithologistes allemands ont publié des essais sur cette matière ; mais ils se sont restreints dans l'encadrement de la Germanie, et n'ont décrit que les espèces d'oiseaux sédentaires, ou de passage dans leur pays. Leur exemple m'a suggéré l'idée d'un travail plus général ; j'ai envisagé l'utilité d'une semblable production ; je la destine non-seulement à l'usage de ceux qui se livrent à l'étude de l'ornithologie, mais il m'a paru qu'elle pourrait être agréable à cette classe assez nombreuse d'amateurs, qui s'occupent de rassembler une collection d'oiseaux d'Europe. A cette fin l'ouvrage que je leur offre donne une description concise et exacte, non-seulement de chaque espèce, mais aussi de ses variétés, tant de sexe que d'âge, ou simplement de celles qui sont accidentelles. Dans les premiers ordres il m'a été facile de borner à quelques lignes la description des espèces ; mais j'ai dû entrer dans de plus longs détails, pour bien faire distinguer, au premier coup d'œil, les oiseaux qui composent les trois derniers ordres, vu que la double mue change périodiquement le plumage du plus grand nombre des espèces classées dans ces grandes divisions.

Ma demeure, située dans le voisinage des bords de la mer, et à la proximité des lacs et des embouchures de nos rivières, m'a donné la faculté d'observer très-soigneusement les oiseaux qui fréquentent les marais et ceux qui habitent les bords de l'Océan ; les différentes livrées, dans lesquelles plusieurs de ces espèces se présentent dans leur double mue, sont, à un très-petit nombre près, toutes exactement indiquées. Je me suis particulièrement appliqué à réunir les citations et les dénominations différentes, données aux espèces, afin de pouvoir offrir aux méthodistes une synonymie exacte et complète. Les· seuls oiseaux qui vivent et se propagent, ainsi que ceux qui sont de passage en Europe, font partie de ce traité ; tous les oiseaux exotiques en sont exclus ; sont également de ce nombre, ceux dont l'apparition dans la partie du globe que nous habitons, ne serait point clairement constatée. Tel est le plan que je me propose dans ce Manuel ; les ornithologistes jugeront si j'ai bien rempli mon engagement.

C'est avec franchise que je conviens que l'excellent ouvrage des oiseaux d'Allemagne, par M. Bechstein, et son Manuel portatif, de même que celui de mon ami M. Meyer, m'ont été d'un grand secours ; mais ces ornithologistes se sont souvent trompés dans les rapprochemens d'espèces, dont une vérification plus scrupuleuse m'a fait reconnaître les erreurs. Le Manuel de M. Meyer formera la base de celui-ci pour la classification méthodique ; le *Prodromus Mammalium et Avium* du professeur Illiger m'a souvent servi de guide ; j'ai fait usage, moyennant quelques modifications et additions indispensables, des caractères essentiels, propres aux différens genres, signalés par ce savant. Dans les dénominations latines, j'ai suivi la 13ᵉ édition du système de Linné, et particulièrement *l'Index ornithologicus* de Latham ; le système de ce

savant étant, de toutes les méthodes qui existent, la plus
complète et la moins encombrée de citations à double
emploi, fruits de la misérable compilation du professeur Gmelin, qui a eu le talent de former, de la
13e édition de Linné, le livre le plus indigeste qui
existe : aussi tous ceux qui s'obtinent encore à le
suivre servilement, ne peuvent manquer de tomber
dans les erreurs les plus grossières. Les observations
d'une exactitude rare, publiés par le D^r. Leisler, dans
la suite additionnelle à l'ouvrage de Bechstein, et celles
insérées dans les Annales de la Société de la Vétéravie,
m'ont été très-utiles *.

Suivant mon opinion, les ornithologistes modernes
ont trop souvent substitué des noms nouveaux aux
anciennes dénominations reçues et accréditées; je conviens que celles qui tirent leur origine d'un pays ou
simplement d'une contrée sont très-défectueuses; que
les dénominations de *communis* et de *vulgaris* le sont
également; mais, comme dans l'étude méthodique, où
les noms contribuent pour beaucoup à faciliter le développement de la science naturelle, et particulièrement dans un travail déjà si encombré de tant
d'obstacles, il est de la plus grande utilité d'avoir un
point central, on ne saurait prendre conséquemment,
pour point de ralliement, une autorité plus généralement accréditée que celle de Linné, comme celle de

---

* Ce paragraphe est exactement ainsi dans ma première édition,
pages 9 et 10. Si j'en fais la remarque, c'est afin qu'on puisse
juger, à cet échantillon, du degré de confiance qui doit être ajouté aux citations de M. Vieillot, concernant mes écrits; ses observations dont le plus grand nombre sont dictées par une critique
peu exacte et toujours amère, mériteraient que je me servisse ici de
termes plus durs comme plus appropriés.

Latham est recommandable , tant pour les espèces nouvelles , que pour les nouvelles subdivisions des genres, dont la nécessité est généralement reconnue. Suivant ma manière de voir, il est préférable de conserver à une espèce, telle ancienne dénomination qui la fait reconnaître de tout le monde (la composition de ce nom fût-elle même barbare au point de ne dériver ni de racine grecque , ni de la langue latine), plutôt que d'en substituer une autre à la place , dont la composition mieux choisie et plus grammaticale serait susceptible d'occasioner la plus légère méprise ; car rien n'est plus funeste au développement de l'étude des sciences naturelles , et particulièrement de celle qui comprend l'histoire des oiseaux , que ces différentes opinions sur la dénomination des genres et des espèces ; elles finiraient bientôt par dégoûter de cette science aimable , vu qu'avant de parvenir au point de s'entendre sur les matières , il serait préalablement nécessaire de s'étendre fort au long dans une dispute stérile de mots *.

J'ai fait mention de la double mue qui a lieu dans un grand nombre d'espèces d'oiseaux , et qui les fait paraître au printemps, vers l'époque des amours, dans une livrée souvent très-différente de celle dont elles sont revêtues après la mue d'automne. Il est utile que je m'explique plus en détail sur ce phénomène ; je terminerai par un court aperçu de la classification des genres dans une méthode.

Tous les oiseaux muent régulièrement en automne ,

---

* J'ai donné un plus grand développement à ces idées dans une brochure portant pour titre : *Observations sur la classification des oiseaux*, etc., qui se vend à Amsterdam et à Paris. chez G. Dufour,

les uns plus tôt, d'autres plus tard. Parvenu à l'état parfait, le plumage, chez le plus grand nombre, est invariable, et ne change qu'accidentellement par quelque vicissitude individuelle ; on voit cependant plusieurs oiseaux, tant indigènes qu'exotiques, chez lesquels une double mue change annuellement deux fois les couleurs du plumage ; chez les espèces qui y sont sujettes, la mue s'opère en tout ou en partie, à l'exception des ailes et du plus grand nombre des pennes de la queue * : dans le premier cas, on croit voir une espèce entièrement différente, par le peu de ressemblance qui existe dans les deux livrées ; celle du printemps ou des noces, est constamment plus bigarrée et plus belle, et celle d'hiver est uniforme, comme c'est le cas chez tous les oiseaux qui composent les genres *Tringa*, *Limosa*, *Phalaropus*, et quelques espèces dans d'autres genres. Chez quelques espèces le mâle seul change son vêtement, et prend en hiver le plumage modeste de sa compagne ; ceci a lieu dans plusieurs genres d'oiseaux exotiques, tels que les *Cottingas*, les *Tangaras*, les *Manaquins*, les *Gros–Becs*, les *Bruants*, les *Couroucous*, les *Suceriers*, les *Guiguits* et autres, ainsi que parmi les indigènes, quelques espèces de *Gobe-Mouches*. Quelques espèces de *Canards*, peut-être même toutes, opèrent leur double mue

---

* Une règle qui paraît constante dans la nature, c'est que l'oiseau, étant parvenu à' l'état d'adulte, les couleur des pennes des ailes, ainsi que celles des pennes latérales de la queue, n'éprouvent aucune altératération périodique ; les deux ou les quatre pennes du milieu de la queue changent dans certaines espèces avec le reste du plumage ; plus rarement on voit ces plumes perdre leurs formes, comme par exemple chez les *Gros-Becs*, que les auteurs désignent sous le nom de *Veuves*.

à peu près de la même manière. Chez les mâles seuls les couleurs du plumage changent : ils se revêtent dans nos climats, dès les premiers jours de juin, d'une partie de la livrée propre à la femelle, et continuent à porter ce plumage bigarré jusqu'au commencement de novembre, époque à laquelle la seconde mue ou celle des noces a lieu. Lorsque la mue s'opère seulement en partie, elle a lieu dans quelques espèces pour les deux sexes, dans d'autres pour les seuls mâles ; une partie du plumage se couvre de couleurs qui ne se maintiennent que pendant le temps très-court des amours ; passé ce terme, qui varie en durée, ces couleurs accessoires disparaissent : tels sont différentes espèces de *Bergeronnettes* ou *Hoche-Queues*, de *Gobe-Mouches*, de *Pipits*, de *Bruants*, les *Tichodromes* et autres. Il en est quelques-uns dont la livrée, vers le temps des amours, se pare d'ornemens extraordinaires ; ces plumes longues subulées, qui forment des panaches ou des huppes, sont les dernières à paraître au printemps, et ce sont les premières qui tombent, souvent même avant que la mue d'automne commence ; tels sont quelques *Gros-Becs*, *Tétras*, *Outardes*, *Cormorans*, *Pluviers*, *Vanneaux*, *Chevaliers* et autres. Dans le plus grand nombre des oiseaux riverains, des marais et de hautes mers, on voit la double mue opérer, soit totalement, soit sur quelque partie du corps, des changemens réguliers et périodiques dans les couleurs du plumage des deux sexes. Chez quelques espèces, qui ne muent qu'une seule fois dans l'année, on observe un phénomène d'une autre nature ; à une certaine époque fixe de l'âge, tous les individus se couvrent d'un plumage nouveau, dont la couleur diffère totalement de celle qui a existé l'année précédente, et de celle qui sera leur partage durant le reste de la vie; ceci a lieu chez les *Becs-Croisés* et chez quelques espèces de *Gros-Becs*. Dans certaines espèces erratiques, quoique la mue soit simple et ait lieu en automne, on est surpris de voir, à leur retour au printemps, un plumage dont les couleurs ont pris un plus grand éclat; et ceci a lieu par l'action de l'air, du jour, et par les frottemens qu'éprouve le plumage dans les différens mouvemens de l'oiseau; dès couleurs, le plus souvent ternes ou sombres, bordent extérieurement les plumes de ces oiseaux, et cachent en automne les teintes brillantes ou claires de la partie supérieure de leurs barbes, dont le bout, en s'usant, fait paraître au printemps ces couleurs dans toute leur pureté, pour disparaître chaque année par les mêmes causes; telles sont quelques espèces exotiques, et entre autres indigènes, le plus grand nombre des espèces qui composent le genre *Traquet*, particulièrement celles qui habitent les climats méridionaux; les *Gros-Becs*, *Linote* et *Arctique*, le *Pinson vulgaire*, celui des *Ardennes* et *de neige*; les *Bruants montain* et *de neige*, le *Tarin*, le *Sizerin* et le *Venturon*; l'*Allouette nègre* et *Hausse-Col noir*, et plusieurs autres chez lesquelles les différences de couleurs sont moins aparentes *.

Dans le nombre des oiseaux qui muent une seule fois, les seules espèces des genre *Hirondelle* et *Martinet* font exception dans l'époque où cette mue a lieu. Toutes les *Hirondelles* et tous les *Martinets* d'Europe opèrent leur changement de plumage au mois de février ou de mars; preuve sans réplique contre l'idée.

---

* Tous ces oiseaux muent ainsi à l'air libre; mais, tenu en cage, ou renfermés dans des prisons étroites, la mue ne s'opère qu'en partie, ou bien elle ne change point les couleurs.

ridicule de leur torpeur pendant l'hiver. Il faut, à quelques espèces , dont la mue est double , plusieurs années avant que les couleurs du plumage soient stables et non bigarrées ; telles sont quelques unes du genre *Gobe-Mouche* , particulièrement le *Gobe-Mouche à collier* et le *Bec-Figue.* Toutes les espèces connues , du genre *Mauve* sont de ce nombre. Les jeunes oiseaux opèrent toujours leur première mue plus tard que les vieux : on doit en assigner la cause à ce que les oiseaux erratiques, surtout ceux des marais et d'eau , forment des compagnies toutes composées de vieux et de jeunes individus qui ne voyagent jamais ou très-rarement ensemble , mais dont les bandes se choisissent des routes différentes ; ce qui explique la cause singulière que , dans telle contrée ou district , on ne tue que des jeunes , tandis que , dans d'autres , les individus adultes sont seuls observés , et jamais les jeunes de ces espèces.

Ajoutez à tous ces changemens périodiques ceux qu'éprouvent les plumes et les distributions des couleurs , depuis la première mue de l'oiseau jusqu'à ce qu'il soit parvenu à l'état d'adulte , puis toutes les mues accidentelles , et l'on aura un aperçu des difficultés à vaincre dans cette partie de l'Histoire naturelle ; en même temps on sera convaincu de la nécessité de mettre beaucoup d'attention à l'examen d'une espèce , avant de l'introduire dans les systèmes comme réellement distincte de ses congénères ; ces considérations me conduiront à mon second point.

A juger des travaux de quelques méthodistes modernes, on dirait qu'ils ont formé le plan de renverser l'édifice méthodique de Linné et de Latham. Il est de fait, que des connaissances nouvelles, des découvertes de nouveaux genres et de nouvelles espèces d'oiseaux ,

exigent des additions et quelques réformes dans les systèmes adoptés sous le rapport de l'ordre méthodique :
il est certain que la 13e. édition de Linné, par Gmelin,
et le système de Latham, sont susceptibles d'être per-
fectionnés. Le professeur Illiger en a donné une preuve
dans son *Prodromus Mammalium et Avium*. Dans toutes les divisions des genres où ce savant a eu la nature
sous les yeux, on voit naître une méthode perfection-
née ; beaucoup de lacunes, et un nombre assez considérable de réunions forcées, existent encore dans cet essai
du professeur berlinois ; mais, par le plan que M. Illiger
a conçu, il est à espérer qu'on parviendra, avec le
temps, à créer une méthode plus parfaite. Le seul
moyen, pour atteindre ce but, est l'examen minu-
tieux de la nature, la connaissance exacte de l'anatomie
et des mœurs, joints à des observations souvent renouvelées sur un grand nombre d'individus ; aucun genre,
aucune sous-division, pas même l'admission d'une espèce, ne doivent avoir lieu dans une semblable méthode,
avant que préalablement les animaux vivans, ou bien
leurs dépouilles non mutilées, aient été soigneusement
examinées par des naturalistes dignes de confiance : on
n'admettra plus, sur les seuls renseignemens des voyageurs, et sur une indication vague, une multitude d'a-
nimaux que les compilateurs semblent avoir introduits
dans les livres, dans le seul but d'augmenter le catalogue de nomenclature.

Ces naturalistes, qui créent dans leurs nouveaux
systèmes un si grand nombre de genres distincts, lorsqu'il ne s'agit que d'une légère disparité dans un seul
des caractères adoptés, tandis que tous les autres con-
viendraient également, ne semblent point calculer que
l'étude et les recherches en zoologie ne gagnent point par

un semblable moyen , mais que leur exemple en **entraî-**
nera d'autres à suivre cette route plus facile , et que la
classification des animaux comptera sous peu un nombre
presque égal de genres qu'il y a d'espèces un peu
disparates dans la nature.

J'ajouterai encore ici quelques observations sur les
voyages périodiques souvent très – longs qu'exécutent
plusieurs espèces d'oiseaux erratiques , et sur les points
de réunion et de départ que ceux-ci paraissent se
choisir. J'ai dit plus haut , qu'il est très-rare de voir
les jeunes de l'année et les vieux opérer , de concert
et en commun , leur voyage plus ou moins long , selon
que la nécessité de chercher une nouvelle abondance
de nourriture dans d'autres climats les oblige à quitter
des lieux qui discontinuent, suivant les saisons , à leur
offrir les moyens de subsistance. Je crois avoir trouvé la
cause de cette séparation des familles , et la réunion en
bandes des âges , plus ou moins assortis ou égaux , dans
une cause bien naturelle , produite par la différence
de l'époque des mues des vieux et des jeunes ; ce qui
paraît être aussi la cause que les bandes composées
des individus adultes vont bien plus loin dans leur
migration , soit en automne on bien à leur retour au
printemps, que les bandes composées des jeunes qui,
soit dans l'une ou dans l'autre saison , ne poussent
point leur voyage aussi loin ; ces oiseaux , dont le
plumage n'a point encore pris tout son développement
et ses couleurs stables, sont le plus souvent un ou
deux ans avant d'être en état de se reproduire ; ils se
choisissent alors des lieux où les adultes de leurs
espèces ne viennent point pour nicher, ceux-ci les ex-
pulsant toujours des districts qui doivent donner naissance à une nouvelle progéniture. Lorsque les vieux

poussent leur voyage jusque dans les régions du cercle
arctique, on trouve le plus souvent les jeunes d'un ou
de deux ans dans les contrées du centre de l'Europe;
et lorsque les vieux se choisissent les climats tempérés,
les jeunes sont retenus dans le midi, ou bien ils paraissent ne point passer les mers qui séparent l'Europe
de l'Afrique septentrionale, contrées que le plus grand
nombre de nos grandes espèces d'oiseaux nomades,
qui ne viennent point à l'état d'adulte, dès leur première année, se choisissent pour demeure hivernale.
C'est de ces contrées ou bien des nombreuses îles de
l'Archipel, et de celles de la Méditerranée et du
golfe de Venise, qu'ils opèrent leur retour au printemps ; on voit alors des rassemblemens nombreux
sur toutes nos côtes méridionales, particulièrement
dans celles où la mer forme de grands golfes, tels que
l'Archipel, le golfe Adriatique, ceux de Gênes et de
Lyon : ces rassemblemens durent huit, dix ou au plus
quinze jours, temps où le passage est terminé pour
ces contrées. Les routes que tiennent nos oiseaux de
marais et d'eau dépendent absolument de celle du
cours des rivières et du gisement des grands lacs :
les eaux devant fournir à chaque espèce la nourriture
qui lui convient, elles semblent se trouver déterminées, par un instinct merveilleux, à choisir pour
point de ralliement et de départ, les endroits où le
passage de la grande mer aux lacs et aux fleuves,
est le moins long et le moins occupé par des terres.
C'est ainsi que les bandes qui se réunissent dans les
environs de Gênes et de Savonne, se rendent d'abord
sur le Pô ; suivant ensuite les gorges des grandes vallées
des Alpes pennines qui descendent dans le Piémont,
elles s'élèvent au-dessus de ces montagnes, où on tue

annuellement différentes espèces de ces oiseaux. De
ces points elles semblent diriger leur vol vers les grands
lacs de la Suisse , particulièrement celui de Genève
où presque tous les oiseaux d'eau et de marais d'Europe viennent faire un court séjour , ou passent plus
ou moins régulièrement ; de là elles semblent continuer
leur voyage par les lacs de Morat, de Neuchâtel et de
Bienne pour se rendre au Rhin, dont elles suivent le
cours, et parviennent ainsi à la Baltique , aux grandes
mers de l'intérieur et à la mer du Nord. Ces compagnies,
déjà moins nombreuses lorsqu'elles arrivent dans le
Nord, se dispersent bientôt après leur arrivée, époque
où les individus s'accouplent pour vaquer aux soins
d'une nouvelle progéniture. La route la plus suivie
pour tous les oiseaux d'eau est le long des bords de
la mer ; ceux qui viennent du golfe de Gascogne,
d'Espagne et des côtes de Barbarie, paraissent ne suivre
que celle-là ; plusieurs espèces de *Gralles* la suivent
également, et c'est aussi la route que tiennent tous
les oiseaux dépourvus des moyens puissans pour le vol.
Les *Plongeons*, les *Grèbes* et autres oiseaux d'eau
douce qui volent peu lorsqu'ils sont occupés dans
le Nord des soins de la reproduction , sont cependant doués de grands moyens pour cette action ; leur
vol est vigoureux et long-temps soutenu ; ils s'élèvent
même au-dessus des hautes montagnes , car il n'est
pas rare de trouver des individus de ces espèces sur
les lacs des Alpes, où on tue souvent des oiseaux
Gralles et *Palmipèdes*. Il paraît que les grands rassemblemens qui ont lieu dans les îles Ioniennes et dans
les vastes marais entre Venise et Trieste, suivent dans
leur voyage le cours du Tagliamento, pour se rendre
aux lacs des environs de Villach et de Klagenfurt ; ils

visitent les immenses marais que forment les lacs Balaton et Neuzidel, où plusieurs espèces séjournent, tandis que d'autres remontent le Danube , et poussent leur voyage jusqu'à la mer Baltique : on trouve sur les lacs de Hongrie et sur le Danube, plusieurs espèces qui visitent aussi les côtes de l'Océan. Il me paraît que les espèces plus particulièrement propres aux contrées orientales se rassemblent dans l'Archipel et sur les bords de la mer Noire ; ils remontent le Danube et se rendent, en suivant le cours de ce fleuve, en Hongrie et en Autriche, pays très-peuplé d'un grand nombre d'espèces d'oiseaux[*]. Je n'ai point été à même de parcourir toute l'étendue du pays que les oiseaux traversent dans cette dernière migration, ni celle qui peut avoir lieu du golfe de Lyon , par les bouches du Rhône le long de cette rivière , et par la Doubs, chemin par lequel les compagnies vont gagner le Rhin ; les bords de ce fleuve sont peuplés, au printemps et en automne , d'un grand nombre d'oiseaux : on trouve, sur la partie qui sert de limites aux contrées occidentales de l'Allemagne , toutes les espèces qui vivent le long des côtes de l'Océan et de la Baltique. Il est cependant assez rare d'y voir passer des compagnies composées de vieux individus ; ceux-ci semblent venir le plus souvent par accident et isolément ; les jeunes de l'année, de presque toutes les espèces , passent assez régulièrement dans ces parages ; et ce sont aussi le plus souvent des

---

[*] Un voyage dirigé vers les monts Carpacks, et aux bouches du Danube, nous fournirait une riche récolte en animaux encore inconnus ; nous avons quelques connaissances relatives à un petit nombre d'oiseaux propres aux îles de l'Archipel , mais la presque totalité de ceux qui se trouvent en Grèce et en Turquie nous est inconnue.

individus jeunes, ou ceux d'un et de deux ans que l'on tue sur les grands lacs de la Suisse et de l'Italie. On comprend que les espèces qui ne poussent point leur voyage périodique jusqu'à la mer du Nord et à la Baltique, font exception ; ce ne sont chez celles-ci que les vieux qui s'égarent dans des climats du nord ; il est extraordinairement rare d'y trouver les jeunes.

AUTEURS CITÉS

ET ABRÉVIATIONS DES TITRES.

Gmel. *Syst.*—C. Linné, Systema naturæ edidio 13 curà J.-F. Gmelin.

Lath. *Ind.*—J. Latham, Index ornithologicus sive Systema ornithologiæ.

Retz. *Faun. Suec.* — C. Linné, Fauna Suecica, editio 2° curà A.-J. Retzius.

Nils. *Orn. Suec.*—Nilsson, Ornithologia suecica.

Brunn. *Orn. Boréal.* — M.-T. Brunnichii, Ornithologia Borealis.

Buff. *Ois. et pl. ent.* — Buffon, Histoire naturelle des oiseaux, édit. de Paris, in-quarto. Et les planches enluminées de cet ouvrage.

Sonn. *édit. de* Buff. — Histoire naturelle des oiseaux par Le Clerc de Buffon, augmentée de notes, et rédigée par C.-S. Sonnini.

Briss. *Orn.* — A.-D. Brisson, Ornithologie ou méthode contenant la division des oiseaux.

Daud. *Orn.*—E.-M. Daudin, Traité élémentaire et complet d'ornithologie.

Cuv. *Règn. anim.*—Le chevalier Cuvier, le Règne animal distribué d'après son organisation, 1ʳᵉ édit.

Gérard. *Tab. élém.* — S. Gérardin, Tableau élémentaire d'ornithologie, ou d'histoire naturelle des oiseaux que l'on rencontre communément en France.

Vaill. *Ois. d'Afriq.* — F. Le Vaillant, Histoire naturelle des oiseaux d'Afrique.

Vieill. *Ois. d'Amér. sept.* — M.-L.-P. Vieillot, Histoire naturelle des oiseaux de l'Amérique septentrionale.

Temm. *Pig. et Gall.* — C.-J. Temminck, Histoire naturelle générale des pigeons et des gallinacés, *édition in-8°*.

Lath. *Syn.* — J. Latham, General synopsis of birds.

Penn. *Arct. Zool.* — F. Pennant, Arctic zoology *and* British zoology.

Edw. *Glean.* — G. Edwards, Gleanings of natural history *and* natural history of rare birds.

    Tr. Linn. societ. — Transactions of the Linnean society.

Wils. *Americ. Orn.* — Wilson, American ornithology *or* natural history of the birds of the United States.

Bechst. *Naturg. Deut.* et *Tasschenb.* — J.-M. Bechstein, Gemmeinnutzige naturgeschichte Deutschlands. *Zweyte auflage.* — *und* Ornithologisches Tasschenbuch von und fur Deutschland.

Meyer, *Tasschenb* et *Vög. Deutschl.* — Dr Meyer, und Dr Wolf, Tasschenbuch der Deutschen Vögelkunde. — *Und* Naturgeschichte der Vögel Deutschlands.

Meyer, *Vög. Liv.* — Dr Meyer, Kurze beschreibung der Vögel Liv-und Esthlands.

Sepp. *Ned. Vög.* — NOZEMAN et SEPP, Nederlandsche Vogelen.

Frisch.*Vög.* — J.-L. FRISCH, Vorstellung der Vögel in Deutschland.

Naum. *Vög.* J.-A. NAUMANN, Beschreibung und Vorstellung aller wald feld un wasser Vöglen in Anhalt.

Stor. degli ucc. — Storia naturale degli uccelli, adornata di figure. Florentiæ 1767.

ANALYSE

DU SYSTÈME GÉNÉRAL

D'ORNITHOLOGIE

MIS AU NIVEAU DES DÉCOUVERTES NOUVELLES, BASÉ SUR LES MŒURS ET SUR L'ORGANISATION.

OBSERVATIONS. Les espèces indiquées sans nom d'auteur sont toutes de Latham, *Index ornithologicus*, ouvrage généralement répandu dont on fait choix dans cette analyse pour le type des grouppes. Les espèces mal classées, et celles en double et triple emploi, ont toujours été préférées pour servir d'exemples. On trouvera dans l'*Index général*, dont cette analyse n'est que l'avant-coureur, tous les rapports de mes genres avec ceux des autres ouvrages et tous les synonymes des espèces ; le nombre de celles-ci, déduction faite des emplois multipliés, comprend aujourd'hui plus de cinq mille espèces dist'nctes et connues par des individus qui existent dans les cabinets d'Europe, ou qui sont bien figurés. — On doit observer que la longueur comparative du tarse avec le doigt du milieu, dont il est fait mention dans les caractères, est toujours prise sans l'ongle.

ORDRE Ier. RAPACES, *Rapaces.* — Caractères. Voyez page 1.

1. VAUTOUR (1) *Vultur.* (Illiger.) — Caractères, p. 2.

> *Espèces.* V. Monachus. — Ponticerianus. — Auricularis. — Indicus. — Angelensis.

---

(1) On ne les trouve que dans l'ancien continent.

2. CATHARTE (1), *Cathartes*. (Illig.) — Caract. p. 7, les
2 *sections*.

> *Esp.* V. Gryphus. — Papa. — Aura. — Californianus. —
> Atratus. (Wilson.) = Percnopterus. (Temm.), et espèces
> nouvelles.

3. GYPAETE (2), *Gypaetus*. (Storr.) — Caract. V. Manuel, p. 10.

> *Esp.* V. Barbatus. — F. Vulturinus. (Daud.)

4. MESSAGER (3), *Gypogeranus*. (Illig.) — Caract. *Bec*
plus court que la tête, gros, fort, crochu, courbé à
peu près depuis son origine, garni d'une cire à sa
base, un peu vouté, comprimé à la pointe. *Narines*
un peu éloignées de la base, latérales, percées dans
la cire, diagonales, oblongues, ouvertes. *Pieds* très-
longs, grêles, tibia emplumé, tarse long, plus grêle
en bas qu'à sa partie supérieure ; doigts courts, verru-
queux en dessous, les antérieurs réunis à la base par
une membrane ; pouce articulé sur le tarse. *Ailes*
longues, les cinq premières rémiges les plus longues
et presque égales ; ailes armées d'éperons obtus.

> *Esp.* Vultur serpentarius, l'unique du genre, d'Afrique.

5. FAUCON (4), *Falco*. (Linn.) — Caract. V. Manuel, p. 13,
et ajoutez, outre les *six* sections dont ce genre est

---

(1) Ils sont de l'ancien continent et du Nouveau-Monde, et diffèrent assez
pour établir deux sections géographiques.

(2) Les espèces n'ont été trouvées que dans l'ancien continent.

(3) J'ai toujours été d'opinion que le *Messager* ou *Secrétaire* d'Afrique devait
être rangé dans le même ordre que le *Cariama* ou *Saria* de l'Amérique méridionale, et qu'il était convenablement placé dans mon ordre des *Alectorides* ;
mais depuis que j'ai vu et obtenu des squelettes de cet oiseau, j'ai l'intime
conviction qu'il ne peut être à sa place qu'avec les *Rapaces*, dont il doit former un
genre. Toute la charpente osseuse indique ces rapports ; le tronc surtout est
formé absolument comme celui des grandes espèces d'aigles. Par ses mœurs et
par sa nourriture, il se rapproche également de cette grande famille des oiseaux
de proie.

(4) Dans tous les pays du globe.

composé en Europe, *deux* autres sections pour des espèces de l'Amérique méridionale; ce sont les CARA-CARAS. *Esp.* (V. Cheriway et F. brasiliensis.)—F. formosus.—F. degenor (Illig.), et espèces nouvelles. — Les CYMINDIS. *Esp.* F. cayanensis.—Hamatus.(Illig.) — Uncinnatus. (Illig.)

6. CHOUETTE (1), *Strix*. (Linn.) — Caract. V. Manuel, p. 78, 3 sections.

> *Esp.* Javanica. — Nudipes. — Ceylonensis. — (Phalenoïdes Vieill.) ou Ferrugina (P. Max.), et un très - grand nombre d'espèces nouvelles.

ORDRE II. OMNIVORES, *Omnivores.*—Caract. Voyez p. 105.

1. SASA, *Opisthocomus*. (Illig.) — Caract. *Bec* épais, robuste, court, convexe, fléchi à la pointe, base dilatée latéralement, pointe subitement comprimée; mandibule inférieure, forte, terminée en angle. *Narines* au milieu à la surface du bec, percées de part en part, couvertes en dessus par une membrane. *Pieds* robustes, musculeux, tarse plus court que le doigt du milieu, latéraux, longs, égaux, entièrement divisés, plante épatée, doigts bordés de rudimens de membranes. *Ailes* médiocres, la 1re. rémige très-courte, les 4 suivantes étagées, et la 6e. la plus longue.

> *Esp.* Phasianus cristatus, l'unique du genre, qui se trouve rangée dans presque tous les systèmes, dans l'ordre des gallinacés ou rapprochée de ces genres.

2. CALAO (1), *Buceros*. (Linn.) — Caract. *Bec* long, très-gros, comprimé, plus ou moins arqué en faux, arête lisse et élevée *ou bien* surmontée par un casque;

---

(1) Dans tous les pays du globe.
(2) Tous les calaos sont de l'ancien continent, d'Afrique et des mers de l'Inde.

bords des mandibules lisses ou échancrés , pointe lisse ; mandibule supérieure et le casque plus ou moins cellulaires. *Narines* basales, à la surface du bec, dans un sillon, petites, rondes, ouvertes , percées dans la substance cornée, couvertes à la base par une membrane. *Pieds* courts , forts , musculeux, plante épatée , doigts latéraux égaux, l'externe uni jusqu'à la seconde articulation , l'interne soudé à la base. *Ailes* médiocres , amples, les 3 premières rémiges étagées, la 4e. ou la 5e. la plus longue. 2 *sections*.

Esp. V. B. rhinoceros. — (B. monceros. Shaw.) ou malabaricus. (Lath.) var. B. (Vaill.) pl. 9, 10, 11 et 12.) — = (Panagensis vieux, manillensis jeune.) — Erythrorbynchos (Briss.) ou nasutus, var. B. (Lath.) Ceux de Vaillant et plusieurs nouvelles.

3. Momot (1), *Prionites*. (Illig.) — Caractère. *Bec* médiocre , robuste , fort , dur, convexe en dessus, fléchi vers la pointe qui est comprimée sans échancrure ; bords des deux mandibules dentelés en scie. *Narines* basales, latérales, obliques, ouvertes , en partie cachées par les plumes du front. *Pieds* médiocres, doigts latéraux inégaux, l'interne très-court, soudé à la base, l'externe réuni jusqu'à la seconde articulation. *Ailes* courtes , les 3 premières rémiges étagées, la 4e. et la 5e. les plus longues.

Esp. Momotus brasiliensis. — Molmot dombé. (Vaill.) — Oranroux. (Vaill.)

4. Corbeau (2), *Corvus*. (Linn.) — Caract. Voyez Manuel, p. 106, 3 *sections*.

Esp. Albicollis. — Borealis. (Briss.) — Dauricus ou *Buff*. *pl*. 327. — Scapulatus. (Daud.) = Sénégalensis. — Erythrorynchos. — Caledonicus. (Lath. *supp*.) — Coracias sinensis. = Corvus cristatus. — Stelleri. — Canadensis.

---

(1) De l'Amérique Méridionale.
(2) Se trouvent dans tous les pays et sous toutes les températures.

5. Casse-Noix, *Nucifraga.* (Briss.) — Caract. Voyez Manuel, p. 116.

Esp. C. coryocatactes, l'unique du genre.

6. Pyrhocorax (1), *Pyrrhocorax.* (Cuv.) — Caract. Voyez Manuel, p. 119.

Esp. P. leucopterus. — (Temm.) Sicrin. (Vaill. *pl.* 82.) forment avec celles d'Europe toutes les espèces connues.

7. Cassican (2), *Barita.* (Cuv.) — Caract. *Bec* long, fort, dur, convexe en dessus, échancré à la pointe, sans fosse nasale. *Narines* latérales, un peu distantes de la base, fendues longitudinalement dans la masse cornée du bec, couvertes par dessus et à moitié fermées par la substance cornée. *Pieds* robustes, tarse plus long que le doigt intermédiaire, latéraux inégaux, l'externe réuni jusqu'à la première articulation, l'interne divisé, pouce long, très-fort. *Ailes* médiocres ou longue, les 4 premières rémiges étagées, et la 6e. la plus longue; *ou* les 3 premières étagées, la 4e. la plus longue. 2 *sections.*

Esp. Paradisea viridis. = Coracias varia. — Coracias tibicen. supp. — C. strepera, sont toutes les espéces connues de ce genre.

8. Glaucope, *Glaucopis.* (Forst.)—Caract. *Bec* médiodre, fort, robuste, épais; mandibule supérieure, convexe, voûtée, courbée vers le bout, sans échancrure; mandibule inférieure droite, cachée par les parois de la supérieure; base portant latéralement une membrane charnue. *Narines* basales, latérales, à moitié fermées par une grande membrane. *Pieds* robustes, tarse plus long que le doigt du milieu, tous divisés, le

---

(1) Seulement de l'ancien continent.

(2) Des mers de l'Inde et de l'Océanique. Leur bec est formé comme celui des *Corbeaux*, mais avec une échancrure à la pointe; ils diffèrent de ces derniers par la forme des narines, des ailes et des pieds.

pouce fort, armé d'un ongle long et courbé. *Queue* conique. *Ailes* médiocres étagées.

Esp. G. cinerea. (Gmel.) l'unique du genre.

9. MAINATE, *Gracula*. (Linn.) — Caract. *Bec* médiocre, fort, dur, très-comprimé, convexe en dessus, fléchi à la pointe qui est échancrée dans quelques individus (1); mandibule inférieure forte, de la hauteur de la supérieure. *Narines* latérales, vers le milieu du bec, ouvertes, cachées en partie par les plumes très-avancées du front. *Pieds* robustes, tarse de la longueur du doigt du milieu, l'externe soudé à la base, l'interne divisé; pouce fort. *Ailes* médiocres, 1re. rémige presque nulle, 2e. un peu plus courte que la 3e.

Esp. G. religiosa. (Linn. Lath.), l'unique du genre. De l'Inde.

10. PIQUE-BŒUF, *Buphaga*. (Linn.) — Caract. *Bec* fort, gros, obtus; mandibule inférieure plus forte que la supérieure, toutes deux renflées vers la pointe. *Narines* basales, à moitié fermées par une membrane voûtée. *Pieds* médiocres, tarse plus long que le doigt du mimilieu, latéraux égaux, l'externe soudé à la base, l'interne divisé; ongles à crampons. *Ailes* médiocres, 1re. rémige très-courte, la 2e. presque aussi longue que la 3e.

Esp. B. africana, l'unique du genre.

11. JASEUR (2), *Bombycivora*. (Temm.) — Caract. Voyez Manuel, p. 123.

---

(1) Le caractère de l'échancrure à la pointe du bec est très-accessoire; l'existence ou l'absence de cette dent ne peut servir de base pour une division générique; on trouve des espèces d'un même genre qui ont une échancrure et d'autres qui en manquent; elle n'est même pas toujours constante dans les individus de la même espèce, ou bien elle est plus ou moins forte et marquée dans les uns que dans les autres. Une réunion rigoureuse des *Dentirostres* est défectueuse. Les motifs seront développés dans l'index général.

(2) Des contrées froides des deux mondes.

Esp. Ampelis garrulus. — Petit Jaseur. (Vieill.). sont les deux espèces du genre.

12. PIROLL (1), *Ptilonorhynchus.* (Kuhl.) — Caract. *Bec* court, fort, dur, robuste, déprimé à la base , courbé, pointe échancrée ; mandibule inférieure forte, renflée dans le milieu. *Narines* basales latérales, ouvertes, rondes, entièrement cachées par les plumes arrondies de la base. *Pieds* forts, robustes, tarse plus long que le doigt du milieu, qui est uni à l'extérieur jusqu'à la première articulation ; doigts latéraux inégaux ; ongle postérieur fort, courbé. *Ailes* médiocres , les 3 premières rémiges étagées, les 4ᵉ. et 5ᵉ. les plus longues.

Deux espèces nouvelles, le mâle d'un violet brillant, la femelle olivâtre ; l'autre, les deux sexes d'un vert clair, très-pur.

13. ROLLIER (2), *Coracias.* (Linn.) — Caract. Voyez Manuel, p. 126.

Esp. (Bengalensis *et* indica.) — (Senegalensis *et* abyssinica.) — Vivida *ou* Rollier vert. (Vaill.)

14. ROLLE (3), *Colaris.* (Cuv.) — Caract. *Bec* court, fort, déprimé , dilaté sur les côtés ; beaucoup plus large que haut , arête arrondie, pointe un peu crochue, avec ou sans échancrure ; mandibule inférieure en partie cachée par les parois avancées des bords de la supérieure. *Narines* basales, longues, diagonalement fendues, à moitié fermées par une membrane couverte de plumes. *Pieds* courts, tarse plus court que le doigt

---

(1) Le bec de ces oiseaux ressemble beaucoup à celui de tous échenilleurs , mais il existe des différences dans les narines et dans les plumes de la base du bec; tout le plumage offre des différences marquées ; ils s'éloignent encore plus des échenilleurs par les pieds. Ils sont de l'Océanique.

(2) De l'ancient continent.

(3) De l'ancien continent.

intermédiaire, les antérieurs soudés à leur base, latéraux inégaux. *Ailes* longues, la 1re. rémige un peu plus courte que la 2e. qui est la plus longue.

    Esp. Coracias orientalis. — Madagascariensis.—Afra.

15. Loriot (1), *Oriolus*. (Linn.) — Caract. V. Manuel, p. 128.

    Esp. O. melanocephalus. (Linn.) — O. chinensis. (Linn.) Gracula viridis. (Lath. *supp.*) — Paradisea aurea. (Lath.) Ceux de Vaillant et plusieurs espèces nouvelles.

16. Troupiales (2), *Icterus*. (Daud.) — Caract. *Bec* plus long ou comme la tête, droit, en cône allongé, pointu, un peu comprimé, sans arête distincte, base s'avançant entre les plumes du front, surface arrondie ou en angle, pointe du bec très-acérée, sans échancrure ; bords des mandibules plus ou moins fléchis en dedans. *Narines* basales, latérales, longitudinalement fendues dans la masse corné du bec, couvertes en dessus par un rudiment corné. *Pieds* médiocres, tarse de la longueur ou plus long que le doigt du milieu, latéraux à peu près égaux, l'externe soudé à sa base, l'interne divisé. *Ailes* longues, les 2 premières rémiges un peu moins longues que la 3e. et la 4e. qui sont les plus longues. *4 sections*.

    Esp. Oriolus cristatus. — Gracula quiscula. — Graculata barita. — (Oriolus ferrugineus *et* niger *ainsi que* turdus labradorus, hudsonicus *et* noveboracensis.) — (O. americanus, quianensis *et* viridis, *aussi* tanagra militaris.) — Fringilla pecoris, et plusieurs nouvelles.

17. Étourneau (3), *Sturnus*. (Linn.)—Caract. V. Manuel, p. 131. *2 sections*.

---

(1) Tous les loriots sont de l'ancien continent et de l'Océanique.

(2) Toutes les espèces sont d'Amérique, on peut les sectionner en *Cassiques, Quiscales, Troupiales* et *Emberizoïdes*.

(3) Les espèces, quoiqu'en très-petit nombre, sont des deux mondes; les formes principales ne varient pas d'une manière marquante ; l'*Amblyramphus*

Esp. Amblyramphus. (Leach.) Sturnus capensis. — Ludovicianus. — Militaris. — Carunculatus.

18. MARTIN (1), *Pastor*. (Temm.) — Carac. V. **Manuel**, p. 135. 2 *sections*.

Esp. Gracula calva. — (Pastor musicus (Temm.) Voyez cette espèce *Dict. d'hist. nat. V*. 19, *pl. G*. 4. sous le faux nom de *mainate religieux*.) — Gracula tristis. — Cristatolla. — Sturnus gallinaceus. — Turdus pagodarum. — (Turdus leucocephalus et Sturnus sericus.)

19. OISEAU DE PARADIS (2), *Paradisea*. (Linn.)—Carac. *Bec* médiocre, droit, quadrandulaire, pointu, un peu convexe en dessus , comprimé ; arête s'avançant entre les plumes du front; pointe à échancrure à peine visible ou nulle ; mandibule inférieure droite , pointue. *Narines* basales, marginales, ouvertes, entièrement cachées par les plumes veloutées du front. *Pieds* forts ; tarse plus long que le doigt du milieu ; latéraux inégaux ; l'interne uni jusqu'à la seconde articulation ; l'externe soudé à sa base ; pouce plus long que les autres doigts, robuste. *Ailes* médiocres, les 5 premières rémiges étagées , la 6e. ou 7e. la plus longue.

Esp. P. apoda. — Minor. (Vaill.) — Sanguinea. (Shaw.) — (Magnifica *et* cirrhata.) — Regia. — (Suberba *et* furcata.) — Sexetacea, sont toutes les espèces qui appartiennent à ce genre.

20. STOURNE (3), *Lamprotornis*. (Temm.) — Caract. *Bec*

---

de M. Leach est un *Étourneau* par le bec et un *Troupiale* par les couleurs générales du plumage ; il forme le passage des uns aux autres. En suivant un pareil système, les espèces deviendront des genres.

(1) Toutes les espèces sont de l'ancien continent.

(2) Toutes les espèces sont des îles les plus reculées des mers de l'Inde. Je ne puis classer le *Nebuleux* des planches des oiseaux de paradis de M. Le Vaillant, n'ayant jamais vu un individu parfait et entier de cet oiseau, dont la véritable forme du bec m'est inconnue.

(3) Toutes les espèces sont de l'ancien continent, le plus grand nombre d'Afrique. Ils ont un plumage très-éclatant, couvert de couleurs métalliques. Ils vivent comme les *Étourneaux* et les *Martins*, mais ressemblent plus ou moins aux *Merles* par le bec et par les pieds.

médiocre, convexe en dessus, comprimé à la pointe qui est échancrée, base déprimée, arête s'avançant entre les plumes du front. *Narines* basales, latérales, ovoïdes à moitié fermées par une membrane voûtée, souvent couverte de plumes ou cachée par les plumes du front, pas de poils au bec. *Pieds* longs, tarse plus long que le doigt intermédiaire; l'interne soudé à sa base, l'externe divisé. *Ailes* médiocres; la 1re. rémige très-courte, les 2e et 3e moins longues que la 4e. ou la 5e. qui sont les plus longues. 2 *sections*.

> *Esp.* Paradisea gularis. = Turdus aeneus. — Auratus. — Nitens. Columbinus. — Leucogaster. — Tanagra atrata. Les espèces de Vaillant et plusieurs nouvelles.

ORDRE III. INSECTIVORES, *Insectivores.* — Caract. V. Manuel, p. 139.

1. MERLE (1), *Turdus.* (Linn.) — Caract. V. Manuel, p. 160. 4 *sections*.

> *Esp.* (T. polyglottus - orpheus *et* dominicensis.) — (Lanius jocosus *et* emeria.) — Muscicapa homorhousa. — Merops cayanensis = T. manillensis. = T. punctatus (Lath. *supp.*) = Tanypus australis. *Oppel*, qui a tous les caractères des merles, mais dont les tarses sont un peu plus longs, et une grande série d'espèces nouvelles.

2. CINCLE, *Cinclus.* (Bechst.) — Caract. V. Manuel, p. 176.

> *Esp.* Turdus cinclus. — Cinclus pallasii.

3. LYRE, *Menura.* (Shaw.) — Caract. *Bec* à sa base plus large que haut, droit, incliné à la pointe qui est échancrée, arête distincte, fosse nasale prolongée et grande. *Narines* au milieu du bec, ovales, grandes, couvertes d'une membrane. *Pieds* grêles; tarse du double plus long que le doigt intermédiaire, celui-ci

---

(1) On trouve des *Merles* et des *Grives* dans tous les pays et dans toutes les températures.

et les latéraux à peu près tous égaux ; l'externe uni jusqu'à la première articulation ; l'interne divisé. *Ongles* aussi longs que les doigts , larges , convexes en dessus, obtus. *Ailes* courtes, concaves ; les 5 premières rémiges étagées, les 6e., 7e., 8e., et 9e. égales, les plus longues. *Queue* à pennes très-longues , de diverses formes.

Esp. Menura Novæ-Hollandiæ. L'unique du genre.

4. Brêve (1), *Pitta*. (Vieill.) — Caract. *Bec* médiocre , fort, dur, comprimé dans toute sa longueur , légèrement incliné depuis la base, fléchi à la pointe ; arête élevée à la base , pointe faiblement échancrée ; bords des mandibules un peu comprimés en dedans , celles-ci à peu près égales ; fosse nasale grande. *Narines* basales , latérales , à moitié fermées par une grande membrane nue. *Pieds* longs , grêles ; tarse souvent du double plus long que le doigt intermédiaire ; l'interne réuni jusqu'à la première articulation ; l'externe soudé. *Ailes* courtes, arrondies, les 3 premières rémiges également étagées, la 4e. et 5e. les plus longues. *Queue* courte , égale ou arrondie.

Esp. Turdus cyanurus. — Corvus brachyurus. — (Merle des Moluques *et* des Philippines , Buff., pl. 257 et 89.) — Pitta-thoracica. (Temm.) et quelques espèces nouvelles , toutes de l'Inde.

5. Fourmilier (2), *Myothera*. (Illig.) — Caract. *Bec* longicorne , droit, un peu fort, convexe en dessus ; arête un peu voûtée , pointe subitement fléchie , échancrée,

---

(1) Ce groupe est basé sur une division géopraphique ; on pourrait réunir ces espèces , qui toutes sont de l'Inde au groupe suivant, composé d'espèces toutes de l'Amérique méridionale, mais il est préférable de les séparer ; la forme du bec diffère un peu.

(2) Toutes les espèces sont de l'Amérique méridionale. Les uns ont la queue très-courte, carrée, et les tarses très-longs, les autres ont la queue longue et arrondie, et les tarses de moyenne longueur.

plus longue que la mandibule inférieure qui est droite, conique et un peu relevée à la pointe. *Narines* basales, latérales, à moitié fermées par une petite membrane. *Pieds* longs ou médiocres, grêles, doigts latéraux à peu près égaux ; l'interne uni jusqu'à la première articulation, l'externe soudé à la base. *Ailes* courtes, très-arrondies, les 3 premières rémiges également étagées, les 4e. et 5e. les plus longues. *Queue* courte égale, ou longue et étagée. 4 *sections*.

> *Esp.* Turdus grallarius. — Tinniens. = Auritus. = Colma. — Telma. — Pipra nævia. — Pipra albifrons. — Sitta nævia, et une multitude d'espèces nouvelles.

6. Batara (1), *Tamnophilus*. (Vieill.)—Caract. *Bec* court, fort, gros, un peu bombé, élargi à la base, dilaté sur les côtés, comprimé vers la pointe qui est obtuse, très-courbée et échancrée, dépassant la mandibule inférieure qui est bombée en dessous, pointue. *Narines* latérales un peu distantes de la base, percées dans la masse cornée du bec, arrondies ou ovoïdes, totalement ouvertes. *Pieds* longs, grêles ; tarse beaucoup plus long que le doigt intermédiaire ; l'externe réuni jusqu'à la première articulation ; l'interne divisé. *Ailes* très-courtes, arrondies, les 3 premières rémiges également étagées, les 4e. 5e. et 6e. égales et les plus longues. 2 *sections*.

> *Esp.* Grand batara. (Azora.) — Lanius doliatus. — Atricapillus. — Nævius. = Tanagra guianensis, et une multitude d'espèces nouvelles.

7. Vanga (2), *Vanga*. (Vieill.)—Caract. *Bec* long, fort dur, longicone, seulement courbé à la pointe qui est très—

---

(1) Toutes mes espèces sont d'Amérique, le plus grand nombre de l'Amérique méridionale, genre très-nombreux ; les *mâles* noirâtres, les *femelles* roussâtres.

(2) Toutes les espèces sont de l'ancien continent, des îles les plus reculées de l'Inde et de l'Océanique.

crochue et acérée ; bords des mandibules droits , tranchans; pointes échancrées. *Narines* latérales , un peu distantes de la base , longitudinalement fendues dans la masse cornée du bec , couvertes en dessus par un cartilage ; base du bec garnie de soies raides. *Pieds* médiocres ; tarse de la longueur ou plus long que le doigt intermédiaire, l'externe réuui jusqu'à la première articulation ; l'interne soudé à la base. *Ailes* médiocres, la 1re. rémige de moyenne longueur , la 2^c. moins longue que la 3e. qui est la plus longue.

> *Esp.* Lanius curcirostris. — Vanga destructor. (Temm.)

8. Pie-grièche (1), *Lanius*. (Linn.) — Caract. V. Manuel, p. 140. 3 *sections*.

> *Esp.* L. frontatus. = Turdus ceylonus. — Lanius antiguaņus. — Brubru. — Cubla. = Barbarus.

9. Bécarde (2), *Psaris*. (Cuv.). — Caract. *Bec* gros, fort, dur, conique, rond , déprimé à la base, comprimé à la pointe, qui est crochue et échancrée , arête en dôme, point de fosse nasale. *Narines* distantes de la base, latérales, rondes, percées dans la masse cornée du bec , ouvertes. *Pieds* forts , tarse court, de la longueur du doigt intermédiaire ; l'externe uni jusqu'à la première articulation , l'interne soudé à la base. *Ailes* médiocres, la 1re. rémige un peu plus courte que les 2e., 3e. et 4e. qui sont les plus longues.

> *Esp.* Lanius cayanus, et une espèce nouvelle d'Amérique.

10. Bec-de-fer, *Sparactes*. (Illig.) — Caract. *Bec* fort, dur, gros, un peu déprimé à la base, très-dilaté sur les côtés, sans arête saillante, un peu courbé et comprimé à la pointe qui porte une légère échancrure; sans fosse nasale distincte ; mandibule inférieure forte,

---

(1) De l'ancien continent et de l'Amérique septentrionale ; point encore trouvée dans l'Amérique méridionale.

(2) De l'Amérique méridionale.

large, évasée, à pointe obtuse. *Narines* basales, latérales, percées dans la masse cornée en un sillon qui s'étend un peu en avant du trou nasal. *Pieds* forts; tarse plus long que le doigt du milieu; doigts divisés, les latéraux inégaux. *Ailes* longues ; 1re. rémige courte, la 2e. moins longue que les 3e. et 4e.

Esp. Le Bec-de-Fer de °Vaillant, ou Lanius superbus. (Shaw.) L'unique du genre. Patrie inconnue.

11. Langrayen (1), *Ocypterus.* (Cuv.) — Caract. *Bec* médiocre, un peu déprimé à la base, comprimé à la pointe qui est échancrée, arête déprimée voûtée ; mandibule supérieure convexe en dessus, fléchie à la pointe. *Narines* latérales, distantes de la base, petites, percées dans la masse cornée, ouvertes par devant, cachées à claire-voie par les poils courts de la base du bec. *Pieds* et surtout les *doigts* courts, l'interne entièrement divisé, l'externe soudé à sa base. *Ailes* longues, 1re. rémige presque nulle, les 2e. et 3e. égales et les plus longues.

Esp. Lanius viridis. — Leucorynchos, et deux espèces nouvelles, que M. Valenciennes publiera incessamment.

12. Crinon, *Criniger.* (Temm.) — Caract. *Bec* court, fort, longicone, comprimé à la pointe, un peu élargi à la base; mandibule supérieure fléchie vers la pointe qui est un peu échancrée ; base du bec garnie de très-fortes et longues soies. *Narines* un peu distantes de la base; ovoïdes, ouvertes. *Pieds* courts; tarse plus court que le doigt du milieu; latéraux inégaux ; l'externe uni jusqu'à la seconde articulation; l'interne à sa base. *Ailes* médiocres; les 3 premières rémiges étagées, les 4e., 5e. et 6e., les plus longues.

Formé de cinq espèces nouvelles qui n'ont point de type parmi celles connues; toutes sont des côtes occi-

---

(1) Toutes les espèces sont de l'Inde et de l'Océanique.

dentales d'Afrique ; plusieurs ont un bouquet de crins à la nuque.

13. DRONGO (1), *Edolius*. (Cuv.) — Caract. *Bec* médiocre, dur, fort, déprimé à la base , un peu dilaté sur les côtés, comprimé à la pointe, qui est échancrée ; mandibule supérieure convexe, courbée et un peu crochue à la pointe ; l'inférieure, droite , retroussée à la pointe ; base garnie de poils longs et forts. *Narines* basales, latérales, à moitié fermées par une membrane, cachées ou couvertes à claire-voie par les poils du front. *Pieds* faibles, courts, doigt externe uni jusqu'à la première articulation ; l'intérieur divisé. *Ailes* médiocres ; les 3 premières rémiges étagées, la 4e., 5e. ou 6e. la plus longue. *Queue* presque toujours plus ou moins fourchue.

Esp. Lanius forficatus. — Cærulescens. — Corvus baliscassius. — Lanius malabaricus et cuculus paradiseus. — Les Drongos de Vaillant et plusieurs nouveaux.

14. ECHENILLEUR (2), *Ceblephyris*. (Cuv.) — Caract. *Bec* gros, court, fort, élargi à la base, un peu bombé, comprimé à la pointe ; mandibule supérieure, convexe, courbée vers la pointe qui est échancrée ; arête peu distincte ; mandibule inférieure droite , presque égale avec la supérieure. *Narines* basales, latérales ; ovoïdes, ouvertes, cachées par les petits poils serrés du front. *Pieds* faibles, courts ; doigts latéraux inégaux, réunis ou soudés à leur base. *Ailes* médiocres ; la 1re. rémige

----

(1) Toutes les espèces connues sont de l'ancien continent.

(2) Toutes les espèces connues sont de l'ancien continent. La supposition est erronée que le caractère principal des échenilleurs doit consister dans les *tiges raides et piquantes des plumes de leur croupion ;* quelques nouvelles *Grives* (*Turdus*) seraient alors des *Échenilleurs*, et plusieurs oiseaux qui ont les pieds, le bec, les formes totales et le plumage des trois échenilleurs de Le Vaillant, ne pourraient plus être admis dans ce genre, parce que les plumes également raides et fortes, ne sont pas terminées de pointes piquantes.

courte, les deux suivantes étagées, la 4e. ou la 5e. la plus longue. *Queue* très-large, croupion très-garni de plumes à baguettes raides souvent terminées de pointes aiguës.

> *Esp.* Corvus papuensis, *une femelle* dont *le mâle* est le Rollier à masque noir. (Vaill. pl. 30), ou Corvus melanops. (Lath. *supp.*) — Corvus novæ guineæ. — Muscicapa cana. — Les deux autres échenilleurs de Vaillant et un petit nombre d'espèces nouvelles.

15. Coracine (1), *Coracina*. (Vieill. — Caract. *Bec* gros, fort, dur, anguleux, convexe en dessus, un peu déprimé à la base, voûté, droit, fléchi à la pointe qui est comprimée, et très-faiblement échancrée ou lisse ; mandibule inférieure droite, aplatie en dessous ; base du bec garnie de poils raides et courts. *Narines* basales, arrondies, ouvertes par devant, fermées par derrière par une membrane garnie de petites plumes ou lisse. *Pieds* forts, un peu robustes ; tarse plus court que le doigt du milieu ; les trois doigts antérieurs à peu près égaux ; l'externe uni jusqu'à la première articulation ; l'interne soudé à la base. *Ailes* assez longues ; les 2 premières rémiges moins longues que les 3e., 4e. et 5e. qui sont les plus longues. 2 *sections.*

> *Esp.* Cephalopterus ornatus. (Geoff. Ann. Mus.) — V. 13. pl. 15. — Corvus calvus. — (Coracias scutata *ou* grand piauhau.) — (C. militaris ; Cotinga ponceau. (Vaill.) = Muscicapa rubricollis. — (Cotinga cendré. (Vaill.) pl. 44, mais point Amp. cinera. (Lath.) qui est le jeune de Amp. pompadora. (Lath.) — (Gracula nuda et fœtida.)

16. Cotinga (2), *Ampelis*. (Linn.)—Caract. *Bec* court, un peu déprimé, plus haut que large, dur, solide, trigone à la base, comprimé et échancré à la pointe, un

---

(1) Toutes les espèces connues sont de l'Amérique méridionale ; l'échancrure à la pointe du bec n'existe pas toujours sur tous les individus de la même espèce.

(2) Toutes les espèces connues sont de l'Amérique méridionale.

peu convexe en dessus, subitement fléchi à la pointe. *Narines* basales, latérales, arrondies, moitié fermées par une membrane, et couvertes à claire-voie par les poils de la face. *Peids* médiocres; tarse de la longueur ou plus court que le doigt intermédiaire, les latéraux unis jusqu'à la seconde articulation. *Ailes* médiocres; la 1re. rémige moins longue que la 2e. qui est la plus longue.

   Esp. A. Cotinga. — (Pompadora, *et* cinerea *le jeune*) — Hypopyrra. (Vieill.)

17. AVERANO (1), *Casmarhinchos.* (Temm.) — Caract. *Bec* large, très-déprimé, mou et flexible à la base, comprimé et corné à la pointe, fosse nasale très-ample; pointe de la mandibule supérieure échancrée; les bords de la mandibule inférieure minces, flexibles, seulement la pointe cornée. *Narines* grandes vers la pointe du bec, ovoïdes, ouvertes, membrane qui recouvre la fosse nasale garnie de petites plumes rares. *Pieds :* tarse plus long que le doigt du milieu, doigts soudés à la base, latéraux égaux. *Ailes :* les 2 premières rémiges étagées la 3e. et la 4e. les plus longues.

   Esp. Ampelis variegata. — Carunculata. — (Araponga *Voy. du prince Max.* Casmarhinchos nudicollis.) — Procnias melanocephalus. (P. *Max.*)

18. PROCNÉ (2), *Procnias.* (Illig.) — Caract. *Bec* plus large que le front, dilaté sur les côtés, fort, dur, déprimé, mais très-comprimé à la pointe qui est un peu échancrée; arête un peu élevée à la base. *Narines* basales, près du front à la partie supérieure du bec, un peu tubulaires, bordées par un cercle membraneux. *Pieds :* tarse plus long que le doigt du milieu; doigts soudés

---

(1) Les espèces connues sont de l'Amérique méridionale.
(2) Les deux espèces qui me sont connues vivent dans l'Amérique méridionale.

PARTIE. Ire

à la base , latéraux égaux. *Ailes :* la 1re. rémige presque aussi longue que la 2e. et la 3e. qui sont les plus longues.

Esp. (Procnias ventralis. (Illig.) le mâle. — Hirundo viridis. (Temm. *Catalog.*) la femelle, aussi Procnias cyanotropeus (P. Max.) et une nouvelle.

19. RUPICOLE, *Rupicola.* (Cuv.) — Caract. *Bec* médiocre, robuste, légèrement voûté, courbé à la pointe qui est échancrée ; l'inférieure droite, aiguë. *Narines* basales, latérales, ovoïdes, ouvertes en partie ; cachées par les plumes de la huppe en demi-cercle qui ombrage le bec. *Pieds* robustes, forts ; tarse en partie couvert de plumes , de la longueur du doigt intermédiaire ; l'externe uni plus loin que la seconde articulation , l'interne soudé à la base ; pouce très-fort , armé d'un ongle très-robuste. *Ailes* médiocres ; 1re. rémige allongée en fil, les 3 premières plus courtes que la 4e. et la 5e.

Esp Pipra rupicola. — Peruviana. Les deux espèces connues de l'Amérique méridionale.

20. TANMANAK (1)', *Phibalura.* (Vieill.) — Caract. *Bec* très-court, un peu conique, convexe en dessus, dilaté sur les côtés , épais, fort ; mandibule supérieure à dos arqué, échancré à la pointe ; l'inférieure droite , un peu pointue ; fosse nasale très-petite. *Narines* basales, latérales , peu distinctes , couvertes d'une membrane. *Pieds* médiocres ; les doigts externes et internes soudés à leur base. *Ailes* un peu longues, la 1re. et la 2e. rémiges les plus longues de toutes. *Queue* longue, grêle , très-fourchue.

---

(1) La seule espèce connue que j'aie vue dans les Musées à Berlin et à Paris, a été envoyée du Brésil. Si par la suite on apprend que cet oiseau se nourrit principalement de graines, on pourra placer le genre avant celui de *Tangaras.* Je le range avant celui des *Manakins* dont l'espèce unique approche le plus par le bec. Le nom français indique les rapports entre ces deux genres.

Esp. Une nouvelle, du Brésil (Phibabura flavirostris. (*Musée de Paris*) *ou* pipra crisopogon. (*Musée de Berlin.*)

21. MANAKIN (1), *Pipra.* (Linn.) — Caract. *Bec* trigone, court, un peu élargi à la base, comprimé dans le reste, convexe en dessus, très comprimé à la pointe; mandibule supérieure courbée et échancrée à la pointe; l'inférieure pointue. *Narines* basales, latérales, ouvertes, à moitié fermées par une membrane couverte de plumes. *Pieds* médiocres, plus longs que le doigt intermédiaire; latéraux inégaux; l'externe uni jusqu'à la seconde articulation, l'interne soudé à la base. *Ailes* et *queue* courtes; les 2 premières rémiges plus courtes que la 3e. ou la 4e. qui sont plus longues. 2 *sections.*

Esp. (P. parcolo et superbus.) — Manacus. — Caudata. — Militaris. (Shaw.) — Strigilata. (*P. Max.*) et nouvelles.

22. PARDALOTE (2), *Pardalotus.* (Vieill.) — Caract. *Bec* très-court, gros, dilaté à sa base, arête distincte; les deux mandibules presque également fortes et de même longueur, toutes deux convexes et un peu obtuses, la supérieure échancrée. *Narines* basales, latérales, petites, couvertes d'une membrane. *Pieds* grêles; tarse plus long que le doigt du milieu; l'externe réuni, l'interne soudé à la base. *Ailes*, la 1re. rémige presque aussi longue que la 2e., ou la plus longue de toutes.

Esp. Pipra punctata. — Striata. — (Gularis, le même que sylvia hirundinacea. — Superciliosa.

23. TODIER (2), *Todus.* (Linn.) — Caract. *Bec* long, formé

---

(1) Toutes les espèces sont de l'Amérique méridionale.

(2) De l'ancien continent, particulièrement confinées dans la mer de l'Inde et dans celle de l'Océanique.

(3) Seulement dans l'Amérique septentrionale. Les premières espèces du genre des moucherolles, sont liées de très-près au genre *Todus*; ils forment le passage, mais ce ne sont point de vrais *Todiers*, ni par les caractères, ni par les mœurs.

de deux lames minces, obtuses , plus large que haut ;
arête distincte ; pointe de la mandibule supérieure
droite, se divisant au bout ; inférieure obtuse, tronquée. *Narines* à la surface du bec, distantes de la base,
ouvertes, arrondies ; base des mandibules garnie de
longs poils. *Pieds* médiocres ; doigts latéraux inégaux, l'externe uni jusqu'à la troisième articulation et
l'interne jusqu'à la seconde. *Ailes* courtes, les 2 premières rémiges plus courtes que la 3e. ; la 4e. la plus
longue.

Esp. T. Viridis. L'unique de genre.

24. PLATYRHINQUE (1), *Platyrrinchos*. (Desmar.) — Caract.
Bec plus large que le front, dilaté sur les côtés, du double
plus large qu'épais ; très-déprimé jusqu'à la pointe , qui
est courbée et échancrée ; arête déprimée, peu distincte ;
base du bec garnie de longues soies. *Narines* vers le milieu de la surface du bec, rondes, ouvertes , fermées en
dessus par une petite membrane couverte de plumes.
Pieds : tarse plus long que le doigt du milieu ; les latéraux inégaux, l'extérieur et celui du milieu réunis jusqu'à la première articulation ; ongle du pouce le plus
fort, courbé. *Ailes :* les 2 premières rémiges plus
courtes que la 3e. et la 4e. qui sont les plus longues.

Esp. Lanius pitangua. — Todus rostratus *ou* platyrhinque.
(Desm.) — Nasutus. — Plat. olivaceus. (Temm.) — Cancromus
(Temm.)

25. MOUCHEROLLE (2), *Muscipeta*. (Cuv.) — Caract. *Bec*
très-déprimé, plus large que haut, souvent un peu
dilaté sur les côtés ; mandibule supérieure à arête vive,
crochue et courbée sur l'inférieure, le plus souvent

---

(1) Toutes les espèces qui me sont connues vivent dans l'Amérique méridionale.

(2) Des parties les plus chaudes des deux mondes, jamais dans les contrées
boréales ; on peut les sectionner en divisions géographiques.

échancrée; mandibule inférieure très-déprimée, pointue vers le bout; base garnie de longs poils qui dépassent souvent le bec. *Narines* basales à la surface du bec, ouvertes, cachées à claire-voie par les longs poils de la base. *Pieds* médiocres et courts, faibles; doigts latéraux inégaux; l'externe uni jusqu'à la seconde articulation, l'interne soudé à la base. *Ailes* médiocres; les 3 premières rémiges étagées, la 4e. ou 5e. la plus longue. 2 ou 3 *sections.*

Esp. Todus plumbeus. — Maculatus. — Regius. = Upupa paradisea. — Muscicapa borbonica. — Flabellifera. — Paradisi. — Mutata. — Flavigaster. Une multitude d'autres, et beaucoup de nouvelles.

26. Gobe-Mouche (1), *Muscicapa.* (Linn.) — Caract. V. Manuel, p. 150. 4 ou 5 *sections.*

Esp. (Corvus flavus *ou* lanius sulphuratus.) = Todus cinereus *ou* meloxantha.) — Sitta chloris. — Pipra papuensis. = Muscicapa olivacea. — Noveboracensis. = M. flammea. — Cucullata. Et une série des plus nombreuses en espèces nouvelles (2).

27. Mérion (3), *Malurus.* (Vieill.) — Caract. *Bec* un peu fort, plus haut que large, fléchi et un peu courbé à la pointe, comprimé dans toute sa longueur; arête distincte, s'avançant un peu entre les plumes du front; base du bec garnie de petits poils rudes, pointe faiblement échancrée. *Narines* basales, latérales, à moitié fermées par une membrane. *Pieds* longs, grêles; doigt externe uni jusqu'à la 1re. articulation, l'interne divisé. *Ailes* très-courtes, arrondies; les 3 premières rémiges également étagées, souvent encore la 4e. les 5e. 6e. et 7e. égales et les plus longues. *Queue* très-

---

(1) Elles sont répandues dans tous les pays et sous presque toutes les latitudes.
(2) Vu le très-grand nombre des espèces, on pourrait, indépendamment des sections établies, sous-diviser ce genre en sections géographiques.
(3) Toutes les espèces sont de l'ancien continent, d'Afrique et de l'Océanique.

longue , conique , à pennes étroites , souvent à barbes rares et décomposées. 2 *sections.*

> *Esp.* (Sylvia africana , ou merle flûteur. (Vaill. *pl.* 112 , *f.* 2.) — (Macroura ou le capocier. (Vaill. *pl.* 129 *et* 130.) — Longicauda. = Turdus brachipterus. — Musicapa malachura. — Sylvia cyanea. — Magnifica. (Temm.), et plusieurs espèces nouvelles.

28. Bec-Fin (1), *Sylvia.* (Lath.) — Caract. V. Manuel, p. 178 6. *sections.*

> *Esp.* S. Cyanocephala. — Cayana. = S. Africana. — Cyanura. — Sialis. — Blackburnia lateralis. — (Borbonica et mauritiana.) — Guira. — (Coronata , umbria , cincta *et* pinguis.) = Elata. — Pusilla. — Calendula. = Platensis. — Furva. Et une multitude d'espèces nouvelles.

29. Traquet (2), *Saxicola.* (Bechst.) — Caract. V. Manuel, p. 235.

> *Esp.* (Sylvia sperata *ou* traquet familier de Vaillant.) — Pileata *ou* T. imitateur. (Vaill.)

30. Accenteur (3) , *Accentor.* (Bechst.) — Caract. V. Manuel , p. 247.

> *Esp.* (Turdus calliope T. du titre; *le même que* T. Camtschatkensis (Gmel.) et motacilla calliope de Pallas.) Point d'autres espèces étrangères connues.

31. Bergeronnette (4), *Motacilla.* (Lath.) — Caract. V. Manuel , p. 252.

> *Esp.* Motacilla aguimp. (Vaill.) et des nouvelles.

32. Pipit (5) , *Anthus.* (Bechst.) — Caract. V. Manuel, p. 261.

---

(1) Des sections géographiques sont indispensables dans ce genre ; les espèces sont répandues sous toutes les latitudes. Les *Pit-pits* de Buffon forment aussi une section qui se lie aux *Tangaras.*

(2) Les espèces qui me sont connues, viennent toutes de l'ancien continent.

(3) Les quatre espèces connues sont de l'ancien continent.

(4) Je n'en ai point encore vu de l'Amérique méridionale. Ce genre est composé d'un très-petit nombre d'espèces.

(5) Genre peu nombreux, mais répandu sous toutes les températures.

Esp. Alauda capensis. — Rufa. — Africana. et quelques nouvelles de l'Océanique.

ORDRE IV. GRANIVORES, *Granivores.* — Caract. V. Manuel, p. 273.

1. ALOUETTE (1), *Alauda.* (Linn.) — Caract. V. Manuel, p. 274.

   Esp. A. cinerea, et les espèces de Vaill.

2. MÉSANGE (2), *Parus* (Linn.) — Caract. V. Manuel, p. 286. *2 sections.*

   Esp. (P. atricapillus *et* hudsonicus.) = Capensis ; et les mesanges de Vaillant.

3. BRUANT (3), *Emberiza.* (Linn.) — Caract. V. Manuel, p. 302. *3 sections.*

   Esp. E. capensis (Lath.), sous laquelle on a confondu *quatre* espèces distinctes. — Aureola, — Hiemalis. — Spodocephala.

4. TANGARA (4), *Tanagra.* (Linn.) — Caract. *Bec* court, fort, dur, trigone à sa base, un peu déprimé, plus ou moins conique, très-comprimé à la pointe qui est fléchie, plus longue que l'inférieure et échancrée ; bords des mandibules fléchis en dedans, arête élevée, fosse nasale petite ; mandibule inférieure droite, un peu renflée vers le milieu. *Narines* basales, latérales, arrondies, ouvertes, en partie cachées par les plumes avancées du front. *Pieds* médiocres, tarse de la longueur du doigt intermédiaire, l'externe soudé à la

---

(1) Répandu dans tous les climats.

(2) Répandu dans tous les climats.

(3) Les espèces qui portent les caratères du genre, sont toutes des climats tempérés de l'ancien continent et de l'Amérique septentrionale.

(4) Tous les tangaras sont d'Amérique ; ils passent par degrés aux formes approchant celles des *Pies*, des *Pies-grièches* et des *Troupiales;* en isolant encore trois sections, les *Ramphocelles* (Desm.), *les Euphones* (Desm.), et terminant la série par les *Tangaras proprement dits*, dont les dernières espèces indiquent le passage aux *Becs-fins* de la classe des *Pits-pits* de Buffon.

base, l'interne libre. *Ailes* médiocres, la 1re. rémige
un peu plus courte que la 2e. et la 3e. qui sont les plus
longues. 6. *sections.*

> *Esp.* Lenius picatus. ⚌ Tanagra atricapilla. — (Rubra et
> loxia mexicana.) — (Mississipiensis æstiva *et* variegata.) ⚌
> Jacapa. — (Brasiliæ *mas* rudis *femina.*) ⚌ Magna. — Melanopis.
> — (T. ornata (Lath.) le même que archiepiscopus (Desm.) ⚌
> Cristata enl. 7. — Martialis (Temm. enl. 301, f. 2.) — Gularis.
> ⚌ (Pipra musica *et* Tanagra flavifrons.) ⚌ Tanagra pileata.
> —Sylvia velia.

5. Tisserin (1), *Ploceus.* (Cuv.) — Caract. *Bec* robuste,
dur, fort, longicone, convexe, un peu droit, aigu,
arête s'avançant sur le front, fléchi et comprimé à la
pointe, sans échancrure ; bords des mandibules courbés en dedans. *Narines* basales, près de la surface du
bec, ovoïdes, ouvertes. *Pieds* médiocres, tarse de la
longueur du doigt intermédiaire; les antérieurs soudés
à la base. *Ailes* médiocres, 1re. rémige médiocre ou
courte, la 2e. et la 3e. moins longues que la 4e. qui
est plus longue.

> *Esp.* Loxia philippina. — Abyssinica. — Pensilis. — Socia.
> — Menalocephala. — Oriolus textor. — Le malimbe et espèces
> nouvelles.

6. Bec-croisé (2), *Loxia*. (Briss.) — Caract. V. Manuel,
p. 324.

> *Esp.* Loxia falcirostra.

7. Psittasin, *Psittirostra*. (Temm.) — Caract. *Bec* court,
très-crochu, un peu bombé à sa base ; mandibule supérieure courbée à la pointe sur l'inférieure ; celle-ci
très-évasée, arrondie et obtuse à la pointe. *Narines*
basales, latérales, à moitié fermées par une membrane couverte de plumes. *Pieds :* tarse plus long que

---

(1) Les *Tisserins* sont tous de l'ancien continent, le plus grand nombre d'A-
frique.

(2) Des contrées boréales des deux mondes.

le doigt du milieu ; tous les doigts divisés , latéraux égaux. *Ailes* , 1re. rémige nulle, 2e. un peu plus courte que la 3e.

Esp. Loxia psittacea syn. 3. • T. 42. La seule espèce qui me soit connue dans ce genre, se trouve à la Nouv.-Hollande. Je possède le portrait d'une seconde espèce, toute verte à tête grise.

8. BOUVREUIL (1), *Pyrrhula* (Briss.) — Caract. V. Manuel, p. 331. 2 *sections*.

Esp. Loxia grossa. — Erythromelas. = Torrida angolensis — Pyrrhula misya (Vieill.) — Loxia lineola. — Minuta ; et plu. sieurs nouvelles.

9. GROS-BEC (2), *Fringilla*. (Illig.) — Caract. V. Manuel, p. 341. 4 *sections*.

Esp. (Loxia oryzivora *et* javensis.) = L. erythrocephala et brasiliana.) — (L. madagascariensis et Tring. erythroceppala.) — Tring. arcuata. — (Emberiza serena vidua *et* principalis. *ajoutez encore le même en hiver, Enl.* 291 *, f.* 2, *indiqué sous* Fring. nitens.) — Emberiza oryzivora. — Leucophris. = (E. cianca et tanagra cærulea.) — E. cicris. = (Tring. elegans *et* melba.) — coccinea.

10. PHYTOTOME, *Phytotoma*. (Gmel.) — Caract. *Bec* court, fort , conique, tranchant , bords des mandibules finement dentelés, égales. *Narines* basales , latérales, petites, nucs, ovoïdes. *Pieds* médiocres, trois ou quatre doigts.

Esp. P. rara. = Abyssinica, deux espèces dont l'une aurait quatre doigts et l'autre trois. N'ayant pu examiner des individus de ces deux oiseaux, je préviens que ce genre est indiqué d'après les auteurs.

11. COLIOU (3), *Colius*. (Gmel.) — Caract. *Bec* court , gros, fort, fléchi depuis la base, un peu comprimé à

----

(1) Le plus grand nombre sont des contrées tempérées des deux mondes.

(2) Genre très-nombreux, sans caractère assignable pour une division géogra phique. Le plus grand nombre de la zone torride.

(3) Tous les colious sont de l'ancien continent. Je crois qu'on ne les trouv point dans l'Inde et que le genre est propre à l'Afrique.

la pointe, arqué, voûté, bords de la mandibule supérieure couvrant celui de l'inférieure ; celle-ci droite et moins longue. *Narines* basales, latérales, percées dans la masse cornée du bec, rondes, en parties cachées par les plumes du front. *Pieds* médiocres, tarse court, pouce articulé intérieurement, reversible ; les doigts antérieurs divisés. *Ongles* très-arqués, celui du pouce le plus court. *Ailes* courtes ; 1re. rémige de moyenne longueur, 2e. un peu plus courte que la 3e. qui est la plus longue. *Queue* très-longue, conique.

Esp. Col. capensis. — (Senegalensis *et* indicus.)

ORDRE V. ZYGODACTYLES , *Zygodactyli*. — Caract. V. Manuel p. 378.

PREMIÈRE FAMILLE.

Bec plus ou moins arqué, très-courbé dans le genre perroquet. *Pieds :* deux doigts devant et le plus habituellement deux derrière ; quelquefois le doigt extérieur de derrière reversible.

1. Touraco, *Musophaga*. (Isert.) — Caract. *Bec* court, fort, large ; arrête élevée, souvent très-haute, toujours arquée, échancrée à la pointe ; extrémite de la mandibule inférieure formant un angle. *Narines* basales, près de l'arête du bec, fermées en partie par la substance cornée, souvent couvertes et cachées par les plumes du front ; *Pieds* robustes ; tarse de la longueur du doigt du milieu ; latéraux égaux, l'extérieur reversible, tous entourés d'un rudiment qui unit trois doigts à leur base. *Ailes :* les 3 premières rémiges étagées, les 4e. et 5e. les plus longues.

Esp. Cuculus persicus. — Touracou. (Buff. Vaill. pl. 17.) — T. pauline. (Vieill.) — (Phasianus africanus. (Lath.) ou Touraco musophage. (Vaill. pl. 20.) — Musophaga violacea. — Touraco géant. (Vaill. pl. 19.) sont toutes les espèces connues de ce genre, qui est d'Afrique.

2. INDICATEUR, *Indicator* (Vaill.) — Caract. *Bec* court , déprimé , dilaté sur les côtés, presque droit , un peu fléchi et échancré à la pointe ; arête distincte ; fosse nasale grande. *Narines* basales à la surface du bec, un peu tubulaires, ouvertes près de l'arête, bordées par une membrane. *Pieds* courts ; tarse plus court que le doigt externe ; les antérieurs réunis jusqu'à la première articulation. *Ailes* médiocres ; 1ʳᵉ. rémige nulle, la 2ᵉ. un peu plus courte que la 3ᵉ. qui est la plus longue.

> *Esp.* Cuculus indicator. — Petit indicateur. (Vaill.) Les deux espèces d'Afrique.

3. COUCOU, *Cuculus*. (Linn.) — Caract. V. Manuel, p. 380.

> *Esp.* C. Clamosus, le solitaire (de Vaillant) *et* Capensis.) — (Serratus *et* melanoleucos.) — Cupreus. — Coucou de Klaas , tous ceux (de Vaillant) et plusieurs espèces nouvelles.

4. COUA (1), *Coccyzus*. (Vieill.) — Caract. *Bec* fort, comprimé dans toute sa longueur, arête distincte, légèrement courbé depuis la base, fléchi à la pointe ; mandibule inférieure droite, fléchie à la pointe. *Narines* basales, latérales , à moitié fermées par une membrane nue. *Pieds* grêles ; tarse beaucoup plus long que le doigt extérieur ; ongles courts , peu courbés. *Ailes* très-courtes, arrondies ; les 5 premières rémiges étagées , les suivantes, aussi longues ou un peu plus que les pennes secondaires. 2 *sections.*

> *Esp.* C. Vétula. = Guira. — (Cayanus , sous laquelle on a confondu trois espèces distinctes.) — Nœvius (Lath.) et Galeritus (Illig.) — Coccyzus geoffroyi (Temm.). Plusieurs espèces nouvelleset toutes celles de Vaillant.

5. COUCAL (2), *Centropus*. (Illig.) — Caract. *Bec* gros,

---

(1) On trouve les espèces de ce genre dans les parties chaudes des deux mondes.

(2) Toutes les espèces sont de l'ancien continent, des mers de l'Inde, d'Afrique et de l'Océanique.

fort, dur, comprimé, plus haut que large, courbé depuis la base, très-fléchi et comprimé à la pointe ; arête élévée. *Narines* basales, latérales, diagonalement fendues, à moitié fermées par une membrane nue, voûtée. *Pieds* longs, robustes ; tarse plus long que le doigt extérieur, les deux antérieurs soudés à la base. *Ongles* gros, courts, celui du doigt postérieur interne très-long, subulé, presque droit. *Ailes* courtes; les 3 premières rémiges également étagées, la 4e. presque aussi longue que la 5e. qui est la plus longue.

Esp. (C. Ægyptius et Nigrorufus. (Cuv.) aussi Coucal noirou (Vaill. pl. 220.) — Ægyptius var. B. philippensis. (Cuv.) et Coucou des Philippines. (Buff. pl. 824.) Les jeunes de cette espèce sont (Senegalensis. (Vaill. pl. 219 et pl. enl. 332.) — Phasianius. (Lath. *supp*.) — Rufinus (Cuv.) — Æthiopicus (Cuv.) — Gigas (Cuv.) et un grand nombre d'espèces nouvelles.

6. MALCOHA, *Phoenicophaus*. (Vieill.) — Caract. *Bec* plus long que la tête, fort, épais, arrondi ; très-lisse, fléchi depuis la base, arqué vers le bout, sans échancrure, presque sans fosse nasale. *Narines* latérales, marginales, linéaires, éloignées de la base ; région opthalmique mamelonnée. *Pieds :* tarse plus long que le doigt externe; ongles courts, peu courbés. *Ailes* très-courtes, les 3 premières rémiges étagées, la 4e. ou la 5e. la plus longue.

Esp. Cuculus pyrrhocephalus. — Malcoha rouverdin (Vaill.) — Phœnicophaus superciliosus (Cuv.) Les trois espèces du genre qui vivent dans l'Inde.

7. COUROL, *Leptosomus*. (Vieill.) — Caract. *Bec* presque triangulaire, déprimé à la base, mais comprimé à la pointe ; arête très-proéminente; mandibule supérieure un peu fléchie, l'inférieure droite. *Narines* au milieu du bec, fendues diagonalement, un peu évasées, recouvertes et à moitié fermées par le prolongement de la matière cornée. *Pieds :* tarse déprimé, large,

de la longueur du doigt externe , couvert d'écailles rudes. *Ailes* longues , les trois premières rémiges étagées plus courtes que la 4e. qui est la plus longue. *Queue* longue , égale.

 Esp. Cuculus afer. L'unique de ce genre, d'Afrique.

8. Scythrops, *Scythrops.* (Lath.) — Caract. *Bec* long, fort, dur, conico-convexe, très-courbé à la pointe, plus haut que large, déprimé sur le front , dilaté sur les côtés, sillonné en dessus et latéralement ; bords des mandibules sans dentelures. *Narines* basales , latérales , percées derrière la masse cornée, s'ouvrant du côté des joues , à moité fermées en dessus par une membrane nue. *Pieds* courts, forts ; tarse plus court que le doigt du milieu ; les deux antérieurs soudés à la base. *Ailes* longues ; les deux premières rémiges étagées , la 3e. la plus longue. *Queue* très-longue, arrondie.

 Esp. Scyt. Novæ-Hollandiæ. L'unique du genre.

9. Aracari (1) , *Pteroglossus.* (Illig.) — Caract. *Bec* cellulaire , mince, plus long que la tête , de la largeur et de la hauteur du front, déprimé à sa base, voûté, sans arête , courbé en faucille , subitement fléchi à la pointe ; bords des mandibules régulièrement dentelés. *Narines* basales, à la partie supérieure du front, percées dans deux échancrures profondes à la surface du bec, orbiculaires , ouvertes. *Pieds* médiocres, tarse de la longueur du doigt externe , les deux antérieurs unis jusqu'à la seconde articulation. *Ailes* courtes , concaves ; les 4 premières rémiges inégalement étagées , la 5e. ou 6e. la plus longue. *Queue* longue, très-étagée.

 Esp. Ramphastos aracari. — Viridis. — Piperivorus. — Baillonii. (Vaill.) — (Pteroglossus nigridens. (Illig.) — Aracari azara. (Vaill. pl. A, seulement le mâle.) — (Pter. ma-

---

(1) Toutes les espèces connues sont de l'Amérique méridionale.

culirostris (Cuv.) ou le Koulick du Brésil. (Vaill. pl. 15.)
— Pter. scriptus. (Temm.) — Sulcatus. (Temm.) sont toutes
les espèces de ce genre.

10. Toucan (1) , *Ramphastos*. (Linn.) — Caract. *Bec*
cellulaire, mince, transparent, formidable, en fourreau , plus large et plus haut que le front, arête vive
et distincte , un peu droit, faiblement courbé à la
pointe ; bords des mandibules régulièrement dentelés.
Narines frontales, occultes, cachées derrière la masse
cornée qui engaîne le front, ouvertes, ovoïdes, entièrement entourées par une membrane. *Pieds* forts ,
robustes ; tarse de la longueur du doigt externe , les
deux antérieurs unis jusqu'à la seconde articulation.
Ailes médiocres, concaves.

Esp. Ramp. toco. — (Vitellinus (Illig. *ou* Vaill. pl. 7.) —
(Chlororhynchus (Temm. *ou* Vaill. pl. 8.)

11. Ani, *Crotophaga*, (Linn.) — Caract. *Bec* court, gros ,
très-comprimé, élevé, tranchant à sa partie supérieure,
qui s'élève plus ou moins en lame arquée, sans échancrure. *Narines* basales, latérales, ovales , ouvertes.
Pieds longs, forts ; tarse un peu plus long que le doigt
externe. *Ailes* courtes ; les 3 premières rémiges étagées,
la 4ᵉ. et la 5ᵉ. les plus longues. *Queue* longue, arrondie,
composée de huit pennes larges.

Esp. Cr. ani. — Major ; les deux seules espèces bien déterminées dans ce genre, d'Amérique.

12. Couroucou (2), *Trogon*. (Linn.) — Caract. *Bec* plus
court que la tête, gros, voûté, convexe, plus large que
haut, courbé à la pointe, dentelé sur les bords, base
garnie de longs poils. *Narines* à la base du bec, ouvertes, cachées par les poils de la face. *Pieds* courts,

---

(1) Toutes les espèces sont de l'Amérique méridionale.
(2) Des contrées chaudes des deux continens ; aucune différence entre les espèces de pays si éloignés.

faibles , tarse plus court que le doigt externe , en partie couvert de plumes, l'extérieur de derrière versatile. *Ailes* médiocres ; les trois premières rémiges étagées , la 4e. et la 5e. les plus longues.

> *Esp.* (T. viridis et violaceus *un ois. décoloré.* Ainsi que strigilatus *le jeune;* aussi (Vaill. pl. 3, 4 et 5), le dernier un individu décoloré.) — (Rufus (Lath. et scalaris (Lichteus.) aussj (Vaill. , pl. 7, 8, 9, et pl. 15. un individu décoloré ;) et tous les autres couroucous de Vaillant.

13. TAMATIA (1), *Capito.* (Vieill.) — Caract. *Bec* long, droit à la base, plus large que haut, sans arête proéminente, pointe du bec comprimée ; mandibule supérieure courbée à la pointe, dépassant l'inférieure qui se termine en pointe. *Narines* basales, latérales, percées dans la masse cornée, entièrement cachées par les poils courts et raides de la face. *Pieds :* tarse de la longueur du doigt extérieur ; les deux doigts antérieurs réunis jusqu'à la seconde articulation. *Ailes* courtes ; la 1re. rémige très-courte , la 2e. et la 3e. étag es, la 4e. ou la 5e. la plus longue. 2 *Sections.*

> *Esp.* Bucco macrorynchos — (Collaris *et* fuccus le jeune (Vaill. pl. 42 et 43.) — (Alcedo maculata. Bucco somuolentus (Licht.) *ou le* tamajac (Vaill. f. T.) et des espèces nouvelles. = Cuculus tenebrosus. — Bucco calcaratus. — Leucops (Licht.) — Cayanensis (Gmel.)

14. BARBU (2), *Bucco.* (Linn.) — Caract. *Bec* dur, gros, fort, large, lisse, presque point arqué, déprimé dans toute sa longueur ; mandibules presque égales à la pointe, à peu près égales en hauteur. *Narines* basales, latérales, percées dans la masse cornée, recouvertes à claire-voie par des poils qui dépassent souvent la pointe du bec. *Pieds :* tarse plus court que le doigt extérieur , les deux doigts antérieurs réunis jusqu'à la

---

(1) Toutes les espèces sont d'Amérique méridionale.
(2) Toutes les espèces sont des pays chauds de l'ancien continent.

seconde articulation. *Ailes* courtes; la 1ʳᵉ. rémige très-courte, les 2ᵉ. et 3ᵉ. étagées, la 4ᵉ., 5ᵉ. ou 6ᵉ. les plus longues.

> *Esp.* B. Grandis. — (Atroflavus (Blumenb. T. 65.) *ou* erytrbonotos (Cuv.) aussi (Vaill. supp. pl. 57.) — Trogon maculatus ; et un grand nombre d'espèces nouvelles.

15. Barbican (1), *Pogonias*. (Illig.) — Caract. *Bec* court, gros, fort, arête proéminente arquée, bord tranchant de la mandibule supérieure armé de deux ou d'une forte dent, sillonné ou lisse ; la mandibule inférieure moins haute que la supérieure. *Narines* basales, latérales, percées dans la masse cornée du bec, recouvertes à claire-voie par des poils. *Pieds :* tarse de la longueur du doigt extérieur, les deux doigts antérieurs réunis jusqu'à la seconde articulation. *Ailes :* 1ʳᵉ. rémige très-courte, les 2ᵉ., 3ᵉ. et 4ᵉ. étagées, la 5ᵉ. la plus longue.

> *Esp.* (Bucco dubius pog. — Sulcirostris (Leach.) — (B. dubius var. B. — Pog. lacrirostris (Leach.) le jeune (Vaill. *pl. K.* le vieux *pl. A.* le jeune.) — Bucco niger. — Pog. Vieilloti (Leach.) — B. rubicon. (Vaill.).

16. Perroquet (2), *Psittacus*. (Linn.) — Caract. *Bec* court, gros, bombé, très-fort et dur, comprimé, convexe en dessus et en dessous, fléchi depuis la base, très-courbé et crochu à pointe qui est plus ou moins subulée ; mandibule inférieure, courte, obtuse, retroussée à son extrémité, souvent usée et se présentant alors en deux pointes plus ou moins distinctes ; base du bec couverte d'une cire. *Narines* basales, orbiculaires, percées dans la cire, ouvertes. *Pieds* courts, robustes, forts, plante épatée ; tarse plus court que le

---

(1) Les quatres espèces connues sont d'Afrique.

(2) Un nombre considérable d'espèces qui se trouvent indistinctement dans tous les pays chauds du globe. Aucun caractère marquant qui puisse servir de base à une division géographique.

doigt externe , les antérieurs réunis à la base. *Ailes* un peu longues, fortes; les 3 premières rémiges à peu près égales ou faiblement étagées. *Queue* de forme variée. On peut sectionner les espèces d'après les différentes formes sous lesquelles se présentent les pennes dont elle est composée.

Esp. P. Macao.—(Ambiguus. (Bechst. Vaill. *pl.* 6.)—Hyacinthinus. = (Gigas ara noir et gris à trompe. (Vaill. *pl.* 11, 12 *et* 13.) = Rosaceus. — Nasicus. (Temm.) *trans.* Linn. *societ.* = Banksii. — Cookii. (Temm.) = Geleatus (Lath. *supp.*) — Accipitrinus. — (Le vaillanti (Lath. *supp.*) infuscatus (Shaw.) Flamipes (Bechst.) *et* Caffer (Licht.) *ou* Perroquet à franges souci (Vaill. 130 et 131.) — (Erithacus et Fuscus.) — (Grandis et Puniceus.) = Tabuensis (Lath.) — (Tabuensis var. Y. *supp.*) Scapulatus (Bechst.) P. à collier et croupion bleu. (Vaill. *pl.* 55 *et* 56.) — Eximius. — (Formosus ou *genre* pezoporus (Illig) — (Flavigaster. (Temm. et Vaill. *pl.* 78.) — Brownii. (Temm.) — Bauerii. (Temm.) — (Pulchellus et chrysogaster *dont* la perruche Edwards. (Vaill. *pl.* 68.) est la femelle.) — Vennitus. (Temm.) — Sosove tovi *et* tuipara , *ou* perruche à taches souci. (Vaill. *pl.* 58 *et* 59.) = Philippensis. (Briss.) asiaticus et vernalis) ; et plusieurse spèces nouvelles.

SECONDE FAMILLE.

Bec long, droit, conique, tranchant. *Pieds :* toujours deux doigts devant et deux derrière, rarement un seul doigt postérieur.

17. Pic (1), *Picus.* (Linn.) — Caract. V. Manuel, p. 388. 2 *Sections.*

Esp. P. principalis. — (Lineatus et Melanoleucos.) — (Olivaceus. (Lath.) *ou* Arator. (Cuv.) qui est le pic laboureur de Vaillant.) = Tridactylus. — Hirsutus. (Vieill.) et un très-grand nombre d'espèces nouvelles.

---

(1) L'Océanique paraît être la seule partie du monde où on ne trouve point de *Pics.* On ne leur trouve point de caractère particulier pour une division géographique.

18. Jacamar (1), *Galbula.* (Briss.) — Caract. *Bec* long, droit ou très-légèrement fléchi à la pointe, quadrangulaire dans toute sa longueur, pointu, grêle sans échancrûre. *Narines* basales, latérales, ovoïdes, couvertes en partie par une membrane nue. *Pieds* très-courts; doigts par paires ou seulement un doigt postérieur; tarse plus court que l'externe, les deux de devant unis jusqu'à la troisième articulation. *Ailes* médiocres; les 3 premières rémiges étagées, moins longues que la 4e. et la 5e.

> *Esp.* (G. Grandis (Vaill. pl. 53.) — *Paradisea.* —Viridis.— Albirostris = Le jacamar alcion de Vaillant.

19. Torcol (2), *Yunx.* (Linn.) — Caract. V. Manuel, p. 403. 2 *sections.*

> *Esp.* Picus minutus, et une espèce nouvelle d'Amérique méridionale.

ORDRE VI. ANISODACTYLES. *Anisodactyli.*— Caract. V. Manuel, p. 405.

1. Oxyrinque, *Oxyruncus.* (Temm.) — Caract. *Bec* court, droit, triangulaire à sa base, très-effilé en alène à la pointe. *Narines* basales, latérales comme les *torcols.* *Pieds :* tarse court à peu près de la longueur du doigt du milieu; quatre doigts, trois antérieurs, les latéraux égaux; l'externe soudé à sa base; l'interne divisé. *Ailes :* 1re. rémige nulle, la 2e. et 3e. plus courtes que les 4e. et 5e. qui sont les plus longues.

> *Esp.* Une nouvelle. Verdâtre en dessus, tête un peu hupée; parties inférieures d'un blanc vert jaunâtre clair, taché de noir, d'Amérique méridionale. Ce serait un *Torcol* s'il avait les pieds de ces oiseaux d'Amérique méridionale.

---

(1) Toutes les espèces sont de l'Amérique méridionale.
(2) Des deux mondes.

2. TORCHEPOT (1), *Sitta*. (Linn.) — Caract. V. Manuel, p. 406.

> *Esp.* S. carolinensis. — Pusilla. — Chrysoptera.

3. ONGUICULÉ , *Orthonyx*. (Temm.) — Caract. *Bec* très-court, comprimé, presque droit, pointe échancrée. *Narines* latérales au milieu du bec, ouvertes, percées de part en part, surmontées de soies. *Pieds :* tarse plus long que le doigt du milieu, celui-ci et l'extérieur égaux. *Ongles* plus longs que les doigts, forts, peu arqués, cannelés latéralement. *Ailes* très-courtes ; les 5 premières rémiges étagées, la 6e. la plus longue. *Queue* large, longue, pennes fortes, à pointe aiguë très–longue.

> *Esp.* Une nouvelle. Brun-sombre à taches noires en-dessus, le mâle à gorge rousse encadrée de noir ; la femelle à gorge blanche. — De l'Océanique.

4. PICUCULE (2), *Dendrocolaptes*. (Herman.) — Caract. La forme du *bec* difficile à indiquer par des caractères généraux ; déprimé et trigone à la base, comprimé ou grêle à la pointe, sans échancrure ; droit ou plus ou moins courbé, presque sans fosse nasale. *Narines* basales, latérales, ovoïdes ou rondes, ouvertes, percées dans la masse du bec. *Langue* courte, cartilagineuse. *Queue* conique à baguettes fortes, terminée par des piquans. *Pieds* médiocres ; tarse de la longueur ou un peu plus court que le doigt externe et intermédiaire ;

---

(1) On trouve des torchepots dans tous les pays froids et tempérés du globe ; les espèces sont peu nombreuses, et n'offrent point de caractères pour une division gréographique ; leur queue est égale ou un peu arrondie.

(2) Genre nombreux en espèces, toutes de l'Amérique méridionale. Leur bec diffère considérablement, il paraît varier ainsi suivant la manière de prendre et de choisir leur nourriture ; tous ces oiseaux, de quelque forme que puisse être ce bec, ont les pieds toujours conformés sur le même plan ; la queue, le plumage et ses couleurs sont les mêmes dans toutes les espèces connues ; leur genre de vie et les mœurs indiquent la place qu'elles doivent occuper ; on peut les sectionner d'après les formes du bec.

l'externe uni jusqu'à la seconde articulation , celui-ci et l'intermédiaire toujours égaux ; interne très-court. *Ongles* très-arqués, sillonnés. *Ailes* médiocres ; les 2 premières rémiges plus courtes que les 3ᵉ., 4ᵉ. et 5ᵉ. qui sont les plus longues. 4 *sections*.

Esp. Gracula scandens. = Oriolus picus. = Dendrocolaptes procurvus. (Temm.) = (Dendrocolaptes xenops (Temm.) ou grimpar sitelle. (Vaill. pl. 31, fig. 1.)

5. SittinE (1) , *Xenops*. (Illig.) — Caract. *Bec* court , grêle, très-comprimé, subulé, pointu, retroussé; pointe des mandibules recourbée en haut ; la supérieure à peu près droite; l'inférieure plus étroite , bombée en dessous , très-retroussée à la pointe. *Narines* basales , latérales , ovoïdes , couvertes d'une membrane. *Pieds* médiocres , les doigts latéraux à peu près égaux ; l'externe uni jusqu'à la seconde articulation ; l'interne jusqu'à la première. *Ongles* forts, comprimés, arques. *Ailes* médiocres; la 1ʳᵉ. rémige plus courte que la 2ᵉ. qui l'est un peu moins que la 3ᵉ. *Queue* conique , à baguettes faibles , sans piquans.

Esp. (X. Genibarbis. (Illig.) — Sitelle hoffmanseg. (Vaill. *pl.* 31, *fig.* 2.) et une nouvelle. X. rutilus (Licht.).

6. Grimpart (2), *Anabates*. (Temm.)—Caract. *Bec* droit, plus court ou de la longueur de la tête , comprimé; à sa base, plus haut que large, un peu fléchi à la pointe, sans échancrure. *Narines* basales, latérales, ovoïdes, en partie fermées par une petite membrane couverte de plumes. *Pieds :* tarse plus long que le doigt du milieu ; l'extérieur réuni jusqu'à la seconde articulation ; l'in-

---

(1) Les deux espèces connues sont de l'Amérique méridionale. Celles-ci se distinguent des *Dendrocolaptes xenops*.(Temm.)par les pieds et par laqueue,et conséquemment par leur genre de vie.

(2) Genre composé d'un grand nombre d'espèces nouvelles, toutes de l'Amérique méridionale. On les distingue facilement des *Picucules* par leur queue sans piquans, les doigts latéraux égaux et le plumage roussâtre.

térieur soudé à sa base ; les latéraux toujours égaux. *Ailes* courtes ; les 2 premières rémiges plus courtes que les 3e., 4e. et 5e. qui sont les plus longues. *Queue* à baguettes faibles , sans pointes aiguës. *2 sections.*

Esp. Motacilla guianensis , et plusieurs nouvelles , à plumage généralement roussâtre ; à queue rousse sans piquans.

7. Ophie (1), *Opetiorynchos.* (Temm.) — Caract. *Bec* plus long que la tête, grêle, très-effilé, en alène, droit ou peu fléchi , déprimé à la base, comprimé à la pointe qui est subulée. *Langue* courte, cartilagineuse. *Narines* latérales, un peu éloignées de la base , ovoïdes, à moitié fermées par une membrane nue. *Pieds* longs ; tarse du double plus long que le doigt du milieu ; l'extérieur soudé à sa base ; doigts latéraux égaux. *Ailes* courtes ; les 3 premières rémiges étagées, les 3e et 4e. les plus longues. *Queue* courte, légèrement étagée, sans piquans.

Esp. Merops rufus, et plusieurs nouvelles.

8. Grimpereau (2), *Certhia.* (Linn.) — Caract. V. Manuel, p. 408.

Esp. C. cinnamomea. — Sylvia spinicauda.

9. Guit-guit (3), *Cœreba.* (Briss.) — Caract. *Bec* faiblement arqué, épais à la base ; bords des mandibules fléchis en dedans, pointes aiguës ; mandibule supérieure finement échancrée à la pointe. *Langue* longue, pas extensible, bifide, filamenteuse. *Pieds :* tarse plus long que le doigt du milieu; les latéraux égaux. *Ailes :* 1re. rémige nulle , 2e., 3e. et 4e. à peu près d'égale longueur, et les plus longues. *Queue* médiocre sans pennes raides et aiguës.

---

(1) Toutes les espèces sont de l'Amérique méridionale.

(2) Genre peu nombreux en espèces, on trouve des représentans dans les deux parties du globe.

(3) Toutes les espèces sont d'Amérique méridionale.

Esp. (Certhia cyanea, cayana, cyanogastra et armillata.) —
(C. spiza, turdus micas. (Hahn.) — C. cærulea. — Flaveola.

10. Colibri (1) , *Trochilus* , (Linn.) — Caract. *Bec* long ,
droit ou arqué , tubulaire , très-grêle ; base déprimée
de la largeur du front , pointe acuminée ; arête distincte vers la base ; mandibule inférieure presque totalement cachée par les bords de la supérieure. *Langue* longue, extensible, bifide, tubulaire. *Narines*
basales , marginales , couvertes par une large membrane voûtée, ouvertes par devant. *Pieds* très-courts ,
les trois doigts antérieurs presque entièrement divisés ;
tarse plus court que le doigt du milieu. *Ailes* longues,
la 1re rémige la plus longue ; toutes les pennes graduellement étagées vers le corps. 2 *sections.*

Esp. T. pella. — (T. jugularis et certhia prasinoptera.) =
(T. moschitus et pella ; et grand nombre d'espèces nouvelles.

11. Souimanga (2) , *Nectarinia.* (Illig.) — Caract. *Bec*
long ou de la longueur de la tête , faible , en alène ,
plus ou moins courbé ; élargi et déprimé à la base,
trigone , comprimé et effilé à la pointe ; mandibules
égales ; l'inférieure à bords fléchis en dedans , et en
partie cachée par ceux de la supérieure ; fosse nasale
grande. *Langue* longue , extensible, tubulaire, bifide.
Narines près de la base , latérales, fermées en dessus
par une grande membrane nue. *Pieds* médiocres ; tarse
plus long ou de la longueur du doigt intermédiaire,
les latéraux unis à la base. *Ailes* médiocres ; la 1re.
rémige presque nulle ou très-courte ; 2e. longue , un
peu plus courte que la 3e. et la 4e. qui sont les plus
longues. 2 *sections.*

Esp. Upupa promerops. — (Certhia chalybea et capensis.
mâle et fem.) = (Certhia polita. (Edw. *t.* 265. Audeb. *pl.* 11 et

---

(1) Toutes les espèces sont d'Amérique et des îles du nouveau monde.
(2) Toutes les espèces connues sont des climats chauds de l'ancien continent,
On peut les sectionner géographiquement en *Africains* et en *Indiens.*

Vaill. *pl.* **297**.) Toutes celles de Vaillant et d'Audebert et plusieurs nouvelles.

12. ÉCHELET (1) , *Climacteris*. (Temm.) — Caract. *Bec* court, faible, très-comprimé dans toute sa longueur, peu arqué, en alène ; mandibules égales, pointues. *Langue. Narines* basales, latérales, couvertes par une membrane nue. *Pieds* forts ; tarse de la longueur du doigt du milieu, celui-ci et le pouce extraordinairement longs ; ongles très-grands et courbés, sillonnés sur les côtés , subulés , très-crochus ; doigt extérieur réuni jusqu'à la seconde articulation ; l'intérieur jusqu'à la première, latéraux très-inégaux. *Ailes* médiocres ; 1ʳᵉ. rémige courte, la 2ᵉ. moins longue que la 3ᵉ., celle-ci et la 4ᵉ. les plus longues.

Esp. Certhia scandens. — Certhia picumnus. (Illig.)

13. TICHODROME , *Tichodroma*. (Illig.) — Caract. V. Manuel, p. 411.

Esp. On n'en connaît point d'autres que celles d'Europe, certhia murania.

14. HUPPE (2) , *Upupa*. (Linn.) — Caract. V. Manuel, p. 414.

Esp. (Celle d'Europe, et celle d'Afrique qui en est une légère variété.) (Le promérops marcheur largup de Vaill., *promér.*, *pl.* 9. sous le nom de *promérare* femelle.) Sont les deux espèces du genre.

15. PROMÉROPS (3) , *Epimachus*. (Cuv.) — Caract. *Bec* beaucoup plus long que la tête, grêle, fendu jusque sous les yeux, plus ou moins arqué , comprimé dans toute sa longueur ; mandibules pointues , la supérieure faiblement échancrée à la pointe, plus longue que l'inférieure ; arête s'avançant entre les plumes du front.

---

(1) Les deux espèces connues sont de l'Océanique.
(2) Les deux espèces connues sont de l'ancien continent.
(3) Toutes les espèces sont de l'ancien continent.

Langue courte, cartilagineuse. *Narines* basales, latérales, ouvertes par devant, à moitié fermées par une
membrane couverte de plumes. *Pieds* courts; tarse de la
longueur du doigt du milieu; l'externe réuni jusqu'à la
première articulation ; l'interne soudé à sa base ; inégaux. *Ailes* médiocres ; la 1re. rémige très-courte,
les 2e., 3e. et 4e. étagées, la 4e. ou la 5e. la plus longue.

    Esp. (Upupa superba et papuensis, mâle et femelle.) — Pa-
radisea alba. — Erythrorynchos. — Indica ; et les promérops
proprement dits de Vaillant.

16. Héorotaire (1), *Drepanis*. (Temm.) — Caract. *Bec*
très-long, beaucoup plus que la tête, en quart de cercle, gros et triangulaire à sa base, subulé et très-
effilé à la pointe ; mandibule supérieure plus longue
que l'inférieure, sans échancrure. *Langue* courte,
cartilagineuse. *Narines* basales, latérales, à moitié
fermées en dessus. *Pieds :* tarse du double plus long
que le doigt du milieu ; latéraux égaux ; l'extérieur
soudé à sa base. *Ailes :* la 1re. rémige nulle, la 2e.
presque aussi longue que les 3e., 4e. et 5e. qui sont les
plus longues.

    Esp. Certhia pacifica, — Obscura. — Vestiaria et probable-
ment falcata, que je n'ai pas vue.

17. Philedon (2), *Meliphaga*. (Lewin.) — Caract. *Bec*

---

(1) Toutes espèces de l'Océanique.

(2) Tous les *Philedons* sont de l'Océanique et des mers les plus reculées de
l'Inde. Les espèces du genre *Dicée* de M. Cuvier, y tiennent de si près, tant
par leur forme générale que par les caractères pris du bec, des pieds, des ailes,
du plumage, et surtout de la langue terminée dans toutes en rudimens nombreux
formant un pinceau, qu'il est impossible de les distinguer des *Philedons* du
même auteur. On ne pourra sectionner ce genre très-nombreux en espèces, qu'a-
près une connaissance exacte des mœurs et des habitudes, ainsi que du genre de
nourriture. Il suffit aujourd'hui de les avoir distraits des *Promérops*, des *Guépiers*
des *Mainates*, des *Grimpereaux*, des *Merles*, et des *Souimangas*, parmi lequels
Gmelin, Latham et les auteurs ont confondu ces oiseaux. J'ai séparé en deux nouveaux groupes quelques oiseaux également confondus dans le genre *Certhia*, ce
sont les genres *Climacteris* et *Drapanis*. Le caractère pris de l'échancrure du bec

de la longueur ou plus court que la tête, médiocre, un peu convexe en dessus, fléchi et aigu à la pointe où se forme une très-légère échancrure, où bien à pointe unie; base déprimée; bords des mandibules fléchis en dedans; l'arête déprimée s'avançant sur le front; fosse nasale grande, prolongée. *Narines* latérales, distantes de la base; ovoïdes, le plus souvent percées de part en part, couvertes par une membrane voûtée, nue. *Langue* longue, un peu extensible, terminée par un bouquet de filamens cartilagineux. *Pieds* médiocres; tarse de la longueur du doigt du milieu; l'externe uni jusqu'à la seconde articulation, l'interne jusqu'à la première; pouce très-fort, long; ongle postérieur le plus fort. *Ailes* médiocres; les 3 premières inégalement étagées, la 3e., 4e. ou 5e. la plus longue.

Esp. (Meliphaga cyanops. (Lew.) ou gracula cyanotis. (Lath.. *supp.*) — (Meliphaga phrygia. (Lew.) Merops phrygius. (Lath. *supp.*) ou le merle écaillé. (Vaill. *ois.* d'Af. — Merops cucullatus. — (Cincinnatus *ou* cravate frisée. (Vaill. ois. d'Af.) — Fasciculatus. — Moluccensis. — Corniculatus. — Carunculatus. — Certhia carunculata. — Turdus melanops. — Lunulatus. — Maxillaris. — Leucotis. — Certhia atricapilla. — Sanguinea. — Cardinalis. — Ignobilis. — Meliphaga maculata. (Temm.) — Reticulata. (Temm.) Encore plusieurs espèces des genres *Mérops*, *Certhia* et *Turdus* de Latham, quelques *Héorotaires* d'Audebert et un grand nombre d'espèces nouvelles.

ORDRE VII. ALCIONS. *Alciones.* — Caract V. Manuel, p. 418.

1. GUÉPIER (1), *Mérops.* (Linn.) — Caract. V. Manuel, p. 418., 2 *sections*.

---

ne peut servir pour distinguer rigoureusement un groupe; cette carrènure est sujette à trop d'anomalies. L'Océanique n'a point encore produit de vrais *Souimangas*, tels que ceux qui forment le genre *Nectarinia* de ce système; l'Inde ni l'Afrique n'ont point encore produit de *Philedons*.

(1) Toutes les espèces sont des parties chaudes de l'ancien continent.

Esp. (M. cæruleocephalus *et* superbus *ou* Guépier de Nubie. (Vaill. pl. 3.) — Ornatus. — Philippinus. — Gularis. Le Tawa, et autres guépiers de Vaillant.

2. MARTIN-PÉCHEUR (1), *Alcedo.* (Linn.) — Caract. V. Manuel, p. 421; *et ajoutez*, que leur plumage est toujours lustré, lisse et les barbes serrées; l'arête de la mandibule est vive. 2 *sections.*

Esp. (A. chlorocephala et collaris.) — (A. cæruleocephala, Todus cæruleus et alcedo ultramarina. (Daud.) — (Cristata et Bengalensis.) — Azurea. = Alc. tribachis. (Shaw.) — (Purpurea et tridactyla.) Madagascariensis.

3. MARTIN-CHASSEUR (2), *Dacelo.* (Leach.) — Caract. *Bec* gros, fort, tranchant, dilaté sur les côtés, convexe en dessus, déprimé à la base, sans arête vive, subitement comprimé et courbé à la pointe, qui est très-évasée; mandibule inférieure large, concave, plus courte que la supérieure, terminée en pointe. *Narines* basales, latérales, percées obliquement, à moitié fermées par une membrane couverte de plumes. *Pieds :* tarse plus court que le doigt du milieu, l'externe uni jusqu'à la troisième articulation, l'interne jusqu'à la seconde ; pouce large à sa base. *Ailes* médiocres, la 1ʳᵉ. rémige plus courte que la 2ᵉ., qui est un peu moins longue que la 3ᵉ. *Plumage* non lustré ni serré, à barbes faibles, décomposées.

Esp. Alcedo gigantea. Le Martin-Chasseur de Vaillant. Ce dernier, placé sur la limite des deux genres, doit être rangé ici, vu ses mœurs et la nature du plumage; son bec ne diffère presque pas de celui des Martins-Pêcheurs.

---

(1) De tous les pays du monde ; on ne leur trouve aucun caractère particulier pour une division géographique. Ils se nourrissent de poissons et d'insectes aquatiques, et vivent dans le voisinage des eaux.

(2) De l'ancien continent. Ils vivent dans les bois et y chassent aux insectes.

ORDRE VIII. CHELIDONS (1), *Chelidones.* — Caract. V. Manuel, p. 425.

1. HIRONDELLE, *Hirundo.* (Linn.) — Caract. V. Manuel, p. 425

   Esp. H. Senegalensis. — Leucoptera.

2. MARTINET, *Cypselus.* (Illig.) — Caract. V. Manuel, p. 432.

   Esp. Hirundo cayanensis. — Pelasgia. — Hirundo collaris. *Voy. P. de Neuw.*, pl. 75.

3. ENGOULEVENT, *Caprimulgus.* (Linn.) — Caract. V. Manuel, p. 435. 2 *sections.*

   Esp. C. Grandis. — Novæ-Hollandiæ. ═ **Mégacephalus.** — Podargus. (Humboldt.)

ORDRE IX. PIGEONS (2), *Columbæ.* — Caract. V. Manuel. p. 441, 2ᵉ partie.

1. PIGEON, *Columba.* (Linn.) — Caract. V. Manuel, p. 442.

   Esp. C. aromatica. ═ Spadicea zealandia et argetrea. (Forst. *icon.*) — (Picta. (Temm. et Dufresnii. (Leach.) ═ Migratoria. — Phasianella. (Temm.) ═ (Cruenta et sanguinea), ainsi que les nouvelles espèces de l'Océanique, décrites dans les *Transactions linnéennes*, et celles inédites de l'Inde et de l'Amérique.

ORDRE X. GALLINACÉS. (3), *Gallinæ.* — Caract. V. Manuel, p. 450.

1. PAON (4), *Pavo.* (Linn.) — Caract. *Bec* médiocre, en

---

(1) Les genres d'oiseaux qui composent cet ordre, sont répandus sur toute la surface du globe.

(2) On trouve les oiseaux de cet ordre dans toutes les contrées du globe.

(3) Consultez aussi mon *Index des Gallinacés* à la suite de l'ouvrage des pigeons et des gallinacés, où les synonymes de presque toutes les espèces connues sont indiqués.

(4) Les paons sont originaires de l'Inde.

cône courbé, à base nue; mandibule supérieure déprimée, convexe et voûtée. *Narines* basales, latérales, ouvertes. *Tête* couverte de plumes, portant une aigrette. *Pieds :* tarse plus long que le doigt du milieu; les doigts de devant réunis par une courte membrane; au tarse un éperon conique. *Couvertures de la queue* très-longues, *celle-ci* capable de se relever, conique, longue, composée de 18 pennes. *Ailes* courtes, les 5 premières rémiges étagées, moins longues que la 6e.

> *Esp.* P. Cristatus *primus*. — Muticus. Les deux espèces du genre.

2. Coq (1), *Gallus*. (Briss.) — Caract. *Bec* médiocre, fort, base nue ; mandibule supérieure voûtée, convexe, courbée vers la pointe. *Tête* surmontée d'une crête ou d'un panache; des barbillons au bec, nudité des joues lisse. *Pieds :* trois doigts réunis jusqu'à la première articulation; le pouce élevé de terre; un éperon long et courbé. *Queue* le plus souvent formée de deux plans verticaux adossés; pennes du milieu courbées en arc. *Ailes* courtes, étagées. 2 *sections.*

> *Esp.* G. Sonneratii. (Temm.) — Furcatus. (Id.) = Macartnyi. (Id.) qui forme le passage aux espèces du genre *phasianus.*

3. Faisan (2), *Phasianus*. (Linn.) — Caract. V. Manuel, p. 452. 3 *sections.*

> *Esp.* (Phasianus satyrus. (Temm.) Meleagri satyra. (Lath.) qui est sur la limite des genres *gallus et phasianus.*) = *P. nycthemerus.* = Pictus. — Veneratus. (Temm.) espèce nouvelle) et celle de l'Index.

4. Lophophore (3), *Lophophorus*. (Temm.) — Caract. *Bec*

---

fort, long, très-courbé, large à sa base ; mandibule
supérieure voûtée, très-longue, dépassant de beaucoup l'inférieure, large et tranchante à son extrémité ;
arête élevée, distincte ; mandibule inférieure cachée.
Narines basales, latérales, à moitié fermées par une
membrane couverte de plumes rares. *Pieds :* tarse
couvert de plumes à sa partie supérieure, un éperon
long et acéré, les trois doigts de devant réunis par des
membranes ; le pouce élevé ; ongles longs, comprimés.
Queue droite, arrondie. *Ailes :* les trois rémiges également étagées, plus courtes que la 4ᵉ. et la 5ᵉ, qui
sont les plus longues.

> *Esp.* (Lop. refulgens. (Temm.) Phas. impeyanus.
> (Lath.) — (Lop. Cuvieri. (Temm.) Phas. leucomelanos.
> (Lath.)

5. Éperonnier, *Polyplectron.* (Temm.) — *Bec* médiocre,
grêle, droit, comprimé, base couverte de plumes ;
mandibule supérieure courbée vers son extrémité. *Na-*
rines latérales, au milieu du bec, à moitié couvertes
par une membrane nue, ouverte par-devant. *Pieds :*
tarse long, grêle, armé de plusieurs éperons, tuberculé chez la femelle ; doigts de devant unis par des
membranes ; pouce élevé de terre. *Ongles* petits, celui du pouce très-court. *Queue* longue, arrondie.
Ailes : les 4 rémiges étagées, plus courtes que la 5ᵉ.
et la 6ᵉ.

> *Esp.* L'unique du genre est (Pavo) bicalcaratus *et* libetanus)
> de l'*Inde.*

6. Dindon (1), *Meleagris.* (Linn.) — Caract. Bec court,
fort ; mandibule supérieure courbée, convexe, voûtée, base couverte d'une peau nue ; une caroncule
lâche sur la partie supérieure du bec. *Tête* et *col*
couverts de mamelons ; une membrane flottante

---

(1) Les deux espèces primitives connues sont d'Amérique.

sous la gorge. *Queue* composée de 18 pennes , qui se relèvent et s'étalent en partie de cercle. *Pieds* robustes , tarse long, armé d'un éperon faible , obtus. *Ailes*, les 3 premières rémiges étagées, la 4ᵉ. la plus longue.

Esp. M. gallopavo. — Ocellata. (Cuv.)

7. ARGUS. *Argus.* (Temm.) — Caract. *Bec* de la longueur de la tête , comprimé, droit, base nue ; mandibule supérieure voûtée, courbée vers son extrémité. *Narines* latérales , au milieu de la mandibule supérieure , à moitié fermées par une membrane. *Tête* , *joues* et *col* nus. *Pieds :* tarse long, grêle, sans éperon ou tubercule ; les doigts de devant réunis par des membranes , pouce articulé sur le tarse. *Queue* comprimée en deux plans verticaux, les deux pennes du milieu excessivement longues. *Ailes* à pennes secondaires beaucoup plus longues que les rémiges; chez les mâles, du double plus longues , 1ʳᵉ. rémige très-courte.

Esp. L'unique du genre est Phasianus argus. de Sumatra et de Malacca.

8. PINTADE (1), *Numida.* (Linn.) — Caract. *Bec* court, fort, mandibule supérieure courbée, convexe, voûté, base couverte d'une peau nue. *Tête* nue ou emplumée, sur le front un casque osseux ou un panache. *Narines* latérales, placées dans la cire, divisées par un cartilage. *Pieds :* tarse lisse ; les trois doigts de devant réunis par des membranes; pouce articulé sur le tarse. *Queue* courte, penchée vers la terre. *Ailes* courtes, les 3 premières rémiges étagées, plus courtes que la 4ᵉ.

Esp. N. meleagris. — Mitrata. — Cristata.

9. PAUXI, *Pauxi.* (Temm.) — Caract. *Bec* court, fort, com-

---

(1) Toutes les espèces sont d'Afrique.

primé, voûté, convexe; la base de la mandibule supérieure se dilate en une substance cornée, dure, élevée. *Narines* basales, latérales percées près du front,
derrière le 'globe corné du bec, cachées, ouvertes en
dessus. *Pieds :* tarse long, lisse; les trois doigts de
devant réunis par des membranes; le pouce articulé
sur le tarse, mais portant en partie à terre. *Ailes*
courtes, 4 rémiges étagées, la 6ᵉ. la plus longue.

> *Esp.* (Crax pauxi et galeata.) — (Alector *var.* B. (**Lath.**)
> ou mitu. (Linn.) *Les deux espèces d'Amérique.*

10. Hocco, *Crax.* (Linn.) — Caract. *Bec* médiocre, long,
comprimé, plus haut à la base que large; mandibule
supérieure élevée, voûtée; courbée depuis son origine,
base couverte d'une cire. *Tête* huppée, à plumes
contournées. *Narines* latérales, longitudinales, percées dans la cire, à moitié recouvertes et fermées en
dessus, ouvertes par-devant. *Pieds* et *Ailes* comme
le genre précédent.

> *Esp.* C. globicera. — Rubra. (Temm.) — Alector. — Ca-
> runculata. (Temm.) *sont les quatre espèces d'Amérique.*

11. Pénélope (1), *Penelope.* (Linn.) — Caract. *Bec* médiocre, à sa base plus large que haut, presque droit,
courbé à la pointe; base du bec et région des yeux nues,
souvent une peau nue sous la gorge. *Narines* latérales, placées dans la cire, vers le milieu du bec, à
moitié fermées, ouvertes par-devant. *Pieds :* tarse
grêle, plus court ou de la longueur du doigt du milieu; le pouce articulé presque au niveau des doigts
de devant, qui sont unis par des membranes. *Ailes :*
les 4 rémiges étagées, la 5ᵉ. et la 6ᵉ. les plus longues.

> *Esp.* (P. Pipile *et* cumanensis.) — (Phasianus parrakua *et*
> motmot.) *Celles de l'Index et deux nouvelles.*

---

(1) Ils sont de l'Amérique méridionale.

12. Tétras (1), *Tetrao*. (Linn.) — Caract. V. Manuel,
p. 455. 2 *sections*.

> *Esp.* T. phasianellus. — Cupido. ⚌ Lagopus.

13. Ganga (2), *Pteroclès*. (Temm.) — Caract. V. Manuel, p, 474.

> *Esp.* Tetrao Senegalus. (Lath.) Une espèce distincte in-
> diquée par erreur dans les synonymes de mon *Pterocles ta-*
> *chypetes*, mais mal figurée par Buffon, pl. 130, et par-là
> méconnaissables.

14. Hétéroclite, *Syrrhaptes*. (Illig.) — Caract. *Bec* court,
grèle, conique ; mandibule supérieure faiblement
courbée, une rainure ou sillon le long de l'arête. *Na-*
rines basales, latérales couvertes par les plumes du
front. *Pieds :* seulement trois doigts dirigés en avant,
réunis jusqu'aux ongles ; tarses et doigts couverts de
plumes laineuses. *Queue* conique, les deux pennes du
milieu allongées en fils. *Ailes :* la 1re. rémige la plus
longue, celle-ci et la 2e. allongées en fils.

> *Esp.* Tetrao paradoxus. L'unique du genre.

15. Perdrix (3), *Perdrix*, (Lath.) — Caract. V. Manuel,
p. 480. 4 *sections*.

> *Esp.* (P. nudicollis. Capensis et rubricollis.) — Gularis
> (Temm.) (4). ⚌ Gingica. — Oculea (Temm.) ⚌ Guianensis.
> — (Virginiana. Marilanda et Mexicana.) ⚌ Striata. — Coro-
> mandelica.

16. Cryptonyx, *Cryptonyx*. (Temm.) — Caract. *Bec* fort,
gros, comprimé ; mandibules d'égale longueur, la supérieure droite un peu courbée à la pointe. *Narines*

---

(1) Seulement dans les contrées froides et tempérées des deux continens.

(2) Des parties chaudes de l'ancien continent

(3) On trouve les oiseaux de ce genre dans presque tous les pays du monde ; on
peut les sectionner géographiquement.

(4) Dans l'index des gallinacés, p. 731, j'ai placé cette espèce avec les *Perdrix*
proprement dites, vu que je n'en connaissais que la femelle ; mais le mâle portant
un éperon, on doit le ranger avec les *Francolins*.

latérales, longitudinalement fendues vers le milieu du bec, couvertes en dessus par une large membrane nue. *Pieds* à tarse long, trois droigts devant, réunis à leur base par des membranes ; pouce ne portant point à terre, dépourvu d'ongle. *Ailes* courtes ; les 3 rémiges extérieures les moins longues, la 1ʳᵉ. très-courte, les 4., 5ᵉ. et 6ᵉ. les plus longues.

> *Esp.* (Perdix coronata mâle ; perdix viridis femelle.) L'unique du genre ; des îles de la Sonde.

17. Tinamou (1), *Tinamus*. (Lath.) — Caract. *Bec* médiocre ou long, grêle, droit, déprimé, plus large que haut ; pointe arrondie, obtuse ; arrête distincte formant une longue fosse nasale. *Narines* latérales, percées dans la fosse nasale, vers le milieu du bec, ovoïdes percées de part en part. *Pieds :* tarse long, souvent garni d'aspérités à la partie postérieure ; doigts courts entièrement divisés, le pouce très-court, élevé ou touchant la terre ; ongles petits et déprimés. *Queue* nulle ou cachée. *Ailes* courtes, les quatre rémiges étagées, la 1ʳᵉ. très-courte. 2 *sections*.

> *Esp.* T. rufescens. (Temm.) — Maculosus. (Id.) = T. brasiliensis. — Noctivagus. (P. Max.) — Celles de mon Index et quelques espèces nouvelles.

18. Turnix (2), *Hemipodius*. (Temm.) — Caract. V. Manuel, p. 493.

> *Esp.* Perdix nigricollis. Toutes les espèces de mon Index et deux nouvelles.

ORDRE XI. ALECTORIDES, *Alectorides.*—Caract. V. Manuel, p. 497.

1. Agami, *Psophia*. (Linn.) — Caract. *Bec* court voûté, conique, courbé, très-fléchi à la pointe et plus long

---

(1) Toutes les espèces connues sont de l'Amérique méridionale.
(2) Toutes les espèces sont des pays chauds de l'ancien continent.

que la mandibule inférieure , comprimé , arête
distincte à la base ; fosse nasale très-étendue et large.
Narines vers le milieu du bec, grandes, diagonales,
ouvertes par-devant , fermées par derrière par une
membrane nue. *Pieds* longs, gréles , doigt du milieu
et l'externe unis, l'interne divisé ; pouce articulé intérieurement, de niveau avec les autres doigts. *Ailes*
courtes, concaves ; les trois premières rémiges étagées,
les 4ᵉ, 5ᵉ. et 6ᵉ. les plus longues. *Queue* très-courte.

   Esp. Psophia crepitans. L'unique du genre ; d'Amérique
méridionale.

2. Caziama , *Dicholophus*. (Illig.) — Caract. *Bec* plus
long que la tête , gros , fort , voûté , fendu jusque sous
les yeux , déprimé à la base, comprimé à la pointe qui
est courbée , un peu crochue ; fosse nasale grande.
Narines au milieu du bec , petites , ouvertes par-devant, couvertes d'une membrane. *Pieds* longs , grêles,
doigts très-courts , gros, les antérieurs unis à la base
par une membrane ; le pouce articulé sur le tarse, ne
touchant point la terre. *Ongles* courts, forts. *Ailes*
médiocres ; la 1ʳᵉ. rémige très-courte , les 5ᵉ. 6ᵉ et 7ᵉ.
les plus longues ; point d'éperons aux ailes.

   Esp. Palamedea crista. L'unique du genre.

3. Glaréole, *Glareola* (Briss.) — Caract. V. Manuel, p. 398.

   Esp. G. torquata. — Grallaria. (Temm.) — Nævia. (Temm.)
Les trois espèces connues ; de l'ancien continent.

4. Kamichi , *Palamadea*. (Linn.) — Caract. *Bec* court,
conico-convexe, droit, très-courbé à la pointe, comprimé dans toute sa longueur ; mandibule supérieure
voûtée , l'inférieure plus courte , obtuse , fosse nasale
grande ; tête petite, couverte de duvet, armée d'une
corne mince et flexible. *Narines* éloignées de la base ,
latérales, ovales, ouvertes. *Pieds* courts, gros, nudité du tibia très-petite ; doigts très-longs, les laté-

raux unis à l'intermédiaire par une courte membrane. *Ongles* médiocres, pointus, celui du pouce long et presque droit. *Ailes* amples, les deux premières rémiges plus courtes que la 3ᵉ. et la 4ᵉ. qui sont les plus longues ; des éperons aux ailes.

Esp. P. cornuta. L'unique du genre; d'Amérique.

5. CHAVARIA, *Chauna.* (Illig.) — Caract. *Bec* plus court que la tête, conico-convexe, un peu voûté, courbé à la pointe ; base garnie de petites plumes ; lorum nu. *N rines* oblongues, ouvertes, percées de part en part. *Pieds* grêles, longs ; doigts longs, réunis par des membranes ; pouce court ; ongle postérieur presque droit. *Ailes* armées de deux éperons.

Esp. (Parra chavaria *et* le chaza. (Azara). Genre établi par Illiger, mais sans que l'espèce donnée comme type ait été examinée par les naturalistes. J'en fais mention sans garantir l'exactitude des caractères indiqués. Le genre me paraît très-douteux ; s'il existe, on trouvera probablement que c'est un oiseau de l'ordre des *gralles;* cependant, d'après la description que d'Azara donne du *chaza,* on est porté à en faire une seconde espèce dans le genre *palamedea.*

ORDRE XII. COUREURS, *Cursores.* — Caract. V. Manuel, p. 5o4.

1. AUTRUCHE, *Struthio* (Linn.) — Caract. *Bec* médiocre, obtus, droit, déprimé à la pointe qui est arrondie et onguiculée ; mandibules égales, flexibles ; fosse nasale se prolongeant jusqu'au milieu du bec. *Narines* un peu à la surface et vers le milieu du bec, oblongues, ouvertes. *Pieds* très-longs, très-forts, musculeux, seulement deux doigts dirigés en avant, ceux-ci gros et robustes, l'interne beaucoup plus court que l'externe ; le premier pourvu d'un ongle large et obtus, le dernier sans ongle ; tibia très-charnu jusqu'au genou. *Ailes* impropres au vol, composées de longues plumes molles, flexibles, un double éperon.

Esp. St. camelus. L'unique du genre; se trouve en Afrique.

2. RHEA, *Rhea*. (Briss.)—Caract. *Bec* droit, court, mou, déprimé à la base, un peu comprimé à la pointe qui est obtuse et onguiculée; mandibule inférieure très-déprimée, flexible, arrondie à la pointe; fosse nasale grande, prolongée jusqu'au milieu du bec. *Narines* à la surface latérale du bec, grandes, longitudinalement fendues, ouvertes. *Pieds* longs, un peu robustes, forts; trois doigts dirigés tous en avant, latéraux égaux, ongles à peu près égaux, comprimés, arrondis, obtus; tibia emplumé; nudité au-dessus du genou très-petite. *Ailes* impropres au vol, phalanges garnies de plumes plus ou moins longues et terminées par un éperon. 2 *Sections*.

Esp. Americana. — Casuaris Novæ-Hollandiæ. = Rhea. Les deux sections du genre.

3. CASOAR, *Casuarius*. (Briss.) — Caract. *Bec* court, droit, comprimé, arrondi vers le bout, aréte un peu élevée, de sa base naît un casque osseux, arrondi, obtus; bords des mandibules un peu élargis à la base; mandibule inférieure molle, flexible, anguleuse vers le bout; fosse nasale très-longue, prolongée jusque près de la pointe du bec. *Narines* à la partie latérale de la pointe du bec, rondes, ouvertes par - devant. *Pieds* forts, robustes, musculeux, trois doigts dirigés tous en avant, latéraux inégaux; l'interne court, armé d'un ongle très-long et fort, ceux des autres doigts courts; tibia presque entièrement couvert de plumes. *Ailes* impropres au vol, les phalanges garnies de cinq baguettes rondes, pointues, sans barbes.

Esp. Casuarius emeu, des Indes orientales.

4. OUTARDE (1), *Otis*. (Linn.)—Caract. V. Manuel, p. 5o5. 2 *sections*·

---

(1) Toutes les espèces sont des contrées les plus chaudes de l'ancien continent, car *otis chilonsis* n'est certainement point de ce genre.

Esp. O. arabs. — Afra. = (Psophia undulata. Otis houbara et rhaad.) — Bengalensis , et plusieurs espèces nouvelles.

5. COURT-VITE, *Cursorius.* (Lath.) — Caract. V. Manuel, p. 511.

> *Esp.* C. asiaticus. — Bicinctus. (Temm.) sont avec C. europæus, les trois espèces connues de l'ancien continent.

ORDRE XIII. GRALLES, *Grallatores.* — Caract. V. Manuel, p. 516.

PREMIÈRE FAMILLE.

Seulement trois doigts, dirigés en avant, manquant totalement de pouce.

1. OEDICNÈME, *Oedicnemus.* (Temm.) — Caract. V. Manuel, p. 519.

> *Esp.* O. maguirostris. (Cuv.) — Longipes. (Id.) — Grallarius. (Temm.), sont les trois espèces nouvelles de ce genre, qui est de l'ancien continent.

2. SANDERLING, *Calidris.* (Illig.) — Caract. V. Manuel, p. 522.

> L'espèce unique du genre est répandue sur tout le globe.

3. FALCINELLE, *Falcinellus.* (Cuv.) — Caract. *Bec* arqué, mou, comprimé dans presque toute sa longueur, déprimé à la pointe ; le sillon nasal prolongé jusqu'aux deux tiers du bec. *Narines* latérales, basales linéaires. *Pieds* à tarse plus long que le doigt du milieu; seulement trois doigts dirigés en avant. *Ailes :* la 1ʳᵉ. rémige la plus longue.

> *Esp.* Falcinellus. (Cuv.). L'unique du genre, d'Afrique.

4. ÉCHASSE *Himantopus.* (Briss.) — Caract. V. Manuel, p. 527.

> *Esp.* Charadrius himantopus, des deux mondes, et Recurvirostra himantopus (Wilson , pl. 58), d'Amérique.

5. HUITERIER, *Hæmatopus.* (Linn.) — Caract. V. Manuel, p. 530.

Esp. H. palliatus (Temm.), du Brésil. (H. ostralegus var. B. (Lath.) H. Niger. (Cuv.), de l'Afrique et de la Nouvelle-Hollande. Conséquemment de tous les pays du globe.

6. PLUVIER, *Charadrius*. (Linn.) — Caract. V. Manuel, p. 533. 2 *sections*.

Esp. C. caganus. — Pileatus. — Melanocephalus, et plusieurs espèces nouvelles répandues sur tout le littoral du globe.

SECONDE FAMILLE.

Toujours trois doigts devant et un doigt derrière ; celui-ci plus ou moins long.

7. VANNEAU (1), *Vanellus*. (Briss.) — Caract. V. Manuel, p. 546. 2 *sections*.

Esp. (Tringa squatarola helvetica, aussi Charadrius apricarius (Wilson, pl. 57, f. 4.) = Tringa cayanensis. — Senegala, et plusieurs espèces nouvelles.

8. TOURNEPIERRE, *Strepsilas*. (Illig.) — Caract. V. Manuel, p. 552.

L'espèce unique du genre est répandue sur tout le globe.

9. GRUE (2), *Grus*. (Pallas.) — Caract. V. Manuel, p. 556. 2 *sections*.

Esp. Ardea pavonina. — Virgo. = (Gigantea et americana, *probablement* la même espèce.) — (Antigone et collaris.) — Carunculata. — Canadensis, sont avec celles d'Europe, toutes les espèces du genre.

10. COURLAN, *Aramus*. (Vieill.) — Caract. *Bec* plus long que la tête, droit, dur, incliné à la pointe, qui est renflée, sans échancrure; mandibule inférieure renflée vers le milieu, angulaire, pointue; fosse nasale longue. *Narines* latérales, éloignées de la base, longitudinales, percées de part en part. *Pieds* longs, pouce articulé sur la partie postérieure du tarse, doigts en-

---

(1) Les espèces sont répandues sur tout le globe.
(2) Il n'en est point encore venu de l'Océanique.

tièrement divisés. *Ailes* médiocres ; les 2 premières
rémiges plus courtes que la 3e. qui est la plus longue.

> *Esp.* Ardea scolopacea. L'unique du genre, d'Amérique.

11. HÉRON (1), *Ardea.* (Linn.) — Caract. V. Manuel,
p. 564. 2 *sections.*

> *Esp.* Ardea pacifica. — (Cocoi *ou* palliata. (Lich.) $=$
> (Ard. minor Wils., pl. 65, f. 3 et A. lenteginosa Shaw.)
> Voyez les doubles emplois dans le Manuel.

12. CIGOGNE (2), *Ciconia.* (Briss.) — Caract. V. Manuel,
p. 559. 2 *sections* sans limite assignable pour les caractères.

> *Esp.* Ardea argala. — Mycteria americana. — Asiatica. —
> Senegalensis. — Australis. $=$ Ardea leucocephala, sont avec
> les trois espèces d'Europe, toutes celles du genre.

13. BEC-OUVERT, *Anastomus.* (Illig.) — Caract. *Bec* gros,
très-comprimé, entr'ouvert vers le milieu, arête distincte, déprimée sur le front ; mandibule supérieure à
peu près droite, renflée vers le bout, sillonnée à la base,
échancrée à la pointe ; mandibule inférieure très-com-
primée, convexe en dessous vers le milieu de sa longueur, pointe à bords fléchis en dedans, réunis en
lame. *Narines* latérales, longitudinalement fendues.
Pieds longs, grêles, les trois doigts extérieurs réunis
par une courte membrane découpée ; pouce articulé
intérieurement, à niveau des autres doigts.

> *Esp.* (Ardea coromandelica l'adulte, et pondiceriana le
> jeune.) Unique espèce du genre, de l'Inde.

14. OMBRETTE, *Scopus.* (Briss.) — Caract. *Bec* comprimé,
mou, en lame courbée à la pointe ; mandibule supérieure surmontée dans toute sa longueur par une arête
saillante, accompagnée d'une rainure. *Narines* à la

---

(1) On trouve des hérons dans toutes les contrées du globe.
(2) On les trouve dans presque tous les pays du globe.

surface du bec, linéaires, longues, à moitié fermées
par une membrane. *Pieds* médiocres à quatre doigts,
celui du milieu plus court que le tarse, pouce portant
à terre; des palmures découpées jusqu'à la première
phalange de tous les doigts. *Ailes :* 1re. et 2e. rémiges
plus courtes que les 3e. et 4e. qui sont les plus longues.

> *Esp.* Sc. umbrette, l'unique du genre, d'Afrique.

15. FLAMMANT, *Phœnicopterus*. (Linn.)—Caract. V. Manuel, p. 586.

> *Esp.* Outre celle d'Europe, qui semble répandue partout,
> on en connaît une seconde. Phœn. parvus, de l'Inde.

16. AVOCETTE (1), *Recurvirostra*. (Linn.)—Caract. V. Manuel, p. 589.

> *Esp.* Outre celle d'Europe, qui est très-répandue, on
> connaît encore trois autres recurv. americana. (Lath.) —
> Rubricollis. (Temm.) — Orientalis. (Cuv.)

17. SAVACOU, *Cancroma*. (Linn.) — Caract. *Bec* plus
long que la tête, très-déprimé, beaucoup plus large
que haut, tranchant, dilaté vers le milieu de sa longueur; arête proéminente, accompagnée de chaque
côté et dans toute sa longueur par un sillon ; mandibule supérieure en forme de cuiller renversée, avec un
crochet à la pointe ; l'inférieure terminée en pointe
aiguë. *Narines* à la surface du bec, dans le sillon,
obliques, longitudinales, couvertes d'une membrane.
Pieds médiocres, les trois doigts antérieurs unis à
leur base par une membrane large ; pouce articulé intérieurement, à niveau des autres doigts. *Ailes* médiocres; la 1re. rémige plus courte que les 2e., 3e., 4e.
et 5e. qui sont les plus longues.

> *Esp.* Canc. cochlearia. (Buff., pl. enl. 38 la femelle

---

(1) Dans les différentes contrées du globe, et sans caractères assignables pour
une division géographique.

adulte. et pl. enl. 869, jeune mâle,) l'unique du genre ; d'Amérique.

18. SPATULE (1), *Platalea*. (Linn.) — Caract. V. Manuel, p. 593.

> *Esp.* Plat. tenuirostris. (Temm.) Voyez Sonnerat, Voyages, t. 51 et 52. — Plat. azaza, avec celle d'Europe, les trois espèces du genre.

19. TANTALE. (2), *Tantalus*. (Linn.) — Caract. *Bec* trèslong, droit, sans fosse nasale, un peu fléchi à la pointe qui est courbée; mandibule supérieure voûtée; base large, dilatée sur les côtés, pointe comprimée, cylindrique; bords des deux mandibules très-courbés en dedans, tranchans ; face nue. *Narines* basales, à la surface du bec, fendues longitudinalement dans la substance cornée, qui les recouvre par-dessus. *Pieds* très-longs ; tarse du double plus long que le doigt intermédiaire ; les latéraux réunis par de larges membranes découpées.

> *Esp.* T. loculator. — Leucocephalus. — Ibis, sont les trois espèces dont se compose ce genre.

20. IBIS (3), *Ibis*. (Lacep.) — Caract. V. Manuel, p. 597. 2 *sections*.

> *Esp.* (Tantalus ruber *adulte;* fuscus *jeune.*) = Cayanensis, et plusieurs espèces nouvelles.

21. COURLIS (4), *Numenius*. (Briss.) — Caract. V. Manuel, p. 601.

> *Esp.* N. Borealis. — Longirostris. (Wil.)

22. BÉCASSEAU (5), *Tringa*. (Linn.) — Caract. V. Manuel, p. 606. 3 *sections*.

---

(1) En Europe, dans l'Inde et en Amérique; sans aucune différence dans les caractères.

(2) De l'Inde et de l'Amérique méridionale, sans différence dans les caractères.

(3) Les espèces nombreuses de ce genre sont répandues partout. On doit les sectionner en *Sylvains* et *Riverains*.

(4) On les trouve sur presque tout le littoral du globe.

(5) Nombreux en espèces répandues sur tout le littoral du globe ; un petit

Esp. T. subarquata. ⚌ Pusilla. — Leucoptera, ⚌ Semi-palmata. (Wil.) ⚌ (Platalea pygmea. cufynorhynchus. (Nils.)

23. CHEVALIER (1), *Totanus.* (Bechst.) — Caract. V. Manuel, p. 635. *3 sections.*

Esp. (Scolapax melanoleuca. Scolopax vociferus. (Wils. pl. 58, f. 5.) — Flavipes. — (Wils., f. 4.) ⚌ Semipalmata, et plusieurs espèces nouvelles.

24. BARGE (2), *Limosa.* (Briss.) — Caract. V. Manuel, p. 662. 2 *sections.*

Esp. (Scolopax fedoa, marmorata, hudsonica. (⚌ Terck.

25. BÉCASSE (3), *Scolopax.* (Linn.) — Caract. V. Manuel, p. 672. 3 *sections.*

Esp. Scol. minor. ⚌ Paludosa.

26. RHYNCHÉE (4), *Rynchæa.* (Cuv.) — Caract. *Bec* plus long que la tête, renflé vers le bout, très-comprimé, droit, fléchi vers le bout; mandibules égales à la pointe, et légèrement courbées ; la supérieure sillonnée dans toute sa longueur, l'inférieure seulement à la pointe ; fosse nasale se prolongeant jusqu'au milieu du bec. *Langue* aussi longue que le bec, pointue. *Narines* latérales linéaires, percées de part en part. *Pieds* médiocres, tarse plus long que le doigt intermédiaire ; les antérieurs totalement divisés ; le pouce articulé sur le tarse au-dessus des autres doigts. *Ailes* amples, pennes

---

nombre des celles d'Europe se trouvent dans l'Amérique septentrionale et en Afrique.

(1) Le plus grand nombre de nos espèces d'Europe, se retrouvent dans l'Amérique septentrionale et même vers les tropiques.

(2) Ce genre peu nombreux en espèces, paraît seulement répandu dans les pays froids et tempérés.

(3) On les trouve dans tous les pays et presque sous toutes les températures.

(4) De l'ancien continent. Je possède tous les passages d'âge ou d'états différens qui prouvent les doubles emplois d'espèces créées par de misérables compilateurs.

secondaires aussi longues que les rémiges; les 1ʳᵉ., 2ᵉ. et 3ᵉ. rémiges presque égales.

> *Esp.* Scolopax capensis et pl. 270. *l'adulte.* S. sinensis et pl, 881 *le jeune ;* aussi rallus bengalensis. (Linn.) La pl. 922 paraît aussi s'y rapporter, mais je n'ai point eu occasion de voir un individu dans ce plumage.

27. CURALE , *Eurypyga.* (Illig.)—Caract. *Bec* long, droit, fort, dur, comprimé, pointe un peu renflée; sillon nasal très-profond, occupant deux tiers de la longueur de la mandibule supérieure; côtés de la mandibule inférieure sillonnés; pointe du bec échancré. *Narines* basales, linéaires, longues. *Pieds* longs, grêles; tarse plus long que le doigt du milieu; l'externe réuni par une membrane; l'interne divisé, tous garnis d'un bord membraneux ; pouce à niveau des autres doigts. *Ailes* amples; les 2 premières rémiges plus courtes que la 3ᵉ. qui est la plus longue. *Queue* très-longue, égale.

> *Esp.* Ardea helias, l'unique du genre; d'Amérique.

28. RALE (1), *Rallus.* (Linn.) — Caract. V. Manuel, p. 682.

> *Esp.* R. Australis. — Capensis. — Longirostris, et plusieurs nouvelles.

29. POULE-D'EAU , *Gallinula.*. (Briss.) — Caract. V. Manuel, p. 685. 2. *sections.*

> *Esp.* Rallus cayanensis. — Jamaïcensis. = Gallinula flavirostris. — Martinica , et un grand nombre d'espèces nouvelles.

30. JACANA (2), *Parra.* (Linn.) — Caract. *Bec* de la longueur de la tête, droit, grêle, comprimé, un peu renflé vers le bout; base déprimée se dilatant sur le

---

(1) Ce genre et le suivant n'ont pour limite que la longueur du bec en rapport de celle de la tête. On trouve les espèces de ces deux genres dans tous les pays, sans qu'il existe aucune différence dans les formes.

(2) Des contrées chaudes des deux mondes.

front en plaque nue ou à crête élevée ; mandibules inégales ; l'inférieure en angle très-ouvert, pointue ; fosse
nasale longue. *Narines* latérales, vers le milieu du bec,
ovales , ouvertes, percées de part en part. *Pieds* très-
longs, grêles, nudité du tibia très-longue ; doigt très-
longs , grêles , entièrement divisés ; ongles droits, celui
du pouce plus long que ce doigt. *Ailes* amples ; la 1re.
rémige de très-peu moins longue que la 2e. et la 3e.

Esp (P. jacana *adulte*, variabilis *jeune*.) — Sinensis
adulte, luzeoniensis *jeune*.), et plusieurs nouvelles.

31. Talève, *Porphyrio*. (Briss.) — Caract. V. Manuel,
p. 696.

Esp. Voyez celles indiquées dans le manuel.

ORDRE XIV. PINNATIPÈDES. *Pinnatipedes.*— Caract. V. Manuel, p. 703.

Des espèces de tous les genres se trouvent dans les différentes
parties des deux mondes.

1. Foulque, *Fulica*. (Linn.)—Caract. V. Manuel , p. 705.

Esp. T. Cristata.

2. Grêbe-foulque (1), *Podoa*. (Illig.)—Caract. *Bec* de la
longueur de la tête, cylindrique, droit, pointu, incliné vers le bout dont la pointe est échancrée, arête
distincte , déprimée ; bords de la mandibule supérieure un peu élargis, l'inférieure droite anguleuse
vers le bout ; fosse nasale, grande , longue. *Narines*
latérales, vers le milieu du bec, longues , percées de
part en part. *Pieds* courts, retirés dans l'abdomen ;
tarse arrondi, les trois doigts antérieurs réunis par
une membrane en festons ; pouce lisse. *Ailes* médiocres, pointues ; les 2 premières rémiges plus courtes
que la 3e., celle-ci ou la 2e. la plus longue. *Queue*
très-large.

---

(1) L'une des espèces dans l'Amérique méridionale , l'autre en Afrique.

Esp. Plotus surinamensis. — Heliornis senegalensis. (Vieil.)
sont les deux espèces connues du genre.

3. Phalarope, *Phalaropus.* (Briss.) — Caract. V. Manuel,
p. 708. *2 sections.*

Esp. On ne connaît que les deux espèces qui se trouvent
aussi en Europe.

4. Grèbe, *Podiceps.* (Lath.)—Caract. V. Manuel, p. 716.

Esp. (P. philippensis. (Temm., pl. enl. 945.) — (Caro-
linensis *adulte* ludovicianus *jeune.*)

ORDRE XV. PALMIPÈDES, *Palmipedes.* — Ca-
ract. V. Manuel, p. 730. Exception faite des espèces qui composent les genres *Cereopsis, Chionis,* qui sont de l'Océanique, de celles des genres
Rhynchops, Diomedea, Tachypetes et *Phaëton,*
qui sont confinés entre les tropiques, et des genres
Haladroma, Pachyptila, Plotus, Aptenodytes
et *Sphemiscus* qui vivent dans la zone torride
des deux continens ; on trouve les autres genres
sous toutes les températures et dans toutes les
mers.

1. Céréopse, *Cereopsis.* (Lath.) — Caract. *Bec* très-court,
fort, presque aussi élevé à sa base que long, couvert
d'une cire qui se prolonge vers la pointe qui est voûtée et tronquée ; mandibule inférieure évasée à la
pointe. *Narines* très-grandes, percées vers le milieu
du bec, entièrement ouvertes. *Pieds* à tarse plus long
que le doigt du milieu ; pouce articulé à la partie
postérieure du tarse , long ; doigts palmés , garnis de
membranes profondément découpées. *Ongles* très-
gros et forts. *Ailes :* couvertures presque aussi longues
que les rémiges, 1ʳᵉ. penne un peu plus courte que les
suivantes.

Esp. C. Novæ-Hollandiæ, l'unique du genre.

2. BEC-EN-FOURREAU, *Chionis*. (Forst.)—Caract. *Bec* fort, gros, dur, conico-convexe, comprimé, fléchi vers la pointe ; base de la mandibule supérieure près de moitié recouverte par un fourreau de substance cornée, découpé par devant, garni de sillons longitudinaux ; mandibule inférieure lisse, formant un angle ouvert. *Narines* marginales, au milieu du bec, sur le bord de la substance cornée. *Pieds* médiocres, partie nue du tibia très-petite ; doigts bordés d'un rudiment ; celui du milieu et l'extérieur demi-palmé, l'intérieur uni seulement à la base. *Ailes* médiocres ; la 2e. rémige la plus longue ; poignet de l'aile tuberculé.

Esp. C. Novæ-Hollandiæ, l'unique du genre.

3. BEC-EN-CISEAU, *Rhynchops*. (Linn.)—Caract. *Bec* long, droit aplati en lame, tronqué vers le bout, mandibule supérieure beaucoup plus courte que l'inférieure, la première à bords très-rapprochés formant deux lames distinctes qui se joignent par le bout, la seconde seulement élargie à la base, le reste en lame simple. *Narines* latérales, marginales, éloignées de la base. *Pieds* assez longs, grêles ; tarse plus long que le doigt du milieu, les antérieurs unis par une membrane un peu découpée ; pouce articulé sur le tarse. *Ailes* très-longues ; les 2 premières rémiges dépassant de beaucoup toutes les autres en longueur.

Esp. R. nigra, et une espèce nouvelle.

4. HIRONDELLE-DE-MER, *Sterna*. (Linn.)—Caract. V. Manuel, p. 731, 2 *sections*.

Esp. S. cayana. — argentea. (P. Max.) = Stolida. — (Panaya et Sonnerat, Voyages, t. 84, un jeune.

5. MAUVE, *Larus*. (Linn.)—Caract. V. Manuel, p. 754. 2 *sections*.

Esp. L. leucomelas. (Vieil.) = Icthyætus. — (Lar. sabinii. (Linn. *trans.*) ou xema ross. Voyages, pl. 25.)

6. Stercoraire, *Lestris.* (Illig.) — Caract. V. Manuel,
p. 790.

>   *Esp.* Je ne connais que les trois espèces d'Europe; ma
> première se trouve aussi dans la zone torride.

7. Pétrel, *Procellaria.* (Linn.) — Caract. V. Manuel,
p. 800. *3 sections.*

>   *Esp.* P. gigantea. — (P. æquinoctialis et grisea.) =
> (Oceanica (Forst. et pl. enl. 963), ainsi qu'une grande
> série d'espèces inédites.

8. Prion, *Pachyptila* (Illig.) — Caract. *Bec* fort, gros,
très-déprimé , très-large ; mandibule supérieure renflée sur les côtés ; arête distincte terminée par un
crochet comprimé ; bord intérienr garni de lamelles
cartilagineuses ; mandibule inférieure très-déprimée ,
formée de deux arcs soudés à la pointe , formant dans
leur inntervalle une petite poche gutturale. *Narines*
basales , à la surface du bec , s'ouvrant par deux trous
distincts , dans un tube basal très-court. *Pieds* médiocres , trois doigts devant à palmures découpées ;
un ongle très-court tient lieu de pouce. *Ailes :* 1ʳᵉ.
rémige la plus longue.

>   *Esp.* (procellaria Forsteri ou p. vittata Gmel.) Je ne
> connais les autres espèces que par les figures de Forster, et
> ne puis les indiquer avant de les avoir vus.

9. Pélécanoïde, *Haladroma.* (Illig.) — Caract. *Bec* court,
droit, comprimé, dur, tranchant, sillonné longitudinalement, pointe comprimée un peu courbée ; à la
mandibule inférieure une petite poche nue, dilatable.
Narines à la surface du bec, distinctes, base cachée
sous un tube. *Pieds* courts , seulement trois doigts dirigés en avant, palmés ; pouce et ongle nuls. *Ailes*
courtes.

Remarque. Je n'ai pu voir très-exactement la forme des
ailes.

Esp. Procellaria urinatrix, jusqu'ici l'unique du genre.

10. ALBATROS, *Diomedea* (Linn.) — Caract. *Bec* très-long, très-fort, dur, tranchant, comprimé, droit, subitement courbé; mandibule supérieure sillonnée sur les côtés, très-crochue à la pointe; l'inférieure lisse, tronquée au bout. *Narines* latérales, éloignées de la base, tubulaires, couvertes sur les côtés, ouvertes par-devant, placées dans le sillon. *Pieds* courts; seulement trois doigts très-longs, entièrement palmés, les latéraux bordés par un rudiment. *Ongles* obtus, courts. *Ailes* très-longues, très-étroites, rémiges courtes, secondaires longues.

> *Esp.* (D. exulans et spadicea.) — (Chinensis. (Temm. et pl. enl. 963.) — Chlororhynchos. — Fuliginosa, sont toutes les espèces connues du genre.

11. CANARD, *Anas* (Linn.) — Caract. V. Manuel, p. 813. 4 *sections*.

> *Esp.* A. canadensis. = Atrata. = Moschata. = (Dominica *mâle*, spinosa *femelle*), et un grand nombre d'espèces nouvelles.

12. HARLE, *Mergus.* (Linn.) — Caract. V. Manuel, p. 880.

> *Esp.* M. cucullatus, et des nouvelles.

13. PÉLICAN, *Pelecanus.* (Linn.) — Caract. V. Manuel, p. 889.

> *Esp.* P. trachyrhynchos, et quelques espèces nouvelles.

14. CORMORAN, *Carbo* (Meyer.) — Caract. V. Manuel, p. 893.

> *Esp.* (C. punctatus *adulte*, varias *jeune*;) et un grand nombre de nouvelles.

15. FRÉGATE, *Tachypetes.* (Vieill.) — Caract. *Bec* long, robuste, fort, tranchant, déprimé à la base, élargi sur les côtés, suturé en dessus, pointes des deux mandibules fortement courbées, la supérieure terminée par un crochet très-pointu; fosse nasale nulle. *Nari-*

nes plus ou moins occultes , linéaires, dans un sillon. *Pieds* retirés dans l'abdomen , très-courts, tarse plus court que les doigts, à demi emplumé ; les trois doigts antérieurs longs, demi-palmés ; le pouce articulé intérieurement et dirigé en avant. *Ailes* très-longues, très-étroites ; les deux premières rémiges excédant toutes les autres en longueur. *Queue* très-fourchue.

Esp. (Pelecanus aquilus, leucocephalus , et palmerstroni.) Probablement différens états de la même espèce ; (pelecanus minor) forme peut-être une seconde espèce , mais c'est encore douteux.

16. Fou , *Sula.* (Briss.) — Caract. V. Manuel, p. 904.

Esp. Pelecanus piscator.

17. Anhinga , *Plotus.* (Linn.) — Caract. *Bec* long , parfaitement droit , grêle , en fuseau , très-aigu à la pointe; bords de la mandibule supérieure dilatés à la base, comprimés et fléchis en dedans sur le reste ; les deux mandibules finement dentelées. *Narines* occultes , linéaires , cachées dans une rainure peu profonde. *Pieds* courts , gros , forts; tarse beaucoup plus court que le doigt intermédiaire et externe, qui sont égaux, retirés dans l'abdomen; pouce articulé intérieurement à niveau des autres doigts, tous engagés dans une seule membrane. *Ailes* longues; la 1re. rémige moins longue que les 2e., 3e. et 4e., qui sont les plus longues. *Queue* très-longue.

Esp. (P. anhinga et melanogaster.) — (P. Le Vaillantii. (Temm. *et pl. enl.* 107.) un jeune (et Vaill. *voy. d'Afrique.*)

18. Paille-en-queue, *Phaeton.* (Linn.) — Caract. *Bec* de la longueur de la tête , gros, fort, dur, tranchant, très-comprimé , pointu, faiblement incliné depuis la base; bords des mandibules élargis à la base , comprimés et dentelés dans le reste de leur longueur. *Narines* basales , latérales , couvertes en dessus et près de la base par une membrane nue, percées de part en part.

Partie Ire.   *h*

Pieds très-courts, retirés dans l'abdomen, les trois doigts antérieurs longs; pouce court, articulé intérieurement, tous engagés dans la même membrane. *Ailes* longues, la 1re. rémige la plus longue. *Queue* courte, les deux brins ou filets très-longs.

> *Esp.* (P. phœnicurus *adulte*, æthereus *moyen âge*, melanorhynchos *très-jeune*.) — Candidus, (Briss.) sont les seules espèces du genre qui existent dans les cabinets d'Europe.

19. GUILLEMOT , *Uria*. (Briss.) — Caract. V. Manuel , p. 919. 2 *sections*.

> *Esp.* U. marmorata, avec les trois espèces d'Europe , les seules connues du genre.

20. STARIQUE, *Phaleris*. (Temm.) — Caract. *Bec* plus court que la tête, déprimé, dilaté sur les côtés, presque quadrangulaire , échancré à la pointe ; mandibule inférieure formant un angle saillant. *Narines* marginales , au milieu du bec, linéaires , à moitié fermées par derrière et en dessus, percées de part en part. *Pieds* courts , retirés dans l'abdomen, tarse grêle , seulement trois doigts devant , ongles très-courbés. *Ailes* médiocres, 1re. rémige la plus lonque.

> *Esp.* (Alca psittacula *adulte*, et tetracula *jeune*.) — (Cristatella *adulte*, et pygmea *jeune*.) les deux espèces connues du genre.

21. MACAREUX. *Mormon* (Illig.) — Caract. V. Manuel, p. 931. 2 *sections*.

> *Esp.* Alca cirrhata. — Glacialis. (Leach.) avec celle d'Europe les seules du genre.

22. PINGOUIN, *Alca*. (Linn.) — Caract. V. Manuel , p. 935. 2 *sections*.

> *Esp.* On ne connaît que les deux d'Europe.

23. SPHÉNISQUE , *spheniscus* (Briss.) — Caract. *Bec* plus court que la tête , comprimé , tèrs-gros, fort, dur ,

droit, crochu à la pointe, sillonné obliquement; bords des deux mandibules fléchis en dedans; l'inférieure couverte de plumes à la base, tronquée ou obtuse à la pointe; fosse nasale très-petite. *Narines* petites, latérales, vers le milieu du bec, fendues dans le sillon. *Pieds* très-courts, gros, totalement retirés, dans l'abdomen; quatre doigts dirigés en avant, trois réunis; pouce excessivement court, articulé sur le doigt interne. *Ailes* sans pennes, impropres au vol.

Esp. Aptenodites demersa. — Minor. — (Chrysocome *adulte*, catarractes *jeune*.)

24. Manchot, *Aptenodytes*. (Forster.) — Caract. *Bec* plus long que la tête, grêle, droit, fléchi à la pointe; les deux mandibules à pointes égales, un peu obtuses; la supérieure sillonnée dans toute sa longueur; l'inférieure plus large à la base, et couverte d'une peau nue et lisse; fosse nasale très-longue, couverte de plumes. *Narines* occultes, à la partie supérieure près de l'arête du bec, cachées par les plumes avancées du front. *Pieds* très-courts, gros, totalement retirés dans l'abdomen; quatre doigts dirigés en avant, trois réunis, pouce très-court, articulé sur le doigt interne. *Ailes* impropres au vol, sans pennes.

Esp. A. patachonica. — Chiloensis. sont les deux espèces qui existent dans les cabinets d'Europe; je n'ai jamais vu les autres. Le *papua* de Sonnerat, d'après la figure, doit être classé ici.

ORDRE XVI. INERTES, *Inertes*. — Caract. *Bec* de forme différente, corps probablement trapu, couvert de duvet et de plumes, à barbes distantes. *Pieds* retirés dans l'abdomen, tarse court, trois doigts dirigés en avant, entièrement divisés jusqu'à la base; le doigt postérieur court, articulé

intérieurement. *Ongles* gros et acérés. *Ailes* impropres aux vol.

Remarque. Je n'ai trouvé à placer plus convenablement deux genres qu'en les associant en quelque sorte avec les *Sphenisques* et les *Aptenodytes*, sans égards à leurs doigts divisés, par lesquels ils se rapprochent des *Coureurs*.

1. APTÉRYX, *Aptéryx.* (Shaw.) — Caract. *Bec* très-long, droit, subulé, mou, sillonné dans toute sa longueur, seulement fléchi et renflé à la pointe, base couverte d'une cire munie de poils ; mandibule inférieure droite, évasée latéralement, subulée à la pointe ; de très-longues soies à la base du bec ; fose nasale prolongée jusqu'à la pointe du bec. *Narines* paraissant s'ouvrir à la pointe de la mandibule en deux petites ouvertures ou trous, qui semblent terminer deux tubes cachés dans la masse du bec. *Pieds* courts, emplumés jusqu'aux genoux, doigt du milieu de la longueur du tarse ; trois doigts devant, entièrement divisés, doigt postérieur court, muni d'un ongle droit, court et gros. *Ailes* impropres au vol, terminées par un ongle courbé. *Queue* nulle.'

Esp. A. australis. (Shaw. t. 1057 et 1058.) l'unique du genre, qui a été établi sur un individu, le seul qui existe dans les collections.

2. DRONTE, *Didus.* (Linn.) — Caract. *Bec* long, fort, large, comprimé ; mandibule supérieure courbée à la pointe, transversalement sillonnée ; mandibule inférieure étroite, renflée et courbée en haut à la pointe. *Narines* au milieu du bec, percées obliquement dans un sillon. *Pieds* à tarse court ; trois doigts devant, divisés, le postérieur le plus court. *Ongles* courts, courbés. *Ailes* impropres au vol.

Esp. Didus ineptus. Espèce qui semble avoir été l'unique du genre, et paraît ne plus exister.

Remarque. Les caractères du genre sont indiqués d'après les auteurs. On conserve encore en Angleterre le bec et le pied de cet oiseau , figurés très-exactement dans Shaw Miscellan. ; ces parcelles prouvent de la manière la plus authentique l'existence d'un oiseau qui n'est nullement fabuleux , ainsi que quelques naturalistes l'assurent.

MANUEL

D'ORNITHOLOGIE.

ORDRE PREMIER.

RAPACES. — *RAPACES.*

Bec court, fort ; mandibule supérieure recouverte à sa base par une cire ; comprimé sur les côtés, courbé vers son extrémité. Narines ouvertes. Pieds forts, nerveux, courts ou de moyenne longueur, emplumés jusqu'au genoux ou jusqu'aux doigts. Doigts, trois en avant et un derrière, articulés sur le même plan, entièrement divisés, ou unis à la base par une membrane ; rudes en dessous, armés d'ongles puissans, acérés, rétractiles et arqués.

Les oiseaux compris dans le premier ordre occupent, parmi cette classe du règne animal, la place des carnassiers parmi les mammifères ; presque tous se nourrissent de chair ; les uns purgent la terre des cadavres, les autres attaquent des animaux vivans, soit mammifères ou oiseaux ; quelques-uns de ceux-ci ne font la chasse qu'aux poissons et aux reptiles ; un petit nombre (ce sont les espèces les moins grandes) n'attaquent et ne se nourrissent que d'insectes, particulièrement de ceux à élytres. Moins attachés à la terre que les autres oiseaux, ils parcourent d'un vol rapide les régions aériennes, et disparaissent souvent à nos regards dans l'immense espace d'où ils découvrent, par leur organe de vision très-parfait, l'animal qui doit leur servir de pâture. Doués en conséquence de moyens puissans de vol, munis d'armes redoutables, ils sont la terreur des autres oiseaux. Errans et vagabonds, ils vivent solitaires et seulement par couple ; ils nichent sur des rochers inaccessibles ou sur de très-hauts arbres : le nombre des œufs n'excède jamais celui de quatre. Leur nourriture consiste uniquement en proie vivante et rarement en proie morte, qu'ils avalent par morceaux enveloppés des poils ou des plumes ; ces substances, de même que les os, se forment en pelotte dans l'estomac, et sont rejetées par le bec. Ils mangent copieusement quand l'occasion s'en présente, mais ils peuvent jeûner plusieurs jours. Le sang des victimes ne suffit pas toujours pour les abreuver, mais ils boivent rarement, et peuvent dans l'abondance se passer d'eau. Les uns ont la vue très-perçante pendant le jour, d'autres ne peuvent bien distinguer leur proie et chasser avec avantage qu'au crépuscule. Les femelles sont toujours plus grandes que les mâles ; chez quelques espèces la différence de taille est d'un tiers.

GENRE PREMIER.

VAUTOUR. — *VULTUR.* (Illig.)

BEC gros, fort, beaucoup plus haut que large ; base couverte d'une cire ; mandibule supérieure droite, seulement courbée vers la pointe ; mandibule inférieure droite, arrondie et inclinée vers la pointe. Tête nuc ou couverte d'un duvet très-court. Narines nues, latérales, percées diagonalement vers les bords de la cire. Pieds forts, munis d'ongles faiblement arqués ; le doigt du milieu très-long ; celui-ci et l'extérieur unis à la base. Ailes longues, la 1re. rémige courte, n'égalant pas les 6e. ; les 2e. et 3e. moins longues que la 4e., qui est la plus longue.

Ces oiseaux, portés par leur appétit à purger la terre des cadavres privés de sépulture, rendent par leurs habitudes un service signalé aux êtres vivans. Ils sont lâches à l'excès ; leur figure ignoble et dégoûtante offre des caractères tranchés par lesquels il est facile de les distinguer des oiseaux de rapine qui donnent la préférence aux animaux vivans dont ils savent s'emparer, soit par ruse ou par violence. Les *Vautours*, *Gypaëtes* et *Cathartes*, par la conformation des pieds, des doigts et des ongles, se trouvent dépourvus d'une arme redoutable qui seule est propre aux autres oiseaux rapaces : ils ne peuvent se servir de ces membres ni pour l'attaque, ni pour emporter des parties de leur proie, qu'ils consument sur les lieux ; leur tête et le cou sont ou nus ou garnis d'un duvet laineux ; ils ont toujours la tête petite en raison du volume du corps ; leur cou est le plus souvent long et mince. Leur vol, quoique lent, permet cependant à ces oiseaux de s'élever à une prodigieuse hauteur ; leur ascension s'exécute en tournoyant, et ils redescendent de la même manière ; leur vue est perçante ; l'organe de l'odorat est singulièrement perfectionné, leur attitude est embarrassée, et leur démarche lourde. Ils vivent en grandes troupes et se nourrissent uniquement de charogne ; ils nichent sur les rochers les plus inaccessibles, portent dans leur ample jabot la nourriture aux petits, et la vomissent devant eux. La mue n'a lieu qu'une fois dans l'année. La différence des dimensions totales forme presque

la seule dissemblance par laquelle on distingue les sexes ;
le plumage des jeunes est varié de nombreuses taches ; les
vieux l'ont coloré par grandes masses. Ils n'attaquent jamais un animal vivant ; et, lorsqu'ils ne sont point en
troupe, le plus chétif ou le plus timide des êtres les met
en fuite.

VAUTOUR ARRIAN.

VULTUR CINEREUS. (Linn.)

Partie postérieure de la tête et la nuque dégar-
nies de plumes, la peau de couleur bleuâtre ; sur
le reste du cou un duvet fauve ; côtés du cou garnis de plumes contournées ; à l'insertion des ailes
s'élève une ample touffe de longues plumes à
barbes déliées. Couleurs générales du plumage,
d'un brun tirant au noir et quelquefois au fauve ;
bec d'un brun noirâtre ; cire couleur de chair
bleuâtrei ris d'un brun foncé ; le tarse à moitié
emplumé, sa partie nue ainsi que les doigts d'un
blanc blafard ; les ongles noirs. Longueur totale,
3 pieds 6 pouces. *Le vieux mâle.*

La femelle, un peu plus grande, a les couleurs
du pumage plus sombres. Les jeunes ont tout le
cou garni de duvet ; toutes les plumes des parties
supérieures sont terminées par une couleur plus
claire.

Vultur cinereus. Gmel. *Syst.* 1. *p.* 247. *sp.* 6.—Lath. *Ind.
Orn. v.* 1. *p.* 1 *sp.* 2. (mais l'indication de pieds laineux
est une erreur, copiée de Bélon, qui a confondu ce vautour
avec le *Gypaëte jeune de l'année,* qui est le *F. niger* de
Gmel.—Vultur Bengalensis. Gmel. *Syst.* 1. *p.* 245.—Lath.
Ind. Orn. p. 1. *sp.* 3. (mais cité mal à propos dans l'ar-

ticle du vrai *Catharte percnoptère.*) — Vautour ou grand
Vautour. Buff. *Ois. v.* 1. *p.* 158. — Id. *pl. enl.* 425. — Id.
édit. de Sonnini. *v.* 2. *p.* 111. — Le Vautour noir d'Égypte.
Savigny , *Syst. des Ois. d'Égypte. p.* 14 — L'Arrian.
Gérard. *Tab. élém. d'Orn. v.* 1. *p.* 11. — Sonn. *édit.
de* Buff. *Ois. v.* 2. *p.* 128. — Cinerous or asch coloured
Vultur. Lath. *Syn. v.* 1. *p.* 14. — Bengal Vultur. Id. *v.* 1.
p. 19. *t.* 1. *Un jeune.* — Id. *Supp. v.* 1. *p.* 3. (mais
point le *Chaugoun* de le Vaillant, ni le *Chincou* , ou *V.
monachus* qui forment des espèces distinctes). — Grauer
Geier. Meyer et Wolfs, *Vögel. Deutschl. Heft.* 18 — Id.
Ornlaschenb. v. 1. *p.* 4. — Naum. *Vög. nacht. t.* 49.
f. 95. *figure peu exacte.* — Avoltoio lepraiolo. *Stor.
degli ucc. v.* 1. *pl.* 9.

Remarque. Il n'existe point de différences bien marquées entre les individus de l'Inde , ceux d'Égypte et ceux
d'Europe ; celles dont les compilateurs font usage dans
l'énumération des espèces nominales sont basées sur de
légères disparités, dues le plus souvent à l'âge ou plus rarement au sexe.

Habite : seulement les hautes montagnes et les vastes
forêts de la Hongrie, du Tirol, de la Suisse des Pyrénées , du midi de l'Espagne et de l'Italie; accidentellement ailleurs.

Nourriture : animaux morts et charogne , jamais des
êtres vivans , pour lesquels il montre beaucoup de crainte ;
le plus petit animal paraît lui faire peur.

Propagation : inconnue.

VAUTOUR GRIFFON.

VULTUR FULVUS. (Linn.)

La tête et le cou garnis d'un duvet blanc, très-
court; partie inférieure du cou entourée de plusieurs rangs de longues plumes effilées , d'un blanc

roussâtre ; au milieu de la poitrine est un espace garni d'un duvet blanc ; tout le corps, les ailes et l'origine de la queue, d'un brun fauve ou couleur isabelle ; rémiges et pennes de la queue d'un brun noirâtre ; bec d'un jaune livide ; cire couleur de chair ; iris noisette ; pieds gris. Longueur totale, 4 pieds ; *le mâle est plus petit.*

VULTUR FULVUS. Gmel. *Syst.* 1. *p.* 249. *sp.* 11.—VULTUR LEUCOCEPHALUS. Meyer , *Tasschenb.* Deut. *v.* 1. *p.* 7. — VULTUR PERCNOPTERUS. Daud. *Orn. v.* 2. *p.* 13. *sp.* 7. — La Pérouse, *Neue Schwed. abh.* 3. *p.* 99. — VULTUR TRENCALOS. Bechst. *Naturg. Deut. v.* 2. *p.* 479. *sp.* 2. — LE PERCNOPTÈRE. Buff. *Ois. v.* 1. *p.* 149. *surtout la pl. enl.* 426.—LE GRIFFON. Buff. *Ois. v.* 1. *p.* 151. *tab.* 5. (*sous le faux nom de grand Vautour.*) Savigny, *Syst. d. ois. d'Eg. p.* 11. — Gérard. *Tab. élém. v.* 1. *p.* 7 *et* 8. *sp.* 1. *et* 2. — WEISKOPFIGER GEIER. Bescht. *Naturg. Deut. v.* 2. *p.* 479.—Wolfs *et* Meyer, *Vögel. Deut. Heft.* 18. — Naum. *Vögel. Nachtr. t.* 50. *f.* 96. *figure peu exacte.* — Borkh. *Vögel deut. pl.* 1.—AVOLTOIO DI COLOR CASTAGNO. *Stor. degli ucc. v.* 1. *pl.* 10. — PERCNOPTERUS GIER. Sepp, *Nederl. Vögel. v.* 5. *t. p.* 395.

Les jeunes , ont sur la tête et sur le cou un duvet blanchâtre, varié de brun ; le reste du corps est d'un fauve très-clair, marqué de grandes taches et d'un gris blanchâtre ; quelquefois le plumage est plus ou moins varié de blanc pur. C'est alors

VULTUR KOLBII. Lath. *Ind. Orn. Supp. v.* 2. *p.* 1. — LE VAUTOUR CHASSE-FIENTE. Vaill. *Ois. d'Afr. v.* 1. *pl.* 10. *un jeune individu du Griffon, figure peu exacte.* — Sonnini, *Nouv. édit. de* Buff. *v.* 2. *p.* 160.

Remarque. Le *Chasse-fiente* de Vaillant n'est qu'un jeune *Vautour Griffon* , mais le *Chincou* de cet auteur, pl. 11 , forme une espèce bien caractérisée ; *Vultur ginginianus* Gmel. , ou *Vautour de Gingi* de Sonnerat , en sont des synonymes ; les *Vultur ponticerianus* et *inpicus* Lath. et Gmel. forment deux espèces , mais le *V. auricularis* Lath. diffère beaucoup de celles sous ces deux indications , et ne doit point être confondu avec la première.

Habite : la Turquie , l'Archipel, la Silésie , le Tirol , les parties montueuses du nord de l'Europe , les Alpes et les Pyrénées ; très-abondant aux environs de Gibraltar ; aussi dans toute l'Afrique.

Nourriture : animaux morts , charognes , et , dans l'extrême disette , des voiries.

Propagation : niche sur les rochers les plus inaccessibles ; les œufs sont d'un gris blanc , marqués de quelques taches d'un blanc rougeâtre.

GENRE DEUXIÈME.

CATHARTE. — *CATHARTES*. (Ill.)

Bec long , délié , comprimé , droit , seulement courbé vers la pointe ; cire nue , dépassant la moitié du bec ; mandibule supérieure renflée vers la pointe. Tête oblongue , nue , de même que la partie supérieure du cou. Narines au milieu du bec , près de l'arête de la mandibule supérieure , longitudinalement fendues , larges , percées de part en part , quelquefois surmontées par des appendices charnus. Pieds à tarse nu , plus ou moins grêles ; doigt du milieu long , celui-ci et l'extérieur unis à

la base. Ailes légèrement acuminées, la 1ʳᵉ. rémige assez courte, la 2ᵉ. moins longue que la 3ᵉ.
qui est la plus longue.

Ils vivent en troupes, se nourrissent de charogne, et
plus particulièrement de voiries et d'immondices ; ils attaquent aussi de petits animaux vivans.

Remarque. Presque tous les ornithologistes réunissent
les oiseaux ainsi conformés aux *Vautours proprement
dits*, sans faire attention aux différences qui les distinguent : plusieurs espèces étrangères ont été confondues
avec ces deniers, quelques-unes d'entre elles ont le bec
aussi grêle que notre Catharte d'Europe ; d'autres tels que
V. Grypus et *Papa* de Linnée, ont un bec plus fort ; elles
forment le passage du genre *Catharte* au genre *Vultur ;*
tandis que les espèces du *V. indicus* et *angolensis* Lath.
sont placées sur les limites du genre *Vultur ;* ce sont des
Vautours proprement dits, mais ils indiquent le passage
aux *Cathartes* de la seconde section.

CATHARTE ALIMOCHE.

CATHARTES PERCNOPTERUS. (Mihi.)

La tête et seulement le devant du cou couverts
par une peau nue, d'un jaunâtre livide ; tout le
plumage d'un blanc pur, excepté les grandes
pennes des ailes qui sont noires ; plumes de l'occiput longues et effilées ; cire du bec orange ; iris
jaune ; mandibules noirâtres ; pieds d'un jaune livide ; ongles noirs, queue très-étagée. Longueur,
2 pieds 1 ou 3 pouces.

Varie suivant l'âge : d'un brun foncé, maculé
de roussâtre, ou d'un gris brun clair varié de

plumes blanches et fauves ; dans cet état , la partie nue de la tête est de couleur livide , la cire d'un blanc légèrement teint d'orange ; l'iris brun et les pieds d'un blanc livide.

VULTUR PERCNOPTERUS. Gmel. *Syst.* 1. *p.* 249. *sp.* 7. — Lath. *Ind. Orn. v.* 1 *p.* 2. *sp.* 3. — Gmel's *Reis. v.* 3. *p.* 364. *t.* 37. — VULTUR STERCORARIUS. La Peyrouse. *Neue. schwed. abh.* — VULTUR LEUCOCEPHALUS. Lath. *Ind. Orn. v.* 1. *p.* 2. — Daudin , *Orn. v.* 2. *p.* 27. — NEOPHRON PERCNOPTERUS. Savig. *Syst. d. ois. de l'Égypt. p.* 16. — VAUTOUR DE NORVÉGE ou VAUTOUR BLANC, Buff. *Ois. v.* 1 *p.* 164. — Id. *Pl. enl.* 449. *un individu adulte.* — VAUTOUR OURIGOU-RAP. Vaill. *Ois. d'Afriq. v.* 1. *pl.* 14. — LE RACHAMACH ou LA POULE DE PHARAON. Bruce. *Voyag. trad. franç. v.* 5. *p.* 191. *pl.* 33. *figure très-exacte.* — VAUTOUR D'ÉGYPTE. Sonn. *Nouv. édit. de* Buff. *v.* 2. *p.* 131. — LE PERCNOPTÈRE. Cuv. *Règ. anim. v.* 1. *p.* 307. — ASCH COLOURED VULTURE. Lath. *Syn. v.* 1. *p.* 13. — Id. *Supp. v.* 2. *p.* 4. — LE PETIT VAUTOUR. Gérard. *Tab. élém. v.* 1. *p.* 10. — AVOL-TOIO AQUILINO. *Stor. degli uccelli. v.* 1. *pl.* 14. — ALPINE VULTURE. Lath. *Syn. v.* 1. *p.* 12.

Les jeunes dans la première année, ont la partie nue de la tête de couleur livide, couverte d'un duvet rare, de couleur grise ; la cire et les pieds d'un gris cendré; tout le plumage, d'un brun foncé, varié par des taches d'un brun jaunâtre; les grandes pennes des ailes noires ; l'iris brun. C'est alors

VULTUR FUSCUS. Gmel. *Syst.* 1. *p.* 248. — Lath. *Ind. Orn. v.* 1. *p.* 5. — LE VAUTOUR DE MALTE. Buff. *Ois. v.* 1. *p.* 167. — Id. *Pl. enl.* 427. — MALTHESE VULTURE. Lath. *Syn. v.* 1. *p.* 15. — AVOLTOIO AQUILINO. *Stor. deg. ucc. v.* 1. *pl.* 15.

Habite : quoique très-rarement dans le nord de l'Eu-

rope, en Suisse aux environs de Genève, dans les creux
profonds du mont Salève; très-commun en Espagne, sur
les Pyrénées; particulièrement en Turquie et dans l'Archipel; nulle part aussi abondant qu'en Afrique, où l'espèce
est la même.

Nourriture : charognes, voiries et toutes sortes d'immondices; très-rarement de petits mammifères ou des
oiseaux vivans.

Propagation : niche dans les crevasses et dans les antres
des rochers, ordinairement en des lieux inaccessibles et
taillés en pente verticale.

GENRE TROISIÈME.

GYPAËTE. — *GYPAËTUS.* (Storr.)

Bec fort, long; mandibule supérieure exhaussée
vers la pointe, qui se courbe en crochet. *Dans
l'espèce qui habite l'Europe*, un bouquet de poils
raides, formant une barbe à la mandibule inférieure. Narines ovales, recouvertes de poils raides,
dirigés en avant. Pieds courts, quatre doigts, les
trois de devant réunis par une courte membrane;
le doigt du milieu très-long. Ongles faiblement cro-
chus. Ailes longues, la 1re. rémige un peu plus
courte que la 2e. et la 3e. qui sont plus longues.

Déjà plus rapprochés par leur conformation totale des
Rapaces chasseurs, les *Gypaëtes* ont dans leur port plus de
grâce et plus de souplesse dans leurs mouvemens que les
Vautours et les *Cathartes.* Redoutables par leur force et
principalement par l'impétuosité avec laquelle ils se ra-

battent, du haut des airs, sur leur proie qui consiste souvent en grands animaux et bouquetins ; aussi rusés que doués de force, ils savent épier l'instant qu'un de ces animaux, ou les jeunes, s'écartent de la troupe sur les bords des précipices, tombant alors de leur masse , aidés de leurs puissans moyens de vol, sur leur proie, ils la précipitent et l'achèvent sur la place ; les jeunes et les animaux maladifs sont leur proie habituelle.

Remarque. On a débité sur ces oiseaux les contes les plus absurdes ; entre autres qu'ils enlevaient des agneaux, des enfans et les portaient dans leur aire. Quelques espèces exotiques viennent se réunir à ce genre, particulièrement le *Vautour cafre* de Le Vaillant. *Ois. d'Afriq. v. 1. pl. 6.* ; mais Daudin y a compris des *Vautours* et des *Aigles*. Ils ne vivent point en troupe, mais isolément par paires ; se nourrissent le plus habituellement de proie vivante , qu'ils mangent sur la place, sans rien emporter dans leurs serres, qui ne sont point propres à saisir.

GYPAËTE BARBU.

GYPAËTUS BARBATUS. (Cuvier.)

Tête et haut du cou d'un blanc sale ; une raie noire s'étend depuis la base du bec, et passe au-dessus des yeux ; une autre, prenant naissance derrière les yeux, passe sur les oreilles ; cou inférieur, poitrine et ventre d'un roux orange ; manteau, dos et couvertures alaires , d'un gris brun foncé, mais sur le centre de chaque plume est une raie blanche longitudinale ; rémiges et pennes de la queue d'un gris cendré , les baguettes blanches ; queue longue, très-étagée : bec et ongles noirs ; pieds bleus ; iris

orange; œil entouré par une paupière rouge. Longueur , 4 pieds 7 pouces. *Les vieux.*

Varie suivant l'âge : plus ou moins de plumes
brunes sur le haut de la tête; celles du bas du cou,
de la poitrine et du ventre souvent terminées de
noir : la raie blanche qui occupe le centre des
plumes du dos et des couvertures alaires, plus ou
moins prononcée; souvent le ventre d'un gris brun,
ou varié de blanc; l'iris d'un orange plus ou moins
vif.

Vultur barbatus et barbarus. Lath. *Ind. Orn. v.* 1. *p.* 3.
sp. 6 *et* 5. — Vultur leucocephalus. Meyer, *Tasschenb.
Deut. v.* 1. *p.* 9.— Falco barbatus. Gmel. *p.* 252. *sp.* 38.
— Vultur. barbarus. Gmel. *Syst.* 1. *p.* 250. *sp.* 13. —
Falco magnus. S. G. Gmel. *Voy. v.* 3. *p.* 365. *t.* 38. —
Vultur aureus. Brisson, *Orn.* — Vautour doré. Buff. *Ois.
v.* 1. — Edw. *t.* 106. *figure exacte.* — Le Gypaète des Alpes.
Sonn. *édit. de* Buff. *v.* 2. *p.* 214. *pl.* 12. *f.* 2. — Gérard.
Tab. élém. v. 1. *p.* 12. — Bearded Vulture. Lath. *Syn.
v.* 1. *p.* 11. — Golden Vulture. Lath. *Syn. v.* 1. *p.* 18. —
Le Nisser ou l'Aigle d'or. Bruce. *Voy. trad. franc.* v. 5
p. 182. *pl.* 31. *Figure très-exacte.* — Der weiskopfige
Geier adler. Meyer, *Vögel. Deut. Heft.* 14. — Avoltoio
barbuto. *Stor. deg. ucc. v.* 1. *pl.* 11. — Bartadler. Bescht.
Naturg. Deut. v. 2. *p.* 502. — Blumenb. *Abh. natur. hist.
gegens. t.* 85.

Les jeunes, dans les deux premières années, ont
la tête et le cou d'un noir brun; le dessous du
corps gris brun avec des taches d'un blanc sale;
sur le haut du dos sont de grandes taches blanches; le manteau et les couvertures alaires noirâtres avec des taches plus claires; les rémiges

d'un brun noirâtre ; l'iris brun ; les pieds livides. C'est alors

Vultur niger. Lath. *Ind. Orn. v.* 1. *p.* 6. *sp.* 11.—Gmel. *Syst.* 1. *p.* 248. — Gypaëtus melanocephalus. Meyer , *Tasschenb. Deut. v.* 1. *p.* 13. *et pl. du frontispice.* — *Id. Vögel. Deut. Heft.* 19 *Figure très-exacte du jeune.* — Steinmuller, *Alpina. v.* 1. *p.* 183. — Vautour noir. Briss. *Orn. v.* 1. *p.* 457. *sp.* 4. — Black Vultur. Lath. *Syn. v.* 1. *p.* 16.

Habite : les Alpes suisses , très-rarement en Allemagne et sur les Pyrénées , plus abondant dans les montagnes du Tirol et de la Hongrie ; commun en Égypte.

Nourriture : chamois , bouquetins , jeunes cerfs , moutons et veaux ; étant pressé par le besoin , il se rabat sur des charognes.

Propagation : niche sur les rochers les plus escarpés , presque toujours inaccessibles ; pond deux œufs à surface rude, blancs, marqués de taches brunes.

GENRE QUATRIÈME.

FAUCON. — *FALCO.* (Linn.)

Tête couverte de plumes. Bec crochu, le plus souvent courbé depuis son origine ; une cire colorée, plus ou moins poilue à sa base ; mandibule inférieure obliquement arrondie; les mandibules quelquefois échancrées. Narines latérales, arrondies ou ovoïdes, percées dans la cire, ouvertes. Pieds à tarse couvert de plumes, ou lisse, dans le dernier cas, couvert d'écailles ; trois doigts devant, un derrière, l'extérieur le plus souvent uni à sa base par une membrane au doigt du milieu. ONGLES acérés, très-crochus, mobiles, rétractiles.

Oiseaux de rapine noble ; leur port , l'ensemble de leurs formes et les mouvemens qu'ils exécutent portent les indices de leur manière differente de vivre et de se nourrir de celle propre aux *Vautours*, aux *Cathartes* et aux *Gypaëtes*. La force et la ruse forment les apanages de cette grande famille des Rapaces ; ils sont tous pourvus d'armes offensives que les genres d'oiseaux de rapine ignoble n'ont point reçues en partage ; les moyens de vol, de préhension et de vision des uns et des autres sont aussi très-différens. La grandeur de leur tête est en proportion du corps , et elle est entièrement couverte de plumes , de même que le cou , qui est court et gros ; leur vol est rapide et soutenu ; ils peuvent s'élever à une prodigieuse hauteur ; leur vue est très-perçante ; ils vivent solitaires et par couples ; leur nourriture consiste presque toujours, et de préférence , en proie vivante qu'ils saisissent avec et emportent dans leurs serres ; les manières différentes de prendre cette proie et le courage qu'ils mettent à leur poursuite les distinguent les uns des autres. Les plus grandes espèces se nourrissent de mammifères et d'oiseaux, d'autres de poissons ; quelques-unes n'attaquent que des reptiles ; le plus grand nombre des petites espèces sont purement insectivores , et se nourrissent principalement de scarabées*. Le plumage, dans les différens états d'âge , est très-

---

* S'il était possible de trouver des caractères constans comme indices des appétits dans les oiseaux de proie , ainsi que par le moyen des dents chez les mammifères carnassiers , il serait ingénieux de diviser ce grand genre à l'instar des carnassiers du règne animal de M. Cuvier. Il me paraît que, dans cet ordre des mammifères carnassiers , les seuls Chéiroptères devraient former un ordre séparé , vu leur système cutané, la place qu'occupent les mamelles et la forme de leur verge.

différent ; les jeunes sont plusieurs années avant de se revêtir de la livrée stable propre aux adultes, et ceci n'a lieu qu'à leur troisième, quatrième, et même dans quelques espèces, qu'à leur sixième année. Les jeunes se distinguent toujours des vieux par des raies et des taches nombreuses et variées, tandis que la livrée des adultes est le plus souvent colorée par grandes masses ; lorsque les couleurs du plumage des vieux sont disposées par raies et par bandes transversales, il est constant que celui des jeunes l'est par taches et par raies longitudinales. Les mâles sont toujours d'un tiers moins grands que les femelles ; indépendamment de cette différence, ils se distinguent encore le plus souvent par les couleurs du plumage. Leur mue n'a lieu qu'une fois dans l'année.

Remarque. Plusieurs naturalistes modernes ont essayé de former, du grand genre *Falco* de Linnée, un nombre assez considérable de genres nouveaux*; mais les caractères qu'ils donnent à ces genres ont si peu d'importance que ceux-ci deviennent nuls dans l'application **. Une révision de tous ces nouveaux systèmes, que j'ai comparés à la nature, me fournit les mêmes obstacles qui s'étaient présentés à mes observations lors de la publication de la première édition de cet ouvrage ; je persiste conséquemment à ne faire aucun changement dans la classification méthodique du grand genre *Falco*, et à le présenter tel que je l'ai publié dans la première édition : j'ai seulement rapproché la division des *Autours* et celle des *Aigles*, vu que le passage des uns aux autres a lieu presque sans que

---

* M. Vieillot porte le nombre des genres à quinze, et celui des sections à vingt. *Voyez* son *Analyse d'une Nouvelle Ornithologie Élémentaire*. On pourrait, par les mêmes moyens, former encore vingt autres genres.

** Je crois avoir prouvé ceci, ainsi que quelques autres faits de même nature, dans une brochure portant pour titre : *Observations sur la classification méthodique des oiseaux.*

l'on puisse établir un seul caractère précis, aucune diffé‑
rence constante dans toutes les espèces*. La division qui
comprend les *Faucons proprement dits*, serait la seule
dont les espèces offrent des différences bien déterminées
dans les formes que présentent la mandibule supérieure
du bec et la structure des ailes; ils forment ma première
section.

PREMIÈRE DIVISION.

FAUCONS PROPREMENT DITS.

Bᴇᴄ court, courbé depuis sa base; à la mandi‑
bule supérieure une et rarement deux fortes dents,
qui s'emboîtent dans les échancrures de la mandi‑
bule inférieure. Pɪᴇᴅs robustes; doigts forts, longs,
armés d'ongles courbés et acéres ; tarses courts.
Aɪʟᴇs longues, la 1ʳᵉ. rémige longue, d'égale lon‑
gueur avec la 3ᵉ. ; la 2ᵉ. la plus longue.

Ils se nourrissent habituellement de proie vivante, sans
jamais se jeter sur les cadavres; ils mettent beaucoup
d'adresse, soit pour saisir leur proie, soit pour la surprendre;
poursuivent les oiseaux à tire d'ailes, ou tombent d'aplomb
dessus. Ils nichent habituellement dans les crevasses des
rochers et des masures. Le plus grand nombre des espèces
qui composent cette division peut être employé avec succès
pour la chasse au vol. Le nom d'*oiseaux de proie nobles*,
qui leur a été donné, leur vient probablement de la préroga‑
tive attachée autrefois au droit de fauconnerie, prérogative
dont la seule noblesse était en pouvoir; c'est là l'unique
origine sur laquelle on peut se fixer, car il n'est guère à
supposer que les méthodistes entendent, par cette épithète,

---

* Plusieurs espèces exotiques forment ce passage, qui est
presque sans caractère assignable.

que les oiseaux de la famille des *Faucons proprement
dits*, chassent avec plus de noblesse que les autres, ou
qu'ils ont un choix plus *distingué* dans le genre de nourriture ; car, à l'exception des quatre premières espèces de mes
faucons, toutes les autres se nourrissent *uniquement
d'insectes*, et n'attaquent que très-rarement un *animal
vertébré*. Nous connaissons dans cette division une petite
espèce propre à l'île de Java et aux Moluques, qui n'est pas
plus grande qu'une alouette ; elle se nourrit de petits
insectes ; c'est le *Falco cærulescens*. Lath. *sp.* 120.

Remarque. Il est essentiel d'observer que les espèces
qui composent cette division sont très-difficiles à distinguer
les unes des autres ; les jeunes de l'année des petites espèces
se ressemblent beaucoup pour les couleurs du plumage. Les
moyens les plus sûrs pour les distinguer sont le mesurage en
longueur totale, la longueur des ailes en comparaison
de la queue, et la couleur des pieds, de la cire et des
paupières.

FAUCON GERFAUT.

FALCO ISLANDICUS. (Lath.)

Tout le fond du plumage blanc, rayé sur les
parties supérieures et sur la queue d'étroites
bandes brunes ; parties inférieures également blanches, marquées de petites taches brunes en forme
de larmes ; ces taches plus nombreuses et plus
grandes sur les flancs ; bec jaunâtre ; cire et tour
des yeux d'un jaune livide ; iris brun ; pieds d'un
beau jaune. Longueur du mâle, 1 pied 9 ou
10 pouces ; la femelle a 2 et 3 pouces de plus. *Les
très-vieux mâles.*

Les mâles varient suivant les âges ; plus ils
sont vieux, plus le blanc de leur plumage est

pur, moins il y a de taches sur les parties inférieures, tandis que les raies transversales des parties supérieures ne présentent point autant de largeur. Les bandes à la queue varient de 12 à 14.

Le vieille femelle, qui est plus grande , diffère
encore du *vieux mâle* par un plus grand nombre
de taches d'un brun foncé sur les parties inférieures ; ces taches se présentent sur les flancs en
bandes transversales ; les raies des parties supérieures sont plus larges et en plus grand nombre ,
ce qui fait que le blanc n'occupe point une aussi
grande étendue que dans le mâle.

FALCO ISLANDICUS CANDICANS. Lath. *Ind. Orn. v.* 1. *p.* 32.
sp. 69. — Gmel. *Syst.* 1. *p.* 275. *sp.* 101. — Meyer,
Taschenb. Deut. v. 1. *sp.* 65. — FALCO RUSTICOLUS. Gmel.
Syst. 1. *p.* 268. *sp.* 7.—Lath. *Ind. Orn. v.* 1. *p.* 28. *sp.* 60.
— *Faun. Suec. n°.* 56.—Id. *Rets. p.* 64. *sp.* 8. *un in-
dividu adulte , mais pus très-vieux.* — GERFAUT DE
NORWÉGE. Buff. *Ois. v.* 1. *p.* 239. *mais surtout sa pl.
enl.* 462. — FAUCON D'ISLANDE. Sonnin. *nouv. édit. de*
Buff. *Ois. v.* 3. *p.* 131. — WHITE JERFALCON. Lath. *Syn.
v.* 1. *p.* 83 *et* 84. — Id. *supp. p.* 21. — SPARVIÈRE BIANCO
DI MOSCOVIA. *Stor. degli ucc. v.* 1. *pl.* 30. — COLLORED
FALCON. Penn. *Arct. Zool. v.* 2. *p.* 222. —Lath. *Syn· v.* 1.
p. 56. *sp.* 37. — DER ISLANDISCHE FALKE. Naum. *Nacht.
p.* 409. *t.* 57. *fig.* 107. *très-vieux mâle.*

*Les jeunes de l'année et ceux d'un an , n'ont
presque point de blanc ; tout leur plumage supérieur est d'un cendré brun, uniforme , seulement
varié par de très-petites taches blanchâtres au
bout de toutes les plumes ; les pennes de la queue,
également d'un brun cendré , portent 12 petites*

bandes interrompues d'un blanc isabelle ; sommet de la tête , nuque, cou et toutes les parties inférieures marquées de grandes et larges taches brunes , disposées longitudinalement et bordées sur chaque côté, par des espaces plus ou moins grands, d'un blanc pur; pieds d'un plombé légèrement nuancé de jaunâtre ; cire et tour des yeux d'un bleuâtre clair. C'est alors

FALCO GYRFALCO. Gmel. *Syst.* 1. *p.* 275. *sp.* 27. — Lath. *Ind. v.* 1. *p.* 32. *sp.* 68. — FALCO SACER. Gmel. *p.* 273. *sp.* 93.—Lath. *Ind. v.* 1. *p.* 34. *sp.* 75. — BUTEO CINEREUS. Daud. *Orn. v.* 2. *p.* 156. — Edwards. *t.* 53. *figure exacte.* — FALCO FUSCUS. *Fauna Groenl. p.* 50, *n°.* 34 *b.* — LE GERFAUT. Buff. *Ois. v.* 1. *p.* 239. *t.* 13. — Id. *p.* 241. — Id. *pl. enl.* 210 *et* 446. — LE SACRE. Buff. *Ois. v.* 1. *p.* 246. *t.* 14. — BROWN JER-FALCON *and.* ICELAND FALCON. Lath. *Syn. v.* 1. p. 71 *et* 82. — *a et b.* — SPARVIÈRE SACRO MORO. *Stor. degli uccelli, pl.* 28. — Naum. *Vög. nacht. t.* 57. *fig.* 108. *jeune femelle de 2 ou 3 ans , et t.* 58. *f.* 109. *un jeune de l'année.* — FALCO FUSCUS. *Faun. Groenland. p.* 56. *sp.* 34. *b.* — GREENLAND FALCON. *Arct. Zool. v.* 2. *p.* 220. *e.* — Lath. *Syn. supp. p.* 18. *est encore une espèce nominale qui appartient indubitablement au jeune de cette espèce.*

Remarque. Quelques naturalistes allemands prétendent que le *Falco gyrfalco* forme une espèce distincte, propre aux contrées de la Norwége et de la Laponie ; il est cependant certain que tous les individus que l'on m'a désignés comme tels ne sont que des jeunes en différens états, et que tous ceux *que j'ai eus sous les yeux* appartiennent à l'espèce de cet article, dont le *Falco candicans* est l'état parfait. M. Cuvier veut former de cette seule espèce son sous-genre *Hierofalco.* Voyez *Règ. anim. v.* 1. *p.* 312.

Habite : plus particulièrement l'Islande , d'où on le

transporte en Danemarck pour la fauconnerie royale qui en fournissait jadis plusieurs autres fauconneries d'Allemagne; il paraît cependant que l'espèce est également répandue dans tout le nord et même jusque dans le nord de l'Allemagne, où on ne voit habituellement que des jeunes; les vieux y sont très-rares.

Nourriture : grands oiseaux et petits quadrupèdes sur lesquels il s'élance avec une rapidité étonnante; le plus souvent en se faisant tomber en ligne presque perpendiculaire.

Propagation : niche dans le nord, presque toujours parmi les rochers les plus élevés et les plus inaccessibles; ponte inconnue.

FAUCON LANIER.

FALCO LANARIUS. (Linn.)

Ailes aboutissant aux deux tiers de la queue; doigt du milieu plus court que le tarse ; une moustache très-étroite qui disparaît presque totalement avec l'âge, pieds bleuâtres; les deux premières rémiges à barbes tronquées vers le bout.

Sommet de la tête d'un roux clair, marqué de taches oblongues brunes; au-dessus des yeux un large sourcil blanc qui aboutit à l'occiput, et se trouve rayé de brun; toutes les autres parties supérieures d'un brun cendré, toutes ces plumes étant frangées de roux clair; une très-étroite moustache, peu marquée, à la racine du bec; toutes les parties inférieures d'un blanc pur, marquées de petites taches lancéolées d'un brun clair; ces taches s'élargissent et deviennent plus longues en approchant des cuisses; couvertures du dessous de

la queue et gorge sans taches ; sur les barbes
intérieures des pennes caudales sont des taches
ovoïdes d'un blanc roussâtre ; tour des yeux, cire et
iris jaunes; bec et pieds bleuâtres. Longueur du
mâle, 1 pied 7 pouces 6 lignes ; la femelle mesure
1 pied 8 ou 9 pouces. *Les vieux.*

La vieille femelle, plus grande que *le mâle*,
s'en distingue encore par le sommet de la tête
qui est d'un brun foncé, par les franges plus
étroites qui entourent toutes les plumes du manteau et des ailes , par des taches lancéolées
plus larges sur les parties inférieures, et par les
stries très-étroites à la gorge et sur les couvertures inférieures de la queue.

Falco lanarius. Lath. *Ind. Orn. v. 1. p.* 38. *sp.* 92.
— Gmel. *Syst.* 1. *p.* 276. — Retz. *Faun. Suec. p.* 72.
sp. 19. *mais point celui de Brunn. Orn. borea.* —
Nilson. *Ornit. Suec. v.* 1. *p.* 44. *sp.* 17? — Le vrai Lanier de Buff. *Ois. v.* 1. *p.* 243. mais point sa pl. enl. 430
qui est un vieux mâle de l'espèce suivante. — Sonn. *nouv.
édit.* de Buff. *Ois. v.* 3. *p.* 87. mais point la figure donnée
sous ce nom. — Lanner. Lath. *Syn. v.* 1. *p.* 86. — Penn.
Arct. Zool. v. 2. *p.* 225.

Les jeunes de l'année ressemblent tellement
aux jeunes du *Faucon pèlerin*, qu'on ne saurait
les distinguer facilement par une description; les
teintes et les légères différences dans les taches ne
peuvent être bien rendues que par le pinceau. On
les reconnaîtra très-aisément à leur plus forte taille
et par le moyen des caractères indiqués en tête de
mes articles.

Falco stellaris. Gmel. *Syst.* 1. *p.* 274. *sp.* 95. — Lath.
Ind. Orn. v. 1. *p.* 35. *sp.* 77. — Harry Falcon. Lath.
Syn. v. 1. *p.* 79. Dans la première édition j'ai placé ces synonymes à l'article du jeune *Faucon pèlerin*, mais alors je
ne connaissais point encore le vrai *Lanier*. Il paraît que
le lanier de Nilson, *Ornit. Suec. v.* 1. *p.* 44. *sp.* 17., s'il
est véritablement de cette espèce, n'en est que le jeune.
Quand au lanier de Gérardin, *Orn. v.* 1 *p.* 52., ce n'est
que le jeune hobereau.

Habite : plus particulièrement les contrées orientales et
septentrionales de l'Europe ; assez commun en Hongrie,
en Pologne, en Russie ; se montre souvent en Autriche et
en Styrie ; très-rare en Allemagne, encore plus en France
et dans le Midi.

Nourriture : gros oiseaux , sur lesquels il se laisse
tomber du haut des airs ; rarement des petits mammifères.

Propagation : niche toujours dans les lieux montueux
parmi les rochers, souvent dans les buissons et dans les
bois à de hautes élévations ; ponte inconnue.

FAUCON PÈLERIN.

FALCO PEREGRINUS. (Linn.)

*Ailes aboutissant à l'extrémité de la queue ;
doigt du milieu aussi long que le tarse ; une très-
large moustache noire qui se dilate encore à raison de l'âge ; pieds jaunes ; une seule rémige à
barbes tronquées vers le bout.*

Tète, partie supérieure du cou et une large raie
latérale ou moustache qui prend son origine à la
racine du bec d'un bleu noirâtre, les autres parties supérieures d'un bleu cendré avec des bandes
d'une teinte plus foncée ; queue à bandes étroites,

alternativement cendrées et noirâtres; gorge et poitrine d'un blanc pur avec un petit nombre de fines raies longitudinales ; les autres parties inférieures d'un blanc sale avec de fines bandes transversales brunes; un grand nombre de taches roussâtres ou blanchâtres , disposées régulièrement sur les barbes intérieures des rémiges; bec bleu , armé d'une seule dent ; tour des yeux , iris et pieds d'un beau jaune. Longueur du mâle, 1 pied 2 ou 3 pouces; la femelle mesure 1 pied 4 ou 5 pouces. *Les vieux.*

La vieille femelle, toujours plus grande que *le mâle*, s'en distingue encore par le cendré bleuâtre moins pur et moins clair des parties supérieures, et par le blanc roussâtre des parties inférieures.

Falco peregrinus. Gmel. *Syst.* 1. *p.* 272, *sp.* 88. — Lath. *Ind. v.* 1. *p.* 33. *sp.* 72. — Le Faucon. Buff. *pl. enl.* 421. — Wander Falke. Bescht. *Naturg. Deutschl. v.* 2. *p.* 744. — Id. *Taschenb. p.* 33. — Meyer , *Taschenb. Deutschl. v.* 1. *p.* 55. — Le Lanier. Buff. *Ois.* , *surtout sa pl. enl.* 430. *figure exacte du très-vieux mâle* *. — Gérard. *Tab. élém. v.* 1. *p.* 52. — Falco abietinus. Bescht. *Naturg. Deutschl. v.* 2. *p.* 759. — Naum. *Vög. t.* 13. *f.* 21. *figure très-exacte d'une vieille femelle.* — The blue black Falcon. Penn. *Brit. Zoöl. tab.* 1. *fig.* 5. — Sparviere pellegrino. *Stor. degli ucc. v.* 1 *pl.* 23 *et* 24.

Remarque. On doit encore ajouter à la liste des indications du faucon pèlerin , Falco barbarus. Lath. *Ind. Orn.*

---

* Remarquez surtout que l'oiseau indiqué par Buffon sous le nom de *Lanier*, n'est que l'état parfait du mâle *Faucon pèlerin*, et que le vrai *Lanarius* de Linnée , décrit à l'article précédent , est une espèce distincte.

v. 1. p. 33. *sp.* 71. — Gmel. *Syst.* 1. *p.* 272. — Barbary
Falcon. Albin. *Ois. v.* 3. *t.* 2., *avec une figure qui représente assez distinctement cet oiseau.* — Lath. *Syn.
v.* 1. *p.* 72.

Les jeunes de l'année, ont le front, la nuque
et les joues d'un blanc jaunâtre, avec quelques taches noirâtres; la région des yeux et la bande longitudinale ou moustache des côtés du cou noirâtres; les parties supérieures d'un noir cendré,
toutes les plumes de ces parties bordées et terminées de brun clair; sur la queue des bandes irrégulières rousses, et toutes les pennes terminées de
blanchâtre; la gorge blanchâtre; toutes les autres
parties inférieures blanchâtres, avec de très-grandes
taches longitudinales, brunes; ces taches occupent
le centre des plumes; iris brun; bec bleuâtre et
noir à sa pointe; cire et tour des yeux d'un bleu
jaunâtre ou livide; pieds d'un jaune mat. C'est
alors.

Falco hornotinus. Briss. *Orn. v.* 1. *p.* 324. *A.* — Le
Faucon sors. Buff. *Ois. pl. enl.* 470. — Faucon commun.
Gérard. *Tab. élém. v.* 1. *p.* 50. — Yearling Falcon. Lath.
Syn. v. 1. *p.* 65. *A.* — Nauman, *Vög. t.* 14. *f.* 22, *et t.* 12.
f. 20. *très-jeunes individus.* — *Stor. deg. ucc. v.* 1.
pl. 25. — Faucon noir passager. Buff. *pl. enl.* 469. —
Frisch. *t.* 83. (*un Faucon pèlerin à l'âge de deux ans.*)

*Les variétés accidentelles, et celles qui sont dues
à l'âge*, diffèrent par des nuances plus ou moins
foncées dans les parties supérieures du plumage
par les couleurs plus ou moins claires des parties
inférieures; par les taches plus ou moins étendues

de ces parties, par la forme de ces taches disposées transversalement ou longitudinalement; ce dernier caractère appartient exclusivement à l'âge; les jeunes portent sur les parties inférieures de larges taches longitudinales, dont la forme se change dans un âge plus avancé en bandes transversales. Le faucon pèlerin se distingue dans tous les âges par la large moustache ou bande brune, placée à la partie latérale du haut du cou.

Habite : dans toutes les contrées montueuses de l'Europe, particulièrement sur les rochers; très-rare dans les pays en plaines, jamais dans les contrées marécageuses; abondant en Allemagne et en France, assez commun en Angleterre et en Hollande, rare en Suisse.

Nourriture : tétras de toutes les espèces; faisans, perdrix, oies, canards, pigeons et autres gros oiseaux.

⸸ *Propagation :* niche dans les fentes des rochers, très-rarement sur des arbres; pond trois ou quatre œufs d'un jaune rougeâtre avec des taches brunes.

FAUCON HOBEREAU.

FALCO SUBBUTEO. (Lath.)

Gorge blanche; depuis les yeux s'étend sur la partie blanche des côtés du cou une large bande noire; parties supérieures d'un noir bleuâtre, avec des bordures claires; parties inférieures blanchâtres avec des taches longitudinales noires; croupion et cuisses d'un roux rougeâtre; pennes latérales de la queue, rayées en dessus de noirâtre, en dessous de blanchâtre avec des bandes brunes : bec bleuâtre; cire, paupières et pieds jaunes; iris brun; *ailes plus longues que l'extrémité de la queue;* partie supérieure des rémiges rayée de roux sur les barbes intérieures ; la 1re. rémige plus longue ou de la même longueur que la 3e. Longueur, 1 pied 2 pouces. *Les vieux mâles.*

La femelle : a les parties supérieures d'un brun noirâtre ; le blanc des parties inférieures est moins pur , les taches sont plus brunes , et le roux du croupion et des cuisses est moins vif. Longueur , 1 pied 4 pouces.

Les jeunes de l'année, ont plus de noir sur les parties supérieures et les plumes sont toutes bordées de jaune roussâtre ; le sommet de la tête est fortement teint de cette couleur : deux grandes taches jaunâtres couvrent la nuque ; gorge et côtés du cou d'un blanc jaunâtre ; les autres parties inférieures d'un jaune roussâtre, tachées longitudinalement de brun clair ; pennes de la queue terminées d'une bande roussâtre ; cire d'un vert jaunâtre; puis d'un jaune mat.

FALCO SUBBUTEO. Lath. *Ind. Orn. v.* 1. *p.* 47. — Gmel. *Syst.* 1. *p.* 283. — Meyer , *Taschenb. Deut. v.* 1. *p.* 59. — LE HOBEREAU. Buff. *Ois. v.* 1. *p.* 277.—*Id. pl. enl.* 432. — Gérard. *Tab. élém. v.* 1. *p.* 54. — HOBBY FALCON. Lath. *Syn. v.* 1. *p.* 103. — Id. *supp. p.* 28. — BAUMFALKE Bescht. *Taschenb. Deut. v.* 1. *p.* 36. — Borkh. *Deut. Orn. Heft.* 15, *mâle et femelle.* — Frisch. *t.* 86. — FALCO BARLETTA E CIAMATO. *Stor. deyli ucc. pl.* 45.—Naum. *Vög. Deut. t.* 15. *f.* 23. *le vieux mâle.* —Frisch. *t.* 86. *jeune femelle.*

Habite : les bois dans le voisinage des champs, commun

dans plusieurs parties de l'Europe qu'il quitte l'hiver ; rare en Hollande.

Nourriture : bouvreuils , pinsons , particulièrement des alouettes, quelquefois des cailles et de jeunes oiseaux riverains ; en été différentes espèces de scarabés.

Propagation : niche sur de très-hauts arbres , ou dans les fentes des rochers ; pond trois ou quatre œufs bleuâtres, arrondis , blancs , inégalement mouchetés de gris et de couleur olive.

FAUCON ÉMÉRILLON.

FALCO ÆSALON. (Mihi.)

Ailes aboutissant vers les deux tiers de la longueur de la queue.

Parties supérieures du corps, ainsi que la queue d'un cendré bleuâtre , marqué sur le centre de chaque plume de taches longitudinales noires; cinq raies irrégulières , formées de taches noires isolées sur la queue, qui a vers son extrémité une très-large bande de cette couleur , et est terminée de blanchâtre ; gorge blanche; parties inférieures d'un jaune roussâtre avec des taches oblongues en forme de larmes ; bec bleuâtre ; cire , tour des yeux et pieds jaunes ; iris brun ; rémiges rayées intérieurement de blanc ; la 1re. rémige plus courte ou de la même longueur que la 4e. Longueur, 11 pouces. *Le vieux mâle.*

La vieille femelle, est plus forte de taille; le cendré bleuâtre des parties supérieures est plus foncé; elle se distingue encore facilement du vieux mâle par les teintes des parties inférieures ; tout ce qui est roussâtre chez ce dernier est d'un blanc jaunâtre chez la femelle ; les taches oblongues en forme de larmes sont plus grandes et plus nombreuses.

FALCO CÆSIUS. Meyer, *Taschenb. Deut. v.* 1. *p.* 60. — FALCO LITHOFALCO. Gmel. *Syst.* 1. *p.* 278. *sp.* 105. — Lath. *Ind. Orn. v.* 1. *p.* 47. *sp.* 115. — LE ROCHIER. Buff. *Ois. v.* 1. *p.* 286. — Id. *pl. enl.* 447. — Gérard. *Tab. élém. v.* 1. *p.* 58. — STONE FALCON. Lath. *Syn. v.* 1. *p.* 93. — Naumann, *Vög. Nachtr. t.* 17. *f.* 32. *figure très-exacte du vieux mâle.*

Les jeunes de l'année, ont le dessus du corps d'un brun foncé à bordures de plumes rousses; à l'ouverture du bec une étroite bande brune, semée de taches blanches; queue noirâtre, portant cinq bandes étroites d'un brun roussâtre, et terminée de la même couleur; rémiges rayées intérieurement et sur toute leur longueur de roux foncé; parties inférieures d'un blanc jaunâtre avec de grandes taches longitudinales, brunes.

Varie suivant l'âge; les parties supérieures plus ou moins nuancées de roussâtre; les taches du centre des plumes moins prononcées; parties inférieures d'un roussâtre clair avec des taches d'un roux foncé; cire verdâtre; tour de l'œil livide.

FALCO ÆSALON. Gmel. *Syst.* 1 *p.* 284. *sp.* 118. — Lath. *Ind. Orn. v.* 1. *p.* 49.—L'ÉMÉRILLON. Buff. *Ois. pl. enl.* 468. *le jeune mâle.* — Gérard. *Tab. élém. v.* 1. *p.* 60. — Frisch. *t.* 87. — SPARVIERE SMERIGLIO. *Stor. deg. ucc. p.* 18 *et* 19. — Naumau. *Vög. Deut. t.* 15. *f.* 24 *jeune mâle.*

Habite : les forêts eu montagnes. Les auteurs allemands disent qu'on le rencontre le plus souvent en hiver ; rare en Hollande.

Nourriture : alouettes et autres petits oiseaux.

Propagation : niche sur les arbres ou dans les fentes des rochers ; pond cinq ou six œufs, blanchâtres, marbrés à l'un des bouts de brun verdâtre.

FAUCON CRESSERELLE.

FALCO TINNUNCULUS. (Linn.)

Ailes aboutissant aux trois quarts de la longueur de la queue ; plumage supérieur du mâle, varié de nombreuses taches noires ; rémiges rayées intérieurement ; ongles constamment noirs *.

Sommet de la tête d'un gris bleuâtre ; parties supérieures d'un brun rougeâtre, régulièrement parsemé de taches angulaires, noires ; parties inférieures d'un blanc légèrement teint de rougeâtre avec des taches oblongues, brunes ; queue cendrée, portant une large bande noire vers son extémité, et terminée de blanc ; bec bleuâtre ; cire, tour des yeux, iris et pieds jaunes. Longueur, 14 pouces.

La femelle, est plus grande ; toutes les parties supérieures d'un rougeâtre plus clair, rayées transversalement de brun noirâtre ; les parties inférieures d'un roux jaunâtre avec des taches oblongues noires ; la queue roussâtre avec neuf ou dix

---

* Cette courte indication est placée ici pour servir à distinguer du premier coup d'œil, le *Falco tinnunculus* du *F. tinnunculoïdes.*

bandes étroites, noires ; une large bande de cette
couleur vers son extrémité , qui est terminée de
blanc roussâtre.

Varie, avec les parties supérieures d'un roussâtre taché de noir ; souvent le haut de la tête plus
ou moins nuancé de bleu clair ; le plumage varié
de blanc ; quelquefois entièrement blanc.

FALCO TINNUNCULUS. Gmel. *Syst.* 1. *p.* 278. *sp.* 16. —
Lath. *Ind. Orn. v.* 1. *p.* 41. — Meyer, *Taschenb. Deut.*
v. 1. *p.* 62. — FALCO TINNUNCULUS ALAUDARIUS. Gmel. p. 279.
var. et la femelle. — LA CRESSERELLE.. Buff. *Ois. v.* 1.
p. 379. — Id. *pl. enl.* 401. *vieux mâle, et* 471. *le jeune*
de l'année· — L'ÉPERVIER DES ALOUETTES. Briss. *Orn. v.* 1.
p. 379. *la femelle.* — Frisch. *t.* 84. *vieux mâle, t.* 85.
jeune mâle, et t. 88., *femelle.* — Nauman , *Vög. t.* 20.
f. 31. *vieux mâle, et f.* 32. *femelle.* — TURMFALKE.
Bescht. *Taschenb. Deut. v.* 1. *p.* 37. — Meyer, *Vög. Deut.*
Heft. 2. *mâle femelle et jeune.* — KESTRIL FALCON. Lath.
Syn. v. 1. *p.* 94. — Id. *supp. p.* 25. — FALCO ACERTELLO
O DI TORE. *Stor. deg. uccelli. pl.* 49. 5o *et* 51.

Les jeunes , ont le sommet de la tête , la nuque
et le manteau d'un brun-roux , rayé de noir ; ces
raies forment des angles sur le dos ; sur les premières pennes des ailes sept taches roussâtres et
blanchâtres ; queue roussâtre, ondée de gris cendré
et transversalement rayée comme dans la femelle ;
gorge d'un blanc roussâtre ; à l'ouverture du bec
une petite raie noire qui se prolonge sur le haut
du cou ; le reste des parties inférieures d'un roux
blanchâtre avec des taches oblongues, noires ; iris
brun ; cire d'un vert jaunâtre.

Falco bruneus. Bechst. *Taschenb. Deut. v.* 1. p. 38.
n°. 3o. *une Cresserelle à l'âge d'un an.* — Falco fascia-
tus. Retz. *Faun. Suec. p.* 70. *sp.* 17.

Habite : les masures et les clochers, souvent aussi les
bois ; assez commun dans toute l'Europe, très-abondant en
Hollande.

Nourriture : souris, mulots, petits oiseaux, grenouilles,
lézards, hannetons et autres insectes.

Propagation : niche dans des crevasses de vieilles
murailles, ou dans les vieilles tours ; souvent dans les trous
de vieux chênes et d'autres arbres perforés ; pond trois ou
quatre œufs, d'un jaune roussâtre, marqués de grandes
et petites taches d'un brun rougeâtre, souvent totalement
d'un rouge de brique avec des taches plus foncées.

FAUCON CRESSERELLETTE.

FALCO TINNUNCULOIDES. (Natter.)

*Ailes aboutissant à l'extrémité de la queue ;
plumage supérieur et rémiges du mâle sans aucune
tache ; ongles constamment d'un blanc pur* *.

Sommet de la tête, côtés du cou et nuque d'un
cendré clair, sans taches ; dos, scapulaires, et la
plus grande partie des couvertures alaires, d'un
roux rougeâtre, foncé, sans aucune tache ; quelques-unes des grandes couvertures des ailes ; les
pennes secondaires, le croupion et presque toute la
queue d'un cendré bleuâtre ; une large bande noire
à l'extrémité des pennes caudales, qui sont termi-

---

* Cette indication sert à distinguer le *Falco tinnunculoïdes* du *F.
tinnunculus.*

nées de blanc; gorge claire; les autres parties inférieures d'un roux rougeâtre clair, parsemé de petites taches et de raies longitudinales, noires; pieds
jaunes, ongles d'un blanc pur ; bec bleuâtre; cire
et tour des yeux jaunes. Longueur, 11 pouces. *Le
vieux mâle.*

La vieille femelle, est un peu plus grande ; elle
ressemble tellement, par les couleurs du plumage,
à la femelle *cresserelle*, qu'il est impossible de les
bien distinguer par une description; on les reconnaît cependant au premier coup d'œil; 1°. par la
très-petite taille; 2°. par la longueur des rémiges
qui aboutissent à l'extrémité de la queue; et 3°. par
la blancheur parfaite des ongles ; tous caractères
propres à la présente espèce.

Les Jeunes mâles de l'année, diffèrent très-peu
de la *vieille femelle ;* les ongles sont toujours blancs.
La seule indication que l'on trouve de cette espèce est.

Falco di torre diverso. *Stor. degl. ucc. v. 1. pl. 25.
figure assez exacte du mâle.*

Habite : les contrées orientales et méridionales ; de
passage en Hongrie, en Autriche et dans les provinces
illyriennes ; très-commun dans le royaume de Naples, en
Sicile, en Sardaigne et dans le midi de l'Espagne, dans les
hautes montagnes rocailleuses.

Nourriture : particulièrement scarabés et autres grands
insectes ; rarement de petits oiseaux.

Propagation : niche dans les fentes des rochers, particulièrement en Sicile et près de Gibraltar.

FAUCON A PIEDS ROUGES ou KOBEZ.

FALCO RUFIPES. (Bechst.)

Couleurs principales d'un bleuâtre plus ou moins foncé; cire et pieds rouges; ongles jaunes.

La tête, le cou, la poitrine, le ventre et généralement toutes les parties supérieures d'un gris couleur de plomb, sans aucune tache; les cuisses, l'abdomen et les couvertures inférieures de la queue d'un beau roux foncé; la cire, le tour des yeux et les pieds d'un rouge cramoisi; les ongles jaunes, à pointes brunes; les ailes aboutissant à l'extrémité de la queue. Longueur, 10 pouces 6 lignes. *Le vieux mâle.*

La vieille femelle, est plus forte de taille; la tête porte des raies longitudinales noires ; le derrière du cou roussâtre, à bordures noires ; les autres parties supérieures sont d'un bleu noirâtre ; toutes les plumes, les rémiges exceptées, bordées de noir bleuâtre ; côtés de la tête et gorge d'un roux clair ; cette couleur est plus foncée sur les autres parties inférieures, qui sont rayées de brun noirâtre ; cuisses rousses ; queue d'un gris bleu, marquée de six ou sept bandes noirâtres et terminée par une large bande de cette couleur ; la cire, le tour des yeux et les pieds d'un rouge orange.

Le mâle varie suivant l'âge ; les parties supérieures d'un bleu plus ou moins foncé. *La femelle,* quelquefois avec toutes les parties inférieures d'une seule nuance roussâtre ; une grande tache noire en

avant des yeux ; toute la tête et la nuque d'un cendré roux ; gorge blanche ; toutes les autres parties
supérieures d'un plombé cendré , marqué de larges
bandés transversales noires. *Ce sont alors les très-
vieilles femelles.*

Les jeunes males ressemblent aux *femelles* jusqu'à leur seconde mue.

Falco rufipes. Beseke. *Vögel. Kurlands. p.* 13. *t.* 3
et 4. *mâle et femelle.* — Bechst. *Taschenb. Deut. v.* 1.
p. 39. *t.* — Meyer, *Taschenb. Deut. v.* 1. *p.* 64. — Id.
Vög. Liv-und. Esthl. p. 23. — Falco vespertinus. Gmel.
Syst. 1. *p.* 282. *sp.* 23. — Lath. *Ind. v.* 1. *p.* 46. *sp.* 109.
la femelle. — Der Kopez. Gmelin's. *Reise, v.* 1. *p.* 67. *t.* 13.
— Variété singulière du Hobereau. Buff. *pl. enl.* 431.—
Le Kober. Sonn. *nouv. édit. de* Buff. *Ois. v.* 3. *p.* 201.
la femelle. — Rothfussiger Falk. Meyer, *Vögel. Deut.
Heft.* 18. *mâle et femelle.* — *Annal. der Wetterau.
Heft.* 1. *p.* 47. — Falco barletta piombina. *Stor. degli
uccelli. pl.* 46 et 48. *mas-femina.* — Ingrian Falcon.
Lath. *Syn. v.* 1. *p.* 102. — Orange legged Hobby. Lath.
Syn. supp. v. 2. *p.* 46. — Naum. *Vög. Nacht. t.* 18.
f. 34 *et* 35. *mâle et femelle, figures très-exactes.*

Les jeunes de l'année, ont le sommet de la tête
brun avec des stries noirâtres ; gorge et joues
blanches ; une tache noire au-dessus des yeux et
une autre qui s'étend au-dessous ; toutes les autres
parties inférieures d'un blanc jaunâtre; sur la poitrine des taches longitudinales brunes; ces taches
prennent une forme carrée vers les cuisses, et
manquent totalement sur l'abdomen; le dos et les
autres parties supérieures d'un brun foncé , bordé
de roux-brun; queue d'un roux blanchâtre , mar-

quée depuis dix jusqu'à douze bandes brunes, dont l'inférieure est la plus large; paupières, cire et pieds d'un jaune rougeâtre ; ongles d'un blanc jaunâtre.

Nauman. *Vög. Nacht. t.* 17. *f.* 33. *figure très-exacte.* — Falco barletta mischia. *Stor. degli ucc. pl.* 47. *jeune mâle.*

Habite : les bois et les broussailles ; commun en Russie', en Pologne, en Autriche, dans le Tirol , en Suisse et en-deçà des Apennins ; très-rare en France ; jamais en Hollande.

Nourriture : particulièrement scarabés et autres in-sectes. M. Meyer ne trouva dans l'estomac de ces oiseaux que des débris de scarabées.

Propagation : inconnue.

SECONDE DIVISION.

AIGLES PROPREMENT DITS.

Bec fort , assez long, ne se courbant point subite-ment dès sa base. Pieds forts, nerveux; tarses nus ou couverts de plumes ; doigts robustes armés d'ongles puissans et très-courbés. Ailes longues ; les 1re., 2e. et 3e. rémiges les moins longues ; la 1re. courte, la 4e. et la 5e. les plus longues *.

Ils chassent avec avantage , tant par rapport à

---

* Quelques grandes espèces étrangères à ailes différemment conformées , qu'on peut nommer, d'après M. Cuvier, *Aigles Har-pies* ou *Aigles Autours,* parmi lesquelles on trouve aussi des espèces à tarses lisses et à tarses emplumés , qui toutes sont du Nouveau-Monde, forment une petite section entre les *Aigles proprement dits* de l'ancien continent et les *vrais Autours* qui sont des deux mondes. Dans le fait , il n'existe point de ligne de démarcation entre les *Aigles* et les *Autours*.

leurs moyens de vol que par leurs armes redoutables dans la force du bec et des moyens de préhension ; ils sont les plus redoutables destructeurs
des airs ; ils poursuivent la proie à tire d'ailes, la
saisissent avec les serres, l'apportent encore palpi-
tante à leurs petits, et la déchirent devant eux pour
les nourrir ; ce n'est que dans l'extrême disette qu'ils
se jettent sur les cadavres ou sur les charognes.
Quelques espèces se nourrissent de mammifères et
d'oiseaux ; d'autres se rabattent sur les poissons ;
un petit nombre n'attaquent que les reptiles; d'autres que des insectes.

AIGLE IMPÉRIAL.

FALCO IMPERIALIS. (Mihi.)

*Ailes plus longues ou de la longueur de la
queue, qui est presque carrée; narines obliques à
bord supérieur échancré ; ouverture du bec fendue
jusqu'au-dessous du bord postérieur de l'œil; sur la
dernière phalange du doigt du milieu 5 écailles ; sur
les autres seulement 3 ou 4 écailles suivant l'âge.*

Le sommet de la tête et l'occiput garnis de
plumes acuminées, roussâtres, bordées de roux
vif ; tout le dessous du corps d'un brun noir, très-
foncé; l'abdomen excepté, qui est d'un roux jaunâtre ; parties supérieures d'un brun très-foncé et
lustré; *quelques plumes scapulaires toujours d'un
blanc pur*, ce qui produit quelques grandes taches
sur le manteau; queue d'un gris cendré très-foncé,
avec des bandes noires irrégulières ; toutes les

pennes ont une large bande noire vers leur bout,
et elles sont terminées de jaunâtre ; iris d'un jaune
blanchâtre; cire et doigts jaunes. Longueur, 2 pieds
6 pouces ; la femelle a 3 pieds. *Les vieux.*

FALCO IMPERIALIS. Bechst. *Taschenb. Deut. v.* 3. *p.* 553.
— AQUILA CHRYSAËTOS. Leisler *Ann. der Wetter. v.* 2.
pl. très-exacte. p. 170. — AQUILA HELIACA. Savig. *Syst. des
ois. d'Égypte. liv.* 1. *p.* 22. — FALCO MOGILNIK. S. G.
Gmel. *Nov. comm. petrop.* 15. *p.* 445. *t.* 11. *figure
passable.* — Lath. *Ind. Orn. v.* 1. *p.* 17. *sp.* 28. — Gmel.
Syst. 1. *p.* 259. — KONINGS ADLER. Bechst. — GOLD ADLER.
Koch. *Baier. Zoöl. p.* 111. *sp.* 36. — Naum. *t.* 10. *f.* 18.
*une figure peu exacte, mais corrigée dans la nouvelle
édition de ses œuvres.*

Les jeunes d'un et de deux ans, ont les parties supérieures d'un brun roussâtre, varié de
grandes taches d'un roux très-clair; sur les scapulaires sont quelques plumes à pointes blanches;
queue d'un cendré unicolor, maculée de brun vers
le bout, et terminée de roussâtre ; nuque et toutes
les parties inférieures d'un jaune roussâtre ou couleur isabelle; les plumes de la poitrine et du ventre
étant bordées latéralement et terminées de roux
vif; gorge, cuisses et abdomen d'un isabelle, sans
taches; bec cendré; iris brun ; pieds d'un jaune livide. *Les individus un peu plus avancés en âge*,
ont des teintes plus foncées ; le blanc sur quelques-
unes des plumes scapulaires est plus marqué, et
quelques plumes noirâtres et d'un brun foncé paraissent sur toutes les parties du corps.

Naumann a donné une figure très-exacte du jeune dans
ses planches de supplément.

Anatomie. La trachée-artère est composée d'anneaux très-solides et rapprochés ; il se forme une ossification angulaire au larynx inférieur ; les bronches ont des anneaux larges, qui diminuent sensiblement de diamètre en approchant des poumons. Le cri de cet aigle est sonore.

Habite : les grandes forêts en montagnes, rare dans celles en plaines; plus commun dans les parties orientales et méridionales que partout ailleurs ; répandu dans toute la Hongrie, en Dalmatie et en Turquie ; très-commun en Égypte et sur les côtes de Barbarie ; rare dans le centre de l'Europe.

Nourriture : mammifères, daims, chevreuils et renards, souvent de gros oiseaux.

Propagation : niche toujours dans les forêts en montagnes, ou sur des rochers très-élevés ; très-rarement dans les forêts en plaines; pond deux ou trois œufs d'un blanc sale.

AIGLE ROYAL.

FALCO FULVUS. (Linn.)

La queue, plus longue que les ailes, est très-arrondie; les narines elliptiques, hautes de 4 lignes et larges de deux et demie, à bord antérieur émoussé ; l'ouverture du bec ne s'étend point au delà du bord antérieur de l'œil; seulement 3 écailles sur la dernière phalange de tous les doigts.

Sommet de la tête et nuque à plumes açuminées, d'un roux vif et doré; toutes les autres parties du corps d'un brun obscur, plus ou moins noirâtre suivant l'âge ; la partie intérieure des cuisses et les plumes du tarse d'un brun clair; *jamais de plumes blanches aux scapulaires;* queue d'un gris foncé, rayée assez régulièrement de brun noirâtre, et terminée jusqu'à la pointe par une large bande de cette couleur; bec couleur de corne; iris *toujours* brun; cire et pieds jaunes. Longueur, à peu près 3 pieds; les femelles ont jusqu'à 3 pieds 6 pouces. *Les vieux.*

AQUILA FULVA. Meyer. *Vög. liv. und. esthl. p.* 2. — FALCO NIGER. Gmel. *p.* 35g. — FALCO FULVUS et FULVUS CANADENSIS. Gmel. *p.* 25o. — Lath. *Ind. Orn. v.* 1. *p.* 10. — FALCO CHRYSAËTOS. Linn. *Syst.* 12. *p.* 125. *sp.* 12. — Lath. *Ind. v.* 1. *p.* 12. *la femelle.* — L'AIGLE ROYAL. Buff. *pl. enl.* 4io. *femelle.* — LE GRAND AIGLE. Gérard. *Tab. élém. v.* 1. *p.* 17. — L'AIGLE COMMUN et L'AIGLE ROYAL. Cuv. *Règ. anim. v.* 1. *p.* 3i4. * — RINGTAIL AND GOLDEN EAGLE. Lath. *Syn. v.* 1. *sp.* 5 et 6. — AQUILA REALE BI COLOR LEONATO et AQUILA RAPACE. *Stor. deg. ucc. v.* 1. *pl.* 2. 4 et 5.

Les jeunes d'un et de deux ans, se distinguent facilement des vieux; tout le plumage d'un brun ferrugineux ou roussâtre assez clair et uniforme sur toutes les parties du corps; couvertures du

---

* M. Cuvier forme deux espèces distinctes de notre aigle royal, mais n'établit d'autre différence essentielle que dans les *bandes irrégulières cendrées* sur les pennes caudales de son *Aigle royal*, tandis que la moitié supérieure de la queue est blanche chez son *Aigle commun.* Le fait est que, le premier est un vieux en état parfait, et que le second est un jeune d'un ou de deux ans ; ce qui explique parfaitement la raison pourquoi l'individu qui est depuis plusieurs années au Jardin des Plantes a toujours conservé la queue barrée; ce caractère étant propre aux vieux. *Voyez* la note de M. Cuvier au bas de la page 314 de l'ouvrage cité.

dessous de la queue blanchâtres ; partie intérieure
des cuisses et plumes du tarse d'un blanc pur; la
queue d'un blanc parfait depuis la base jusqu'aux
trois quarts de sa longueur, mais après, brune jusqu'à la pointe ; barbes intérieures des rémiges et
des pennes caudaires d'un blanc pur; cette même
couleur occupe aussi la plus grande partie de toutes
les plumes du corps depuis leur base. *A mesure
que le jeune avance en âge*, les couleurs du plumage rembrunissent ; le blanc de la queue occupe
moins d'espace, et il commence à s'y former des
indices de barres transversales. C'est à la troisième
année que le jeune se revêt du plumage de l'a-
dulte.

L'Aigle commun. Buff. *Ois. v.* 1. *p.* 86. — Id. *pl. enl.*
409. *la seule figure qui représente d'une manière
exacte le plumage du jeune de l'année.* — Gérard. *Tab.
élém. v.* 1. *p.* 23. *sp.* 2. — Edwards. *Av. v.* 1. *t.* 1. —
Ringtail Eagle. Lath. *Syn. v.* 1. *p.* 32. *sp.* 6. — Aquila
fulva. Meyer, *Taschenb. Deutschl. v.* 1. *p.* 14. — Aquila
de nido e di coda bianca. *Stor. degli. ucc. v.* 1. *pl.* 6 *et* 7.
— Naum. *Vög. Nacht. t.* 24. *f.* 48. *figure très-exacte
d'un individu en mue.* (mais point sa t. 10. f. 18, qui est
un vieux de l'aigle impérial.)

Remarque. J'ai observé ce changement de livrée sur
deux aigles vivans, nourris chez moi depuis quelques années ; je reçus l'un très-jeune, l'autre était plus avancé en
âge ; ce dernier est maintenant en état complet de plumage ; le plus jeune passe par les mêmes nuances que le
plus âgé, et on aperçoit sur les pennes de la queue les indices des bandes transversales. Il sera facile de distinguer
l'*Aigle impérial* de l'*Aigle royal*, par les caractères indiqués, et surtout aussi par les belles plumes d'un blanc pur,

disposées sur les scapulaires du vieux *Aigle impérial*, qui manquent toujours chez l'*Aigle royal;* les jeunes diffèrent tellement par les couleurs du plumage, qu'il est impossible de jamais les confondre.

Varie accidentellement; le plumage en partie ou totalement blanc. Ces individus sont très-rares, si toutefois ils existent. M. Gerardin en fait une espèce distincte qui se nourrit de poissons ; tout ce qui a rapport à ces aigles blancs est encore très-problématique. C'est alors

Falco albus. Gmel. *p.* 237. *sp.* — Falco cygneus. Lath. *Ind. v.* 2. *p.* 14 . — L'Aigle blanc. Briss. *Orn. v.* 1. *p.* 123. *sp.* — Gérard. *Tab. élém. v.* 1. *p.* 22. *sp.* 3.

Anatomie. Trachée à anneaux minces, distans, et liés par des membranes, point d'ossification apparente à l'endroit de la bifurcation; bronches à anneaux d'égal diamètre. Son cri est un son rauque et faible.

Habite : les grandes forêts en plaines, et moins celles en montagnes du nord de l'Europe ; très-commun en Suède, en Écosse, dans le Tirol , la Franconie et la Suabe; plus rare en Italie et en Suisse; assez commun en France, dans la forêt de Fontainebleau, dans les montagnes de l'Auvergne et sur les Pyrénées; rare en Hollande ; moins commun dans les contrées orientales que la précédente espèce.

Nourriture : agneaux, jeunes cerfs, etc. , souvent de gros oiseaux; dans l'extrême disette, il se rabat aussi sur des cadavres.

Propagation : niche sur les rochers et sur les plus hauts arbres des forèts en plaines et des montagnes peu élevées; pond deux œufs, rarement trois, d'un blanc sale moucheté de roux ou de rougeâtre.

AIGLE CRIARD.

FALCO NÆVIUS. (Linn.)

Tout le corps, la tête, les ailes et la queue d'un brun lustré, tantôt plus clair ou plus foncé, suivant les états différens d'âge ou de sexe ; ce brun devient plus clair en approchant du croupion et vers la région des cuisses, qui, de même que les plumes des tarses et les couvertures inférieures de la queue, sont d'un brun clair ; la queue qui est incolore, est terminée de roux clair ; dans les individus de moyen âge, on remarque encore quelques faibles taches presque effacées sur les ailes et sur les scapulaires, mais chez les vieux on n'en trouve plus aucune trace ; le plumage est alors unicolore, bec noir ; cire et doigts jaunes. Longueur, 22 pouces ; la femelle mesure 2 pieds au plus. *Les vieux mâle et femelle.*

Le petit Aigle. Buff. *Ois. v.* 1. *p.* 91. — Sonn. *nouv. édit de* Buff. *Ois. v.* 1. *p.* 250. *mais point la figure pl.* 2. *f.* 1. *qui représente un jeune Orfraie* (*F. albicilla*). Savig. *Syst. des Ois. d'Égypt. p.* 84. *pl.* 1. *folio, figure très-exacte.* Sont les seules indications de l'oiseau en plumage parfait.

Les jeunes de l'année et ceux d'un an, ont tout le plumage sans exception d'un brun foncé très-lustré, mais toutes les couvertures des ailes sont marquées vers le bout de grandes taches ovales d'un blanc grisâtre ; toutes celles du dessous de la queue, ainsi que les pennes secondaires des ailes, sont terminées par de grandes taches de cette couleur ; on en voit encore en nombre plus ou moins considérable, en forme de gouttes, sur les flancs et sur les cuisses ; plus les individus sont jeunes, plus ces taches sont nombreuses et distinctes ; elles se fondent avec l'âge dans la couleur brune, et n'existent plus chez les vieux. Les jeunes sont indiqués sous,

FALCO NÆVIUS ET MACULATUS. Gmel. *Syst.* 1. *p.* 258. *sp.* 49 *et* 5o. — Lath. *Ind. Orn. v.* 1. *p.* 14 *et* 15. *sp.* 18 *et* 19. — AQUILA NÆVIA. Meyer, *Taschenb. Deut. v.* 1. *p.* 19. —Id. *Vög. Liv-und. Esthl. p.* 6. — ROUGH FOETED EAGLE. Lath. *Syn. v.* 1. *p.* 37. — SPOTTED EAGLE. Lath. *Syn. v.* 1. *p.* 38. *sp.* 15. — SCHREY-ADLER. Bechts. *Taschenb. v.* 1. *p.* 11. *sp.* 6. — Savigny. *Syst. des Ois. d'É-gypte. pl.* 2. *f.* 1. *folio , figure très-exacte du jeune de l'année.* — L'AIGLE TACHETÉ CUVIER. *Reg. anim. v.* 1. *p.* 314.— Naum. *Vög Nacht. t.* 52. *f.* 98. Un individu à l'âge de deux ans, dont les taches commencent à disparaître.

Remarque. On doit observer de ne point comprendre dans la liste nominale de cet aigle, le *Falco mogilnik* de S. G. Gmel. Cette citation se rapporte à l'*Aigle impérial.*

Habite : les lieux boisés et montueux de l'Allemagne ; très-rare en France ; plus abondant en Russie , dans les parties orientales de l'Europe , sur les Pyrénées et en Suisse , commun dans le midi ; jamais en Hollande ; commun en Afrique , surtout en Égypte où l'espèce est la même.

Remarque. Les individus adultes et ceux de deux ans sont très-abondans dans le nord et dans quelques parties du centre de l'Europe, mais les jeunes y sont rares. Depuis la Suisse jusque vers le midi on ne voit que des jeunes ; les vieux s'y montrent accidentellement.

Nourriture : lièvres , lapins , mulots , chauve-souris , canards , pigeons et plongeons ; le plus habituellement , surtout en été , de gros insectes.

Propagation : niche sur de très-hauts arbres ; pond deux œufs, marqués à distance de raies rougeâtres.

AIGLE BOTTÉ.

FALCO PENNATUS. (Linn.)

Pieds emplumés jusqu'aux doigts; un bouquet de lumes blanches à l'insertion des ailes; queue en dessus toute brune. *

Front blanchâtre ; joues et synciput d'un brun très-foncé ; occiput et nuque d'un jaune roussâtre, marqué de taches brunes ; dos, couvertures des ailes et scapulaires d'un brun sombre, bordé souvent de brun plus clair ; à l'insertion des ailes se trouvent huit ou dix plumes d'un blanc pur, sans aucune tache; pennes des ailes et de la queue d'un brun noir dans toute leur étendue; sur ces dernières se distinguent faiblement quelques bandes transversales , très-étroites; toutes les plumes des parties inférieures d'un blanc pur, marquées le long des baguettes par une étroite raie d'un brun foncé ; les plumes des cuisses le sont par de petites bandes transversales d'un roux peu distinct; pieds , cire et iris jaunes. Longueur du mâle, 17 pouces 6 lignes ; de la femelle , 18 pouces. *Les vieux.*

---

* Cette courte phrase se trouve placée ici pour servir à bien distinguer cet *Aigle* de la *Buse pattue* , F. *Lagopus.*

La femelle, ne diffère presqu'en rien par les couleurs du plumage; la taille est seulement un peu plus forte.

Les jeunes, ont en général plus de brun roussâtre sur la tête et sur le cou, et les parties inférieures sont totalement d'un roux clair, avec des raies noires très-marquées le long des baguettes; ils ont aussi les bandes à la queue mieux marquées, mais les plumes à l'insertion des ailes sont, dans tous les âges, d'un blanc pur.

FALCO PENNATUS. Gmel. *Syst.* 1. *p.* 272. *sp.* 90. — Lath. *Ind. Orn. p.* 19. *sp.* 34. — LE FAUCON PATTU. Briss. *Orn. v.* 6. *Appendix. p.* 22. *t.* 1. — BOOTED FALCON. Lath. *Syn. v.* 1. *p.* 75. *sp.* 55. — Le *Falco pennatus* de Cuvier, *Règ. anim. v.* 1. *p.* 323. n'est qu'une *Buse pattue*, *F. Lagopus.*

Remarque. Cette jolie et très-petite espèce d'aigle, dont j'ai confondu les synonymes avec ceux de ma *Buse pattue*, voyez *Manuel*, première édition, p. 22, forme une espèce distincte, très-caractérisée par sa petite taille, par la forme du bec, semblable à celui des vrais aigles; par le bouquet de plumes blanches à l'insertion des ailes, et par la couleur régulièrement blanche ou rousse des parties inférieures; sa queue n'a point de grand espace blanc, mais elle est entièrement d'un brun foncé en dessus et grisâtre en dessous. A la première inspection il est si facile de confondre cet *Aigle* avec la *Buse pattue*, que j'ai cru ces détails indispensables.

Habite : les parties orientales; de passage régulier en Autriche et en Moravie, probablement aussi dans quelques provinces de la Russie et en Silésie.

Nourriture : petits quadrupèdes et oiseaux, mais particulièrement des insectes.

Propagation : niche en Hongrie vers les monts Cra-
pacs, et peut-être en plus grand nombre vers les confins de
l'Asie ; ponte inconnue.

AIGLE·JEAN LE BLANC.

FALCO BRACHYDACTYLUS. (Wolf.)

Tête très-grosse ; au-dessous des yeux un espace garni d'un duvet blanc ; sommet de la tête,
joues, gorge, poitrine et ventre blancs, mais variés de taches peu nombreuses et d'un brun clair ;
manteau et couvertures alaires brunes, origine de
toutes ces plumes d'un blanc pur ; queue carrée,
d'un gris brun rayé de brun plus foncé, blanche
en-dessous ; tarses longs, ceux-ci et les doigts
d'un gris bleu ; bec noir ; cire bleuâtre ; iris jaune.
Longueur, 2 pieds. *Le vieux mâle.*

La femelle, a moins de blanc ; la tête, le cou, la
poitrine et le ventre sont marqués de nombreuses
taches brunes, très-rapprochées.

Les jeunes, ont les parties supérieures plus foncées, mais l'origine des plumes est d'un blanc
pur ; la gorge, la poitrine et le ventre sont d'un
brun roux, peu ou point taché de blanc ; les bandes sur la queue presque imperceptibles ; le bec
bleuâtre ; les pieds d'un blanc grisâtre.

Aquila brachydactyla. Meyer, *Taschenb. Deut. v.* 1.
p. 21. — Falco gallicus. Gmel. *p.* 295. *sp.* 52. — Lath.
Ind. Orn. v. 1. *p.* 15. *probablement un jeune.* — Falco
leucopsis. Bechst. *Naturg. Deut. v.* 2. *p.* 572. — Aquila
leucamphoma. Borkh. *Deut. Orn. Heft.* 9. *une femelle.*

— LE JEAN LE BLANC. Buff. *Ois. v.* 1. *p.* 124. — Id. *pl. enl.* 413. *figure douteuse.* — Sonn. *nouv. édit. de* Buff. *Ois. v.* 1. *p* 307. *pl* 4. *f.* 2. *figure exacte, à la couleur des pieds près.* — Gérard. *Tab. élém. v.* 1. *p.* 27. — FALCO LEUCOPSIS. Bechst. *Naturg. Deut.* 2⁰. *édit. v.* 2. *p.* 572. — KURTZZEHIGER-ADLER. Meyer, *Ann. der Wetter. B.* 1. *Heft.* 1. *p.* 45. — Naum. *Vög. Nachtr. t.* 51. *f.* 97. *figure exacte du mâle.* — FALCO TERZO D'AQUILA. *Stor. deg. ucc. pl.* 41, 42 *et* 43.

Habite : les grandes forêts de sapins des parties orientales du nord de l'Europe ; peu commun en Allemagne et en Suisse ; rare en France ; jamais en Hollande.

Nourriture : lézards et serpens auxquels il donne la préférence ; rarement des oiseaux et des volailles domestiques.

Propagation : niche sur les arbres les plus élevés ; pond deux ou trois œufs d'un gris lustré sans taches.

AIGLE BALBUZARD.

FALCO HALIAËTUS. (LINN.)

Sommet de la tête et nuque garnis de plumes effilées, noires dans le milieu, bordées de blanc jaunâtre ; celles de la nuque très-longues et subulées; parties supérieures brunes, souvent une bande blanche au-dessus des yeux; une longue bande d'un brun foncé sur les côtés du cou; parties inférieures blanches; sur la poitrine de faibles indices d'une couleur fauve claire; cire et pieds bleus; les tarses à écailles très rudes; plante des pieds chagrinée; iris jaune; bec noir. Les ailes dépassent de plus de deux pouces l'extrémité de la queue. Longueur, 1 pied 9 ou 10 pouces. *La femelle* a 2 pieds.

Varie suivant l'âge; plus ou moins de taches fauves sur les parties inférieures, et celles-ci quelquefois sans taches; la queue porte six bandes brunes; les plumes des parties supérieures terminées de jaune roussâtre; un large espace sur la poitrine d'un fauve clair taché de brun; les pieds plus ou moins foncés.

Les vieux, ont moins de taches à la poitrine, et les plumes de cette partie ont une bordure roussâtre; la couleur du tarse et des doigts est plus claire que chez les jeunes.

Falco haliaëtus. Linn. *Syst.* 12. *p.* 129. *sp.* 26. — Lath. *Ind. Orn. v.* 1. *p.* 17. — Aquila haliëatus. Meyer, *Taschenb. Deut. v.* 1. *p.* 23. — Falco arundinaceus. Gmel. *Syst.* 1. *p.* 263. *var. B. une femelle en mue. Voyez* aussi les variétés *C* et *D.* — Le Balbuzard, Buff. *Ois. v.* 1. *p.* 103. *t.* 2 *et p.* 142. le même que Catesbi. *Hist. de la Carol. v.* 1. *t.* 2. ainsi que Buff. *pl. enl.* 414. — Wilson. *Americ. Ornit. v.* 5. *p.* 13. *pl.* 37. *f.* 1. Gérard. *Tab. élém. v.* 1. *p.* 23. — Osprey Eagle. Lath. *Syn. v.* 1. *p.* 45. *sp.* 26. — Penn. *Brit. Zoöl. t. A.* 1. *p.* 63. — Flusadler. Bechst. *Taschenb. Deut. v.* 1. *p.* 12. — Borkh. *Deut. Orn. Heft.* 9 *mâle et femelle.* — Meyer, *Vög. Deutschl. v.* 2. *Heft.* 23. *figure très-exacte du mâle.* — Naum. *Vögel. t.* 11. *f.* 19. *le mâle.* — Aquila pescatrice. *Stor. deg. ucc. v.* 1. *pl.* 40.

Habite : la lisière des forêts ou sur les rochers proche des eaux douces, des lacs et des rivières; très-commun en Russie et en Allemagne, assez abondant en Bourgogne et dans les Vosges; on le trouve aussi en Suisse et en Hollande. Il émigre en hiver.

Nourriture : des poissons, qu'il saisit avec ses serres à la surface de l'eau, souvent en se plongeant; rarement des jeunes oiseaux d'eau. Cette espèce est décidément piscivore.

Propagation : niche sur les arbres ou sur les rochers, suivant la localité ; pond trois ou quatre œufs d'un blanc jaunâtre, marqués de très-grandes taches et de petits points rougeâtres.

AIGLE PYGARGUE.

FALCO ALBICILLA. (Lath.)

Plumage d'un brun très-clair, taché de brun foncé ; bec et iris presque noirs dans le jeune âge ; plumage brun, cendré, uniforme, et iris brun très-clair dans l'âge adulte. Queue ne dépassant jamais les ailes.

Tout le plumage du corps et des ailes d'un brun sale, ou brun cendré, sans aucune tache ; tête et partie supérieure du cou d'un cendré brun, assez clair ; la queue d'un blanc pur ; bec presque blanc ; cire et pieds d'un blanc jaunâtre très-clair ; iris d'un brun clair. Longueur du mâle, 2 pieds 4 pouces au moins ; de la femelle, 2 pieds 10 pouces au plus. *Les très-vieux, même de l'âge de dix ans.*

Vultur albicilla. Linn. *Syst. nat. édit.* 12. *p.* 123. *sp.* 8. — Le Pygargue et l'Orfraie. Cuv. *Règ. anim.* *v.* 1. *p.* 315.* — Falco albicilla. Gmel. *p.* 253. *sp.* 39. — Lath. *Ind. Orn. v.* 1. *p.* 9. — Falco albicaudus. Gmel. *p.* 258. *sp.* 51. — Le grand Pygargue. Buff. *Ois. v.* 1.

---

* Réunion très-exacte, basée sur de nombreuses observations faites à la ménagerie du Jardin des Plantes ; celles-ci s'accordent à tous égards avec les miennes, sur des individus tués en état de liberté.

p. 199. — Fisch-Adler. Bechst. *Taschenb. Deut. v.* 1. *p.* 10. *sp.* 5. — Frisch. *Vögel. Deut. t.* 70. — Cinerous Eagle. Lath. *Syn. v.* 1. *p.* 33. — Id. *supp. p.* 11.

Les jeunes de l'année. Tête et cou d'un brun foncé ; extrémité des plumes d'une teinte plus claire ; dos et ailes couleur de café grillé ; les plumes de ces parties plus claires vers leur origine, portent une tache longitudinale à leur pointe ; les rémiges noires ; le dessous du corps brun avec des taches plus foncées, souvent varié de plumes blanches ; queue d'un gris blanchâtre à son origine, avec des taches irrégulières brunes, disposées sur les barbes extérieures des pennes, dont la pointe est d'un brun sans taches ; bec noirâtre, base et cire jaunâtres ; iris d'un brun très-foncé ; pieds d'un jaune assez vif. C'est alors

Falco ossifragus. Gmel. *Syst.* 1. *p.* 255. *sp.* 4. — Lath. *Ind. Orn. v.* 1. *p.* 12. — Falco melaënatos. Gmel. *p.* 254. *sp.* 2. — L'Orfraie ou grand Aigle de mer. Buff. *Ois. v.* 1. *p.* 112. *t.* 3. — Id. *pl. enl.* 112. *l'oiseau de l'année, et pl. enl.* 415. *un individu à l'âge d'un ou de deux ans.* — Gérard. *Tab. élém. v.* 1. *p.* 25. — Sea Eagle. Lath. *Syn. v.* 1. *p* 30. — Aquila reale commune. *Stor. deg. ucc. pl.* 1 et 3. — Golden Eagle. Penn. *Brit. Zoöl. p.* 61. *t. A.* — Frisch. *Vögel. Deut. t.* 69. — Naum. *Vögel. t.* 9. *f.* 17. *un jeune de l'année.* — Witkoppige arend. Sepp. *Nederl. Vög. v.* 5. *p.* 417.

Remarque. Jamais, à quelque âge que parvient cette espèce, on ne voit des individus à tête et partie supérieure du cou, d'un blanc pur ; j'ai vu plus de cinquante individus, aucun n'avait du blanc à la tête ; j'en ai nourri en captivité et vu plusieurs autres dans les ménageries, aucun n'a pris

du blanc ; les deux individus de la ménagerie du jardin des
Plantes, à Paris, y existent, l'un depuis six et l'autre depuis dix ans ; j'en ai vu un autre, dans une ménagerie en Allemagne, qu'on y nourrissait depuis neuf ans. Les très-vieux
individus ont la tête et le cou d'un brun cendré ; jamais l'i-
ris des yeux ne devient blanc jaunâtre, comme dans l'espèce suivante. S'il est facile de distinguer les vieux du
F. albicilla et du *F. leucocephalus*, il n'en est point ainsi
des jeunes, qui se ressemblent presqu'à s'y méprendre,
la seule différence un peu marquée, réside dans la longueur
de la queue qui l'est un peu plus dans *F. leucocephalus* que
dans *F. albicilla* et *ossifragus* ; la première espèce se
trouve en plus grand nombre en Amérique qu'en Europe ;
la seconde paraît seule propre à nos contrées.

Habite : les montagnes et les forêts ; le plus souvent
dans le voisinage de la mer ou des grands lacs ; très-commun, surtout en hiver, le long des côtes maritimes d'Angleterre, de Hollande et de France, rare dans le midi ; se
répand en hiver dans l'intérieur de nos provinces septentrionales de la Hollande où ils se réunissent plusieurs dans
les environs des villages.

Nourriture : gros poissons de mer et de rivière, beaucoup d'oiseaux d'eau et de mammifères ; dans l'extrême
disette il se jette sur des poissons morts, mais plus volontiers sur des charognes d'oiseaux ou de mammifères.

Propagation : niche sur les plus hauts arbres des forêts ; suivant la localité sur des rochers escarpés le long
des bords de la mer ; pond deux œufs obtus, blancs, marqués de taches rougeâtres assez rares.

AIGLE A TÊTE BLANCHE.

FALCO LEUCOCEPHALUS. (Linn.)

Plumage très-irrégulièrement taché et varié de brun clair et de brun foncé ; bec noir, iris d'un brun clair dans le jeune âge. A plumage brun chocolat, assez vif ; bec, pieds et iris blanc jaunâtre dans l'âge adulte. Queue dépassant toujours un peu les ailes.

Tout le plumage du corps et des ailes d'une seule nuance de brun foncé très-vif, ou couleur de chocolat ; la tête, la partie supérieure du cou, les couvertures de la queue et les pennes de la queue du blanc le plus pur ; bec, cire et pieds d'un jaune blanchâtre ; iris presque blanc. Longueur du mâle, 2 pieds 6 ou 8 pouces, souvent moins ; de la femelle, 2 pieds 10 pouces ou 3 pieds. *Les vieux individus, dès l'âge de trois ans.*

Falco leucocephalus. Gmel. *Syst.* 1. *p.* 255. *sp.* 3. — Lath. *Ind. Orn. v.* 1. *p.* 11. — Wils. *Am. Ornit. v.* 4. *p.* 89. *pl.* 36. — L'Aigle a tête blanche. Buff. *Ois. v.* 1. *p.* 99. — Id. *pl. enl.* 411. — L'Aigle a tête blanche. Cuv. *Règ. anim. v.* 1. *p.* 315. — L'Aigle Pygargue. Vieillot. *Ois. d'Am. Sept. v.* 1 *pl.* 3. *très-vieux mâle.* — Bald Eagle. Lath. *Syn. v.* 1. *p.* 22. — Aquila di testa e coda blanca. *Stor. degli ucc. p.* 8.

Dans le moyen âge, on voit dès la première année le blanc se mêler au brun cendré des plumes de la tête et du cou ; ces parties sont variées des deux couleurs à la seconde année ; à la troisième il ne reste presque plus de brun sur les plumes de ces parties; le plumage est parfait à la troisième ou à la quatrième mue.

Les jeunes de l'année, sont très-difficiles à distinguer des jeunes *Pygargues*; leur plumage est moins régulièrement varié de couleurs brunes, et la queue est toujours un peu plus longue. A la seconde mue, on peut distinguer facilement les individus des deux espèces ; souvent même déjà, dès la première. La seule indication que nous puissions y rapporter alors, est Wilson. *Améric. Ornit. v.* 7. *p.* 16. *pl.* 55. *f.* 2.

Remarque. On nourrit à Berlin, à Paris et à Londres, plusieurs individus de cette espèce ; j'ai observé les variations indiquées sur les captifs de la ménagerie de Paris, où il en existe cinq de différens âges ; ces observations sont parfaitement en rapport avec les états différens que je conserve dans mon cabinet. On trouve l'espèce dans les pays du cercle arctique ; nous n'avons encore que deux exemples de l'apparition de cet aigle dans le centre de l'Europe ; un vieux mâle a été tué dans le canton de Zurich en Suisse, et une très-vieille femelle dans le royaume de Wurtemberg ; ils ne diffèrent en rien de mes individus, dont l'un est du nord de l'Europe et l'autre des États-Unis.

Habite : les régions du cercle arctique, dont il paraît ne point s'éloigner beaucoup ; très-rare et accidentellement partout ailleurs.

Nourriture : il paraît qu'elle se compose le plus habituellement de poissons vivans ; captifs, ils mangent de la chair.

Propagation : inconnue.

AUTOURS.

Ailes courtes, aboutissant aux deux tiers de la longueur de la queue; 1re. rémige de beaucoup plus courte que la 2e.; la 3e. presque égale avec la 4e, qui est la plus longue. Pieds, à tarses longs; doigts longs, l'intermédiaire dépassant de beaucoup les latéraux; ongles très-courbés et très-acérés.

Leur vol est rapide, sans que pour cela ils remuent beaucoup les ailes; ce n'est que dans le temps des amours qu'ils décrivent des cercles en volant; ils sont rusés et malins, et saisissent leur proie à tire d'ailes; ils habitent le plus souvent dans les grands bois, particulièrement dans ceux qui avoisinent des rochers.

Remarque. On peut, il est vrai, établir des différences assez marquées, entre nos aigles proprement dits et nos autours d'Europe; mais les lignes de démarcation, dans ces divisions, se réduisent presqu'à rien, lorsqu'on examine les formes de plusieurs grandes espèces exotiques, classées parmi les aigles, tels que l'*Aigle destructeur* et l'*Aigle urutaurana*, qui est le même que l'*Autour huppé* de Le Vaillant. Par conséquent la division des aigles et des autours est presque sans intervalle assignable; c'est cependant de ce groupe qu'on s'est plu à former un grand nombre de genres, facile à multiplier encore. Ceux qui se bornent à former une vingtaine de genres dans le genre *Falco* de Linnée, pourraient en créer quarante par les mêmes moyens.

L'AUTOUR.

FALCO PALUMBARIUS. (Linn.)

Les parties supérieures d'un cendré bleuâtre ; au-dessus des yeux un large sourcil blanc ; les parties inférieures portent sur un fond blanc des raies transversales et des bandes étroites longitudinales d'un brun foncé ; queue cendrée, rayée de quatre ou de cinq bandes d'un brun noirâtre ; bec d'un noir bleuâtre ; cire d'un vert jaunâtre ; iris et pieds jaunes. Longueur de la femelle, 2 pieds ; le mâle a $\frac{1}{3}$ de moins.

La femelle a le dessus du corps moins nuancé de bleuâtre, mais plus coloré de brun ; elle a un plus grand nombre de petites bandes brunes sous la gorge.

Varie, avec la tête blanche, ou totalement blanc ; souvent les parties supérieures variées de brun ou de blanc-jaunâtre ; sur la queue, des bandes presque imperceptibles, ce qui la fait paraître unicolore.

Falco palumbarius. Gmel. *Syst.* 1. *p.* 269. *sp.* 30. — Lath. *Ind. Orn. v.* 1. *p.* 29. *sp.* 65. — Meyer, *Taschenb. Deut. v.* 1. *p.* 49. — Id. *Vög. Liv-und Esthl. p.* 16. — L'Autour. Buff. *Ois. v.* 1. *p.* 130. — Id. *pl. enl.* 418. — Gérard. *Tab. élém. v.* 1. *p.* 30. — Goshawk. Lath. *Syn. v.* 1. *p.* 58. — Id. *supp. v.* 1. *p.* 16. — Hunerhabicht. Bechst. *Taschenb. Deut. v.* 1. *p.* 28. — Meyer, *Vög. Deut. Heft.* 3. *vieux mâle et jeune femelle.* — Sparvière da colombi. *Stor. deg. ucc. v.* 1. *pl.* 21 *et* 22. — Fisch. *t.* 81 *et* 82. — Naum. *Vög. t.* 17. *f.* 26. *le vieux mâle.*

Les jeunes de l'année, diffèrent considérablement; la cire et les pieds d'un jaune livide; l'iris d'un gris blanchâtre; la tête, les côtés et le cou roussâtres avec des taches longitudinales d'un brun foncé; la nuque variée de larges taches de la même couleur; parties inférieures d'un roux blanchâtre, varié de longues taches lancéolées d'un brun foncé; queue d'un gris brun, avec quatre bandes trèslarges, d'un brun plus foncé, et toutes les pennes terminées de blanc.

Falco gallinarius. Gmel. *Syst.* 1. *p.* 266. *sp.* 73. — Falco gentilis. Gmel. *p.* 270. *sp.* 13. — Lath. *Ind. v.* 1. *p.* 29. *sp.* 66. — L'Autour sors. Buff. *pl. enl.* 461, *et pl.* 423. — Briss. *Orn. v.* 1. *p.* 114. — Greater Buzard. Lath. *Syn. v.* 1. *p.* 49. — Sparviere terzuolo. *Stor. deg. ucc. pl.* 26. — Naum. *Vög. Deut. t.* 16. *f.* 25. *le jeune mâle.* — Frisch. *Vög. t.* 72.

Habite : les bois de sapins, de préférence dans ceux en montagnes; très-commun en France, en Allemagne, en Russie et en Suisse; plus rare en Hollande.

Nourriture : jeunes lièvres, écureuils, souris, taupes, jeunes oies, pigeons et autres volailles. M. Meyer assure qu'il fait aussi sa proie de jeunes oiseaux de son espèce.

Propagation : niche sur les plus hauts arbres : sa ponte est de deux jusqu'à quatre œufs, d'un blanc bleuâtre, marqué de raies et de taches brunes.

L'ÉPERVIER.

FALCO NISUS. (Linn.)

Parties supérieures d'un cendré bleuâtre; une tache blanche à la nuque; parties inférieures blan-

ches , avec des raies longitudinales sous la gorge ,
et des raies transversales sur les autres parties inférieures ; sur la queue , qui est d'un gris cendré ,
sont cinq bandes d'un cendré noirâtre ; bec noirâtre ; cire d'un jaune verdâtre ; pieds et iris jaunes.
Longueur du mâle, 12 pouces ; de la femelle, 14
pouces.

Varie beaucoup, *suivant l'âge :* la vieille femelle
ressemble au mâle ; elle a les sourcils blancs et la
même couleur sur la nuque : d'autres ont le plumage supérieur d'un gris brun à bordures rousses,
sur les épaules quelques taches blanches. On
trouve des variétés entièrement blanches.

Falco nisus. Gmel. *Syst.* 1. *p.* 280. *sp.* 31. — Lath.
Ind v. 1. *p.* 44. *sp.* 107. — Meyer, *Taschenb. Deut.*
v. 1. *p.* 25. — L'Épervier. Buff. *Ois. v.* 1. *p.* 225. — Id.
pl. enl. 467 et 412. — Gérard. *Tab. élém. v.* 1. *p.* 32.
un jeune mâle. — Sparrow hawk. Lath. *Syn. v.* 1. *p.* 99.
— Id. *supp. v.* 1. *p.* 26. — Die sperber. Bechst. *Taschenb.*
Deut. v. 1. *p.* 29. — Meyer, *Vög. Deut. Heft.* 11. *mâle,*
femelle et jeune. — Frisch. *Vög. t.* 90. *la vieille femelle.*
— Naum. *t.* 19. *f.* 30. *vieille femelle et t.* 18. *f.* 28.
vieux mâle. — Sparviére da Fringuelli. *Stor. deg. ucc.*
pl. 16 *et* 17. — Sepp, *Nederl. Vög. v.* 3. *t. p.* 227.

Les jeunes mâles , ont du blanc sur la nuque ;
tète et parties supérieures du cou roussâtres , mais
avec des taches brunes ; plumes du manteau et des
ailes bordées de roussâtre ; les scapulaires variés
par de grandes taches blanchâtres ; parties inférieures d'un blanc jaunâtre, rayées transversalement de roussâtre ; la queue d'un brun cendré, la

penne extérieure de chaque côté porte six bandes
brunes, les autres n'en ont que cinq.

Les jeunes de l'année, ont les parties supérieures d'un brun roussâtre, et les parties inférieures
d'un blanc jaunâtre avec des taches longitudinales
et irrégulières ; la cire d'un jaune verdâtre ; l'iris
d'un gris cendré ; les pieds d'un jaune livide. C'est
alors

Frisch. *Vög. Deut. t.* 91 *et* 92. — Naum. *Vög. t.* 18.
f. 27 *et t.* 19. — ACCIPITER MUSCETUM. *Stor. deg. ucc. v.* 1.
pl. 20.

Habite : les montagnes, les bois et les buissons qui
avoisinent des champs et des prairies ; répandu dans toute
l'Europe.

Nourriture : taupes, souris, grives, alouettes, cailles,
moineaux et autres petits oiseaux ; aussi des lézards et des
limaçons.

Propagation : niche sur des arbres ; la couvée est de
trois jusqu'à six œufs, d'un blanc sale, marqué de taches
rousses, plus ou moins angulaires.

QUATRIÈME DIVISION.

MILANS.

NARINES obliques, leur bord extérieur marqué
d'un pli. PIEDS, à tarse court, emplumé un peu
en-dessous du genou. AILES longues, la 1ʳᵉ. rémige beaucoup plus courte que la 6ᵉ ; la 2ᵉ. un
peu plus courte que la 5ᵉ ; la 3ᵉ. presque d'égale
longueur avec la 4ᵉ., qui est la plus longue de toutes.

Leur vol est élégant ; ils semblent nager dans les
airs en décrivant des cercles ; ils ne saisissent point

leur proie à tire-d'ailes , mais se rabattent dessus lorsqu'elle est posée à terre ou sur quelque élévation.

MILAN ROYAL.

FALCO MILVUS. (Linn.)

La queue très-fourchue. Toutes les parties supérieures d'un brun roux; les plumes bordées d'une couleur plus claire; parties inférieures d'un roux de rouille , varié de bandes longitudinales brunes; les plumes de la tête et du cou longues et effilées, blanchâtres, rayées longitudinalement de brun; la queue roussâtre, portant des bandes brunes peu distinctes : à la mandibule supérieure du bec un feston peu marqué. Longueur, de 2 pieds 2 pouces. *Le mâle.*

La femelle , est en-dessus d'un brun plus foncé, avec l'extrémité des plumes plus claires; souvent toutes les plumes bordées de blanchâtre; la tête et le cou ont plus de blanc.

Varie suivant l'âge , comme accidentellement; plus ou moins de plumes blanches, ou totalement blanc. La tête et la gorge d'un roux brun. Souvent tout le plumage d'un roux plus ou moins foncé.

Falco milvus. Gmel. *Syst.* 1. *p.* 261. *sp.* 12. — Lath. *Ind. Orn. v.* 1. *p.* 20. — Meyer, *Taschenb. Deut. v.* 1. *p.* 25. — Le Milan royal. Buff. *Ois. v.* 1. *p.* 197. — Id. *pl. enl.* 422. — Gérard. *Tab. élém. v.* 1. *p.* 45. — Falco con la coda biforcata. *Stor. deg. ucc. pl.* 39. — Keite-Falcon. Lath. *Syn. v.* 1. *p.* 61. — Rother Milan. Bechst. *Taschenb. Deut. v.* 1. *p.* 13. — Borkh. *Deut. Orn.*

*Heft. 5. — Naum. Vög. t. 28. f. 38. — Meyer, Vög.
Deutschel. v. 2. Heft. 20. le vieux mâle.*

Les jeunes de l'année, ont les plumes de la tête moins allongées et plus arrondies, sans raies longitudinales ; ces plumes sont d'un roux clair, terminées de blanc ; les parties supérieures ont plus de roux que chez les adultes ; le centre des plumes du dos et des ailes est noirâtre, et leur bord est d'un jaune roussâtre ; sur le bas du cou sont de grandes taches blanches.

Falco austriacus. Gmel. *Syst.* 1. *p.* 262. *sp.* 63. — Lath. *Ind. v.* 1. *p.* 21. — *Annal der Wetterau. v.* 1. *Heft.* 1. *p.* 144.

Habite : les différentes contrées de la France, de l'Italie, de la Suisse et de l'Allemagne ; moins abondant en Russie ; plus rare en Hollande ; émigre en automne.

Nourriture : mulots, taupes, rats, serpens, lézards et insectes ; quelquefois de jeunes canards et des poussins ; moins souvent des poissons morts qui flottent à la surface des eaux.

Propagation : niche sur les arbres ; pond trois ou quatre œufs, le plus souvent blanchâtres ; avec des taches isolées d'un roux jaunâtre, qui paraissent effacées.

MILAN NOIR ou PARASITE.

FALCO ATER. (Linn.)

Tête et gorge rayées longitudinalement de blanchâtre et de brun ; parties supérieures d'un gris brun très-foncé ; parties inférieures d'un brun roussâtre, avec des taches longitudinales sur le centre des plumes ; cuisses d'un roux foncé ; les ré-

miges d'un brun foncé ; queue très-peu fourchue ,
d'un gris brun, transversalement rayée de neuf ou
de dix bandes d'un brun plus clair ; cire et pieds
d'un jaune orange; iris d'un gris noirâtre; bec noir,
sans feston. Longueur, 1 pied 10 pouces.

Falco ater. Gmel. *Syst.* 1. *p.* 262. *sp.* 62. — Lath.
Ind. v. p. 21. — Falco fusco ater. Meyer , *Taschenb.*
Deut. v. 1. *p.* 27. — Falcop arasiticus. Lath. *Ind. supp.*
v. 2. *p.* 5. — Le Milan noir. Gérard. *Tab. élém. v.* 1.
p. 48. — Le Milan parasite. * Vaill. *Ois. d'Af. v.* 1. *p.* 22.
— Sonn. *nouv. édit. de* Buff. *v.* 2. *p.* 78. — Black kite.
Lath. *Syn. v.* 1. *p.* 62. — Parasite Faucon. Id. *Syn.*
supp. v. 2. *p.* 3o. — Schwartzer Milan. Bechst. *Tas-*
schenb. Deut. v. 1. *p.* 14. — Schwartzbrauner Milan.
Meyer , *Vög. Deutschl. v.* 2. *Heft.* 20. *figure très-*
exacte. — Naum. *Vög. t.* 24. *f.* 39.

Les jeunes, sont d'un brun plus foncé, tirant au
noirâtre, les plumes de la tête sont plus arrondies,
leur extrémité est d'un blanc jaunâtre ; celles du
manteau ont des bordures rousses ; la queue n'a
que des bandes peu distinctes; la cire du bec et les
pieds ne sont point aussi vivement colorés. C'est
alors.

Falco ægyptius. Gmel. *Syst.* 1. *p.* 261. *sp.* 61. — Falco
Forskahlii. Id. *p.* 263. *sp.* 121. — Forsk. *Faun. Arab.*
p. 1. — Lath. *Ind. v.* 1. *p.* 20. — Le Milan noir. jeune
âge. *Expédit. d'Égypte, partie orn. pl.* 3. *f.* 1. — Ara-

---

* Le *Milan parasite* de M. Le Vaillant, dont j'ai reçu un individu
adulte, tué en Afrique, ne diffère en rien de ceux tués en Europe.
Nilsson. *Orn. Suec. p.* 25, range les synonymes de cette espèce dans
l'article de *Falco Milvus.*

BIEN KITE. Lath. *Syn. supp. p.* 34. — Meyer, *Vög. Deutschl. v.* 2 *Heft.* 20. *figure très-exacte du jeune.* — Leisler, *Nachtr. zu* Bechst. *Naturg. Deutschl. Heft.* 1. *p.* 90 *et la figure.* — LE MILAN NOIR. Buff. *Ois. v.* 1. *p.* 203. *surtout sa pl. enl.* 472. n'est certainement que le jeune du *Milan parasite.*

Habite : en Allemagne; peu connu en France et en Suisse; très-rare dans le nord, plus habituellement dans le midi; très-commun près de Gibraltar et en Afrique.

Nourriture : M. Leisler de Hanau observe qu'il préfère le poisson à toute autre nourriture.

Propagation : niche sur les arbres; pond trois ou quatre œufs, d'un blanc jaunâtre avec des taches brunes si nombreuses et si rapprochées, que la couleur du fond s'aperçoit à peine.

CINQUIÈME DIVISION.

BUSES.

BEC petit, se courbant subitement dès sa base. PIEDS, à tarses courts, cuisses culottées. AILES de moyenne longueur; les 4 premières rémiges échancrées, la 1re. très-courte, les 2e. et 3e. moins longues que la 4e., qui est la plus longue.

Ils ont le vol lourd, aussi ne prennent-ils point leur proie à tire d'ailes; ils la guêtent d'ordinaire placés en embuscade sur un arbre. Leur tête est grosse, le corps est massif; ils n'ont point cette force dans les serres, ni ce port fier et élancé des aigles; en captivité, ils se cachent habituellement.

LA BUSE.

FALCO BUTEO. (Linn.)

Parties supérieures, cou et poitrine d'un brun foncé; gorge et ventre d'un gris brun, mais varié de taches d'un brun plus sombre ; queue faiblement arrondie, portant douze bandes transversales; bec couleur de plomb ; cire, iris et pieds jaunes. Longueur, 1 pied 8 ou 10 pouces.

Varie considérablement, de manière que bien peu d'individus se ressemblent ; ils diffèrent particulièrement, dans les nuances brunes plus ou moins foncées des parties supérieures ; tandis que les parties inférieures varient, pour le plus ou le moins de taches blanches, leur forme et la manière dont elles sont distribuées. Souvent tout le plumage d'un brun très-foncé ou couleur de chocolat ; la gorge blanchâtre avec de petites raies longitudinales brunes ; sur le milieu du ventre quelques bandes transversales blanches ; des bandes jaunâtres vers l'abdomen. *Tels sont les individus les plus vieux.*

Les jeunes de l'année, ont le fond du plumage d'un brun clair, varié de blanchâtre et de jaunâtre; la gorge blanche avec des taches longitudinales ; les plumes de la poitrine bordées de blanc ; le milieu du ventre blanchâtre avec de grandes taches longitudinales, ovales ou dans la forme d'un cœur.

Falco buteo. Gmel. *Syst.* 1. *p.* 265. *sp.* 15. — Falco communis fuscus. Id. *p.* 270. *sp.* 86. — Lath. *Ind. v.* 1.

p. 23. — Falco variegatus. Gmel. *Syst.* 1. *p.* 267. *sp.* 78.
— Lath. *Ind. v.* 1. *p.* 24. — Falco glaucopis. Merrem.
Beythr. 11. *pl.* 7. — Gmel. *Syst.* 1. *p.* 255. *sp.* 42. —
La Buse. Buff. *Ois. v.* 1. *p.* 206. — Id. *pl. enl.* 419. —
Gérard. *Tab. élém. v.* 1. *p.* 54. — L'Aigle de Gottingue.
Sonn. *nouv. édit. de* Buff. *Ois. v.* 1. *p.* 377. — Common
Buzard. Lath. *Syn. v.* 1. *p.* 48. — Mause-Falk. Meyer.
Vög. Deut. Heft. 14. *mâle, femelle, jeune et variété
albine.* — Frisch. *Vög. Deut. t.* 74. — Naum. *Vög. Deut.
t.* 20 *et* 25. *f.* 40 *et* 41. *vieux et jeune de l'année.*

Remarque. Parmi les variétés, on doit également
énumérer le *Busardet* des auteurs ; je puis assurer que
cette espèce prétendue n'est qu'une variété, plus ou
moins blanche, de la *Buse commune;* elle a le plus souvent le corps blanc, marqué de grandes taches brunes, et
la queue de couleur obscure rayée et tachée de roux et de
blanc. Tout ce que M. Vieillot a écrit en dernier lieu, dans
un mémoire inséré dans les actes de l'académie de Turin,
année 1816, tendant à prouver la différence de *F. albidus*
et de *F. buteo*, n'a point été confirmé par l'examen le
plus exact fait sur la nature ; les figures données par ce
naturaliste représentent les formes différentes dans les
plumes de la poitrine ; elles prouvent seulement que
M. Vieillot n'a point fait attention que l'époque plus ou
moins éloignée du temps de la mue périodique opère ce
changement, et que la figure première représente une
plume d'un individu qui venait de muer, tandis que la
plume, figure 2, a été prise d'un individu dont la mue
avait eu lieu depuis long-temps.

Falco albidus. Gmel. *Syst.* 1. *p.* 267. *sp.* 49. — Bechst.
Taschenb. Deut. v. 1. *p.* 15. — Falco versicolor. Gmel.
Syst. 1. *p.* 267. *sp.* 79. — Weisslicher Busard. Borkh.
Deut. Orn. Heft. 9. *t.* 1. *et* 1. — Naum. *t.* 25 *et* 26. *f.* 42.
et 43.

Habite : les bois les plus touffus qui avoisinent des

champs; commun dans toutes les parties boisées de l'Europe; très-abondant en Hollande.

Nourriture : souris , rats , mulots , taupes , serpens, grenouilles, gros insectes ; aussi jeunes lièvres, lapins et volailles.

Propagation : niche sur de vieux chênes ou de vieux bouleaux; pond trois ou quatre œufs , d'un blanc légèrement ondé de verdâtre , marqué de taches rares, d'un brun jaunâtre.

BUSE PATTUE.

FALCO LAGOBUS. (Linn.)

Pieds emplumés jusqu'aux doigts ; un large plastron brun sur le ventre, une grande partie de la queue blanche depuis sa base.

Tête , partie supérieure du cou, gorge, poitrine et cu isses , d'un blanc jaunâtre , varié de larges raies oblongues , brunes ; manteau, couvertures des ailes et du dos , d'un brun noirâtre , chaque plume étant bordée de jaune roussâtre ; un grand espace d'un brun foncé ceint le bas-ventre ; abdomen , croupion et couvertures inférieures de la queue, d'un blanc jaunâtre ; queue blanchâtre depuis sa base , le reste d'un brun uniforme, et toutes les pennes terminées de blanc terne; pieds emplumés jusqu'aux doigts ; ceux-ci , ainsi que l'iris brun; cire jaune ; bec noir. Le mâle mesure 19 pouces; la femelle a 2 pieds 3 pouces. *Les vieux.*

La femelle a plus de blanc à la tête, au cou et à la queue; sur les côtés et sur le ventre plus de brun ; des bordures d'un j aune blanc hâtre aux plu-

mes du manteau; plus de blanc sur les cuisses et
sur les tarses.

'F͏ALCO LAGOPUS. Gmel. *Syst.* 1. *p.* 260. *sp.* 58. — Lath.
Ind. Orn. v. 1. *p.* 19. — Merey. *Tasschenb. Deut. v.* 1.
p. 37. — F͏ALCO PLUMIPES. *Daud. Orn. v.* 2. *p.* 163. —
F͏ALCO SCLAVONICUS. Lath. *Ind. v.* 1. *p.* 26. *sp.* 54. — B͏USE
GANTÉE. Vaill. *Ois. d'Afr. v.* 1. *pl.* 18. — R͏OUGH LEGGED
F͏ALCON. Lath. *Syn. v.* 1. *p.* 75. — R͏AUHFUSSIGER B͏USARD.
Borkh. *Deut. Orn. Heft.* 2. *la femelle.* — Frisch. *t.* 75.
le mâle. — Naum. *t.* 26. *f.* 44. *le mâle.*

Varie suivant l'âge, souvent plus ou moins de
taches brunes; les parties supérieures plus ou
moins variées de blanc, et avec une raie blanche
au dessus des yeux; du brun et du blanc irrégulièrement disposé sur la poitrine; ventre souvent en
grande partie blanchâtre, et varié de quelques petites taches brunes; le ceinturon du bas-ventre indiqué sur les côtés par de grandes taches brunes ;
plumes des cuisses rayées transversalement; queue
portant vers le bout trois bandes, dont l'inférieure
est la plus large; iris d'un brun jaunâtre.

Remarque. Nilsson, *Orn. Suec. v.* 1. *p.* 9, place le
F. sancti Johannis de Gmel. et de Lath. parmi les synonymes de la jeune *Buse pattue*; mais le *F. sancti Johannis* forme une espèce distincte propre à l'Amérique. Le
F. pennatus, Gmel. et Lath. est une espèce européenne
bien caractérisée. La *Buse pattue* se trouve également dans
l'Amérique septentrionale ; et , suivant le témoignage de le
Vaillant , elle doit être très-abondante dans l'Afrique méridionale.

Habite : les lisières des bois, qui sont dans le voisinage
des marais et des eaux ; fréquente en automne et en hiver

le nord de l'Europe, et se montre quelquefois en Hollande.

Nourriture : rats d'eau, hamsters, taupes, jeunes lapins, lièvres et volailles, souvent des serpens et des grenouilles.

Propagation : niche sur de grands arbres; pond quatre œufs, nuancés de rougeâtre.

BUSE BONDRÉE.

EALCO APIVORUS. (Linn.)

Espace entre l'œil et le bec couvert de petites plumes serrées. Sommet de la tête d'un bleu cendré, très-pur; parties supérieures du corps, d'un brun plus ou moins cendré ; les pennes secondaires des ailes rayécs alternativement de brun noirâtre et de gris bleu ; queue portant trois bandes d'un brun noirâtre, placées à distances inégales ; gorge d'un blanc jaunâtre avec des taches brunes; cou et ventre marqués de taches triangulaires brunes, sur un fond blanchâtre, cire d'un cendré foncé ; intérieur du bec, iris et pieds jaunes. Longueur, environ 2 pieds. *Le vieux mâle.*

La femelle et les jeunes, ont seulement du bleu cendré sur le front; devant du cou marqué de grandes taches d'un brun clair ; poitrine et ventre d'un roux jaunâtre avec des taches d'un brun foncé; parties supérieures d'un brun roussâtre avec des taches plus foncées ; souvent le dessous du corps blanchâtre avec des taches d'un brun roussâtre.

Les jeunes de l'année, ont la cire jaune et l'iris

d'un brun clair; la tête tachée de blanc et de
brun; le dessous du corps d'un blanc roussâtre avec
de grandes taches brunes ; les plumes des parties
supérieures bordées de roussâtre. Naum. *Vög. t.* 27.
f. 46. *Le jeune mâle*.

FALCO APIVORUS. Gmel. *Syst.* 1. *p.* 267. *sp.* 28. — Lath.
Ind. v. p. 1. 25. —FALCO POLIORINCHOS. Bechst. *Tasschenb.*
Deut. v. 1. *p.* 19. *le très-vieux mâle*. — FALCO DUBIUS.
Sparman. *Museum. Carls. tab.* 26. *un jeune*. — LA BON-
DRÉE. Buff. *Ois. v.* 1. *p.* 208. — Id. *pl. enl.* 420. *un*
jeune de l'année. — Gérard. *Tab. élém. v.* 1. *p.* 42. —
HONEY-BUSARD. Lath. *Syn. v.* 1. *p.* 52. —WESPEN-BUSARD.
Meyer, *Tasschenb. Deut. v.* 1. *p.* 39. —Id. *Vög. Liv-*
und. Esthl. p. 12. — Naum. *Vög. Deut. t.* 27. *f.* 45. *le*
vieux mâle.

Habite : les contrées orientales ; très-rare et accidentellement en Hollande ; plus abondant en France, dans les
Vosges et dans le midi ; un oiseau de passage.

Nourriture : mulots , taupes , souris, hamsters , oiseaux, reptiles , guêpes et autres insectes.

Propagation : niche dans les forêts, sur des arbres
élevés ; pond de petits œufs , d'un blanc jaunâtre , marqué
de grands espaces bruns rougeâtres ; souvent totalement
de cette couleur ou avec des taches nombreuses et si rapprochées que le blanc s'aperçoit à peine.

SIXIÈME DIVISION.

BUSARDS.

PIEDS à tarses très-longs et minces. CORPS svelte;
la queue longue et arrondie. AILES longues ; la
1re. rémige très-courte, moins longue que la 5e. ;
la 2e. un peu plus courte que la 4e. ; la 3e. ou la
4e la plus longue.

Ils sont plus agiles et plus rusés que les *Buses*, mais pas aussi audacieux que les *Faucons*; ils saisissent leur proie à terre; on les trouve le plus habituellement dans les joncs et dans les marais, où ils construisent leurs nids. Le plus grand nombre des espèces connues porte une sorte de collier formé par des plumes serrées.

Remarque. Il a existé jusqu'ici une singulière confusion dans les descriptions et dans les synonymies *des trois espèces distinctes* de busards qui vivent dans nos climats. J'ai pris particulièrement à tâche de connaître exactement ces espèces dans tous leurs âges, et mes peines ont été couronnées du plus heureux succès; les descriptions et les synonymes exacts de ces oiseaux me paraissent ne plus rien laisser à désirer. Les oiseaux de cette division se rapprochent, à plusieurs égards, de toutes ces espèces de chouettes qui chassent de jour. J'ai cru devoir les rapprocher du genre *Strix*, en les plaçant sur les limites du genre *Falco*. M. Nilsson, dans son *Ornit. v. 1. p.* 18, décrit et figure, sous le nom de *Falco longipes*, un oiseau qui paraît se rapprocher beaucoup de *F. apivorus*, si ce n'est point une nouvelle espèce de busard. Toutefois me tenant strictement à la règle que je me suis faite dans cette seconde édition, de ne décrire que ce que j'ai vu et comparé soigneusement, je ne ferai aucune autre mention de cet oiseau, et dirai seulement que la figure 1re. des planches qui doit le représenter est très-mauvaise, comme toutes celles de l'ouvrage cité.

BUSARD HARPAYE ou DE MARAIS.

FALCO RUFUS. (Linn.)

Tête, cou et poitrine d'un blanc jaunâtre, avec de nombreuses taches longitudinales brunes, celles-ci occupent le centre de chaque plume; les scapulaires et les couvertures des ailes d'un brun roussâtre; rémiges blanches à leur origine, et noires sur le reste de leur longueur; pennes secondaires et pennes de la queue d'un gris cendré; partie interne des ailes d'un blanc pur; ventre, flancs, cuisses et abdomen d'un roux de rouille, marqués de quelques taches jaunâtres; bec noir; cire d'un jaune verdâtre; iris d'un jaune rougeâtre; pieds jaunes. Longueur, 1 pied 7 ou 8 pouces. *Le mâle et la femelle. Les adultes après leur troisième mue,* ou *le* Falco rufus *des auteurs.*

L'oiseau adulte et vieux.

Falco rufus. Lath. *Ind. Orn. v.* 1. *p.* 25. *sp.* 51. — Gmel. *Syst.* 1. *p.* 266. *sp.* 77. — Circus rufus. Briss. *Orn. v.* 1. *p.* 404. — La Harpaye. Buff. *Ois. v.* 1. *p.* 217. *surtout sa pl. enl.* 460. *figure très-exacte.* — Cuv. *Règ. anim. v.* 1. *p.* 325. — Gérard. *Tab. élém. v.* 1. *p.* 41. — Brandweihe. Bechst. *Tasschenb Deut p.* 24. *sp.* 19. — Wasserweihe. Id. *Naturg. Deut. v.* 1. *p.* 683. — Frisch. *Vög. t.* 78. — Naum. *Vög. t.* 22. *f.* 33. *figure très-exacte.* — Falco albanella con il collare. Stor. *deg. ucc. v.* 1 *pl.* 37. — Harpy Falcon. Lath. *Syn. v.* 1. *p.* 51.

Remarque. Cet oiseau, très-abondant dans tous les marais de la Hollande, dont j'ai suivi le changement de livrée sur plusieurs individus élevés en captivité, éprouve, aux diverses époques de l'âge des différences très-marquées dans les couleurs du plumage; ces différences sont cause que l'espèce a été présentée, par les auteurs, sous plusieurs dénominations particulières. Il a plu tout récemment à

M. Nilsson de donner les synonymes de l'oiseau adulte au jeune de l'année. *Voyez* son *Orn. Suec. v.* 1. *p.* 20.

Les jeunes de l'année, ont un plumage d'un brun très-foncé ou couleur de chocolat; les petites et les grandes couvertures des ailes, les rémiges et les pennes caudaires terminées de brun jaunâtre; le haut de la tête, l'occiput et la gorge d'un brun jaunâtre, plus ou moins clair, sans aucune tache; quelquefois de grandes taches rousses sur la poitrine et sur le pli des ailes, souvent aussi sur le haut du dos; iris d'un brun noirâtre.

Après la seconde mue, le haut de la tête, l'occiput et le devant du cou se colorent d'un blanc jaunâtre, parsemé de quelques taches longitudinales brunes; toutes les autres parties supérieures sont d'un brun cendré, plus clair sur les pennes caudaires; la partie interne des ailes et l'origine des rémiges d'un brun grisâtre; les parties inférieures du corps d'un brun roux, quelquefois avec des taches plus claires, disposées sur le cou et sur la poitrine, le tout suivant l'âge de l'individu; iris d'un brun très-clair. C'est alors

Falco æruginosus. Lath. *Ind. v. p.* 25. *sp.* 53. — Gmel. *Syst.* 1. *p.* 267. *sp.* 29. — Falco arundinaceus. Bechst. *Naturg. Deut. v.* 1. *p.* 681. *sp.* 19. — Falco Krameri. Kram. *Eleuch. p.* 328. *n°.* 7. — Le Busard de marais, Buff. *Ois. v.* 1. *p.* 218. — Id. *pl. enl.* 424. *l'oiseau à l'âge d'un an.* — Gérard. *Tab. élém. v.* 1. *p.* 39. — More Buzzard. Lath. *Syn. v.* 1. *p.* 105. — Sumpfweihe. Meyer, *Tasschenb. Deut. v.* 1. *p.* 43. Frisch. *t.* 77. *le jeune au sortir du nid.* — Naum. *Vög. t.* 23. *f.* 37.

jeune de l'année ; et ibid. t. 22. f. 36. après la seconde mue, mais varié accidentellement de blanc. — FALCO CASTAGNOLO. *Stor. deg. ucc. v. 1. pl.* 32, 33 *et* 34. *des individus après leur seconde mue.* — Sepp , *Nederl. Vog. v. 1. t. p.* 15. *jeune de l'année.*

Habite : les roseaux et les buissons proche des marais , des rivières et des lacs ; répandu dans toutes les contrées où il y a des marais ; très-abondant en Hollande ; rare en Suisse et dans le midi ; émigre en automne.

Nourriture : jeunes oiseaux d'eau , grenouilles , souris , mulots, limaçons, quelquefois du poisson.

Propagation : construit à terre un nid caché dans les roseaux , ou dans les buissons près des eaux ; pond trois ou quatre œufs blancs , de forme arrondie.

BUSARD SAINT-MARTIN.

FALCO CYANEUS (MONTAGU.)

Les ailes aboutissent aux trois quarts de la longueur de la queue ; la 3°. *et* 4°. *rémiges d'égale longueur.*

Tête, cou, dos , ailes et croupion d'un gris bleuâtre ; rémiges blanches à leur origine et noires sur le reste de leur longueur ; partie interne de la base , des ailes , croupion , ventre , flancs , cuisses, abdomen et dessous de la queue d'un blanc pur, sans aucune tache ; partie supérieure de la queue d'un gris cendré, avec le bout des pennes blanchâtres; iris et pieds jaunes. Longueur, 1 pied 6 ou 7 pouces. *Le seul vieux mâle.*

La vieille femelle diffère beaucoup. Toutes les parties supérieures d'un brun terne; les plumes de la tête, du cou et du haut du dos bordées de roux; toutes les parties inférieures d'un jaune roussâtre, avec grandes taches longitudinales, brunes; les rémiges rayées extérieurement de brun foncé et de noir, mais intérieurement de blanc et de noir; croupion blanc avec des taches rousses; les deux pennes du milieu de la queue rayées de noirâtre et de cendré très-foncé; les latérales rayées de roux jaunâtre et de noirâtre. Longueur, 1 pied 8 ou 9 pouces.

Falco cyaneus. Montagu. *in the Transact. of the Linn. society. v. 9. p. 182.* — Meyer, *Orn. Tasschenb. Deut. v. 1. p. 45.* Les seuls auteurs qui décrivent exactement le mâle et la femelle dans leur état parfait. — Nils. *Orn. Suec. v. 1. p. 21,* a certainement voulu ajouter sa part à la confusion en donnant le nouveau nom de *Falco strigiceps* à cette espèce.

Les jeunes ressemblent beaucoup à la *vielle femelle*, et les *mâles, jusqu'à l'âge de deux ans,* portent également le même plumage. *Les mâles varient suivant les âges;* le gris et le blanc de leur plumage est plus ou moins bigarré de brun et de roux; sur la queue sont plus ou moins d'indices des bandes brunes ou noirâtres du *jeune âge.*

Remarque. Cette espèce se distingue toujours de la précédente, par les raies transversales disposées sur la partie interne des ailes, sur les pennes de la queue et sur les plumes du dos; on remarque encore des traces de ces raies, même chez quelques mâles adultes; seulement les très-vieux mâles perdent ce dernier caractère : le croupion est constamment blanc. Dans le *Busard Harpaye,* il n'y a jamais, même dans le jeune âge, des raies transversales sur les rémiges, ni sur les pennes caudales. Dans le *Busard*

Montagu, qui forme le sujet de l'article suivant, on doit observer que les jeunes sont d'un roux de rouille sur toutes les parties inférieures ; que les vieux des deux sexes ont toujours des taches longitudinales rousses sur les parties inférieures, et que dans les mâles il existe une large bande transversale de couleur foncée sur l'aile ; dans le *Busard Saint-Martin*, la queue dépasse le bout des ailes d'environ *deux pouces;* dans le *Busard Montagu*, la queue ne dépasse le bout des ailes que de *quatre lignes;* chez le premier la 4ᵉ. penne de l'aile est la plus longue, chez le second c'est la 3ᵉ.

Le vieux mâle.

Falco bohemicus. Gmel. *Syst.* 1. *p.* 279. *sp.* 107. — Falco albicans. Id. *p.* 276. *sp.* 102. — Briss. *Orn. v.* 1. *p.* 107. *sp.* 8. — L'oiseau Saint-Martin. Buff. *Ois. v.* 1. *p.* 212. — Id. *pl. enl.* 459. — Edw. *t.* 225. *très-vieux.* — Gérard. *Tab. élém. v.* 1. *p.* 43. — Hen Harrier. Lath. *Syn. v.* 1. *p.* 88. — Id. *supp. p.* 22. — Penn. *Brit. Zool. p* 68. *t. A.* 6. — Falco albanella. *Stor. deg. ucc. v.* 2. *t.* 35. — De Zwemmer. Sepp, *Nederl. Vog. v.* 4. *t. p.* 391. — Kore oder Halbweyhe. Bechst. *Tasschenb. Deut. p.* 25. *sp.* 20. — Frisch. *Vög. t.* 79 *et* 80.

Le jeune mâle passant à l'état d'adulte.

Falco cyaneus. Gmel. *Syst.* 1. *p.* 277. *sp.* 10. — Falco europhigistus. Daud. *Orn.* — Lath. *Ind. v.* 1. *p.* 39. *sp.* 94. — Falco griseus. Gmel. *p.* 275. *sp.* 100. — Lath. *Ind. p.* 37. *sp.* 86. — Falco montanus. Gmel. *Syst.* 1. *p.* 278. *sp.* 106. *var. B.* — Faucon de New-Yorck. Penn. *Arct. Zool. v.* 2. *p.* 209. — Edw. *Ois. t.* 107. — Busard a croupion blanc. Vieillot. *Ois. d'Am. sept. v.* 1. *pl.* 8. — Busard varié. Id. *p.* 37.

La femelle et le jeune.

Falco Pygargus. Gmel. *Syst.* 1. *p.* 277. *sp.* 11. — Lath. *Ind. v.* 1. *p.* 39. *sp.* 94. *var..* — Falco hudsonius et Buffonii. Gmel. *Syst.* 1. *p.* 277. *sp.* 19 *et* 103. — Falco rubiginosus. Lath. *Ind. v.* 1. *p.* 27. *sp.* 56. — Falco ranivorus. Lath. *Ind. supp. v.* 2. *p.* 7. — La Soubuse. Buff. *Ois. v.* 1. *p.* 215. *t.* 9. — Id. *pl. enl.* 443. *la jeune femelle*, *et* 480. *le jeune mâle.* — Gérard. *Tab. élém. v.* 1. *p.* 57. — Faucon a collier. Briss. *Orn. v.* 1. *p.* 345. — Le Busard Grenouillard. Vaill. *Ois. d'Afriq. v.* 1 *pl.* 23. — Le Busard roux. Vieil. *Ois. d'Am. sept, v.* 1. *p.* 36. *pl.* 9. — Falco con il collare. *Stor. deg. ucc. v.* 1. *pl.* 31. — Penn. *Brit. Zoöl. p.* 68. *t. A.* 7.

Remarque. Les individus de différens âges que j'ai reçus d'Afrique, ainsi que ceux tués dans l'Amérique septentrionale, sont en tout semblables à ceux tués en Europe.

Habite : en France, en Allemagne, en Angleterre et en Hollande, dans les bois situés proche des rivières, des lacs ou des marais; rare en Suisse et dans tous les pays montueux.

Nourriture : grenouilles, lézards, taupes, souris et autres petits quadrupèdes, petites espèces d'oiseaux et jeunes oiseaux d'eau.

Propagation : niche à terre dans les bois marécageux ou dans les joncs; pond quatre ou cinq œufs d'un blanc bleuâtre terne, mais sans aucune tache.

BUSARD MONTAGU.

FALCO CINERACEUS. (Mont.)

Les ailes aboutissent à l'extrémité de la queue; la 3°. rémige excédant en longueur toutes les autres.

Toutes les parties supérieures d'un cendré bleuâtre très-foncé; deux bandes noires transversales sur les pennes secondaires des ailes*; partie interne de la base des rémiges noires; gorge et poitrine d'un cendré bleuâtre, clair; ventre, flancs, cuisses et abdomen blancs; mais toutes ces parties variées de raies longitudinales d'un beau roux, qui suivent toute la direction des baguettes; queue cendrée, le plus souvent rayée de nombreuses bandes roussâtres; iris et pieds d'un beau jaune. Longueur, 1 pied 5 pouces. *Le vieux mâle.*

La vieille femelle, ressemble presqu'à s'y méprendre à la vieille femelle du *Busard Saint-Martin;* on ne peut les distinguer que par sa taille plus petite; par ses ailes plus longues dont la 3°. rémige excède toutes les autres; par le blanchâtre qui domine sur la région ophthalmique, et par les nombreuses taches longitudinales d'un roux vif sur le ventre et sur les cuisses; tous caractères qu'on n'observe point chez la femelle du *Saint-Martin.*

Falco cineraceus. Mont. *Transact. of the Linn. so-*

---

* Seulement une de ces bandes est visible lorsque l'aile est en état de repos.

ciety. v. 9. p. 188. *le vieux mâle, description très-exacte.* — Id. *Orn. dict. supp. avec une bonne figure de mâle.*

Les jeunes de l'année, diffèrent beaucoup *des vieilles femelles*. Sommet de la tête et toutes les parties supérieures d'un brun foncé; chaque plume étant bordée et terminée de roux clair; sur l'occiput un grand espace d'un roux jaunâtre, marqué de taches brunes; région des yeux et des oreilles d'un brun foncé; au milieu de cet espace une grande tache blanche; pennes de la queue rayées à égale distance de trois bandes brunes et de trois bandes rousses, et terminées de roux clair; toutes les parties inférieures, depuis la gorge jusqu'aux couvertures inférieures de la queue, d'une seule nuance de roux rougeâtre, sans aucune tache; iris brun. C'est alors

Die Halbweyhe. Naumr *Vög. band.* 4. *p.* 180. *t* 21. *f.* 33. *figure très-exacte du jeune de l'année.* — Falco albanella rossiccia. *Stor. degl. ucc. v.* 1. *pl.* 36. *une très-mauvaise figure du jeune.*

Remarque. Je suppose que plusieurs des citations de l'article précédent, dont quelques-unes sont trop vaguement indiquées par les auteurs, appartiennent à l'espèce très-distincte et très-caractérisée qui fait le sujet du présent article; mais il est impossible de démêler cette confusion : chaque état différant de mue a fourni à certains observateurs superficiels, qui ne visent qu'à créer des espèces, l'occasion d'en produire une multitude qu'on sera obligé de proscrire totalement de la liste des oiseaux.

Habite : plus particulièrement les contrées orientales et vers le midi ; très-répandu en Hongrie, en Pologne, en

Silésie et en Autriche; également commun en Dalmatie et dans les provinces Illiriennes, moins abondant en Italie; les jeunes se rencontrent souvent en Suisse; rare en Angleterre.

Nourriture : petits oiseaux, et surtout des reptiles dont il fait une grande destruction.

Propagation : niche dans les bois voisins des marais et des lacs couverts de joncs; pond quatre ou cinq œufs d'un blanc pur.

GENRE CINQUIÈME.

CHOUETTE. — *STRIX*. (Linn.)

Bec comprimé, courbé depuis sa racine; base entourée d'une cire, couvert en tout ou en partie par des poils rudes. Tête grande, très-emplumée. Narines latérales, percées sur le bord antérieur de la cire, arrondies, ouvertes, cachées par des poils dirigés en avant. Yeux très-grands, placés dans des orbites larges, entourés de plumes raides; une membra e clignotante; iris brillant. Pieds amplement couverts de plumes, souvent jusqu'aux ongles; trois doigts devant et un derrière, entièrement divisés; le doigt extérieur réversible. Ailes un peu pointues; les premières rémiges dentelées sur leur bord extérieur; la 1re. rémige la plus courte, la 2°. n'atteignant point l'extrémité de la 3°., qui est la plus longue.

Le plus grand nombre des espèces de ce genre sont des oiseaux de proie nocturnes, qui chassent pendant le cré-puscule du soir ou du matin, et lorsque la lune répand sa clarté ; quelques-unes jouissent même en plein jour de toutes les facultés de la vue ; celles-là poursuivent leur proie à tire-d'ailes, ou la guête dans l'épaisseur des forêts ; telles sont toutes ces espèces à tête lisse, dont la queue, plus ou moins étagée, dépasse l'extrémité des ailes. Les espèces à tête lisse et celles à aigrettes, mais à queue courte, arron-die et ne dépassant point beaucoup les ailes, ont toutes une si grande pupille, qui laisse entrer tant de rayons, qu'elles sont éblouies par le jour ; mais, quoique retirées dans l'é-paisseur du feuillage ou cachées dans les masures, elles voient suffisamment pour s'enfuir à l'indice du danger. Tous les oiseaux qui composent ce genre ont des plumes à barbes douces au toucher, veloutées et finement duvetées ; c'est ce qui est cause que leur vol est peu bruyant. Ils saisis-sent leur proie avec les serres, et ne s'accommodent d'ani-maux morts que dans l'extrême disette ; les os, les poils et les plumes, après que les chairs en ont été digérées, sont rejetés en petites pelotes ; ils construisent leurs nids dans les vieilles tours et autres masures, quelquefois dans les trous des arbres. Leur mue n'a lieu qu'une fois ; le plumage des jeunes n'offre point à beaucoup près autant de disparités que chez les différentes espèces du grand genre *Falco :* les jeunes de l'année, avant leur première mue, ont, chez la plupart des espèces, la face couverte d'une couleur foncée*. Passé l'époque de la première mue il est difficile de les distinguer des vieux.

Remarque. Le genre strix, si bien caractérisé et facile à reconnaître par les formes et la nature du plumage de

---

* Toutes ces chouettes, désignées par les auteurs sous le nom de *masquées*, ne sont que les jeunes de l'année d'espèces déjà con-nues ; ainsi la *Chouette à masque noir* de Vaillant n'est que le jeune de sa *Chouette à collier.*

tous les oiseaux de l'ordre des rapaces, a aussi dû être subdivisé récemment en un grand nombre de genres nouveaux, qui par le fait n'offrent aucun caractère précis. Je ne saurais même indiquer une seule forme, constante, extérieure, pour les trois sections dans lesquelles les chouettes d'Europe sont réparties dans ce *Manuel;* les espèces étrangères rendent ces divisions absolument nulles, elles présentent un passage sans intervalle assignable, et n'offrent pour tout moyen de classification méthodique, qu'une grande série d'espèces.

PREMIÈRE DIVISION.

CHOUETTES PROPREMENT DITES.

Les chouettes vulgairement *Chats-huants* ont toute la tête arrondie, la face large, point de plumes longues capables d'érection sur la tête. On peut diviser les chouettes proprement dites en deux sections, dont la première se compose de toutes celles qui voient très-distinctement, et chassent en plein jour comme les busards; je les nomme *Chouettes accipitrines*, parce qu'elles forment le passage naturel et gradué du genre faucon aux *Chouettes nocturnes;* elles ont *le plus souvent* la queue longue, fortement arrondie ou conique, toujours excédant l'extrémité des ailes. Les chouettes nocturnes ont *le plus souvent* la queue courte, carrée ou légèrement arrondie, mais sans caractères bien déterminés à cet égard.

Elles voient bien de jour et poursuivent leur proie.

CHOUETTE LAPONE.

STRIX LAPPONICA. (R ETZ.)

Face rayée, queue presque égale, beaucoup plus longue que les ailes ; taille plus forte que celle du grand-duc.

Tête très-grande, face large, toute couverte de longues plumes, d'un gris pur, rayées de bandes brunes; un large cercle de plumes noirâtres encadre la face; ces plumes contournées sont blanches et noires; toutes les parties supérieures, les ailes et la queue sont d'un gris pur, marqué de beaucoup de taches et de nombreux zigzags d'un brun terne ; les rémiges et les pennes de la queue portent de larges bandes d'un brun terne et d'un brun plus foncé en zigzag; les parties inférieures sont irrégulièrement marquées de mèches brunes sur un fond blanchâtre; les cuisses, l'abdomen, les couvertures inférieures de la queue et les plumes des tarses et des doigts sont rayées transversalement de zigzags blancs et bruns; bec jaune, presque entièrement caché dans les plumes de la face; pieds très-emplumés jusqu'aux ongles. Longueur du mâle, 2 pieds; de la femelle, 2 pieds 4, 6 ou 8 pouces.

S TRIX LAPPONICA. Retz. *Faun. Suec. p.* 79. *sp.* 3o. — Sparm. *Mus. Carls. fas.* 5. *tab.* — Nilsson. *Orn. Suec*

v. 1. p. 58. — C'est aussi LA GRANDE Chouette grise de
M. Cuvier. *Règ. anim. v. 1. p.* 329*.

Remarque. C'est ici la plus grande de toutes les
chouettes connues ; c'est celle qui vit dans les climats les
plus septentrionaux de notre Europe, et probablement
aussi de l'Amérique. On ne connaît encore rien par rapport aux mœurs de ce rare oiseau dont l'apparition dans
les contrées civilisées du nord de l'Europe est extraordinairement rare. L'individu du cabinet de Vienne et celui
qui fait partie de mes collections, paraissent deux femelles ; celui du muséum de Paris, qui y fut déposé par
M. Paikul, Suédois, semble être un mâle ; ce dernier mesure à peu près 20 pouces ; mon individu porte 2 pieds 8 pouces ; il est plus grand que les femelles du *Strix bubo.*

Habite : seulement en Laponie.

CHOUETTE HARFANG.

STRIX NYCTEA. (Linn.)

Tête petite ; bec noir, entièrement caché par
les poils de sa base ; plumage d'un blanc de neige,
mais plus ou moins bigarré de taches ou de raies
transversales, brunes ; plus l'oiseau est jeune, plus
ces taches et ces raies sont grandes et en grand
nombre. Les très-vieux individus sont d'un blanc
pur, sans aucune tache brune; iris d'un beau jaune
orange ; pieds très-laineux jusqu'aux ongles; queue
arrondie, ne dépassant pas de beaucoup l'extrémité des ailes. Longueur, 2 pieds.

Les jeunes au sortir du nid, sont couverts d'un

---

* M. Cuvier place dans cet article, comme synonyme, le *Str. liturata* de Retz. Mais cette indication doit faire partie des synonymes du *Str. uralensis* Pall. Ma chouette des Monts Urals, *Voyez*
pag. 85.

duvet brun ; les premières plumes sont aussi d'un brun clair.

STRIX NYCTEA. Gmel. *Syst.* 1. *p.* 291. *sp.* 6. — Lath. *Ind. Orn. v.* 1. *p.* 57. *sp.* 20. — Meyer, *Tasschenb. Deut. v.* 1 *p.* 75. — Blumb. *Abh. naturh. gegens. t.* 75. *le jeune.* — Wilson. *Americ. Ornit. v.* 4. *p.* 53. *pl.* 32. *f.* 1. STRIX CANDIDA. Lath. *Ind. v.* 2. *p.* 14. *sp.* 3. — LA CHOUETTE HARFANG. Buff. *Ois. v.* 1. *p.* 387. — *Id. pl. Enl.* 458. — Edw. *Ois. t.* 61. — Vieillot. *Ois. d'Amér. sept. v.* 1. *pl.* 18. *un jeune.* — CHOUETTE BLANCHE. Vaill. *Ois. d'Afrique. v.* 1. *pl.* 45. *un vieux mâle.* — Sonn. *nouv. édit. de* Buff. *Ois. v.* 4. *p.* 173. — ALUCCO DIURNO. *Stor. deg. ucc. pl.* 93. — ERMITE *and* SNOWY OWL. Lath. *Syn. v.* 1. *p.* 132 *et supp. v.* 2. — *Transact. of the Linn. society.* 11. *p.* 175. — SCHNEEKAUZ. Bechst. *Naturg. Deut. v.* 2. *p.* 925. — SNEUWUIL. Sepp. *Nederl. Vog. t. v.* 4. *p.* 393. — Naum. *Vög. Nacht. t.* 33. *f.* 65. *le jeune.* — Meyer, *Vög. Liv-und. Esthl. p.* 27. — STRIX NIVEA. Daud. *Orn. v.* 2. *p.* 190. *un vieux.*

Remarque. Le *Strix scandiaca* des méthodistes n'est basé que sur les mauvaises figures de Rudebeck, dont Linnée ne s'est que trop servi dans les descriptions de ses espèces ; plusieurs en sont nominales et de double emploi. Retz croit que ce *Strix scandiaca* est une variété du grand-duc, et Nilsson ne sait qu'en dire. A juger d'après la description, il me paraît que c'est un jeune *Strix nyctea* qu'on aura affublé de deux aigrettes ou cornes.

Habite : les régions du cercle arctique qu'il ne quitte guère que par quelque accident ; commun en Islande, dans les îles Shetland, rare aux Orcades ; il se montre quelquefois dans le nord de l'Allemagne, et paraît très-accidentellement en Hollande, où un jeune mâle fut tué dans l'hiver de 1802. Se trouve également dans l'Amérique septentrionale, où l'espèce est la même ; très-commun à la baie de Hudson.

Nourriture : lièvres , rats , souris , les trois espèces de grands tétras, lagopèdes et autres oiseaux.

Propagation : niche sur les rochers escarpés , ou sur les vieux pins des régions glaciales ; pond deux œufs blancs marqués de taches noires, suivant M. Vieillot, mais d'un blanc pur suivant tous les autres naturalistes.

CHOUETTE DE L'OURAL.

STRIX URALENSIS. (PALLAS.)

Face blanchâtre ; queue très-étagée, beaucoup plus longue que les ailes; tout le plumage rayé de grandes taches longitudinales.

Tête très-grande ; face large, très-emplumée , d'un gris blanchâtre, marqué de quelques poils noirs ; un large cercle de plumes blanches tachées de noir , prend son origine au front et encadre toute la face; sommet de la tête, nuque, dos et couvertures des ailes marqués de grandes taches longitudinales , qui sont disposées sur un fond blanchâtre ; gorge, devant du cou et toutes les autres parties inférieures blanchâtres, marqués sur le milieu de chaque plume par une large raie longitudinale, brune; pennes des ailes et de la queue, rayées alternativement de bandes brunes et d'un blanc sale; on compte 7 de ces bandes sur la queue; bec jaune entièrement caché dans les longs poils de la face; iris brun ; tarses et doigts couverts de poils blancs , marqués de petits points bruns; ongles très-longs , jaunâtres; queue très-étagée, longue de 10 pouces 6 lignes. Longueur totale, à peu près 2 pieds. *Les vieux.*

STRIX URALENSIS. Pallas. *It. v.* 1. *p.* 455. —Id. *Vog. app.*
p. 29. *n°.* 25. — Lepechin. *Vog. v.* 2. *p.* 187. *t.* 3. *figure*
grossière, mais très-exacte. — Gmel. *Syst.* 1. *p.* 295.
sp. 35. *mais remarquez que, parmi les synonymes*
donnés par Gmelin, est également citée la pl. enl. de
Buff. 463, *qui est une figure très-exacte de l'espèce*
suivante. — STRIX LITURATA. Retz. *Faun. Suec. p.* 79.
n°. 29. — Nilsson. *Orn. Suec. v.* 1. *p.* 59. *sp.* 25. —
C'est aussi le STRIX MACROURA. Natterer. — URAL OWL. Lath.
Syn. v. 1. *p.* 168. *sp.* 37.

Les jeunes de l'année, ont tout le fond du plumage d'un gris brun clair : sur toutes les parties
inférieures des taches et des raies longitudinales
d'un brun cendré; les parties supérieures irrégulièrement maculées de brun cendré et de roux
clair, et variées par des taches blanches de forme
ovoïde; ailes et queue transversalement rayées de
gris; sur les pennes de cette dernière sept bandes
transversales d'un cendré blanchâtre.

STRIX MACROURA. Meyer. *Tasschenb. Deut. v.* 1. *p.* 84.
Id. *Vog. Liv-und. Esthl. p.* 29. *description très-exacte.*
LA CHOUETTE DES MONTS-URALS. Sonn. *nouv. édit. de* Buff.
v. 1 *p.* 132. (mais point la figure *pl.* 30. *f.* 1. celle-ci
appartient à l'espèce suivante). Daud. *Orn. v.* 2. *p.* 184.
(une description peu exacte de notre oiseau). — DIE URAL-
HABICHTSEULE. Bechst. *Naturg. Deut. v.* 2. *p.* 988. *var.* 2.
Wetter. Ann. v. 1. *p.* 330. — Naum. *Vög. nachtr. t.* 34.
f. 66. *figure peu exacte.*

Habite : les régions arctiques, dans la Laponie, le nord
de la Suède et de la Russie; assez commun en Livonie
et en Hongrie, rare dans les parties orientales de l'Allemagne; très-accidentellement partout ailleurs.

Nourriture : souris, mulots, lagopèdes et petits oiseaux.

Propagation : niche dans les trous des arbres, souvent proche des habitations ; pond trois ou quatre œufs d'un blanc pur.

CHOUETTE CAPARACOCH.

STRIX FUNEREA. (Lath.)

Front pointillé de blanc et de brun; une bande noire prend son origine derrière les yeux, encadre l'orifice des oreilles, et se termine sur les côtés du cou ; parties supérieures marquées de taches de formes variées, brunes et blanches ; sur le bord des ailes de semblables taches blanches disposées sur un fond brun ; gorge blanchâtre ; les autres parties inférieures blanches, rayées transversalement de brun cendré ; à l'insertion des ailes une grande tache d'un brun noirâtre ; pennes de la queue d'un brun cendré, rayées à de grandes distances de zigzags en bandes étroites transversales ; bec jaune, varié de taches noires suivant l'âge; iris jaune clair ; pieds emplumés jusqu'aux ongles ; queue longue de 6 pouces 6 lignes. Longueur totale, 14 pouces 2 ou 3 lignes.

La femlle, ne diffère que par des teintes moins pures et par des dimensions un peu plus fortes.

Strix funerea. Gmel. *Syst.* 1. *p.* 294. *sp.* 11. — Lath. *Ind. v.* 1. *p.* 62. *sp.* 35. — Strix canadensis. et Freti Hudsonis. Briss. *Orn. v.* 1. *p.* 518 *et* 520. *sp.* 6 *et* 7. *t.* 37 : *f.* 2. — Strix hudsonia. Gmel. *Syst.* 1. *p.* 295. *sp.* 34. — Wilson. *Améric. Ornit. v.* 6. *p.* 64. *pl.* 50. *f.* 6. — Strix ulula. Linn. *Syst. nat.* 12. *p.* 133. *n°.* 10. — Nils. *Faun. Suec. v.* 1. *p.* 64. *sp.* 28. — Strix nisoria. Meyer ;

Tasschenb. Deut. v. 1. *p.* 84. — Chouette du Canada et Chouette épervière, ou caparacoch. Buff. *Ois. v.* 1. *p.* 391 et 385. — Chouette a longue queue de Sibérie. Buff *pl. enl.* 463. *figure très-exacte.* — Id. *édit. de* Sonn. *v.* 4. *pl.* 30. *f.* 1. (représentation très-exacte du Caparacoch, sous le faux nom de Chouette des Monts-Urals). —Chouette épervière. Sonn. *nouv. édit. de* Buff. *Ois. v.* 4. *p.* 128. — Hawk-owl. Edw. *Birds. t.* 62. — Lath. *Syn. v.* 1. *p.* 143. — Sperbereule. Meyer, *Wetterauische Ann. v.* 1. *p.* 268. — Habichtseule. Bechst. *Naturg. Deut. v.* 2. *p.* 984. — Naum. *Vög. Nacht.* 5. *t.* 34. *f.* 67. *figure très-exacte.* — Meyer, *Vög. Liv-und Esthl. p.* 31. *sp.* 3.

Remarque. Le Strix Accipitrina *de Pallas. App. p.* 28. *n*°. 24, n'appartient point à cette espèce ; la forme de sa queue plus courte que les ailes suffit pour l'en exclure. Cette citation de Pallas et de C. G Gmelin. *Reisc. v.* 2. *p.* 163. *t.* 9. ainsi que Gmel. *Syst. Natur. p.* 294, est du nombre des emplois multipliés qu'on s'est permis de faire du véritable *Strix brachiotos* de Lath., Meyer, et de ce *Manuel.* La chouette de cet article est encore une de celles qui a donné lieu à des emplois multipliés.

Habite : les régions arctiques, se montre quelquefois comme oiseau de passage en Allemagne et plus rarement en France, mais jamais dans les provinces méridionales. Les individus tués dans les provinces de l'Amérique septentrionale, ne diffèrent point.

Nourriture : on dit souris et insectes.

Propagation : niche sur les arbres ; pond, suivant Meyer, *Vög. Liv-und. Esthl.,* deux œufs blancs.

IIe. SECTION. — NOCTURNES.

Elles chassent au crépuscule et se cachent quand il fait jour.

CHOUETTE NÉBULEUSE.

STRIX NEBULOSA. (Linn.)

Face cendrée, rayée de brun ; parties supérieures du plumage, pennes des ailes et de la queue d'un brun cendré, rayé transversalement de blanchâtre et de jaunâtre ; un grand nombre de taches blanches sur les couvertures des ailes ; devant du cou et poitrine blanchâtres, rayés *transversalement* de brun clair ; ventre, flancs, abdomen et couvertures inférieures de la queue également blanchâtres, mais avec des bandes brunes, *longitudinales*, qui suivent la direction de la baguette ; tarses et partie supérieure des doigts couverts de plumes courtes ; extrémité des doigts couverts d'écailles ; bec jaune ; iris brun. Longueur, 20 pouces. *Le mâle.*

La femelle, mesure 22 pouces ; les ailes ont plus de taches blanches ; les scapulaires sont d'un brun foncé, et le bec est d'un jaune plus vif que chez le mâle.

Les jeunes, ont des teintes plus foncées ; leur bec est couleur de corne.

Strix nebulosa. Gmel. *Syst.* 1. *p.* 291. *sp.* 25. — Lath. *Ind. v.* 1. *p.* 58. *sp.* 23.—Shaw. *Zool. Miscel. v.* 1. *t.* 25.—
La chouette nébuleuse. Sonn. *nouv. édit. de* Buff. *Ois.*

v. 4. p. 202. — Vieill. *Ois. d'Am. sept. v.* 1. *pl.* 17. — Chouette du Canada. Cuv. *Règ. anim. p.* 329. — Barred Owl. Penn. *Arct. Zool. v.* 2. *p*, 234. *t.* 11. — Lath. *Syn. v.* 1. *p.* 133.

Remarque. **M.** Vieillot veut que le *Chat-huant du Canada* de Brisson soit le même oiseau que la *Chouette nébuleuse.* On n'aura besoin que de comparer les descriptions pour être convaincu que cet oiseau de Brisson n'a aucun rapport avec cette espèce, et que **M.** Vieillot a eu tort de ne point se conformer au sentiment de Gmelin, Latham, Pennant et Daudin.

Habite : les régions du cercle arctique, dont il ne s'éloigne pas beaucoup ; se trouve en Suède et en Norwége, plus abondant dans l'Amérique septentrionale.

Nourriture : lièvres, rats et toutes les espèces de tétras.

Propagation : niche sur les arbres ; pond deux ou quatre œufs blancs très-arrondis.

CHOUETTE HULOTTE.

STRIX ALUCO. (Meyer.)

Tête grande, aplatie vers l'occiput ; parties supérieures marquées de grandes taches d'un brun foncé, et de plus petites taches rousses et blanches ; sur les scapulaires de grandes taches blanches ; parties inférieures d'un blanc roussâtre avec des raies transversales brunes, celles-ci traversées par une étroite raie longitudinale d'un brun noirâtre, qui suit la direction des baguettes ; pennes des ailes et de la queue rayées alternativement de noirâtre et de roux cendré ; iris d'un bleu noirâtre ; pieds emplumés jusqu'aux ongles. Longueur, de 14 à 15 pouces. *Le vieux mâle.*

La femelle, a constamment le plumage composé de couleurs plus rousses, le plus souvent d'un roux ferrugineux; les barres transversales des ailes et de la queue alternativement rousses et brunes. Les jeunes de l'année ressemblent à la femelle; ils ont l'iris brun. Dans cet état on reconnaît le ,

Strix stridula. Gmel. *Syst.* 1. *p.* 133. *sp.* 9. — Lath *Ind. v.* 1. *p.* 58. *sp.* 25. — Le Chat-huant. Buff. *Ois. pl. enl.* 437. — Briss. *Orn. v.* 1. *p.* 500. — Gérard. *Tab. élém. v.* 1. *p.* 373.—Tawny Owl. Lath. *Syn. v.* 1. *p.* 138, — Penn. *Brit. Zool. t. B.* 3.

Le vieux mâle.

Strix aluco. Gmel. *Syst.* 1 *p.* 292. *sp.* 7. — Lath. *Ind. Orn. v.* 1. *p.* 59. — Meyer. *Taschenb. Deut. v.* 1. *p.* 76. — Id. *Vög. Liv-und. Esthl. p.* 35. *sp.* 7. — La Hulotte. Buff. *Ois. v.* 1. *p.* 358. — Id. *pl. enl.* 441. — Aluco or Brouwn Owl. Lath. *Syn. v.* 1. *p.* 134. — Penn. *Brit. Zool. t. B.* 1. — Gérard. *Tab. élém. v.* 1. *p.* 70. — Naghtkaute. Borkh. *Deut. orn. Heft.* 7. *mâle, femelle et variété.* — Bechst. *Naturg. Deut. v.* 2. *p.* 910. — Frisch. *t.* 94 *et* 95. *deux mâles, et t.* 96. *la femelle.* — Naum. *t.* 30. *f.* 50. *le mâle; t.* 31. *f.* 51. *la femelle.* — Strigge maggiore. *Stor. degli uccelli. pl.* 94.

Varie accidentellement, d'un blanc pur, parsemé de mouchetures noires, nombreuses et triangulaires; tour des yeux blanc avec une zone noire; duvet des pieds et des doigts blancs, avec des points noirs.

Remarque. Les indications suivantes doivent probablement être rapportées à des variétes dans cette espèce.

Strix soloniensis. — sylvestris. — alba. — noctua et
rufa. Gmel. *Syst.* 1. *p.* 292. *sp.* 29. 30. 31 *et* 32. — Lath.
Ind. v. 1. *p.* 61. *sp.* 29. 30 *et* 31. Ces cinq espèces nominales ont été créées par Scopoli ; depuis lui, aucun naturaliste n'en a fait mention. La chouette hulotte étant très-
sujette à varier dans les couleurs du plumage, non seulement dans les différens âges , mais aussi par des causes accidentelles , les auteurs l'ont désignée dans leurs méthodes
sous autant de noms différens. — Chouette de Sologne.
Sonn. *nouv. édit. de* Buff. *v.* 4. *p.* 111. Le compilateur
cité réunit aussi à sa chouette de Sologne toutes les indications de Scopoli.

Habite : la plupart des grandes forêts , particulièrement
dans celles qui sont très-touffues ; peu abondant en Hollande.

Nourriture : taupes , rats , souris , mulots , oiseaux ,
grenouilles, sauterelles et scarabées.

Propagation : La femelle dépose ses œufs dans les nids
abandonnés des buses , des corbeaux, des corneilles ou des
pies ; la ponte est de quatre ou de cinq œufs blanchâtres.

CHOUETTE EFFRAIE.

STRIX FLAMMEA. (Linn.)

Parties supérieures d'un jaune clair , variées
de lignes grises et brunes en zigzag , et parsemées
d'une multitude de petits points blanchâtres ; face
et gorge blanches ; parties inférieures, *dans quelques individus,* d'un blanc roussâtre, parsemé de
petits points bruns ; *dans d'autres* d'un blanc éclatant, marqué de petits points brunâtres ; *dans d'autres enfin ,* sans la moindre apparence de taches ;
pieds et doigts couverts d'un duvet très-court,

plus rare sur les doigts ; iris jaune. Longueur, 13 pouces.

La femelle, a les teintes plus claires et mieux prononcées. Les variétés accidentelles sont ou blanchâtres ou totalement blanches. Strix alba. Sepp. *Nederl. Vog. v.* 4. *t. p.* 375.

Strix flammea. Gmel. *Syst.* 1. *p.* 293. *sp.* 8. — Lath. *Ind. v.* 1. *p.* 60. — Wilson. *Améric. Ornit. v.* 6. *p.* 57. *pl.* 50. *fig.* 2. — L'Effraie ou Fresaie. Buff. *Ois. v.* 1. *p.* 366. *t.* 26. — Id. *pl. enl.* 440. — Gérard. *Tab. élém. v.* 1. *p.* 74. — White Owl. Lath. *Syn. v.* 1. *p.* 138. — Alloco comune et bianco. *Stor. degli. ucc. p.* 91 *et* 92. — Schleyerkauz. Bechst. *Naturg. Deut. v.* 2. *p.* 947. — Meyer. *Tasschenb. Deut. v.* 1. *p.* 79. — Naum. *Vög. t.* 31. *f.* 52. — De Kerkuil. Sepp., *Nederl. Vog. v.* 3. *t. p.* 299. Frisch. *Vög. t.* 97.

Habite : les masures, les tours d'églises et les vieux châteaux ; très-multipliée eu Europe et en Asie ; l'espèce est absolument la même dans toute l'Amérique septentrionale.

Nourriture : rats, souris, musaraignes, chauve-souris et scarabées.

Propagation : niche avec très-peu d'apprêts dans les amas de mortier, entre les fentes de vieilles murailles, sous les toits des églises et des tours, quelquefois dans des creux d'arbres vermoulus ; pond trois ou cinq œufs blanchâtres.

CHOUETTE CHEVÊCHE.

STRIX PASSERINA. (Auctorum.)

Corps du geai, doigts couverts à claire-voie de quelques poils blancs.

Les parties supérieures d'un gris brun, marqué

de grandes taches de forme irrégulière, blanches ;
la poitrine d'un blanc pur ; les autres parties inférieures d'un blanc roussâtre avec des taches d'un
brun cendré ; bec d'un brun blanchâtre ; cire d'un
brun olivâtre ; narines rondes ; iris très-petit, jaune.
Longueur, 9 pouces.

La femelle, ne diffère que par les teintes un peu
moins vives ; elle a des taches roussâtres sur le
cou.

STRIX PASSERINA. Gmel. *Syst.* 1. *p.* 296. *sp.* 12. — Lath.
Ind. v. 1. *p.* 65. — STRIX NOCTUA. Retz. *Faun. Suec. p.* 85.
sp. 35. — STRIX NUDIPES *. Nilsson. *Orn. Suec. v.* 1. *p.* 68.
sp. 30. — LA CHEVÊCHE ou PETITE CHOUETTE. Buff. *Ois.
v.* 1. *p.* 377. — Id. *pl. enl.* 439. — Gérard. *Tab. élém.
v.* 1. *p.* 78. — KLEINERKAUZ. Bechst. *Naturg. Deut. v.* 2.
p. 963. — Meyer, *Tasschenb. Deut. v.* 1. *p.* 80. — Id.
Vög. Liv-und. Esthl. p. 36. — Frisch. *t.* 100. — Naum.
Vög. t. 32. *f.* 53. — LITTLE OWL. Lath. *Syn. v.* 1. *p.* 150.
— CIVETTA GIALLA. *Stor. deg. ucc. pl.* 87. *Alba.* 89.

Remarque. Il n'est guère possible de donner raison des
motifs qui ont pu déterminer quelques méthodistes à
comprendre le *Strix accipitrina* de Pallas dans la nomenclature de cette espèce. Nous devons encore consigner
ici la remarque, que le nom de *Strix passerina* paraît
avoir été donné par Linnée à la plus petite de nos chouettes

---

* Voulant réformer des abus, M. Nilsson commet une méprise
très-grave en faisant usage du nom de *Strix nudipes* pour désigner
notre *Chevêche* de cet article. La dénomination citée a été donnée
depuis plusieurs années par Daudin à une chouette de l'Amérique
septentrionale, espèce qui a en effet *les tarses nus garnis d'écailles,*
ce qui n'est point le cas chez notre *Chevêche.* Indépendamment
de celle-ci nous connaissons encore quatre espèces de chouettes
nudipèdes, deux d'Amérique et deux de Java.

d'Europe*, ou la chevêchette, espèce qui a aussi reçu de Linnée le nom de *Strix accadica;* mais le nom de *Strix passerina* ayant depuis toujours servi pour désigner l'oiseau de cet article, et tous les naturalistes le connaissant sous ce nom, nous croyons plus utile de ne point changer l'opinion généralement adoptée, et de laisser les choses telles qu'elles sont.

Habite : dans presque toutes les contrées de l'Europe, en des lieux où existent de vieilles masures ou des tours abandonnées; commun en Hollande et en Allemagne, mais jamais dans le nord au delà du 55°. degré.

Nourriture : Souris , chauve-souris , petits oiseaux , grillons, sauterelles et autres insectes.

Propagation : niche dans les trous de vieilles murailles, sous les toits des tours et des églises isolées , quelquefois dans des trous d'arbres vermoulus; pond deux ou quatre œufs arrondis et blancs.

CHOUETTE TENGMALM.

STRIX TENGMALMI (Linn.)

Corps du geai; tarses et doigts garnis jusqu'aux ongles d'un duvet très-abondant.

La queue et les ailes plus longues en proportion que dans l'espèce précédente ; parties supérieures d'un roux brun nuancé de noirâtre ; sommet de la tête et nuque marqués de petites taches blanches, arrondies ; l'ouverture du bec, le palais et la

---

* Il existe dans l'Amérique méridionale des espèces encore beaucoup plus petites que notre chevêchette; l'une d'elles n'excède guère la taille du moineau.

langue rougeâtre ; bec jaune ; l'iris d'un jaunebrillant. Longueur, 8 pouces 4 lignes. *Le mâle.*

La femelle, est plus forte de taille. Plumage supérieur d'un brun grisâtre ; une multitude de petites taches blanches, de forme arrondie sur la tête et sur les pennes des ailes ; une tache noire entre l'œil et le bec ; parties inférieures variées de blanc pur ; le duvet des pieds et des doigts blanc.

STRIX DASYPUS. Bechst. *Naturg. Deut. v.* 2. *p.* 972. — Meyer, *Tasschenb. Deut. v.* 1. *p.* 82. — Id. *Vög. Liv-und. Esthl. p.* 37. — STRIX NOCTUA. Tengm. *Woët. acad. p.* 289. — STRIX FUNEREA. Linn. *Faun. Suec. p.* 25. *sp.* 75. — Nilss. *Orn. Suec. p.* 66. *sp.* 29. — STRIX TENGMALMI. Gmel. *Syst.* 1. *p.* 291. *sp.* 44. — Lath. *Ind. Orn. v.* 1. *p.* 64. *sp.* 42. — *Act. Stockh. ann.* 1783. — *Arct. Zool. supp. p.* 60. — PETITE CHEVÈCHE D'UPLANDE. Sonn. *édit. de* Buff. *v.* 4. *p.* 183. — RAUCHFUSSIGER KAUZ. Meyer, *Vög. Deut. Heft.* 6. *mâle et femelle.* — Naum. *Vög. t.* 32. *f.* 54. *une figure peu exacte.* — THE LITTLE OWL. Penn. *Brit Zool. fol. t. B.* 5. *la femelle.*

Habite : le nord, en Suède, en Norwége et en Russie ; rare en Livonie ; se trouve aussi dans quelques parties de l'Allemagne dans les bois de sapins : se montre quelquefois en France, dans les Vosges, dans le Jura et dans le nord de l'Italie ; jamais en Hollande.

Nourriture : souris, phalènes, scarabées et autres insectes, quelquefois aussi de petits oiseaux.

Propagation : niche dans les trous naturels des sapins ; pond deux œufs d'un blanc pur.

CHOUETTE CHEVÊCHETTE.

STRIX ACADICA. (Linn.)

Corps du merle ; tarses et doigts garnis jusqu'aux ongles d'un duvet très-abondant.

Les parties supérieures d'un gris brun foncé, parsemé de taches et de points blancs ; parties inférieures blanches avec des taches longitudinales brunes ; sur les flancs des taches transversales de cette couleur ; à la gorge et sur les côtés du cou de grands espaces blancs ; la queue portant quatre bandes étroites, blanches ; les pieds très-emplumés jusqu'aux ongles ; bec couleur plombée, orange à sa base et jaunâtre à la pointe ; iris d'un jaune brillant ; paupières d'un jaune clair. Longueur, 6 pouces.

La femelle, des teintes plus foncées ; le brun qui règne dans le plumage est de couleur de chocolat ; les taches blanches des parties supérieures sont nuancées de jaunâtre.

Strix acadica. Gmel. *Syst.* 1. *p.* 296. *sp.* 43. — Strix acadiensis. Lath. *Ind. v.* 1. *p.* 63. *sp.* 44. — Strix passerina. Retz. *Faun. Suec. p.* 86. *n°.* 36. — Strix tengmalmi. *var.* Lath. *Ind. Supp. v.* 2. *p.* 16. — Strix pusilla. Daud. *Orn v.* 2. *p.* 205. — Strix pygmea. Bechst. *Naturg. Deut. v.* 2. *p.* 978. — Meyer. *Tasschenb. Deut. v.* 1. *p.* 83 — Id. *Vög. Liv-und. Esthl. p.* 30. — Chouette d'Acadie. Sonn. *nouv. édit. de* Buff. *Ois. v.* 4. *p.* 185. — La Chevêchette. Le Vaill. *Ois. d'Af. v.* 1. *pl.* 46. — Sonnini, *édit. de* Buff. *v.* 4. *p.* 187. — Zwergkauz. Meyer, *Vögel. Deut.*

Heft. 20. *la femelle.* — Naum. *Vög. Nachtr. t.* 25. *f.* 50 *et* 51. — Dwarf Owl. Lath. *Syn. supp. v.* 2. *p.* 66.—Acadian Owl. Lath. *Syn v. p.* 149. *t.* 5 *f.* 2.

Remarque. M. Cuvier fait mention de deux petites chouettes sous le nom de *Chevéche commune ou perlée*, *p.* 332, et de *Chevéche rousse. p.* 333. du *Règ. anim.* Elles n'ont aucun rapport avec la *Chevéchette* de Le Vaillant, qui ne diffère en rien de notre espèce européenne. nous observons encore, que les *Strix passerina* et *tengmal-mi* de Gmel., donnés comme synonymes, ne sont point à leur place; le *Strix passerina* de Gmel. est notre *Chevéche ou petite Chouette* de Buff. pl. enl. 439, et *Strix tengmalmi* est synonyme avec *Strix dasypus* de Bechstein, c'est ma *Chouette tengmalm*, de l'article précédent. La véritable *Chevéchette* d'Europe n'existant point au muséum de Paris, il est probable que celles indiquées par M. Cuvier sont étrangères. *Strix pygmea* Bechst. est synonyme de la *Chevéchette* d'Europe et d'Afrique; *Strix passerina* de Meyer et Wolf fait partie des synonymes de la *Chevéche ou petite Chouette*, Buff. pl. enl. 439, la seule qui de nos jours est connue sous ce nom. *Voyez* aussi la remarque à l'article *Strix passerina* de cet ouvrage.

Il existe au Brésil une nouvelle espèce très-voisine de la *Chevéchette* d'Europe; celle-ci se distingue par ses pieds, dont les doigts ne sont point laineux; mais seulement couverts de quelques poils rares, et par sa queue dont les pennes ont quatre rangées de taches blanches au lieu de quatre bandes de cette couleur. Je décrirai cette espèce dans mon *Index général*, sous le nom de *Strix infuscata*. Deux autres petites espèces viennent aussi du Brésil : l'une est décrite par Azara sous le nom de *Cabouré*, *Strix pumila* Illig., l'autre est nouvelle, elle est de la taille du moineau.

Habite : les régions septentrionales ; très-rare dans le nord de l'Allemagne, où il ne se montre que dans les grandes forêts et sur les hautes montagnes ; jamais dans les provinces plus méridionales ; assez abondant en Livonie.

Nourriture : souris, sauterelles, scarabées et phalènes.

Propagation : niche dans les forêts de sapins, ou dans les fentes des rochers ; pond deux œufs blancs.

Remarque. Avant d'indiquer les espèces de chouettes à aigrettes qui se trouvent en Europe, je dois faire l'observation que M. Meisner, directeur du cabinet d'histoire naturelle à Berne, vient d'indiquer une espèce de chouette sous le nom de *Strix macrocephala.* Voyez *Museum. Naturg. Helvet. Heft.* 8. A juger d'après les détails donnés par ce savant, il paraît que cette chouette qu'on trouve aux environs de Berne est nouvelle. Lors de mon dernier passsage à Berne, M. Meisner ne possédait que le seul individu qui avait vécu plusieurs années en cage ; l'état de dégradation où il se trouve m'a empêché de le décrire et d'en faire un article ; c'est une espèce sur laquelle on attend des observations prises sur un plus grand nombre d'individus. Puisqu'elle est, dit-on, assez commune en Suisse, nous pouvons espérer de voir son histoire bientôt mieux connue.

DEUXIÈME DIVISION.

CHOUETTE HIBOU.

Tous les hibous connus sont des oiseaux de proie nocturne, qui chassent au crépuscule ou au clair de lune ; leurs yeux sont éblouis par le grand jour. Ils ne diffèrent à l'extérieur des chouettes proprement dites, que par deux petits bouquets de plumes placées plus ou moins avant sur le front, et qui sont capables d'érection.

HIBOU BRACHIÔTE *.

STRIX BRACHYOTOS. (Lath.)

Deux ou trois plumes très-courtes forment sur le front des cornes peu apparentes; tête petite; face à l'entour des yeux noirâtres ; plumes des parties supérieures d'un brun noirâtre , bordées de jaune d'ocre; queue de cette couleur avec des bandes transversales , brunes; elle est terminée de blanc ; parties inférieures de couleur isabelle avec des taches longitudinales d'un brun noirâtre; bec noir; pieds et doigts emplumés ; iris d'un beau jaune. Longueur de 12 à 13 pouces.

La femelle a en général les teintes moins foncées. Les jeunes ont la face noirâtre.

Strix brachyotos. Lath. *Ind. Orn. v.* 1. *p.* 55. — Gmel. *p.* 289. *sp.* 17. — Meyer , *Tasschenb. Deut. v.* 1. *p.* 73. — Id. *Vög. Liv-und. Esthl. p.* 34. *sp.* 6 — Strix accipitrina. Pall. *It. v.* 1. *p.* 455. — Gmel's , *Reise. v.* 2. *p.* 163. *t.* 9. — Gmel. *Syst.* 1. *p.* 295. *sp.* 36. — Strix ulula. Gmel. *Syst.* 1. *p.* 294. — Lath. *Ind. v.* 1. *p.* 60. — Strix stridula. *Nov. act. reg. acad. sc. Suec.* 1783. *p.* 47. — Strix palustris. Siemess *Vög. Meklenb.* — Strix arctica. Sparm. *Mus. Carls. pl.* 51. — Strix tripennis. Schranks. *Faun. boica. p.* 112. *no.* 64. — Strix brachyura. Nilsson ,

---

* C'est à tort que les naturalistes ont placé cet oiseau parmi les chouettes de la première division; les petites plumes du front qu'il redresse en forme de cornes lui assignent sa place parmi les hiboux. Il ne diffère point avec la grande chevêche de Buffon.

Faun. Suec. v. 1. *p.* 62. *sp.* 27 *. — Duc a courtes-
oreilles. Sonn. *édit. de* Buff. *v.* 4. *p.* 77. — Chouette ou
grande Chevêche. Buff. *Ois. v.* 1. *p.* 372. *t.* 27. — Id. *pl.
enl.* 438. — Gérard. *Tab. élém. v.* 1. *p.* 78. — Chouette
caspienne. Sonn. *nouv. édit. de* Buff. *Ois. v.* 4. *p.* 169.
— Schort-eared Brown *and.* Caspian Owl. Lath. *Syn. v.* 1.
p. 124, 140 *et* 147. — Penn. *Brit. Zool. fol. t. B.* 4. —
Kurzöhrige Ohreule. Bechts. *Naturg. Deut. v.* 2. *p.* 909.
— Frisch. *Vög. t.* 98. — Naum. *Vög. t.* 29. *f.* 49.

Remarque. Il est étonnant qu'un oiseau si généralement répandu ait été indiqué par les naturalistes sous tant
de noms différens. L'espèce est absolument la même dans
toute l'Amérique septentrionale ; Wilson dit qu'elle est de
passage dans les États-Unis.

Habite : répandu dans presque toutes les contrées de
l'Europe jusqu'en Sibérie ; très-commun en Hollande dans
les mois de septembre et d'octobre.

Nourriture : Souris et mulots.

Propagation : construit son nid à terre sur quelque
éminence, ou bien dans les marais au milieu des hautes
herbes. Pond dans le nord.

HIBOU GRAND-DUC.

STRIX BUBO. (Linn.)

Le dessus du corps varié et ondé de noir et de
jaune couleur d'ocre ; les parties inférieures de
cette dernière couleur avec des taches longitudi-

---

* Il paraît que M. Nilsson, dont l'ouvrage cité a paru plus de
deux ans après la publication de la première édition de ce [*Manuel*, n'a point encore été satisfait des sept dénominations différentes données à cette espèce si commune ; il a voulu aussi avoir
sa part au désordre par un huitième nom de sa fabrique.

nales, noires ; la gorge blanche ; les pieds couverts jusqu'aux ongles de plumes d'un roux jaunâtre : bec et ongles couleur de corne ; iris orange vif. Longueur, 2 pieds.

La femelle, constamment plus grande, a le plumage généralement d'une teinte plus claire ; elle n'a pas la gorge blanche.

Strix Bubo. Gmel. *Syst.* 1. *p.* 286. *sp.* 1. — Lath. *Ind. Orn. v.* 1. *p.* 51. — Le Duc ou Grand-Duc. Buff. *Ois. v.* 1. *p.* 322. — Id. *pl. enl.* 435. — Gérard. *Tab. élém. v.* 1. *p.* 64. — Vaill. *Ois. d'Afriq. v.* 1. *p.* 106. *pl.* 40. *le jeune de l'année.* Great-Eared Owl. Lath. *Syn. v.* 1. *p.* 116. — Grosse Ohreule huhu. Bechts. *Naturg. Deut. v.* 2. *p.* 882. — Meyer. *Tasschenb. Deut. v.* 1. *p.* 70. Id. *Vög. Deut. Heft.* 1. — Id. *Vög. Liv-und Esthl. p.* 33. *sp.* 4. — Naum. *Vög. t.* 28. *f.* 47. — Gufo reale. *Stor. degli ucc. pl.* 81.

Varie accidentellement avec les teintes plus foncées ; souvent moins grand dans ses dimensions totales.

Strix bubo atheniensis. Gmel. *Syst.* 1. *p.* 286. *var. B.* — *Edw. glan. t.* 227. — M. Meyer présume que cette variété est un oiseau qui a vécu en domesticité ; comme il est d'avis, que la variété à pieds non couverts de plumes est un individu en mue, ou bien dans un état maladif.

Habite : dans les grandes forêts ; très-commun en Hongrie, en Russie, en Allemagne et en Suisse ; moins commun en France et en Angleterre ; jamais en Hollande. Se trouve aussi au cap de Bonne-Espérance.

Nourriture : jeunes chevreuils et cerfs, lièvres, taupes, rats, souris, tétras, grenouilles, lézards et scarabées.

Propagation : niche dans les creux des rochers, dans

les vieux châteaux et dans les fentes des masures ; pond deux ou trois, très-rarement quatre œufs, arrondis et blancs.

HIBOU MOYEN DUC.

STRIX OTUS. (Linn.)

Les parties supérieures d'un roux jaunâtre ; taché irrégulièrement de brun foncé et de gris cendré ; les cornes, composées de dix plumes noires, bordées de couleur d'ocre et de blanchâtre, parties inférieures d'un jaune d'ocre clair avec des taches oblongues d'un brun noirâtre ; bec noir ; iris rougeâtre. Longueur, 1 pied 13 pouces.

La femelle, a la gorge blanche, la face de la même couleur, mais marquée sur les bords de taches brunes ; tout son plumage a plus de gris blanc.

Varie suivant l'âge : les jeunes qui n'ont point encore mué, sont d'un roux blanchâtre, marqué de lignes transversales noirâtres ; la queue et les ailes grises avec un grand nombre de points bruns ; sur la queue sept ou huit bandes transversales d'un brun foncé ; toute la face d'un brun noirâtre ; l'iris jaune, et la cire olivâtre.

Strix otus. Gmel. *Syst.* 1. *p.* 288. *sp.* 4. — Lath. *Ind.* v. 1. *p.* 53. — Le Moyen Duc ou Hibou. Buff. *Ois.* v. 1. *p.* 342. — Id. *pl. enl.* 29. — Gérard. *Tab. élém.* v. 1. *p.* 66. — Vaill. *Ois. d'Af.* v. 1. *p.* 107. — Gufo minore. Sor. *degli uccelli. pl.* 82. — Long eared Owl. Lath. *Syn.* v. 1. *p.* 121. — Penn. *Brit. Zool. p.* 70. *t.* B. 4. — Mittler Ohreule. Bechts. *Naturg. Deut.* v. 2. *p.* 896. — Meyer, *Tasschenb. Deut.* v. 1. *p.* 73. — Naum. *Vög. t.* 29. *f.* 48. *le mâle.* — Frisch. *Vög. t.* 99. — Hoorn-uil. Sepp, *Nederl. Vög. t. p.* 303.

Habite : les bois en montagnes et ceux en plaines, très-commun en France, en Allemagne et dans tout le nord. Le même en Afrique.

Nourriture : taupes, rats, souris, mulots et scarabées.

Propagation : s'accommode des nids abandonnés de corbeaux, de pigeons, de pies et d'écureuils; pond quatre ou cinq œufs, blancs, arrondis par les extrémités.

HIBOU SCOPS.

STRIX SCOPS. (Linn.)

Cornes formées de petites plumes réunies en touffe; celles-ci et les plumes de la tête brunes, marquées de petits points noirs; le reste du plumage supérieur d'un cendré roussâtre, marqué de raies ondées et de taches irrégulières, noires et brunes; les parties inférieures d'une teinte moins foncée; toutes les raies transversales coupées par des raies longitudinales qui se dirigent sur le centre des plumes; les doigts nus; bec noir, iris jaune. Longueur, 7 pouces.

Strix scops. Gmel. *Syst.* 1. *p.* 290. *sp.* 5. — Lath. *Ind. Orn. v.* 1. *p.* 56. — Strix zorca et carniolica. Gmel. *Syst.* 1. *p.* 290. *sp.* 21 *et* 22. — Strix zorca et giu. Lath. *Ind. Orn. v.* 1. *p.* 56. *sp.* 15 *et* 16 — Le Scops ou Petit-Duc. Buff. *Ois. v.* 1. *p.* 353. *t.* 24. — Id. *pl. enl.* 436. — Duc zorca. Sonn. *édit. de* Buff. *v.* 4. *p.* 80. — Gérard. *Tab. élém. v.* 1. *p.* 68. — Vaill. *Ois. d'Af. v.* 1. *p.* 107. — Scops-eared Owl. Lath. *Syn. v.* 1. *p.* 129. — Asiolo. *Stor. deg. ucc. pl.* 85. — Kleine Ohreule. Bechts. *Naturg. Deut. v.* 2. *p.* 912. — Meyer, *Tasschenb. Deut. v.* 1. *p.* 74. — Naum. *Vög. Nachtr. t.* 25. *f.* 49.

Habite : dans plusieurs contrées de l'Europe, où il est de passage, dans d'autres il est sédentaire ; très-rare en Hollande, dans les parties occidentales de la France et en Suisse ; assez commun sur les Vosges, sur le Jura et dans tout le nord de l'Italie. Des individus envoyés d'Afrique ne diffèrent que par de légères teintes dans les couleurs.

Nourriture : mulots, souris, scarabées et phalènes.

Propagation : niche dans les fentes des rochers ou dans les trous des arbres ; pond deux ou quatre œufs blancs.

ORDRE DEUXIEME.

OMNIVORES.—*OMNIVORES.*

Bec médiocre, fort, robuste, tranchant sur ses bords; mandibule supérieure plus ou moins échancrée à la pointe. Pieds, quatre doigts, trois devant et un derrière. Ailes, médiocres, à pennes terminées en pointe.

Les oiseaux qui composent cet ordre vivent en bandes; une seule femelle suffit à un mâle; ils nichent sur les arbres, dans les trous des masures et des vieilles tours, quelques espèces le font dans les trous naturels des arbres; le mâle et la femelle couvent alternativement; ils vivent d'insectes, de vers et de voieries, et ajoutent encore à cette nourriture les grains et les fruits; leur chair est dure, coriace et de mauvais goût.

GENRE SIXIÈME.

CORBEAU. — *CORVUS.* (Linn.)

Bec droit à sa racine, gros, comprimé sur les côtés, courbé vers la pointe, tranchant sur ses bords. Narines basales, ouvertes, cachées par des poils dirigés en avant. Pieds, trois doigts devant et un derrière, presque entièrement divisés; tarse plus long que le doigt du milieu. Ailes acuminées; la 1re. rémige de moyenne longueur, les 2e. et 3e. plus courtes que la 4e., qui est la plus longue.

Ces oiseaux ont l'odorat très-fin; défians a l'excès, ils savent éviter toutes sortes de piéges; leur ruse va même jusqu'à prendre et cacher des choses qui leur sont inutiles; cet instinct perfectionné dont ils paraissent doués, les rend aussi propres à être élevés en domesticité; on parvient même à leur faire articuler des mots et à obéir à la voix de leur maître. Toute nourriture leur convient; aussi font-ils de grands dégâts, qui cependant sont compensés par les services qu'ils rendent aux cultivateurs en détruisant les larves des insectes : ils parviennent souvent à se rendre maîtres des petits oiseaux, et sont friands des œufs dont ils font un grand dégât. Tous les oiseaux de ce genre ne muent qu'une fois; les sexes ne diffèrent presque point, et les jeunes, dès leur première mue d'automne, prennent la livrée des adultes; ils voyagent et se réunissent toujours en bandes. Ils sont répandus dans tous les pays du globe.

Ire. *SECTION.* — CORBEAU PROPREMENT DIT.

Leur queue est le plus souvent de médiocre longueur, arrondie ou carrée; bec gros et fort.

CORBEAU NOIR.

CORVUS CORAX. (Linn.)

D'un beau noir lustré à reflets pourprés, sur le dessus du corps, queue fortement arrondie, noire; bec fort, noir, ainsi que les pieds; iris à deux cercles, gris blanc et cendré brun. Longueur, 2 pieds. La femelle est un peu moins grande.

Corvus corax. Gmel. *p.* 364. *sp.* 2. — Lath. *Ind. v.* 1. *p.* 150. *sp.* 1. — Le Corbeau. Buff. *Ois. v.* 3. *p.* 13. *t.* 2. — Id. *pl. enl.* 495. — Gérard. *Tab. élém. v.* 1. *p.* 122. — Raven. Lath. *Syn. v.* 1. *p.* 367. — Kolkrabe. Bechts. *Naturg. Deut. v.* 2. *p.* 1148. — Meyer, *Tasschenb. Deut. v.* 1. *p.* 93. — Frisch. *t.* 63. — Naum. *Vög. t.* 1. *f.* 1. — Corvo imperiale. *Stor. deg. ucc. v.* 2. *pl.* 143.

Varie accidentellement, tout le plumage blanc ou d'un blanc jaunâtre. Corvus corax albus. Gmel. *Syst.* 1. *p.* 364. *var. y.* De couleur isabelle ou roussâtre; quelques parties du corps blanches, d'autres noires et d'autres rousses. Corvus celericus. *Mus. carls. fasc.* 1. *pl.* 2. Gmel. p. 365.

Habite : dans les grandes forêts en montagnes; ne se montre que rarement dans les plaines, et seulement dans le cas où il s'y trouve attiré pour sa pâture.

Nourriture : taupes, souris, jeunes lièvres et lapins; jeunes poules, faisans, canards, oies, etc., œufs de toute espèce; poissons morts, fruits mûrs ou pouris; grains, charognes et voieries.

Propagation : niche sur les arbres les plus élevés, sur les rochers escarpés, dans les masures et les vieux châteaux situés sur des hauteurs isolées ; pond de trois à six œufs, d'un vert sale, avec des taches et de petites raies d'un brun noirâtre.

CORNEILLE NOIRE.

CORVUS CORONE. (Linn.)

Beaucoup plus petite que la précédente espèce, d'un noir foncé, à reflets violets ; la queue faiblement arrondie ; bec et pieds noirs ; iris couleur de noisette. Longueur, 1 ½ pied. *La femelle* est moins grande et les reflets du plumage sont moins vifs.

Varie accidentellement, d'un blanc jaunâtre ou blanc grisâtre ; quelquefois le plumage plus ou moins varié de plumes blanches. Souvent l'une ou l'autre partie du corps blanche ou d'un gris roussâtre.

Corvus corone. Gmel. *Syst.* 1. *p.* 365. *sp.* 3. — Lath. *Ind. v.* 1. *p.* 151. *sp.* 4. — Wilson. *Amer. Orn. v.* 4. *p.* 79. *pl.* 35. *f.* 3. — La Corneille noire ou Corbine. Buff. *Ois. v.* 3. *p.* 45. *t.* 5. — Id. *pl. enl.* 483. — Gérard. *Tab. élém. v.* 1. *p.* 126. — Carrion Crow. Lath. *Syn. v.* 1. *p.* 370. — Krahen Rabe. Bechst. *Naturg. Deut. v.* 2. *p.* 117. — Meyer, *Tasschenb. Deut. v.* 1. *p.* 94. *Frisch Vög. t.* 66. — Naum. *Vög. t.* 1. *f.* 2. — Corvo maggiore. Stor. deg. ucc. *v.* 2. *pl.* 140. Id. *pl.* 141 *et* 142. *variétés accidentelles, blanches.*

Habite : en grand nombre sur toute l'étendue de l'Europe occidentale, dans les bois en plaines et sur le rivage de la mer ; peu répandue dans les contrées orientales, même rare dans les provinces Illyriennes, en Hongrie et en Autriche. On trouve aussi l'espèce dans quelques provinces de l'Amérique septentrionale.

Remarque. La corneille noire et la corneille mantelée
s'allient quelquefois; ils produisent des métis qui tiennent
de l'une et de l'autre espèce ; ceci a lieu dans les contrées
méridionales et orientales de l'Europe où la corneille noire
est rare ; mais on n'en trouve point d'exemple dans les pays
où les deux espèces sont communes.

Nourriture : omnivore.

Propagation : niche sur les arbres ; pond quatre ou six
œufs, d'un vert bleuâtre , marqués de grandes et de petites
taches d'un gris cendré et de couleur olivâtre.

CORNEILLE MANTELÉE.

CORVUS. CORNIX (Linn.)

Le cou et tout le corps d'un beau gris cendré ;
tête, gorge, ailes et queue d'un noir à reflets bronzés ; queue arrondie ; bec et pieds noirs ; iris brun.
Longueur, 1 pied 7 pouces.

La femelle, est moins grande ; la couleur noire
de la gorge s'étend moins en avant sur le devant
du cou que chez le mâle ; les reflets des ailes et de
la queue sont moins vifs, et le gris du corps est
nuancé de plus de roussâtre.

Varie accidentellement, comme les espèces précédentes ; souvent le plumage entièrement blanc,
ou presque totalement noirâtre. Voyez aussi la *remarque* de l'article précédent.

Corvus cornix. Gmel. *Syst.* 1. *p.* 366. *sp.* 5. — Lath.
Ind. v. 1. *p.* 153. *sp.* 7. — La Corneille mantelée. Buff.
Ois. v. 3. *p.* 61. *t.* 4. — Id. *pl. enl.* 76. — Gérard. *Tab.
élém. v.* 1. *p.* 130. — Hooded-Crow. Lath. *Syn. v.* 1.
p. 374. — Penn. *Brit. Zool. t. D.* 1. — Nebel-Rabe. Meyer,

Tasschenb. Deut. v. 1, *p.* 95. — Frisch. *Vög. t.* 65. —
Naum. *t.* 2. *f.* 4. *et f.* 3. *variété noirâtre.* — Corhacchia
mubachia nera. *Stor. degl. ucc. v.* 2. *t.* 146 *et* 147.

Habite : les mêmes lieux que l'espèce précédente ; se
montre toute l'année dans les pays montueux des contrées
orientales, également sur toute l'étendue des Alpes où elle
fait sa ponte ; ne se montre qu'en septembre et en octobre
dans les contrées occidentales ; fréquente en Hollande les
bords de la mer.

Nourriture : omnivore.

Propagation : niche comme l'espèce précédente ; pond
quatre ou six œufs, d'un vert clair avec des taches et des
raies peu nombreuses, d'un brun foncé.

FREUX.

CORVUS FRUGILEGUS. (Linn.)

Base du bec, narines, gorge et devant de la
tête dénués de plumes ; plumage coloré sur toutes
les parties, d'un beau noir, à reflets éclatans de
pourpre et de violet ; bec plus droit et plus effilé
que la corneille noire ; mandibules et pieds noirs ;
iris d'un gris blanc. Longueur, 1 pied 6 $\frac{1}{2}$ pouces.

La femelle, est moins grande, et les reflets de
son plumage sont moins éclatans.

Varie : très-rarement avec tout le plumage d'un
blanc parfait ; l'iris rougeâtre, le bec ainsi que les
pieds couleur de chair ; plus souvent d'un blanc
jaunâtre, ou bien varié irrégulièrement de plumes
blanches.

Corvus frugilegus. Gmel. *Syst.* 1. *p.* 366. *sp.* 4. —Lath.
Ind. Orn. v. p. 152. *sp.* 5. — Le Freux ou Frayonne.

Buff. *Ois. v.* 3. *p.* 55. — Id. *pl. enl.* 484. *un vieux.* — Gérard. *Tab. élém. v.* 1. *p.* 128. — Rook-Crow. Lath. *Syn. v.* 1. *p.* 372. — Saat-Rabe. Bechst. *Natury. Deut. v.* 2. *p.* 1199. — Naum. *Vög. t.* 3. *f.* 5. *un vieux et f.* 6. *un jeune oiseau ayant la base du bec garnie de plumes.* —Meyer, *Tasschenb. Deut. v.* 1. *p.* 97. — Frisch. *Vög. t.* 64. *le vieux.*

Habite : les lisières des bois voisins des champs ensemencés et dans les jardins; il ne fréquente jamais en Hollande les bords de la mer.

Nourriture : campagnols, vers, larves des scarabées, chenilles et semences qu'il déterre avec le bec.

Propagation : niche en grandes troupes sur les arbres, à la lisière des bois; la ponte est de trois jusqu'à cinq œufs oblongs, d'un vert pâle avec de grandes taches d'un cendré olivâtre et d'un brun foncé.

Remarque. Les jeunes, au sortir du nid, ont le tour du bec et le front garnis de plumes; ce n'est que par l'habitude qu'ont ces oiseaux de plonger leur bec dans les terrains labourés, particulièrement ceux composés d'argile, que les plumes de ces parties se liment, et que la peau nue ne porte plus que les racines des baguettes. La même particularité, quoique due à des causes différentes, existe dans une espèce du grand genre Cotinga (le *Corvus nudus* des auteurs), et dans une espèce de perroquet (le *Caica barraban* de Le Vaillant).

CHOUCAS.

CORVUS MONEDULA. (Linn.)

Sommet de la tête d'un noir changeant en violet; occiput et partie supérieure du cou d'un gris cendré; toutes les autres parties supérieures d'un noir lustré de violet; parties inférieures d'un noir

profond; bec beaucoup plus court que dans les espèces précédentes, noir, ainsi que les pieds ; iris
blanc. Longueur, 13 ½ pouces.

La femelle, a le dessous du corps d'un noir grisâtre ; les reflets sont moins brillans et le gris du
cou ne se prolonge pas tant en avant.

Varie accidentellement; le plumage totalement
blanc, l'iris rougeâtre, le bec et les pieds livides;
souvent le plumage entièrement noir; d'autres fois
noir, tapiré de blanc.

CORVUS MONEDULA. Gmel. *Syst.* 1. *p.* 376. *sp.* 6. — Lath,
Ind. v. 1. *p.* 154. *sp.* 11. — LE CHOUCAS. Buff. *Ois. v.* 3.
p. 69. — Id. *pl. enl.* 523. — Gérard. *Tab. élém. v.* 1.
p. 132. — CORNEILLE MANTELÉE DE RUSSIE. Fischer. — JACK-
DAW Lath. *Syn. v.* 1. *p.* 378. — DIE DOHLE oder TURM-RABE.
Bechst. *Naturg. Deut. v.* 2. *p.* 1213. — Frisch. *Vög. t.* 67.
et *t.* 68. *variété totalement noire.* — Naum. *t.* 4. *f.* 7.
— CORNACCHIA. *Stor. degl. ucc. v.* 2. *t.* 144 et 145. —
Meyer, *Tasschenb. Deut. v.* 1. *p.* 99. — Id. *Vög. Deut.
t. Heft.* 2, et en France.

Habite : les   champs   et   les   villes ;   très-répandu   en
Hollande.

Nourriture : larves d'insectes, hannetons, vers, œufs
de perdrix et d'alouettes, grains, légumes à gousses et
fruits.

Propagation : niche dans les fentes et dans les trous des
vieux bâtimens; très-abondant dans les tours d'églises
gothiques, quelquefois aussi dans les trous de gros arbres;
pond de quatre jusqu'à sept œufs, d'un vert bleuâtre avec
des taches d'un brun foncé; ces taches sont isolées, mais
plus rapprochées et foncées vers le gros bout de l'œuf.

IIe. *SECTION.* — PIES.

Queue très-longue, le plus souvent conique.

Remarque. La section qui comprend les *Pies* est assez bien caractérisée, par la forme de la queue, de celle des *Corbeaux proprement dits*; mais elle l'est si peu de la 3e section qui se compose des oiseaux vulgairement connus sous le nom de *Geais*, que cette division devient presque conventionnelle, et ne peut être déterminée par des caractères rigoureux. Il faut presque n'avoir vu que la *Pie* et que le *Geai* d'Europe, pour établir une différence générique; mais, lorsqu'on observe toute la série de ces animaux répandus sur la surface du globe, il est difficile, du moins, d'après les espèces qui me sont connues, d'établir une ligne de démarcation.

PIE.

CORVUS PICA. (Linn.)

Tête, gorge, cou, haut de la poitrine et dos d'un noir profond et velouté ; pennes des ailes marquées de blanc du côté intérieur; queue très-étagée, d'un noir verdâtre à reflets bronzés ; scapulaires, poitrine et ventre d'un blanc pur ; bec, iris et pieds noirs. Longueur, 18 pouces.

Corvus Pica. Gmel. *Syst.* 1. *p.* 373. *sp.* 13. — Lath. *Ind.* v. 1. *p.* 162. *sp.* 32. — Wilson. *Améric. Orn.* v. 4. *p.* 75. *pl.* 35. *f.* 2. — Meyer, *Tasschenb. Deut.* v. 1. *p.* 104. — La Pie. Buff. *Ois.* v. 3. *p.* 85. — Id. *pl. enl.* 488. — Gérard. *Tab. élém.* v. 1. *p.* 139. — Magpie. Lath. *Syn.* v. 1. *p.* 392. — Gartengrahe. Bechst. *Natury. Deut.* v. 2. *p.* 1267. — Frisch. *Vög. t.* 58. — Naum. *Vög. t.* 4. *f.* 8. — Gazzera commune. *Stor. degl. ucc.* v. 2. *pl.* 155.1

Varie accidentellement, d'un blanc pur, avec les pieds et le bec blanc, et l'iris rougeâtre ; souvent tout le plumage teint de roussâtre ou tapiré de blanc , de gris ou de noir. PICA CANDIDA. Briss. *Orn. v. 2. p.* 39. Sparm. *Mus. Carls. t.* 53. *Stor. degli ucc. v. 2. p.* 156.

Habite : très-commun dans la plupart des contrées en plaines de l'Europe , plus rare dans les pays montueux. L'espèce est absolument la même dans plusieurs parties de l'Amérique septentrionale.

Nourriture : omnivore.

Propagation : niche sur de hauts arbres : moins souvent dans les buissons ; pond de trois jusqu'à six œufs, de forme allongée, d'un vert blanchâtre moucheté de gris cendré et de brun olivâtre.

IIIe. SECTION. — GEAIS.

Queue égale ou légèrement arrondie.

Remarque. Voyez ci-dessus à l'article de *la Pie.*

GEAI.

CORVUS GLANDARIUS. (LINN.)

Tête huppée ; au bec des moustaches noires ; fond du plumage d'un cendré rougeâtre ; sur le pli antérieur de l'aile deux rangées de plumes bleues , transversalement rayées de noir ; bec noir ; iris bleu ; pieds d'un brun livide. Longueur, $13\frac{3}{4}$ pouces.

Varie accidentellement, d'un blanc pur avec les plumes du pli de l'aile bleues , les yeux rougeâtres et le bec ainsi que les pieds livides ; souvent le plumage varié de jaune ou de gris blanc.

CORVUS GLANDARIUS. Gmel. *Syst.* 1. *p.* 386. *sp.* 7. — Lath. *Ind. v.* 1. *p.* 157. *sp.* 18. — Meyer, *Tasschenb. Deut.*

v. p. 102. — Le Geai. Buff. *Ois. v.* 3. *p.* 107. *t.* 8. —
Id. *pl. cnl.* 481. — Le Vaill. *Ois. de Parad. et Geais.*
pl. 40 *et* 41. *variété blanche.* — Gérard. *Tab. élém. v.* 1.
p. 141. — Geai. Lath. *Syn. v.* 1. *p.* 384. — Eichelkrahe.
Bechst. *Naturg. Deut. v.* 2. *p.* 1243. — Frisch. *Vög. t.* 55.
— Naum. *Vög. t.* 6. *f.* 9. — Ghiandaia commune. *Stor.*
degl. ucc. v. 2. *pl.* 161, *et pl.* 162. *variété blanche.*

Remarque. On ne conçoit rien à la singulière manie de
M. Nilsson. *Ornith. Suec. p.* 75. *sp.* 34, qui range notre
Geai vulgaire parmi les *Pies-Grièches*, sous le nom de
Lanius glandarius, tandis que le même auteur laisse le
Geai imitateur (*Corvus infaustus.* Linn.) parmi les cor-
beaux, sans même en former une section.

Habite : les bois et les buissons ; répandu dans presque
toutes les contrées de l'Europe.

Nourriture : glands de toute espèce, noisettes, baies,
fèves, pois, insectes et vers.

Propagation : niche sur les arbres ou dans les buissons ;
pond cinq ou sept œufs, d'un bleu verdâtre, parsemés de
petits points d'un brun olivâtre.

GEAI IMITATEUR.

CORVUS INFAUSTUS. (Lath.)

Tète huppée, noirâtre, plumes qui recouvrent
les narines et celles de la base du bec blanches,
plumage supérieur d'un gris cendré ; parties inférieures d'un gris roussâtre ; petites couvertures et
partie interne des ailes, croupion, abdomen et
toutes les pennes latérales de la queue d'un beau
roux ; les deux pennes du milieu de la queue d'un
gris cendré ; bec noir ; pieds bruns. Longueur,
11 pouces.

Corvus infaustus. Lath. *Ind. v. 1. p.* 159. *sp.* 22. — Sparm. *Mus. Carls. fasc.* 4. *t.* 76. — Retz. *Faun. Suec. p.* 95. *n°.* 47. — Corvus sibiricus. Gmel. *Syst.* 1. *p.* 373. — Lanius infaustus. Gmel. *Syst.* 1. *p.* 310. — Corvus infaustus. Gmel. *Reise, v.* 1. *p.* 50. *t.* 11. — Geai de Sibérie. Buff. *Ois. v.* 3. *p.* 118. — Id. *pl. enl.* 608. — Sibirian Jay. Lath. *Syn. v.* 1. *p.* 391. — Geai orangé. Le Vaill. *Ois. de paradis et geais. v.* 1. *p.* 131. *pl.* 47.

Remarque. Le *Geai imitateur* (Corvus infaustus) et le *Geai du Canada* (Corvus canadensis) , son plus proche voisin , forment le passage par graduation des *Corbeaux proprement dits* aux *Casse-noix*, dont ces geais ont à peu près la forme droite du bec , qui cependant est plus court que celui du *Casse-noix*. Ce sont encore , pour les amateurs de genres nombreux , deux espèces bien propres à leur fournir les moyens de les multiplier ; au reste , ils trouveront dans les omnivores étrangers un vaste champ propre à satisfaire leurs vues nouvelles ; les geais et les pies étrangers pourront leur fournir un grand nombre de genres nouveaux.

Habite : les bois et les buissons des parties septentrionales de l'Europe , en Norvége , Suède et le nord de la Russie ; ne se montre jamais dans les contrées plus tempérées.

Nourriture : comme l'espèce précédente.

GENRE SEPTIÈME.

CASSE-NOIX.—*NUCIFRAGA*. (Bris.)

Bec en corne long , droit , effilé à la pointe ; mandibule supérieure arrondie , sans arête saillante , plus longue que l'inférieure , toutes deux terminées en pointe obtuse et déprimée. Narines basales, rondes, ouvertes, cachées par des poils dirigés en avant. Pieds, trois doigts devant et un derrière ; l'extérieur soudé à sa base ; tarse plus long que le doigt du milieu. Ailes acuminées, 1re. rémige, de moyenne longueur ; les 2e. et 3e. plus courtes que la 4e., qui est la plus longue.

Ce genre est composé de la seule espèce européenne qui paraît former le passage du genre *Corvus* à celui du *Picus*, non seulement par ses mœurs, que nous connaissons depuis peu de temps, mais aussi par la forme du bec qui ressemble, sous plusieurs rapports, à celui de quelques pics étrangers ; en observant que chez ceux-là les deux mandibules sont comprimées à la pointe, et que dans le Casse-noix, elles sont déprimées, à mandibule supérieure plus longue que l'inférieure. Il le fallait ainsi, pour que l'oiseau pût avoir dans cette mandibule allongée un instrument qui remplace la langue pointue et extensible au dehors dans les pics. Le casse-noix escalade les arbres et en frappe l'écorce, qu'il perce à coup de bec ; sa nourriture consiste en larves perforeuses, mais aussi en fruits, noix, noyaux et même en voieries ; il vit et émigre en grandes bandes ; niche dans les trous naturels des arbres ; sa mue est simple et ordinaire ; les sexes et les jeunes diffèrent peu à l'extérieur.

LE CASSE-NOIX.

NUCIFRAGA CARYOCATACTES. (Briss.)

Tout le plumage d'un brun couleur de suie, sans tache sur le sommet de la tête, mais varié sur le dos de grandes taches en forme de gouttes ; parties inférieures variées de beaucoup de blanc, disposé longitudinalement sur chaque plume ;

pennes de la queue terminées par un grand espace blanc ; bec et pieds couleur de corne ; iris brun.

La femelle, a le brun du plumage teint d'une nuance roussâtre.

Varie accidentellement, d'un blanc pur, ou d'un blanc jaunâtre, avec des taches plus foncées ; quelquefois avec les ailes ou la queue blanches.

CORVUS CARYOCATACTES. Gmel. *Syst*. 1. *p*. 370. *sp*. 10. — Lath. *Ind*. *v*. 1. *p*. 164. *sp*. 39. — CARYOCATACTES NUCIFRAGA. Nils. *Orn. Suec. v*. 1. *p*. 90. *sp*. 42. — LE CASSE-NOIX. Buff. *Ois. v*. 3. *p*. 122. *t*. 9. — Id. *pl. enl*. 50. — Edwards. *Ois. t*. 240. — Gérard. *Tab. élém. v*. 1. *p*. 143. — NUT-CRAKER. Lath. *Syn. v*. 1. *p*. 400. — NUSSRABE. Meyer, *Tasschenb. Deut. v*. 1. *p*. 103. — Id. *Vög. Deut. Heft*. 15. — GHIANDAIA NUCIFRAGA. *Stor. degl. ucc. v*. 2. *pl*. 163.

Habite : les bois en montagnes ; régulièrement de passage dans plusieurs contrées ; dans d'autres, à intervalles de quelques années.

Nourriture : beaucoup d'insectes, mais plus habituellement des larves ; aussi des noisettes, noyaux du hêtre, glands, semence du pin et du sapin et des baies ; quelquefois des jeunes oiseaux et des œufs.

Propagation : niche dans les trous des arbres ; pond cinq ou six œufs, d'un gris fauve, avec des taches rares d'un gris brun clair.

GENRE HUITIÈME.

PYRRHOCORAX. — *PYRRHOCO-RAX.* (Cuv.)

Bec médiocre, un peu grêle, plus ou moins arqué tranchant; comprimé, un peu subulé à la pointe avec une très-faible échancrure, ou lisse. Narines basales, latérales, ovoïdes, ouvertes, entièrement cachées par des poils dirigés en avant. Pieds forts, robustes; tarse plus long que le doigt du milieu, quatre doigts, presque totalement séparés; ongles forts et arqués. Ailes, les trois premières rémiges étagées, la 4°. et la 5°. les plus longues.

Ces oiseaux, dont nous possédons deux espèces en Europe et encore deux autres dans les climats étrangers, ont absolument les mêmes mœurs que les corbeaux; la forme des pieds, celle des narines, et, sous certains rapports, celle du bec, les rapprochent également; ils vivent en grandes troupes, se mêlent entre eux, et se réunissent plusieurs en un même lieu; leurs cris, leurs mouvemens, leur vol et toutes leurs habitudes sont les mêmes que celles de notre *Choucas,* dont ils sont les représentans dans les régions élevées de nos plus hautes montagnes. Ils habitent les plus hautes vallées de nos Alpes, dans le voisinage des régions couvertes de glaces perpétuelles, et ne descendent dans les plaines que lorsque toute nourriture vient à leur manquer. Ils nichent dans les fentes des rochers les plus escarpés, ou dans les fentes des masures et des tours des villages situées à de hautes élévations. Toute nourriture leur convient, comme semences, graines, baies, insectes, charognes et voieries. Leur mue est simple et ordinaire; les sexes ne

se distiuguent presque point à l'extérieur, et les jeunes de
l'année se reconnaissent au bec et aux pieds noirâtres, les
vieux ayant ces parties colorées de jaune ou de rouge vif.

Remarque. Dans la première édition, j'ai rangé ces espèces, ainsi que le *Casse-noix*, dans le genre *Corvus;*
mais il est, je crois, mieux vu d'en faire un genre distinct.
M. Cuvier place nos deux espèces, le *Choquard* et le *Coracias*, dans deux genres distincts, dont l'un est avec les *Merles*
dans la division des *Dentirostres*, et l'autre avec la *Huppe*
dans celle de *Ténuirostres;* ce qui sépare ces deux espèces voisines et les éloigne l'une de l'autre à soixante-
onze genres, quoique dans le fait elles ont les mêmes caractères, une même charpente osseuse, la même forme de
pieds, les mêmes mœurs, les mêmes habitudes, et que
dans les Hautes-Alpes j'ai vu plus d'une fois les deux espèces réunies en troupes nombreuses; enfin, elles ne diffèrent l'une de l'autre, qu'en ce que le *Choquard* a le bec
plus court que la tête et muni d'une très-faible échancrure
à la pointe, tandis que celui du *Coracias* est plus long
que la tête, un peu plus subulé, effilé à la pointe et
sans échancrure; mais, pour le reste, absolument même
forme de pieds, de narines, d'ailes et de queue; les
pieds de ces oiseaux ne peuvent être comparés à ceux
des vrais *Ténuirostres*, tels que les oiseaux du genre
Upupa, *Epimachus*, *Tichodroma*, *Nectarinia* et
autres. M. Cuvier, d'après ses vues, range le *Sicrin*
de M. le Vaillant avec notre *Choquard*, dont il a en
effet tous les caractères; mais où placer la nouvelle espèce
de l'Austral-Asie, qui par le bec tient absolument le milieu
entre le *Choquard* et le *Coracias*, dont elle a aussi les pieds
et la forme des narines, mais diffère par sa queue longue
et un peu conique, ce qui la rapproche des *Pies.*

Notre *Coracias* paraît former le passage naturel du genre
Pyrrhocorax à celui de *Nucifraga*, qui a la même forme de
bec, mais en ligne droite; notre *Choquard* et le *Sicrin* de
Vaillant indiquent le passage qui lie les oiseaux du genre

Corvus à ceux des genres *Oriolus* et *Coracias*. Afin de compléter l'histoire du genre *Pyrrhocorax*, je donne ici une courte description de l'espèce de l'Austral-Asie ; le *Pyrrhocorax Sicrin* est connu par la figure de Vaillant, *Ois. d'Afriq. pl.* 82, d'après l'individu, jusqu'ici unique, qui fait partie de mon cabinet.

Pyrrhocorax leucopterus. (Temm.) Tout noir ; partie intérieure des grandes pennes des ailes, d'un blanc pur ; queue plus longue que les ailes, fortement arrondie ; bec et pieds d'un noir profond. Longueur, 5 $\frac{1}{4}$ pouces. De la Nouvelle-Hollande.

PYRRHOCORAX CHOQUARD.

PYRRHOCORAX PYRRHOCORAX. (Cuv.)

Tout le plumage d'un noir brillant, avec des reflets d'un pourpré changeant en vert ; queue un peu arrondie ; ailes plus courtes que celle-ci ; bec d'un jaune orangé ; iris brun ; pieds d'un rouge vermillon ; plante des pieds noirs. Longueur, 14 $\frac{1}{2}$ pouces. *Les adultes, mâle et femelle.*

Varie suivant les âges ; dans la première année d'un noir sans reflets ; le bec noir, à base de la mandibule inférieure jaunâtre ; les pieds d'un noir luisant ; après la première mue, le bec devient jaunâtre et les pieds passent du brun au rouge. Les femelles ont les pieds d'un rouge brun.

Corvus pyrrhocorax. Gmel. *p.* 376. *sp.* 17. — Lath. *Ind. v.* 1. *p.* 165. *sp.* 40. — Meyer, *Tasschenb. Deut. v.* 1. *p.* 100. — Le Choquard ou Choucas des Alpes. Buff. *Ois. v.* 3. *p.* 76. *t.* 6. — Id. *pl. enl.* 531. — Gérard. *Tab. élém. v.* 1. *p.* 134. Alpine Crow. Lath. *Syn. v.* 1. *p.* 381. Schneekrahe. Bechst. *Naturg. Deut. v.* 2. *p.* 1231. —

Alpenkrahe. Id. *Tasschenb. Deut. p.* 92. *tab.* — Meyer, *Vög. Deut. t. Heft.* 7. *vieux mâle.* — Corvo cokallino. *Stor. degl. ucc. v.* 2. *pl.* 149 et 150. *et un vieux mâle; et pl.* 151 *le jeune oiseau à bec et pieds noirs.*

Habite : le plus communément les Hautes-Alpes du nord et ceux de l'Helvétie ; ne se montre qu'accidentellement dans le Jura, les Apennins et les Vosges, pendant les hivers rigoureux ; s'éloigne rarement en été des plus hautes élévations des Alpes, vit toujours dans le voisinage des glaces perpétuelles.

Nourriture : différentes espèces de baies et de fruits, des insectes, et même au besoin des voieries ; aussi des semences, surtout du chénevis dont ils sont très-friands.

Propagation : niche sur les rochers les plus escarpés, quelquefois, mais plus rarement sur les arbres ; pond quatre œufs blancs, tachés de jaune sale.

PYRRHOCORAX CORACIAS.

PYRRHOCORAX GRACULUS. (Mihi.)

Tout le plumage noir, à reflets verts, violets et pourprés ; ailes longues ; queue carrée ; bec long, un peu effilé, pointu, arqué et de même que les pieds d'un rouge vermillon ; iris brun ; langue d'un jaune de safran. Longueur, 16 pouces.

Les jeunes n'ont point de reflets dans le plumage ; le bec et les pieds sont noirs avant la première mue.

Corvus graculus. Gmel. *p.* 377. *sp.* 18. — Lath. *Ind. v.* 1. *p.* 165. *sp.* 41. — Corvus eremita. Gmel. *Syst.* 1. *p.* 377. *sp.* 19. — Lath. *Ind. v.* 1. *p.* 166. *sp.* 42. — Fregilus. Cuv. *Règn. anim. v.* 1. *p.* 406. — Le Coracias et le Coracias huppé ou sonneur. Buff. *Ois. v.* 3. *p.* 1 et 9.

t. 1.*—* Id. *pl. enl.* 255. *—* Gérard. *Tab. élém. v.* 1. *p.* 136. *sp.* 7 *et* 8. — RED-LEGGED CROW. Lath. *Syn. v.* 1. *p* 401. — Penn. *Brit. Zool. t. L.* — STEINKRAHE. Bechst. *Naturg. Deut. v.* 2. *p.* 1238. — Id. *Tasschenb. Deut. p.* 91. *tab.* — Meyer, *Tasschenb. Deut. v.* 1. *p.* 101. — Id. *Vög. Deut. t. Heft.* 15. *le vieux.* — CORACIA DI MONTAGNA. *Stor. degl. ucc. v.* 2. *pl.* 152. *le vieux.*

Remarque. La description du coracias huppé , *Corvus eremita*, a été faite d'après un coracias ordinaire , affublé de quelques plumes d'un autre oiseau , supercherie par laquelle Gesner a été induit en erreur. Le coracias huppé , tel qu'on le décrit , n'existe point dans la nature.

Habite : les Hautes-Alpes, de la Suisse , de l'Italie , du Tyrol, de la Bavière et de la Carinthie , accidentellement dans les hivers rigoureux, sur des montagnes moins élevées, telles que le Jura et les Vosges ; toujours dans le voisinage des régions couvertes de frimats.

Nourriture : toutes sortes de baies, d'insectes, de vers et de graines.

Propagation : niche le plus habituellement dans les fentes des rochers, ou dans les tours de bâtimens situés à de hautes élévations ; souvent dans les clochers des églises ou dans les trous des masures ; pond de trois à quatre œufs d'un blanc sale avec des taches brunes.

GENRE NEUVIÈME.

JASEUR.—*BOMBYCIVORA.* (MIHI.)

BEC court, droit, élevé; mandibule supérieure faiblement courbée vers son extrémité, avec une dent très-marquée. NARINES basales, ovoïdes, ouvertes, cachées par des poils rudes dirigés en avant. Pieds, trois doigts en avant et un derrière, le doigt extérieur soudé à celui du milieu. Ailes médiocres; les 1ʳᵉ. et 2ᵉ. rémiges les plus longues.

Remarque. Depuis Brisson on a toujours placé les deux espèces d'oiseaux connus dans ce genre, avec celles qui composent le genre *Cotinga* (Ampelis) : mais les Jaseurs ont des caractères particuliers qui s'opposent à une semblable réunion. Je ne connais point suffisamment les mœurs et les habitudes des jaseurs pour en faire mention. Ces oiseaux nous viennent très-irrégulièrement et à intervalles souvent de plusieurs années. On dit qu'ils nichent dans le nord; mais les naturalistes de ces pays n'en savent à leur sujet guère plus que nous. On n'en connaît qu'une espèce en Europe et une seconde dans l'Amérique septentrionale, qui est plus petite que la nôtre.

GRAND-JASEUR.

BOMBYCIVORA GARRULA. (Mihi.)

Plumes de la tête allongées en huppe : parties supérieures et inférieures du corps d'un cendré rougeâtre le plus foncé en dessus : plumes des narines, bande au-dessus des yeux et gorge d'un noir profond; rémiges noires, terminées par une tache angulaire jaune et blanche; huit ou neuf des pennes secondaires terminées de blanc avec un prolongement cartilagineux d'un rouge vif; couvertures inférieures de la queue marron; pennes noires terminées de jaune. Longueur, 7 pouces 6 lignes.

La femelle, a l'espace noir de la gorge moins grand, et seulement quatre ou cinq des pennes se-

condaires, terminées par le prolongement cartila*
gineux. *Les jeunes*, avant leur première mue,
n'ont aucune espèce d'appendice aux pennes se
condaires.

BOMBYCILLA BOHEMICA. Briss. *Orn. v.* 2. *p.* 333. — BOM-
BYCIPHORA POLIOCOELIA. Meyer , *Vög. Liv-und. Esthl.*
p. 104. — AMPELIS GARRULUS. Gmel. *Syst.* 1. *p.* 838. *sp.* 1.
Lath. *Ind. v.* 1. *p.* 363. — LE JASEUR. Buff. *Ois. v.* 3. *p.* 429.
t. 26. — Id. *pl. enl.* 261. — Le Vaill. *Ois. de parad*
Geais et Rolliers. v. 1. *p.* 137. *pl.* 49. — BOHEMIAN CHAT-
TERER. Lath. *Syn. v.* 3. *p.* 91. — *Brit. Zool. t.* 1. *C.* —
ROTHLICHGRAUER SEIDENSCHWANTZ. Meyer, *Tasschenb. Deut.*
v. 1. *p.* 204. — Frisch. *t.* 32. *le mâle.* — Naum. *Vögel.*
t. 32. *f.* 66. — GARRULO DI BOHEMIA. *Stor. deg. ucc. v.* 2.
pl. 160. — EUROPAISCHER SEIDENSCHWANTZ. Bechst. *Naturg.*
Deut. v. 3. *p.* 410. *t.* 34. *f.* 1.

Habite : pendant l'été dans les régions du cercle arctique ; régulièrement de passage dans les contrées orientales,
accidentellement dans les pays tempérés de l'Europe , où
il ne se montre que depuis le mois de novembre, jusqu'au commencement de janvier ; mais irrégulièrement.

Nourriture : insectes , mais particulièrement toutes
sortes de baies.

Propagation : inconnue. *On dit* qu'il niche très-avant
dans le nord, qu'il préfère les contrées montueuses et niche
dans les fentes des rochers.

ˇˇˇˇˇˇˇˇˇˇˇˇˇˇˇˇˇˇ

GENRE DIXIÈME.

ROLLIER. — *CORACIAS*. (Linn.)

Bec médiocre, comprimé, plus haut que large, droit, tranchant; mandibule supérieure courbée vers la pointe; Narines basales, latérales, linéaires, percées diagonalement, à moitié fermées par une membrane garnie de plumes. Pieds, à tarse plus court que le doigt du milieu; trois doigts devant et un derrière entièrement divisés. Ailes longues, la 1re. rémige un peu plus courte que la 2e., qui est la plus longue.

Ces oiseaux se nourrissent uniquement d'insectes; ils sont farouches, peu sociables et se cachent habituellement dans l'épaisseur des forêts. Leur plumage dans l'espèce d'Europe, comme chez presque toutes les espèces exotiques, est le plus souvent coloré de bleu foncé très-pur et brillant; le vert et le pourpre également pur brillent aussi dans leur livrée; les jeunes ont des couleurs moins pures que les vieux, et les filets qui ornent souvent la queue dans les deux sexes sont peu apparens chez eux; les mâles ont toujours des couleurs plus vives que les femelles, et les filets, lorsque l'espèce en est pourvue, sont plus longs; leur mue est simple et ordinaire.

Remarque. Toutes ces espèces étrangères décrites sous le nom de *Rolle*, dont le principal caractère réside dans la forme du bec, court, très-large à sa base, plus large que haut, doivent former un genre distinct des *Rolliers*. M. Vieillot propose pour nouveau nom de ce genre *Eurystomus*; et M. Cuvier, *Colaris*.

ROLLIER VULGAIRE.

CORACIAS GARRULA. (Linn.)

Dessus de la tête et haut du cou d'un bleu clair à reflets verts; dos et scapulaires fauves ; petites couvertures supérieures des ailes d'un bleu violet très-éclatant; parties inférieures d'un bleu d'aigue-marine plus ou moins foncé; penne latérale de chaque côté de la queue excédant les autres de trois lignes. Iris à double cercle brun et gris; pieds jaunâtres ; bec d'un brun jaunâtre à sa base, et noir sur le reste. Longueur, à peu près 13 pouces.

La vieille femelle ne diffère point du *mâle.*

Coracias Garrula. Gmel. *Syst.* 1. *p.* 378. *sp.* 1. — Lath. *Ind. v.* 1. *p.* 168. — Le Rollier. Buff. *Ois. v.* 3. *p.* 135. *t.* 70. —— Id. *pl. enl.* 486. — Gérard. *Tab. élém. v.* 1. *p.* 146. — Rollier. Lath. *Syn. v.* 1. *p.* 406. — Blaue-Racke. Meyer, *Tasschenb. Deut. v.* 1. *p.* 106. — Naum. *Vög. t.* 6. *f.* 11. — Erisch. *Vög. t.* 57.

Habite : les grandes forêts de chênes et de bouleaux : plus commun én Allemagne qu'en France; ne se montre jamais en Hollande; assez abondant en Suède, dans plusieurs forêts.

Nourriture : taupes, grillons, hannetons, sauterelles, mille-pieds, vers, limaçons nus et autres insectes.

Propagation : niche dans les trous des arbres; pond de quatre jusqu'à sept œufs, d'un blanc lustré.

GENRE ONZIÈME.

LORIOT. — *ORIOLUS.* (Mihi.)

Bec en cône allongé, comprimé horizontalement à sa base, tranchant; mandibule supérieure
relevée par une arête, échancrée à la pointe. Narines basales, latérales, nues, percées horizontalement dans une grande membrane. Pieds, trois
doigts devant et un derrière; tarse plus court ou
de la longueur du doigt du milieu; l'extérieur
soudé à ce doigt. Ailes, médiocres; la 1re. rémige
très-courte, la 2e. moins longue que la 3e., qui est
la plus longue.

Ils vivent dans les bois et dans les broussailles, toujours
par paire, et se réunissent en famille pour leur voyage
d'automne; leur nid est artistement construit à l'extrémité
des branches des plus hauts arbres; ils vivent d'insectes,
de différentes sortes de baies et autres fruits mous. La
couleur dominante du plumage des mâles est la jaune, et
ce caractère est constant chez le plus grand nombre des
espèces exotiques connues. Les femelles diffèrent beaucoup des mâles; les couleurs du plumage ont des teintes
verdâtres ou d'un jaune terne; les jeunes dans leur premier âge ressemblent toujours aux femelles; leur mue est
simple et ordinaire.

Remarque. M. Vaillant a très-exactement observé que
l'oiseau de paradis orange n'est point à sa place dans le
genre *Paradisea*, c'est un vrai *Oriolus.* Les *Loriots* ne
peuvent sous aucun rapport figurer dans le même genre
avec un nombre très-considérable d'espèces américaines,
connues sous le nom de *Troupiales.* Daudin a proposé

les genres *Icterus* et *Cassicus* pour ces oiseaux américains ; M. Vieillot en ajoute encore d'autres , mais les limites
de ces genres nombreux ne peuvent être fixées avec précision ; le passage des uns aux autres a lieu par nuances presque imperceptibles. Je propose conséquemment de réunir
tous ces oiseaux d'Amérique dans le seul genre *Icterus ;*
chaque novateur pourra alors les sectionner à bon plaisir ;
son caprice ne fera point tort à la science. Tous les *Loriots*
(*Oriolus*) , sont de l'ancien continent ; les *Troupiales*
(*Icterus*) viennent tous du nouveau monde.

LORIOT.

ORIOLUS GALBULA. (Linn.)

D'un jaune d'or ; une tache entre l'œil et le bec,
ailes et queue noires ; cette dernière terminée de
jaune ; bec d'un marron rougeâtre ; iris d'un rouge
vif ; pieds d'un gris bleuâtre. Longueur, 10 pouces.

La femelle, est d'un vert olivâtre sur la partie
supérieure du corps , et d'un gris blanc , teint de
jaunâtre en dessous ; sur ces parties sont des raies
d'un gris brun qui suivent la direction des baguettes ; ailes brunes bordées de gris olivâtre ;
queue d'un olivâtre teint de noirâtre.

Les jeunes de l'année, ressemblent à la femelle ;
mais les taches longitudinales sur les parties inférieures sont plus nombreuses et plus foncées ; le
bec est d'un gris noirâtre et l'iris brun. *Varie
aussi accidentellement*, avec des taches noires semées sur un fond d'un jaune brillant.

Oriolus galbula. Gmel. *p.* 382. *sp.* 1. — Lath. *Ind.*
v. 1. *p.* 186. *sp.* 45. — Coracias Oriolus. Scop. *Ann.*

n°. 45. — LE LORIOT. Buff. *Ois. v.* 3. *p.* 254. *t.* 17. —
Id. *pl. enl.* 26. *le mâle.* — Gérard. *Tab. élém. v.* 1. *p.* 150.
—GOLDEN ORIOLE. Lath. *Syn. v.* 2. *p.* 449. — Edw. *Ois.
t.* 185. — RIGOGOLO COMMUNE. *Stor. deg. ucc. v.* 3. *t.* 407.
—GELBE RACHE. Bechst. *Naturg Deut. v.* 2. *p.* 1292 —
GELBER PIROL. Meyer, *Tasschenb. Deut. v.* 1. *p.* 108.
— Frich. *t.* 31. — Naum. *t.* 40. *f.* 87. *et* 90. *mâle et
femelle.*

Habite : les bois ; assez commun à son passage dans
différentes parties du nord de l'Europe ; assez abondant en
Hollande, mais davantage en France et en Italie. Le plus
habituellement dans les contrées boisées.

Nourriture : cerises et différentes espèces de baies sauvages ; également des insectes et leurs larves.

Propagation : construit un nid artistement entrelacé,
et le suspend à la cime des arbres : pond quatre ou cinq
œufs, d'un blanc pur avec quelques taches brunes ou
noires, toujours isolées.

GENRE DOUZIÈME.

ÉTOURNEAU. — *STURNUS.* (LINN.)

BEC médiocre, droit, longicone, deprimé, faiblement obtus ; base de la mandibule supérieure s'avançant sur le front ; pointe très-déprimée sans échancrure. NARINES basales, latérales, à moitié fermées
par une membrane voûtée. PIEDS, trois doigts devant
et un derrière ; le doigt extérieur soudé à sa base
à celui du milieu. AILES longues ; la 1re. rémige
presque nulle ; la 2e. et la 3e. les plus longues.

La nourriture des *Étourneaux* consiste principalement en insectes ; le nid est pratiqué dans les trous des arbres, sous les tuiles des maisons, et dans les trous des murailles. Ils vivent comme tous les oiseaux de l'ordre des omnivores ; se réunissent plusieurs dans un même lieu, et voyagent en grandes troupes. Ils suivent le plus habituellement le bétail, et trouvent leur nourriture dans les prairies et dans les jardins. Les mâles et les femelles diffèrent peu, même chez les espèces étrangères, mais les jeunes de l'année diffèrent beaucoup des vieux des deux sexes. Le changement double et périodique dans la couleur du bec et des pieds, ainsi que dans les teintes et les taches dont le plumage est décoré, a lieu sans le secours d'une double mue ; le plumage paraît changer par le frottement et par l'action de l'air et du jour, qui usent le bout des barbes, et font disparaître au printemps les nombreuses taches dont le plumage est couvert en automne. On les trouve dans toutes les parties du globe.

Remarque. Plusieurs espèces, propres aux contrées de l'Afrique ont été rangées dans le genre *Sturnus*, mais ils n'en ont ni le bec ni les mœurs; ces espèces se trouvent classées dans l'*Index général*, dans le genre *Pamprotornis* ; quelques-unes sont du genre *Pastor*. D'autres espèces, les *Stournes* d'Amérique, portent les caractères des *vrais Étourneaux*, et doivent prendre rang parmi eux. Il y a peu de genres des anciens passereaux, où il existe un si grand nombre d'espèces mal classées que dans ceux du *Sturnus* et du *Turdus* de Latham.

ÉTOURNEAU VULGAIRE.

STURNUS VULGARIS. (Linn.)

Plumage généralement noirâtre avec des reflets très-éclatans de pourpre et de vert doré ; parties supérieures marquées de très-petits points triangulaires d'un blanc roussâtre; couvertures inférieures de la queue bordées de blanc ; bec jaune ; pieds d'un brun couleur de chair. Longueur, 8 pouces 6 lignes. *Les vieux au printemps.*

La femelle, a beaucoup de points blancs sur les parties inférieures et le bec moins jaune.

Les vieux et les jeunes après la mue d'automne, ont les mêmes reflets de pourpre et de vert doré que *les vieux en plumage de printemps ou des noces;* mais cette brillante livrée est variée sur toutes les parties supérieures de nombreuses taches lancéolées, d'un roux clair , et sur les parties inférieures, de taches blanches, également en forme de fer de lance; toutes les pennes des ailes et de la queue portent de larges bordures roussâtres ; bec d'un noir bleuâtre; pieds d'un brun rougeâtre foncé. *Tous les individus mâles en plumage d'hiver.*

Les femelles ont en hiver plus de taches blanches sur les parties inférieures , et plus de taches rousses sur les parties supérieures; ces taches sont de forme demi-circulaire et très-rapprochées.

Remarque. Les différences signalées pour les deux époques de l'année , sont produites chez cette espèce par les causes indiquées dans la préface et à la page 131.

Varie accidentellement; tout le plumage blanc ou blanchâtre, le bec, les pieds et l'iris rougeâtres. Souvent certaines parties du plumage blanches ou irrégulièrement tapirées de blanc ou de roussâtre.

Les jeunes de l'année avant la mue d'automne, sont d'un cendré brun sans taches, sur toutes les parties du corps; les ailes et la queue ont les pennes bordées de roussâtre cendré; la gorge est blanche et un peu de blanchâtre sur le ventre.

STURNUS VULGARIS. Gmel. *Syst.* 1. *p.* 801. *sp.* 1. — Lath. *Ind. v.* 1. *p.* 321. — STURNUS VARIUS. Meyer, *Tasschenb. Deut. v.* 1. *p.* 208. — L'ÉTOURNEAU ou SANSONNET. Buff. *Ois. v.* 3. *p.* 176. *t.* 15. — Id. *pl. enl.* 75. — Gérard. *Tab. élém. v.* 1. *p.* 154. — STARE. Lath. *Syn. v.* 3. *p.* 2. — GEMEINER STAR. Bechst. *Naturg. Deut. v.* 3. *p.* 816. — Naum. *Vög. t.* 38. *f.* 84. *le mâle.* — Frisch. *Vög. t.* 217.

Habite : presque toutes les contrées de l'Europe; fréquente les arbres situés dans le voisinage des prairies.

Nourriture : larves de taupes-grillons, vers et autres insectes; chenilles, limaçons et différentes espèces de semence, qu'il se plaît à chercher dans les fumiers et les crotins des animaux.

Propagation : niche dans les creux et dans les trous des arbres, sous les tuiles ou dans des fentes, pond quatre ou sept œufs d'un gris nuancé de vert cendré.

ÉTOURNEAU UNICOLORE.

STURNUS UNICOLOR. (MARM.)

Tout le plumage du corps, les ailes et la queue d'un noir lustré, dont l'uniformité est relevée par

de légers reflets pourprés peu éclatans, même assez mat sur les parties inférieures; base du bec noirâtre, pointe jaune; pieds d'un brun jaunâtre. Longueur, 8 pouces. *Les vieux en plumage parfait
d'été.*

Les femelles, ressemblent en tout aux mâles,
mais les reflets sont encore moins brillans.

Les jeunes, avant la première mue, sont d'un
gris brun, toujours beaucoup plus foncé qu'il ne
l'est chez les jeunes de l'étourneau vulgaire ; après
leur première mue, et *pendant l'hiver*, ils ont de
très-petites taches blanchâtres au bout des plumes
qui disparaissent au printemps, sans qu'une double
mue ait lieu.

Remarque. C'est à M. le chevalier de la Marmora, naturaliste aussi zélé qu'exact observateur, que nous devons
la connaissance de *l'Étourneau unicolore* et de plusieurs
espèces du genre *Bec-fin*, dont il a bien voulu enrichir
mes collections en me communiquant les observations
qu'il a faites pendant son voyage ornithologique. M. Bonelli, directeur du cabinet de Turin, m'a témoigné l'extrême
complaisance de m'adresser les individus qui sont déposés
dans le muséum de cette ville, afin de les décrire. La note
communiquée par M. de la Marmora au sujet de cet
étourneau, porte que l'espèce n'émigre point de la Sardaigne, qu'elle s'éloigne peu des lieux qui l'ont vue naître, et qu'elle ne se mêle jamais avec l'étourneau vulgaire,
qui est également commun dans ce pays, mais dont
l'émigration par bandes a lieu régulièrement comme dans
nos contrées; les couleurs du plumage des jeunes et des
vieux offrent constamment les mêmes différences. M. le
chevalier de la Marmora a publié ses observations sur cette

espèce et sur quelques fauvettes de Sardaigne , dans un mémoire lu à l'académie de Turin le 28 août 1819.

Habite : la Sardaigne ; on le trouve parmi les rochers dans les fentes desquels il place son nid ; se rapproche , comme notre sansonnet, des habitations rustiques, et se pose sur les toits des maisons.

Nourriture et *Propagation :* les mêmes que dans l'espèce précédente.

GENRE TREIZIÈME.

MARTIN. — *PASTOR.* (Mihi.)

Bᴇᴄ en cône allongé, tranchant, très-comprimé légèrement arqué, pointe faiblement échancrée ; point de poils isolés à l'ouverture du bec. Nᴀʀɪɴᴇs basales , latérales , ovoïdes , à moitié fermées par une membrane garnie de petites plumes. Pɪᴇᴅs robustes , trois doigts devant et un derrière , le doigt extérieur soudé à sa base à celui du milieu ; tarse beaucoup plus long que le doigt du milieu. Aɪʟᴇs, la 1ʳᵉ. rémige presque nulle, la 2ᵉ. et la 3ᵉ. les plus longues.

Ils voyagent comme les étourneaux en grandes bandes , vivent comme eux , mais suivent encore plus assidûment le bétail, se posent sur leur dos pour se nourrir des pous de bois et des taons attachés à leur peau ; se rassemblent sur les fumiers et les crotins , et mangent aussi de grands insectes , tels que sauterelles et autres.

La mue est simple et paraît ordinaire ; les sexes diffèrent moins chez notre espèce européenne que dans les espèces étrangères, principalement par les ornemens accessoires à la tête ou sous la gorge ; les jeunes diffèrent beau-

coup des vieux par les couleurs du plumage. L'Amérique
et la Nouvelle-Hollande n'en ont point encore fourni.

Remarque. Tous ces oiseaux décrits par les auteurs sous
le nom de *Martin* viennent se réunir dans ce nouveau
genre ; il en est de même de quelques oiseaux placés dans
des systèmes parmi les *Étourneax* et les *Merles.*

Le plus grand nombre des espèces porte des ornemens
accessoires à la tête, soit huppes ou caroncules ; les jeunes
en sont toujours dépourvus, leur tête étant couverte de
plumes courtes et arrondies : ils sont de l'ancien continent.
Tout le genre *Gracula* de M. Cuvier fait partie de celui-ci ;
le *Gracula religiose* ou mainate de Linn. , forme seul
notre genre *Gracula.* M. Cuvier fait de ce dernier son
nouveau genre *Eulabes.*

MARTIN ROSELIN.
PASTOR ROSEUS. (Mihi.)

Tête huppée; celle-ci , le cou et le haut de la
poitrine d'un noir à reflets violets ; ventre , abdomen et tout le dos d'un beau rose; ailes et queue
d'un brun violet, à reflets; les couvertures des
premières liserées de rose clair; couvertures du
dessous de la queue et cuisses noires rayées de
blanchâtre; mandibule supérieure du bec et pointe
de l'inférieure d'un rosé jaunâtre , le reste noir ;
pieds jaunâtres; iris d'un brun foncé. Longueur,
8 pouces.

La femelle , n'a point les plumes de la huppe
aussi longues , les couleurs sont moins vives , le
rose est terne et quelquefois mélangé de brun.
Les très-vieux mâles ont les plumes de la huppe
fort longues et effilées, et le rosé du corps pur et
foncé,

Les jeunes de l'année, diffèrent beaucoup ; aucune des couleurs de l'oiseau adulte ne se remarque sur leur plumage. Toutes les parties supérieures du corps d'une seule teinte de brun isabelle ; les ailes et la queue brunes, toutes les pennes frangées de blanc et de cendré ; gorge et milieu du ventre d'un blanc pur, le reste des parties inférieures d'un brun cendré ; base du bec jaune, le reste brun ; pieds bruns, aucun indice de huppe sur la tête.

Dans cet état l'espèce n'a jamais encore été indiquée. Nous en devons la connaissance à M. le professeur Bonelli, dont les travaux ont tant contribué à la formation du beau cabinet de zoologie de Turin.

STURNUS ROSEUS. Scop. *Ann.* 1. *n*°. 191. — TURDUS ROSEUS. Gmel. *Syst.* 1. *p.* 819. *sp.* 15. — Lath. *Ind. v.* 1. *p.* 344. *sp.* 59.'— TURDUS SELEUCIS. Gmel. *Syst.* 1. *p.* 837. *sp.* 126. *la femelle.* — LE ROSELIN. Le Vaill. *Ois. d'Afriq. v.* 2. *p.* 96. *pl.* — LE MERLE COULEUR DE ROSE. — Buff. *Ois. v.* 3. *p.* 348. *t.* 22. — Id. *pl. enl.* 251. — ROSE COLOURED THRUSH. Lath. *Syn. v.* 3. *p.* 50. — Id. *supp. p.* 142. — STORNO ROSEO. *Stor. degli ucc. v.* 3. *pl.* 316. *le vieux mâle.* — ROSENFARBIGE DROSSEL. Meyer, *Tasschenb. Deut. v.* 1. *p.* 201. — Id. *Vögel. Deut. Heft.* 7. *mâle et femelle.* — Bechst. *Naturg. Deut. v.* 3. *p.* 393. — Naum. *Vög. Nachtr. t.* 27. *f.* 55.

Habite : les parties chaudes de l'Asie et de l'Afrique ; de passage régulier dans les provinces méridionales de l'Italie et de l'Espagne ; plus irrégulier dans son passage en Lombardie et en Piémont ; extraordinairement rare partout ailleurs.

Nourriture : sauterelles, poux de bois, sangsues et autres insectes ; aussi des semences qu'il aime à chercher

dans les fumiers ; on les voit souvent posés sur le dos du
bétail pour se nourrir des larves et des taons qui s'engendrent sur leur peau ; ils se rassemblent et vivent avec les
Étourneaux.

Propagation : niche dans les trous des arbres et dans
les fentes des masures ; pond jusqu'à six œufs dont on
ignore la couleur.

Remarque. Les auteurs ont confondu cet oiseau , ainsi
que plusieurs autres espèces étrangères , avec les merles ;
M. le Vaillant est le premier qui a désigné la véritable place
que doit occuper l'espèce.

ORDRE TROISIEME.

INSECTIVORES. — *INSECTI-VORES.*

Bec médiocre ou court, droit, arrondi, faiblement tranchant ou en alêne; mandibule supérieure courbée et échancrée vers la pointe, le plus souvent garnie à sa base de quelques poils rudes, dirigés en avant. Pieds, à trois doigts devant et un derrière, articulés sur le même plan, l'extérieur soudé à la base et uni jusqu'à la première articulation au doigt du milieu.

La voix de ces oiseaux est cadencée et harmonieuse; tous se nourrissent principalement d'insectes, particulièrement durant le temps de la reproduction; les baies servent aussi d'aliment à plusieurs espèces, mais ordinairement comme nourriture accessoire. Ils font plusieurs pontes par an, et habitent les bois, les buissons ou les roseaux, où ils nichent solitairement.

GENRE QUATORZIÈME.

PIE-GRIÈCHE. — *LANIUS.* (Linn.)

Bec médiocre, robuste, droit depuis son origine, très-comprimé; mandibule supérieure fortement courbée vers la pointe, où se forme un crochet; base dépourvue de cire, garnie de poils rudes, dirigés en avant. Narines basales, latérales, presque rondes, à moitié fermées par une membrane voûtée, souvent en partie cachée par des poils. Pieds à tarse plus long que le doigt du milieu; trois doigts devant et un derrière, entièrement divisés. Ailes, 1re. rémige de moyenne longueur, 2e. un peu plus courte que les 3e. et 4e. qui sont les plus longues.

Les cinq espèces de pies-grièches de nos climats, ainsi qu'un grand nombre d'espèces étrangères dont le bec est comprimé et plus ou moins crochu au bout, se distinguent par leur courage et par leur cruauté : petits oiseaux de rapine, elles ne le cèdent point en courage aux plus grands destructeurs des airs ; leur proie qu'elles saisissent et emportent avec le bec, consiste principalement en gros insectes, mais elles attaquent aussi avec avantage les plus petites espèces d'oiseaux, et les déchirent en se servant de leurs doigts comme moyens de préhension ; toutefois leurs serres ne ressemblent point à celles des oiseaux de rapine noble, dont les ongles sont rétractiles et les doigts faits pour saisir. Les pies-grièches ont le plus de rapport avec les oiseaux chanteurs, non seulement eu égard à leur voix cadencée, mais aussi par leur régime qui est essentiellement insectivore, et par les lieux où elles ont coutume d'habiter. Elles volent précipitamment, mais d'une manière irrégulière, le plus souvent en traçant des arcs-boutans ; leur queue remue sans cesse ; elles demeurent et nichent habituellement dans les bois en plaines et dans les buissons.

La mue de certaines espèces paraît double, une très-petite portion du plumage change deux fois de couleur ; chez le plus grand nombre elle est simple et ordinaire ; les sexes, dans toutes les espèces connues, diffèrent plus ou moins pour les couleurs du plumage ; les jeunes , quoique faciles à distinguer , diffèrent le moins en cet état des vieilles femelles. L'Amérique méridionale seule paraît ne point avoir des *Pies-grièches* ; les *Bataras* , et les *Bécardes* y semblent remplacer ce genre.

Remarque. Dans la première édition , le genre *Pie-grièche* (*Lanius*), se trouve placé à la suite de l'ordre des *Rapaces* ; mais il est mieux vu de le comprendre dans l'ordre de mes *Insectivores. Pies-grièches* ont en effet toutes les habitudes et les mœurs des oiseaux compris dans cet ordre ; elles forment avec les genres *Vanga* , Vieil., *Fourmilier* (*Myiotera* , Illig.), *Langrayan* (*Ocypterus* , Cuv.), *Bécarde* (*Psaris* , Cuv.), et *Bec de fer* (*Sparactes* , Illig.) * , une petite famille dont on ne peut les séparer convenablement, puisque ces groupes forment encore des passages par degrés insensibles aux genres *Drongo* (*Edolius* , Cuv.), *Échenilleur* (*Ceblephyris* , Cuv.) ; même aux *Coracines* (*Coracina* , Vieil.)** , et jusqu'aux *Pardalotes* (*Pardalotus* , Vieil.) : par les différentes espèces de ces genres, nos *Pies-grièches* viennent très-natu-

---

* Le genre *Betylus* de M. Cuvier est établi pour la seule espèce de *Lanius leverianus* , qui est un *Tangara* , ainsi qu'Illiger l'avait jugé. Le genre *Cassican* (*Barita* , Cuv.) doit faire partie des *Omnivores* , et se rattache tout près du genre *Corvus.* Le genre *Graucalus* , Cuv. ou les *Choucaris* sont des *Échenilleurs* , et doivent prendre rang dans ce genre dont ils portent les caractères.

** Ici viennent se réunir les *Gymnocéphales* et les *Gymnodères* de MM. Geoffroy et Cuvier.

rellement se grouper avec nos *Gobe-mouches*, nos *Merles* et nos *Sax icoles* d'Europe.

MM. Illiger et Cuvier ont également éloigné le genre *Lanius* des oiseaux de proie : j'ai suivi leur exemple.

PIE-GRIÈCHE GRISE.

LANIUS EXCUBITOR. (Linn.)

La tête, la nuque et le dos d'un beau cendré clair ; une large bande noire passe au-dessous des yeux, et recouvre l'orifice des oreilles ; parties inférieures d'un blanc pur ; ailes courtes, noires ; origine des rémiges et extrémité des pennes secondaires d'un blanc pur ; les deux pennes extérieures de la queue blanches ; la troisième noire vers le centre, la quatrième terminée par un grand espace blanc, la cinquième par un espace moins étendu, et les deux du milieu entièrement noires ; bec et pieds d'un noir profond. Longueur, 9 pouces. *Le vieux mâle.*

La femelle, a les parties supérieures d'un cendré plus terne ; parties inférieures blanchâtres ; chaque plume de la poitrine terminée par un croissant d'un cendré clair ; moins de blanc à l'extrémité des pennes secondaires des ailes, et plus de noir sur l'origine des pennes caudales.

Varie, d'un blanc presque parfait, seulement les parties noires légèrement ébauchées par du cendré foncé. Souvent plus ou moins varié de blanc.

Lanius excubitor. Gmel. *Syst.* 1. *p.* 300. *sp.* 11. — Lath. *Ind. v.* 1. *p.* 67. *sp.* 6. — Pie-grièche grise. Buff. *Ois. v.* 1. *p.* 296. *t.* 20. — Id. *pl. enl.* 445. Gérard. *Tab.*

élém. v. 1. *p.* 85. — GREAT CINEROUS SCHRIKE. Lath. *Syn.*
v. 1. *p.* 160. — Penn. *Brit. Zool. t. c. p.* 73. — VELIA
CENERIA. *Stor. degli uccelli. v.* 1. *pl.* 53. — GRAUER WUR-
GER. Meyer, *Tasschenb. Deut. v.* 1. *p.* 87. — Frisch. *t.* 59.
— Naum. *t.* 6. — BLAUWE KLAUWIER. Sepp, *Nederl. Vog.*
t. p. 121.

Habite : les buissons, les lisières des bois et les parcs;
sédentaire dans plusieurs contrées, de passage dans d'autres ; peu commun en Hollande.

Nourriture : souris, mulots, grenouilles, petits oiseaux,
lézards et scarabées.

Propagation : niche sur les arbres et dans les buissons ;
pond cinq ou sept œufs blancs, marqués de taches d'un
brun sale.

PIE-GRIÈCHE MÉRIDIONALE.

LANIUS MERIDIONALIS. (MIHI.)

La tête, la nuque, le manteau et le dos d'un
cendré très-foncé ; une large bande noire passe au-
dessous des yeux, et couvre l'orifice des oreilles ;
gorge d'un blanc vineux, toutes les autres parties
inférieures d'un vineux un peu cendré, dont les
teintes se nuancent sur les flancs et sur les cuisses
en un cendré pur et foncé ; origine des rémiges
et extrémité des pennes secondaires d'un blanc
pur ; les quatre pennes du milieu de la queue toutes
noires, les autres comme dans l'espèce précédente.
Longueur, 9 pouces. *Le vieux mâle.*

La femelle, a les parties supérieures d'un cendré foncé, toujours moins pur que celui du mâle ;
les parties inférieures nuancées de plus de cendré,
et variées par des croissans foncés qui terminent

toutes les plumes; la bande qui s'étend sur l'orifice des oreilles n'est pas d'un noir aussi décidé.

Remarque. Cette pie-grièche et celles indiquées sous les noms de *Lanius excubitor* et *minor* semblent former trois races ou variétés constantes produites par le climat; celle-ci est propre aux contrées du midi, et ne visite jamais les provinces du centre et du nord de l'Europe; ses habitudes sont à peu près les mêmes que celles de la pie-grièche grise, dont elle diffère constamment par le cendré beaucoup plus foncé des parties supérieures, et par la couleur de lie de vin distribuée en différentes nuances, sur toutes les parties inférieures. Cette race, que l'on pourrait aussi nommer espèce, semble se reproduire avec les mêmes différences, au moyen desquelles il est très-facile de la distinguer de notre *Pie-grièche grise*, sans offrir par le plumage les indices d'une union mixte. Je suppose, d'après mes observations, que les races ne se mêlent point, ce qui cependant peut avoir lieu dans des districts où elles se trouvent toutes les deux, et où l'une d'elles est peu nombreuse. J'ai indiqué les exemples de semblables unions d'espèces voisines à l'article des corneilles noires et mantelées, et des bergeronettes lugubres et grises.

Habite : le midi de l'Italie, la Dalmatie, le midi de la France, le long des bords de la Méditerranée et l'Espagne. Les individus envoyés d'Égypte ressemblent, sous tous les rapports, à ceux tués en Italie et en Provence.

Nourriture et *Propagation :* inconnues.

PIE-GRIÈCHE A POITRINE ROSE.

LANIUS MINOR. (Linn.)

Front, région des yeux et des oreilles noirs; occiput, nuque et dos cendrés, gorge blanche; poitrine et flancs d'un rouge rose; ailes noires; sur les rémiges seulement un miroir blanc; 1re. penne de la queue blanche ; sur la 2ᵉ. du noir le long de la baguette ; sur la 3ᵉ. une grande tache noire terminée de blanc ; sur la 4ᵉ une plus grande tache noire à extrémité d'un blanc pur ; les quatre pennes du milieu entièrement noires. Longueur, 8 pouces.

La femelle, à la couleur rose plus terne, la bande noire du front et des oreilles moins large ; cette bande et le noir des ailes tirant plus au brun.

Les jeunes de l'année et les *deux sexes*, après la mue d'automne, ne sont point parés du bandeau noir au front ; cette partie est en hiver d'un cendré terne ; après la mue du printemps tous les individus ont le bandeau noir, et le rose de la poitrine est plus vif. Les jeunes de l'année se distinguent encore par le cendré sale des parties supérieures, dont toutes les plumes sont frangées, et par le blanc terne des parties inférieures.

Lanius minor. Gmel. *Syst.* 1, *p.* 308. *sp.* 49. — Lanius italicus. Lath. *Ind. v.* 1. *p.* 71. *sp.* 13. — La Pie-Grièche d'Italie. Buff. *Ois. v.* 1. *p.* 298. — Id. *pl. enl.* 32. *f.* 1. — Lesser grey Schrike. Lath. *Syn. supp. v.* 1. *p.* 54. — Velia generia mezzana. *Stor. deg. ucc. v.* 1. *p.* 54. — Grauer Vurger. Bechst. *Tasschenb. p.* 101. — Schwartzstirniger Vurger. Meyer, *Tasschenb. Deut. v.* 1. *p.* 88. — Id. *Vög. Deutschl. v.* 2. *Heft.* 20. — Frisch. *Vög. t.* 60. *f.* 1. — Naum. *t.* 7. *f.* 13.

Habite : l'Archipel, la Turquie, l'Italie, l'Espagne, et visite quelquefois le nord de l'Europe, jusqu'en Russie ; se propage aussi dans quelques provinces de la France et de l'Allemagne, où l'espèce est peu répandue : très-rare en Hollande.

Nourriture : phalènes, scarabés, taupes, grillons et très-petits oiseaux.

Propagation : niche sur les arbres de haute futaie ou dans les buissons ; pond six œufs oblongs, d'un vert blan—châtre ; ils ont vers le centre une zone formée de petits points d'un gris olivâtre.

PIE-GRIÉCHE ROUSSE.

LANIUS RUFUS. (Briss.)

Front, région des yeux et des oreilles noirs ; occiput et nuque d'un roux ardent, haut du dos et ailes noires ; scapulaire, miroir des rémiges, extré-mité et bords des pennes moyennes et des cou-vertures, d'un blanc pur ; toutes les parties infé-rieures de cette couleur ; 1re. penne de la queue blanche avec une tache noire carrée sur la barbe intérieure ; la 2e. avec une tache plus grande sur les deux barbes ; les autres blanches à leur origine et vers le bout ; les deux du milieu noires ; queue légèrement arrondie ; la 2e. rémige d'égale lon-gueur avec la 5e. Longueur, 7 pouces.

La femelle, a l'occiput et la nuque d'un roux moins vif rayé de brun ; le blanc sur les scapulaires est moins grand et terne ; le noir du plumage rembruni ; les couvertures des ailes bordées de roux ; la poitrine d'un blanc terne avec de fines raies transversales brunes ; les plumes des flancs roussàtres terminées de brun.

Les jeunes de l'année, sont en dessous d'un blanc sale avec des raies grises, et en dessus d'un

brun roux avec des croissans bruns ; ailes et queue
d'un brun noirâtre.

Remarque. Les jeunes de cette espèce ressemblent
beaucoup à la femelle de la pic-grièche écorcheur ; pour
les distinguer, il suffit d'avoir égard à la conformation de
la queue et des ailes.

Lanius rufus. Briss. *Orn. v.* 2. *p.* 147. *sp.* 3. —Retz.
Linn. Faun. Suec. p. 89. *sp.* 39. — Lanius rutilus.
Lath. *Ind. v.* 1. *p.* 70. *sp.* 12. — Lanius Pomeranus.
Mus. Carls. fasc. 1. *t.* 1. — Gmel. *Syst.* 1. *p.* 302. *sp.* 33.
— Lanius Collurio rufus. Id. *p.* 301. *sp.* 12. *var. y.* —
La Pie-Grièche rousse. Buff. *Ois. v.* 1. *p.* 301. — Id. *pl.
enl.* 9. *f.* 1. *le mâle.* — Vaill. *Ois. d'Afr. v.* 2. *pl.* 63.
f. 1. *le vieux mâle. f.* 2. *jeune.* — Gérard. *Tab. élém.
v.* 1. *p.* 87. — Woodchat. Lath. *Syn. v.* 1. *p.* 169. —
Penn. *Brit. Zöol. t. c.* 2.—Velia maggiore col capo rosso.
Stor. deg. ucc. v. 1. *pl.* 56. — Rothköpfiger Vurger.
Bechst. *Tasschenb. Deut. p.* 101. — Meyer, Id. *p.* 89. —
Frisch. *t.* 61. *f.* 1. *le vieux mâle. f.* 2. *le jeune.* — Naum.
Vög. t. 7. *f.* 14. *vieux mâle.*

Habite : la France, l'Italie, la Suisse, l'Allemagne,
jusque dans le nord ; très-rare et accidentellement en
Hollande ; abondant en Afrique.

Nourriture : comme l'epèce précédente.

Propagation : niche dans les buissons, suspend le nid
à l'enfourchure des branches ; pond six œufs d'un vert blanchâtre, où se distinguent quelques grandes et beaucoup de
petites taches cendrées.

PIE-GRIÈCHE ÉCORCHEUR.

LANIUS COLLURIO. (Briss.)

Sommet de la tête, nuque, haut du dos et croupion d'un cendré bleuâtre : du noir entre l'œil et

le bec, immédiatement à l'entour des yeux et sur
l'orifice des oreilles : manteau et couvertures des
ailes d'un roux marron : gorge et abdomen d'un
blanc pur : poitrine, flancs et ventre d'un roux
rose : ailes noirâtres, bordées de roux foncé :
deux pennes du milieu de la queue noires, les autres
blanches jusqu'aux deux tiers de leur longueur,
le reste noir ; toutes sont terminées d'une petite
tache blanche, les baguettes noires : queue carrée,
seulement la penne extérieure de quelques lignes
plus courte que les autres. la 2ᵉ. rémige plus longue que la 5ᵉ. Longueur, 6 pouces.

La femelle, a les parties supérieures d'un roux
terne, nuque et croupion d'un roux cendré ; gorge,
milieu du ventre et couvertures inférieures de la
queue d'un blanc pur ; plumes des côtés du cou,
de la poitrine et des flancs entourées de fines raies
brunes ; les deux pennes latérales de la queue entourées dans leur longueur de brun et de blanc
jaunâtre, et terminées de cette couleur ; les quatre
pennes du milieu d'un brun roux uniforme ; entre
le bec et l'oeil et au-dessus des yeux, du blanc
jaunâtre. Briss. *Orn. v.* 2. *p.* 150, décrit cette femelle comme étant la femelle de la pie-grièche
rousse, ce qui est faux : Buffon commet la même
erreur dans sa *pl. enl.* 31. *fig.* 1.

Lanius Collurio. Briss. *Orn. v.* 2. *p.* 151. *sp.* 4. — Retz.
Linn. *Faun. Suec. p.* 88. *sp.* 38. — Gmel. *Syst.* 1. *p.* 300.
sp. 12. — Lanius spini torquens. Bechst. *Naturg. Deut.*
v. 2. *p.* 1335. — La Pie-Grièche Écorcheur. Buff. *Ois. v.* 1.
p. 304. *t.* 21. — Id. *pl. enl.* 31. *f.* 2. *le mâle, et f.* 1. *la*

femelle, sous le faux nom de Pie-Grièche rousse fe-melle. — Le Vaill. *Ois. d'Afr. v. 2. pl.* 64. *f.* 1 *et* 2. — Gérard. *Tab. élém. v.* 1. *p.* 90. — RED BACKED SHRIKE. Lath. *Syn. v.* 1. *p.* 167. — Penn. *Brit. Zool. t. c.* 1. — VELIA ROSSA MINOR. *Stor. deg. ucc. v.* 1. *pl.* 55 *f.* 1 *et* 2. — ROTHRÜCKIGER VURGER. Meyer, *Tasschenb. Deut. v.* 1. *p.* 90. — Naum. *Vög. t.* 8. *f.* 15 *et* 16. — GRAUWE KLAUWIER. Sepp. *Ned. Voy. t. p.* 127.

Les jeunes de cette espèce ressemblent beaucoup à la femelle; mais dans cet état le cendré de la nuque et du croupion est peu apparent; le croupion est roux avec de petites raies brunes.

Habite : les buissons; très-abondant à la lisière des bois situés dans le voisinage des bruyères; répandu dans toute l'Europe, jusqu'en Suède et en Russie; également commun dans l'Amérique méridionale, où l'espèce est la même.

Nourriture : hannetons, cigales, grosses mouches, araignées, jeunes souris, petits lézards, sauterelles, grenouilles, etc.

Propagation : niche dans les différentes espèces de buissons à épines, dans les enfourchures des branches; pond cinq ou six œufs obtus qui sont ou roses avec des taches rougeâtres, ou bien jaunâtres avec des taches d'un cendré verdâtre en forme de zone.

GENRE QUINZIÈME.
GOBE-MOUCHE. — *MUSCICAPA.*
(Linn.)

Bec médiocre, robuste, angulaire, déprimé à la
base, plus ou moins large ; comprimé vers la pointe
qui est forte, dure, courbée et très-échancrée ;
base garnie de poils longs et raides. Narines basales, latérales, ovoïdes, couvertes en partie et
à claire voie par des poils dirigés en avant. Pieds
à tarse de la longueur ou un peu plus long que le
doigt du milieu ; les latéraux presque toujours
égaux ; trois doigts devant et un derrière, le doigt
extérieur soudé à sa base au doigt du milieu. Ongle postérieur très-arqué. Ailes ; la 1re. rémige très-
courte ; la 2e. moins longue que les 3e. et 4e., qui
sont les plus longues.

Ce sont en Europe des oiseaux voyageurs, qui arrivent
tard et partent tôt en automne. Ils se nourrissent uniquement de mouches et d'autres insectes ailés, qu'ils attrapent
au vol ; on ne les voit point chercher leur nourriture à
terre, il est même rare qu'ils l'enlèvent de dessus les feuilles
des arbres. Ils ne font en Europe qu'une ponte par an, se
perchent à la sommité des arbres, et vivent solitairement
dans les forêts. Chez quelques espèces la mue n'a lieu
qu'une fois dans l'année ; chez d'autres elle est double ;
dans ce cas, ce sont seulement les mâles dont les couleurs
du plumage changent périodiquement ; ceux-ci ont en automne la livrée des femelles et des jeunes ; ils sont parés
au printemps de couleurs plus tranchées ou plus vives ; je
n'ai point encore acquis la certitude d'une double mue
chez les femelles, mais il est de fait, que si elle a lieu, les
couleurs du plumage ne changent point. Quelques espèces

étrangères sont aussi sujettes à une double mue. Les sexes
se distinguent le plus souvent par des couleurs assez tranchées, particulièrement chez les espèces étrangères, parmi
lesquelles on en voit dont les mâles portent des ornemens
extraordinaires. Les jeunes ne diffèrent des adultes que
dans la première année. Les espèces de ce genre très–nombreux sont répandues dans tous les pays situés sous un climat tempéré.

Remarque. Ce genre est composé dans nos climats d'une
seule section, mais les pays chauds nourrissent des espèces
dont les formes du bec varient singulièrement ; cette anomalie semble être en rapport avec leur nourriture, et dé-
pend des facultés et des mœurs des différentes espèces
d'insectes qui leur servent de pâture. Les becs de ces
oiseaux varient entre la forme propre à notre *Muscicapa grisola*, jusqu'à celle très–allongée et très–déprimée
du genre *Todus*, dont le *Todus viridis* forme jusqu'ici la
seule espèce connue ; tous les autres sont des *Gobe-mouches*. Ces différentes nuances dans le bec lie quelques espèces d'une part au genre *Platyrynchus*, et de l'autre, par
la section des *Tyrans*, aux genres *Lanius* et *Edolius ;*
d'autres marquent le passage par degrés presque insensible
aux plus petites espèces du genre *Sylvia*, tandis que certains rameaux prennent graduellement la forme de bec
propre aux oiseaux des genres *Tamnophilus* et *Myothera ;* quelques-unes établissent des rapports bien marqués
avec le genre *Ampelis*, et d'autres même avec le genre
Vanga. Les platyrinques (*Platyrynchus*, DESMAR.), les
moucherolles (*Muscipetta*, CUV.), et mon nouveau groupe
sous le nom de *Climacteris*, semblent pouvoir former
trois genres assez bien caractérisés, dont toutes les espèces sont faciles à distinguer par des caractères rigoureux. Ceux qui voudront former un plus grand nombre de
nouveaux genres pour classer toutes les légères nuances et
les anomalies dans les formes du bec de ces oiseaux, trouveront ici un vaste champ ouvert à leurs vues nouvelles ;

Je doute s'ils réussiront à nous rendre ces nuances faciles à saisir, et intelligibles par des phrases et des mots ; c'est cependant le point capital qu'on exigera d'eux, afin de faire l'application du système à la nature.

On a très-récemment encore formé un nouveau genre *Alecturus*, pour l'oiseau décrit et figuré par d'Azara, sous le nom de *Petit Coq ;* il s'ensuit que voilà un vrai gobe-mouche, dont le bec est absolument conformé comme dans les espèces d'Europe, séparé de tous ses congénères, dont cette espèce (suivant le témoignage du prince de Neuwied), a toutes les habitudes.

GOBE-MOUCHE GRIS.

MUSCICAPA GRISOLA. (Linn.)

Toutes les parties supérieures d'un brun cendré ; front tirant au blanchâtre ; sur les plumes de la tête une raie longitudinale d'un brun foncé ; gorge et milieu du ventre blancs ; côtés du cou, poitrine et flancs parsemés de taches longitudinales d'un brun cendré. Longueur, 5 pouces 6 ou 7 lignes.

Il n'existe aucune différence entre le mâle et la femelle. La mue n'a lieu qu'une fois dans l'année.

Muscicapa grisola. Gmel. *Syst.* 1. *p.* 949. *sp.* 20. — Lath. *Ind. v.* 1. *p.* 467. *sp.* 1. — Le Gobe-Mouche proprement dit. Buff. *Ois. v.* 4. *p.* 517. *t.* 25. *f.* 2. —Id. *pl. enl.* 565. *f.* 1. — Gérard. *Tab. élém. v.* 1. *p.* 93. — Spotted flycatcher. Lath. *Syn. v.* 3. *p.* 323. — *Brit. Zool. p.* 2. *f.* 4. — Geeleckter fliegenfanger. Bechst *Naturg. Deut. v.* 3. *p.* 421. — Meyer, *Tasschenb. Deut v.* 1. *p.* 211. — Frisch. *t.* 22. *f.* 2. *b.* — Naum. *t.* 41. *f.* 92.

Habite : les forêts et rarement les jardins ; répandu jusqu'en Suède et dans les provinces tempérées de la Russie ; rare en Hollande.

Nourriture : mouches et autres insectes diptères, plus rarement des chenilles et des fourmis.

Propagation : niche sur les arbres et dans les buissons ; quelquefois dans les trous naturels des grosses branches ; plus rarement dans les fentes et les trous des masures; pond jusqu'au nombre de cinq œufs, d'un blanc bleuâtre ; couvert de taches rousses, ces taches sont plus foncées vers le bout obtus de l'œuf.

GOBE-MOUCHE A COLLIER.

MUSCICAPA ALBICOLLIS. (Mihi.)

Sommet de la tête, joues, dos, petites couvertures des ailes et *toutes les pennes de la queue* d'un noir profond ; le front, un large collier sur la nuque et toutes les parties inférieures d'un blanc pur ; du blanc mêlé de noir sur le croupion ; un miroir blanc sur l'origine des rémiges ; moyennes et grandes couvertures des ailes blanches; les dernières terminées de noir sur les barbes intérieures. Longueur, 5 pouces. *Le vieux mâle, dans sa livrée parfaite d'été ou des noces.*

La vieille femelle, diffère beaucoup du *vieux mâle du printemps ;* sur le front est un très-petit espace cendré blanchâtre ; toutes les autres parties supérieures sont d'un gris cendré, exception faite toutefois des grandes couvertures des ailes qui sont blanches extérieurement, et des *deux pennes latérales* de la queue qui sont liserées de blanc; toutes les parties inférieures sont d'un blanc pur ; le collier blanc qui entoure la nuque *du mâle en plumage de printemps*, se trouve très-faiblement indiqué chez *la femelle* par du cendré plus clair que le reste des parties supérieures.

Les jeunes de l'année, ressemblent aux femelles ; ils en diffèrent en ce qu'il n'existe point du blanchâtre au front ; que les parties inférieures sont d'un blanc sale, maculé de cendré sur la poitrine, et que les *deux pennes* latérales de la queue portent *de larges bords blancs*. A mesure que le le jeune mâle avance en âge, et dès sa première mue de printemps, il prend du noir partout où la femelle a du cendré ; les bords blancs, quoique moins larges, continuent encore à exister sur *une ou sur les deux pennes* latérales de sa queue, qui est alors noire; mais il ne reste plus de traces de ces bords blancs chez les vieux mâles, passé l'âge de deux ans. *En hiver, il n'existe aucune différence entre les mâles et les femelles.*

Le vieux mâle au printemps.

Muscicapa collaris. Bechst. *Tasschenb. Deut. p.* 158. *sp.* 3. *—Muscicapa atricapilla. Jacquin. *Beyt. p.* 41. *t.* 19. — Gmel. *Syst.* 1. *p.* 935. *sp.* 9. *var. b.* — Le Gobemouche a collier de Lorraine. Buff. *Ois. v.* 4. *p.* 520. *t.* 25. *f.* 1. *le vieux mâle.* — Id. *pl. enl.* 565. *f.* 2. un individu prenant sa livrée complète. — Gérard. *Tab. élém. v.* 1. *p.* 95. un individu adulte conservant encore du jeune âge le blanc qui borde le penne extérieur de sa queue. —

---

* Le nom de *Collaris* ne doit point être employé, puisque Latham s'est déjà servi de cette dénomination pour désigner une espèce exotique.

Pied flycatcher. Lath. *Syn. v. 3. p.* 325. *var. B.* — Der
fliegenfanger mit dem halsbande. Bechst. *Tasschenb.
Deut v.* 1. *p.* 212. *var. C.*

Remarque. Les jeunes oiseaux de cette espèce ont toujours été confondus avec les jeunes de l'espèce suivante ;
voyez la remarqne plus détaillée à cet article. On ne doit
point confondre avec notre espèce le Muscicapa torquata.
Gmel. *p.* 945. *sp.* 17 , comme l'ont fait quelques méthodistes; cette dernière forme une espèce distincte, seulement propre à l'Afrique.

Habite : plus particulièrement les provinces du centre
de l'Europe , moins abondant en Allemagne et dans le nord
de la France ; jamais en Hollande , rare dans le midi de
l'Italie.

Nourriture : comme l'espèce précédente.

Propagation : niche dans les trous des arbres ; pond
cinq ou six œufs, d'un bleu verdâtre , pointillé au gros
bout de fines taches brunes. Vit toujours dans l'intérieur
des forêts les plus touffues et les plus vastes.

GOBE-MOUCHE BEC-FIGUE.

MUSCICAPA LUCTUOSA. (Mihi.)

Toutes les parties supérieures du corps et *les
pennes de la queue*, d'un noir profond : le front et
toutes les parties inférieures d'un blanc pur ; les
ailes noires ont les moyennes et les grandes couvertures blanches, ces dernières sont terminées de
noir sur leurs barbes intérieures. Longueur totale ,
5 pouces. *Le vieux mâle dans sa livrée parfaite
d'été ou de noces.*

Avant que la livrée *du mâle* ait acquis son coloris noir ,
on voit des plumes grises, semées sur un fond noir ; les

pennes des ailes et celles de la queue sont noirâtres ; et seulement les deux pennes extérieures de cette dernière sont bordées de blanc ; à la seconde année, le blanc ne borde que la seule penne extérieure, et à la troisième mue du printemps ou passé l'âge de deux ans accomplis, le plumage de cette espèce ainsi que de l'espèce précédente est dans toute sa perfection.

La vieille femelle, diffère de l'espèce précédente par le manque du miroir, par le cendré brun très-uniforme des parties supérieures, et par les *trois pennes latérales* de la queue, dont les bords sont blancs ; ce sont aussi les seules différences qui caractérisent les jeunes.

Remarque. On ne saurait être trop attentif pour bien saisir les différences qui distinguent les deux espèces si voisines de *Muscicapa albicollis* et *luctuosa*. Les mâles en plumage de noces sont faciles à distinguer, mais seulement après leur seconde mue de printemps ; le premier est orné d'un collier blanc qui entoure toute la partie supérieure du cou, tandis que le second a toute la partie postérieure du cou noire ; dans la première mue de printemps le collier du *Muscicapa albicollis* se dessine par une nuance grise cendrée. Les femelles des deux espèces, les mâles revêtus de leur plumage d'hiver et les jeunes, se ressemblent tous à s'y méprendre ; on ne peut les distinguer facilement que, 1°. par le miroir blanc qui se dessine sur les rémiges dans *M. albicollis*, tandis que celles-ci sont unicolores chez *M. luctuosa* ; 2°. par les pennes latérales de la queue, dont les *deux extérieures* ont un bord blanc, plus ou moins large suivant les âges, dans *M. albicollis*, tandis que, chez *M. luctuosa*, il y a *trois pennes latérales* marquées de bords blancs. La manière de vivre, le cri d'appel et le chant des mâles offrent des différences très-marquées ; la couleur des œufs diffère également. C'est à M. Lotinguer qu'on doit la première observation sur la double mue de *Muscicapa albicollis*, seule espèce bien connue en France où elle est assez commune. On ne sera plus surpris depuis l'explication donnée, que les oiseaux connus en Italie et dans le midi, sous les noms de *Beque-figue* ou *Bec-figue*, s'y trouvent en aussi grande quantité, surtout depuis les mois d'octobre et durant tout l'hiver, époque de leur émigration et en même temps de leur seconde mue périodique, qui fait paraître tous les individus des deux espèces mentionnées dans une livrée dont les couleurs n'offrent, au premier coup d'œil, aucun indice de différence.

Le vieux mâle et l'adulte au printemps.

· **Emberiza luctuosa.** Scop. *Ann.* 1. n°. 215. — Gmel. *Syst.* 1. *p.* 874. *sp.* 46. — **Muscicapa atricapilla.** Gmel. *Syst* 1. *p.* 935. *sp.* 9. — Lath. *Ind. v.* 1. *p.* 467. *sp.* 2. — **Rubetra anglicana.** Briss. *Orn. v.* 3. *p.* 436. *sp.* 27. — **Le Traquet d'Angleterre.** Buff. *Ois. v.* 5. *p.* 222. —Edw. *t.* 30. *f.* 1. le mâle prenant sa livrée parfaite, et *f.* 2. le jeune de l'année. — **Pied fleycatcher.** Lath. *Syn. v.* 3. *p.* 324.— Penn. *Brit. Zool. t. S. f.* 1.— **Schwartzrückiger fliegenfanger.** Bechst. *Naturg. Deut. p.* 431. — Meyer, *Tasschenb. Deut. v.* 1. *p.* 212. — Frisch. *t.* 24. *f.* 2. — Naum. *t.* 41. *fig.* 93.

Le vieux mâle, la femelle et les jeunes, en hiver.

Motacilla ficedula. Gmel. *Syst.* 1. *p.* 956. *sp.* 10. — **Sylvia ficedula.** Lath. *Ind. v.* 2. *p.* 517. *sp.* 28. — **Muscicapa muscipeta.** Bechst. *Naturg. Deut. v.* 3. *p.* 435. — **Motacilla atricapilla** (femina.) Gmel. *Syst.* 1. *p.* 945. *sp.* 9. — **Le Becfigue.** Buff. *Ois. v.* 5. *p.* 187. — Id. *pl. enl.* 668. *f.* 1. — Gérard. *Tab. élém. v.* 1. *p.* 269. *et la note au bas de la page ; un jeune de cette espèce ou de la*

précédente. — EPICUREAN WARBLER. Lath. *Syn. v.* 3. *p.* 432.
— Penn. *Arct. Zool. v.* 2. *p.* 419. — ALIUZZA DI COLOR
BIANCO. *Stor. degli uccelli. v.* 4. *pl.* 381. *f.* 1. *et* 2. —
SCHWARTZGRAUER FLIEGENFANGER. Meyer, *Tasschenb. Deut.
v.* 1. *p.* 213. — Frisch. *Vög. t* 22. *f.* 2. *A.* — Naum. *t.* 41.
f. 94.

Habite : en grand nombre dans les provinces méridionales , le long de la Méditerranée ; se trouve aussi dans
les provinces du centre de la France et de l'Allemagne ;
rare en Angleterre , et jamais en Hollande ; très-commun
dans toute l'Italie.

Nourriture : mouches et autres petits insectes qu'il en-
lève de dessus la surface des fruits mous et des feuilles.

Propagation : place son nid dans les rameaux unis de
deux arbres voisins, ou dans les trous naturels des branches; pond jusqu'au nombre de six œufs, d'un bleu verdâtre très-clair. Vit le plus habituellement dans les bois en
plaines, dans les parcs, et souvent dans les vergers ; en
Italie dans les bois d'oliviers et de figuiers.

GOBE-MOUCHE ROUGEATRE.

MUSCICAPA PARVA. (BECHST.)

Toutes les parties supérieures d'une seule nuance
de cendré rougeâtre , qui prend uue légère teinte
bleuâtre au-dessus des oreilles ; les pennes des ailes d'un cendré brun ; les quatre pennes du milieu de la queue et l'extrémité des latérales noirâtres , ces dernières sont d'un blanc pur depuis leur
origine ; gorge , devant du cou et poitrine d'un
roux vif ; flancs rougeâtres, le reste des parties inférieures blanc ; poils de la base du bec très-longs;
bec et pieds bruns. Longueur, 4 pouces, 5 lignes.
Le vieux mâle.

La vieille femelle, a le roux de la poitrine et du cou beaucoup plus clair, et toutes les autres couleurs moins foncées.

On n'a bien connu jusqu'ici que les jeunes de cette espèce. Ils ont du roussâtre très-clair sur la poitrine et sur les flancs ; la gorge d'un blanc légèrement roussâtre ; toutes les parties supérieures cendrées ; les plumes des ailes bordées et terminées de roux ; les pennes latérales de la queue blanches, terminées de brun cendré. C'est alors

Muscicapa parva. Bechst. *Naturg. Deut. v.* 3. *p.* 442. Kleiner fliegenfanger. Meyer, *Tasschenb. Deut. v.* 1. *p.* 215.

Remarque. Cette espèce, que je dois aux soins obligeans de mes amis d'Allemagne, y est de passage annuel, mais très-difficile à se procurer. Je n'ai point appris que l'espèce ait été vue ailleurs ; peut-être ne fait-elle que passer en France. Je ne saurais dire si la double mue a lieu chez cette espèce, mais je le présume.

Habite : les plus vastes forêts de l'Allemagne , seulement pendant le très-court espace de temps que dure la reproduction ; assez commun dans les parties orientales, vers le midi.

Nourriture : petits insectes et petites mouches.

Propagation : place son nid dans les rameaux unis de deux arbres voisins, ou dans l'enfourchement des branches.

GENRE SEIZIÈME.

MERLE. — *TURDUS.* (Linn.)

Bec médiocre, tranchant; pointe comprimée et recourbée; mandibule supérieure échancrée vers la pointe; des poils isolés à l'ouverture du bec. Narines basales, latérales, ovoïdes, à moitié fermées par une membrane nue. Pieds à tarse plus long que le doigt du milieu; le doigt extérieur soudé à sa base à celui-ci. Ailes, la 1re. rémige presque nulle ou de moyenne longueur; dans quelques espèces la 3e. la plus longue, dans d'autres la 4e.

La chair de ces oiseaux est très-bonne à manger; ils vivent isolés pendant le temps de la reproduction. Ils émigrent en grandes troupes, ou sont sédentaires dans plusieurs contrées méridionales de l'Europe : ils font grand cas de toutes sortes de baies; mais les insectes forment leur principale nourriture, particulièrement dans le temps des couvées. Chez les *Grives* les sexes offrent peu de différence dans le plumage, mais il en existe souvent d'assez marquées dans les oiseaux qu'on est convenu d'appeler *Merles*; les jeunes, jusqu'à leur première mue, ressemblent aux femelles; la mue chez le plus grand nombre, je crois même chez toutes les espèces, est simple; les taches et les bandes éprouvent quelques changemens par le frottement, de façon qu'au printemps on observe de légères différences entre les individus tués immédiatement après leur mue d'automne.

Remarque. Les *Grives* et les *Merles* ont été séparés par Buffon, mais ils ne diffèrent point dans les parties caractéristiques; les premiers ont le plumage plus ou moins marqué de petites taches foncées, les seconds ont les couleurs distribuées par grandes masses. Le genre *Turdus* est composé de deux sections naturelles, déterminées par les différences dans les habitudes; la première comprend toutes les espèces qui habitent les bois et les bocages; la seconde celles qui vivent solitairement dans les contrées rocailleuses et montueuses. Dans la première édition j'avais formé une troisième section pour l'espèce européenne qui habite les roseaux, le long des fleuves et des lacs; mais ayant trouvé depuis que cette espèce et toutes celles étrangères, ainsi conformées, ont beaucoup plus de rapports, dans leur manière de vivre et de se nourrir, avec les nombreuses espèces du genre *Sylvia* qui habitent les bords des eaux, on les trouvera dans ce genre. MM. Meyer et Cuvier ont aussi fait ce changement depuis peu. Ce genre comprend en espèces exotiques un très-grand nombre qui n'y sont point à leur place; plusieurs sont du genre *Melliphaga** de Lewin, et un grand nombre forment mon nouveau genre *Lamprotornis*; d'autres sont du genre *Myothera* d'Illiger.

Ire. SECTION. — SILVAINS.

Ils nichent et vivent toujours dans les bois, les buissons, les parcs ou les jardins; leur migration s'exécute en bande, et leur nourriture se compose presque uniquement de baies, hormis pendant l'éducation des jeunes : alors les insectes sont leur principal aliment.

MERLE DRAINE.

TURDUS VISCIVORUS (Linn.)

Parties supérieures d'un brun cendré; entre le bec et l'œil un espace d'un gris blanc; toutes les

---

* Ce genre, formé par Lewin. (Birds of new Holland), correspond au nouveau genre *Philedon* de Cuvier.

parties inférieures d'un blanc légèrement nuancé de jaune roussâtre, varié sur la gorge et le devant du cou avec des taches brunes en forme de fer de lance, et sur les autres parties avec des taches ovales : couvertures des ailes bordées et terminées de blanc; les trois pennes extérieures de la queue terminées de gris blanc. Longueur, 11 pouces.

La femelle, a les parties inférieures plus nuancées de roussâtres.

Varie considérablement; d'un blanc plus ou moins parfait ou tapiré de cette couleur : souvent les ailes ou la queue blanches, seulement avec quelques taches brunes sur les parties inférieures; d'un gris cendré à queue blanche; d'un roux cendré; d'un roux jaunâtre avec des taches angulaires; souvent les ailes et la queue brunes.

Turdus viscivorus. Gmel. *Syst.* t. *p.* 806. *sp.* 1. — Lath. *Ind. v.* 1. *p.* 326. — La Draine. Buff. *Ois. v.* 3. *p.* 295. *t.* 19. *f.* 1. — Id. *pl. enl.* 489. — Gérard. *Tab. élém. v.* 1. *p.* 113. — Missel Thrush. Lath. *Syn. v.* 3. *p.* 16. — Penn. *Brit. Zool. pl. P.* 1. *f.* 1. — Mistel Drossel, Meyer, *Tasschenb. v.* 1. *p.* 191. — Bechst. *Tasschenb. Deut. v.* 3. *p.* 324. — Id. *Tasschenb. p.* 143. — Frisch. *t.* 25. — Naum. *t.* 30. *f.* 62. Tordo maggiore. *Stor. deg. ucc. v.* 3. *t.* 294.

Habite : de préférence les forêts noires situées en montagnes, particulièrement dans celles où croissent des genévriers; de passage périodique dans quelques contrées de la France ; très-rare et isolément en Hollande ; sédentaire en Angleterre.

Nourriture : baies, sauterelles , chenilles , scarabées ,
vers et limaçons; très-friand de baies du genévrier et
autres.

Propagation : niche dans le nord , sur des pins et des
sapins; pond trois ou cinq œufs, d'un vert blanchâtre ,
marqué de quelques grandes taches violettes et de points
roux.

MERLE LITORNE.

TURDUS PILARIS (Linn.)

Tête, nuque et partie inférieure du dos cendrées,
haut du dos et couvertures des ailes châtains; les
dernières terminées de cendré; espace entre l'œil
et le bec noir ; un trait blanc au-dessus des yeux ;
gorge et poitrine d'un roux clair avec des taches
lancéolées noires; plumes des flancs tachées de
noir et bordées de blanc ; ventre d'un blanc pur;
queue noire, la penne extérieure terminée de gris
foncé. Longueur, 10 pouces.

La femelle, a le cendré de la tête nuancé de plus
de brun ; la gorge blanchâtre et les pieds bruns ; le
mâle a les pieds plus foncés.

Turdus pilaris. Gmel. *Syst* 1. *p.* 807. *sp.* 2. — Lath.
Ind. v. 1. *p.* 330. *sp.* 11. — La Litorne ou Tourdelle.
Buff. *Ois. v.* 3. *p.* 301. — Id. *pl. enl.* 490. — Gérard. *Tab.
élém. v.* 1. *p.* 117. — Fieldfare. Lath. *Syn. v.* 3. *p.* 24.
—Tordella gazzina. *Stor. deg. ucc. v.* 3. *pl.* 295. — Wa-
chholder-Drossel. Bechst. *Tasschenb. Deut. v.* 1. *p.* 145.
— Id. *Naturg. Deut. v.* 3. *p.* 336. — Meyer, *Tasschenb.
Deut. v.* 1. *p.* 193. — Frisch. *t.* 26. — Naum. *t.* 29. *f.* 59.

Varie, à peu près comme l'espèce précédente ;
d'un blanc jaunâtre ou plus ou moins tapiré de

cette couleur; avec plus ou moins de taches sur les parties inférieures, ou celles-ci d'un roux plus ou moins foncé; c'est alors

Turdus pilaris nævius et leucocephalus. Briss. *Orn.* *v. 2. p.* 217 et 218. *A. et B. variétés.*

Habite : de préférences les forêts noires du nord de l'Europe, d'où il se répand en automne par troupes nombreuses dans les autres contrées, pour retourner vers le nord en mars ou avril. Cet oiseau est très-commun dans les plus hautes vallées des Alpes Suisses, Cottiennes et Pennines, particulièrement au printemps ; il est, en automne, le dernier du genre qui effectue son passage dans les pays tempérés.

Nourriture : insectes, vers de terre et baies, particulièrement celles du genévrier.

Propagation : niche dans le nord sur de hauts arbres, pond quatre ou six œufs, d'un vert de mer pointillé de roux.

MERLE GRIVE.

TURDUS MUSICUS. (Linn.)

Toutes les parties supérieures d'un brun nuancé d'olivâtre; les couvertures des ailes bordées et terminées de jaune roussâtre; l'espace entre l'œil et le bec jaunâtre; gorge blanche sans taches; côtés du cou et poitrine d'un jaune roussâtre, avec des taches triangulaires brunes; ventre et flancs d'un blanc pur, avec des taches ovoïdes brunes; pieds d'un gris brun. Longueur, 8 $\frac{1}{2}$ pouces.

La femelle, est plus petite ; le jaunâtre de la poitrine est plus clair; et l'extrémité roussâtre des couvertures alaires est moins apparente.

Varie, comme les espèces précédentes; du blanc parfait, au brun plus ou moins tapiré de blanc; quelquefois tout le brun du plumage d'un roux ardent, ou d'un roux jaunâtre.

Turdus musicus. Gmel. *Syst.* 1. *p.* 809. — Lath. *Ind.* v. 1. 327. — La Grive. Buff. *Ois. v.* 3. *p.* 280 — Id. *pl. enl.* 406. — Gérard. *Tab. élém. v.* 1. *p.* 108. — Song-Thrusch. Lath. *Syn. v.* 3. *pl.* 18. — Tordo botaccio. *Stor. deg. ucc. v.* 3. *pl.* 290. — Singdrossel. Bechst. *Tasschenb. Deut. p.* 144. — Id. *Naturg. Deut. v.* 3. *p.* 349. — Meyer, *Tasschenb. Deut. v.* 1. *p.* 195. — Frisch. *Vög. t.* 27 *f.* 1. *et t.* 33. *f. variété.* — Naum. *t.* 30. *f.* 61.

Habite : les bois en montagnes, à la lisière desquels elle se tient pour se répandre sur les terres labourées et sur les prairies; abondant à son passage dans la plupart des pays de l'Europe; niche dans nos contrées.

Nourriture : comme l'espèce précédente.

Propagation : niche sur des arbres peu élevés, très-souvent sur des pommiers et des poiriers; pond de trois jusqu'à six œufs, d'un bleu verdâtre avec de grands et de petits points bruns.

MERLE MAUVIS.

TURDUS ILIACUS. (Linn.)

Toutes les parties supérieures d'un brun olive; l'espace entre le bec et l'œil noir et jaunâtre; une large bande blanchâtre au-dessus des yeux; couvertures inférieures des ailes et les flancs d'un roux ardent; côtés du cou, poitrine et côtés du ventre, parsemés de nombreuses taches longitudinales noirâtres; ventre d'un blanc pur; pieds d'un gris clair. Longueur, 8 pouces.

La femelle, a les teintes plus claires, le roux
des ailes et des flancs est moins vif ; les taches de
la poitrine et des côtés du ventre sont plus étendues et d'un brun clair.

Varie, comme les espèces précédentes.

Turdus iliacus. Gmel. *Syst.* 1. *p.* 808. *sp.* 3. — Lath.
Ind. v. 1. *p.* 329. *sp.* 7. — Le Mauvis. Buff. *Ois. v.* 3.
p. 309. — Id. *pl. enl.* 51. — Gérard. *Tab. élém. v.* 1.
p. 119. — Red-wing Thrush. Lath. *Syn. v.* 3. *p.* 22. —
Rothdrossel. Bechst. *Naturg. Deut. v.* 3. *p.* 360. —
Meyer, *Tasschenb. Deut. v.* 1. *p.* 196. — Frisch. *t.* 28.
f. 1 et 2. — Naum. *t.* 29. *f.* 60.

Habite : le nord de l'Europe, où il donne la préférence
aux buissons situés dans les lieux humides et marécageux ;
c'est à la fin de septembre qu'il émigre vers le midi.

Nourriture : insectes, vers et baies.

Propagation : niche dans les touffes de sureau et de
sorbier dont il mange les baies, souvent aussi dans les
buissons de bouleau et d'aune ; pond six œufs, d'un bleu
verdâtre taché de noirâtre.

MERLE A PLASTRON.

TURDUS TORQUATUS. (Linn.)

Toutes les plumes noirâtres, bordées de gris
blanc ; une large plaque ou demi-lune, d'un très-
beau blanc, ceint le haut de la poitrine ; bec noirâtre, palais et ouverture du bec jaunes ; iris de
couleur de noisette ; pieds d'un brun noirâtre.
Longueur, 10 ½ pouces.

La femelle, a le noir du plumage nuancé de
plus de gris, les plumes des parties supérieures

bordées de gris cendré, et celles des parties inférieures de blanc; le plastron est moins large, moins
apparent et teint de roux et de gris cendré.

Chez les jeunes femelles, le plastron est peu apparent; chez les *jeunes mâles* il est d'un blanc
roussâtre.

Varie accidentellement, avec tout le plumage
blanc, blanchâtre ou bien tapiré de blanc; toutes les parties inférieures bordées de gris; une tache arrondie blanchâtre sur les pennes de la queue;
et du blanchâtre le long des baguettes, c'est alors
le GRAND MERLE DE MONTAGNE. Briss. *Orn. v.*
2, *p.* 232. Gérard. *Tab. élém. v.* 1, *p.* 103. Cette
variété n'est absolument qu'un jeune merle à collier, et point une espèce particulière.

TURDUS TORQUATUS. Gmel. *Syst.* 1. *p.* 832. *sp.* 23. —
Lath. *Ind. v.* 1. *p.* 343. *sp.* 56. — LE MERLE A PLASTRON
BLANC. Buff. *Ois. v.* 3. *p.* 340. *t.* 31. — Id. *pl. enl.* 516.
le mâle. — Gérard. *Tab. élém. v.* 1. *p.* 102. — RING-
ONZEL. Lath. *Syn. v.* 3. *p.* 46. — Id. *supp. p.* 141. —
RINGDROSSEL. Bechst. *Naturg. Deut. v.* 3. *p.* 369. *t.* 4.
le mâle. — Meyer, *Tasschenb. v.* 1. *p.* 198. — Frisch.
t. 30. — MERLA TORQUATA. *Stor. degli ucc. v.* 3. *pl.* 304.
— Naum. *Vög. Deut. t.* 32. *f.* 95. *jeune mâle.*

Habite : les contrées boisées et montueuses; en Suède,
en Écosse, en France, sur les Voges; il niche en Allemague;
très-rare en Hollande.

Nourriture : insectes et baies.

Propagation : niche à terre aux pieds des buissons;
pond depuis quatre jusqu'à six œufs, d'un vert blanchâtre,
marqué de points d'un brun roux ou rougeâtres.

MERLE NOIR.

TURDUS MERULA (Linn.)

Tout le plumage d'un noir profond : bec, intérieur de la bouche et tour des yeux jaunes : iris et pieds noirs. Longueur, 9 $\frac{1}{2}$ pouces.

La femelle, est d'un brun noirâtre ou couleur de suie ; sa gorge est irrégulièrement tachée de brun foncé et de brun clair ; la poitrine est d'un brun roussâtre, et le ventre d'un cendré foncé ; pieds bruns ; bec noirâtre.

Turdus merula. Gmel. *p.* 831. *sp.* 22. — Lath. *Ind. v.* 1. *p.* 340. *sp.* 50. — Le Merle. Buff. *Ois. v.* 3 *p.* 330. *t.* 20. Id. *pl. enl.* 2. *le mâle,* et *pl.* 555. *la femelle.* — Gérard. *Tab. élém. v.* 1. *p.* 98. — Blackbird. Lath. *Syn. v.* 3. *p.* 43. — Id. *supp. p.* 141. — Merla commune. *Stor. degl. ucc. v.* 3. *pl.* 299 *et* 300. — Schwartz Drossel. Bechst. *Tasschenb. Deut. p.* 149. — Id. *Naturg. Deut. v.* 3. *p.* 376. — Meyer, Id. *v.* 1. *p.* 199. — Frisch. *t.* 29. Naum. *t.* 31. *f.* 63. *le mâle. f.* 64. *jeune mâle.*

Les jeunes mâles, ressemblent à la femelle ; leur bec est brun.

Varie, du blanc pur au blanc jaunâtre ; souvent d'un gris cendré ; avec le bec de couleur livide ; l'iris rougeâtre, les pieds gris, souvent aussi plus ou moins tapirés de blanc.

Merula leucocephalos, varia et candida. Briss. *Orn. v.* 2 *p.* 230, *et* 232. — Merlo bianco i gran parte bianco. *Stor. deg. ucc. v.* 3. *t.* 302 et 303.

Habite : les forêts et les buissons, préfère cependant

les forêts noires ; de passage ou sédentaire suivant les lo-
calités ; très-commun en Hollande en automne ; plus rare
en hiver.

Nourriture : insectes et baies.

Propagation : niche dans les bois et les buissons touffus ; pond quatre ou six œufs d'un gris verdâtre, marqué
de taches d'un brun clair ou de couleur livide.

MERLE A GORGE NOIRE.

TURDUS ATROGULARIS. (Mihi.)

Face, joues, devant du cou et haut de la poitrine d'un noir profond, qui se nuance en cendré
sur le bout des plumes de cette dernière ; partie inférieure de la poitrine et milieu du ventre d'un
blanchâtre qui se nuance sur les flancs en roussâtre,
où cette couleur est variée par de petites taches angulaires d'un brun foncé ; couvertures inférieures
de la queue roussâtres, toutes terminées de blanc ;
sur les parties supérieures règne une seule nuance
de cendré olivâtre, qui est plus foncée à la tête ;
les couvertures alaires sont finement liserées de
cendré jaunâtre ; bec d'un brun noirâtre, mais
la mandibule inférieure, jaune à sa base ; iris et
pieds bruns. Longueur, 10 pouces 6 lignes. *Le
vieux mâle.*

La femelle, est inconnue ; le vieux mâle n'a
point encore été décrit.

Les jeunes de l'année, ont la gorge et le devant du cou blanchâtres, mais encadrées latéralement par une rangée de taches longitudinales qui

se réunissent sur la poitrine en un espace maculé
de noir ou de brun suivant les âges ; toutes les autres parties inférieures sont blanchâtres , en exceptant les flancs qui ont une teinte cendrée et des
taches angulaires brunes ; toutes les parties supérieures ainsi que les joues ont une seule teinte de
cendré olivâtre. C'est alors

Turdus dubius. Bechst. *Tasschenb. Deut. p.* 147. *sp.* 5.
— Id. *Naturg. Deut. v.* 3. *p.* 396. *tab.* 5. *fig.* 1 *et* 2.
deux jeunes en différens états.

Habite : rarement en Autriche et en Silésie ; plus commun en Hongrie et en Russie ; les jeunes paraissent assez
accidentellement dans les parties orientales de l'Allemagne.
Jamais observé ailleurs.

Nourriture et *Propagation :* inconnnes. Niche probablement en Russie et vers les confins de l'Asie.

MERLE NAUMANN.

TURDUS NAUMANNI. (Mihi.)

Sommet de la tête et plumes du méat auditif
d'un brun foncé, toutes les autres parties supérieures d'un cendré roux passant par demi-teintes à
un roux foncé qui est la couleur des côtés du cou,
du croupion et des pennes latérales de la queue ; ce
même roux vif borde les scapulaires et forme sur
la poitrine, sur les flancs et sur l'abdomen, de
grandes taches qui occupent le centre de toutes
les plumes, frangées par un large bord blanc ;
milieu du ventre et cuisses d'un blanc pur ; rémiges
et pennes du milieu de la queue d'un brun foncé,

mais en dessous la queue est toute rousse, bec et pieds bruns. Longueur, 9 pouces. *Le mâle.*

La femelle, diffère par des nuances plus claires et moins marquées.

Remarque. Les vieux des deux sexes n'ont jamais été décrits.

Les jeunes de l'année, diffèrent en ce que les larges sourcils et toutes les parties inférieures ont un fond blanc, où se dessine un grand nombre de taches triangulaires d'un brun noirâtre ; sur la poitrine et sur les flancs sont quelques plumes d'un roux vif dans le milieu, qui toutes sont frangées d'un large bord blanc ; milieu du ventre et abdomen toujours blancs. C'est alors

Turdus dubius. Naum. *Vög. Nacht. t. 4. f.* 8. mais point le *Turdus dubius* de Bechstein, qui est un jeune de l'année de l'espèce précédente, ou *Turdus atrogularis.*

Remarque. J'ai donné à cette espèce encore peu connue, le nom d'un observateur distingué dans les annales de l'Ornithologie. Elle est très-facile à reconnaître, dans tous les âges , par la teinte brune foncée qui colore les plumes de l'orifice des oreilles ; celle-ci est encore plus marquée par les couleurs claires des sourcils et des plumes de la gorge.

Habite : les parties orientales ; se montre en Silésie et en Autriche ; plus commun en Hongrie, et probablement aussi dans la Russie méridionale ; l'espèce se trouve aussi en Dalmatie et dans le midi de l'Italie.

Nourriture et *Propagation :* inconnues.

II*e*. *SECTION.* — SAXICOLES.

Ils habitent toujours les rochers escarpés et les lieux rocailleux des plus hautes montagnes ; nichent dans les fentes des rocs et vivent solitaires ; leur nourriture se compose presque uniquement d'insectes, mais aussi de baies ; ils diffèrent cependant des vrais *Traquets* (le genre *Saxicola*), par leur bec absolument semblable à celui des *Merles proprement dits* ; le plus grand nombre tant indigènes qu'exotiques, se reconnaît assez facilement aux couleurs des pennes caudales, qui sont en grande partie rousses, et dont les deux du milieu sont noires, tandis que la queue des vrais traquets est le plus souvent colorée par grandes masses de blanc. Ces merles saxicoles et les traquets qui y tiennent de fort près, sont placés sur la limite qui sépare le grand genre *Turdus* du genre plus nombreux encore de *Sylvia.*

MERLE DE ROCHE.

TURDUS SAXATILIS. (Lath.)

Toute la tête et le haut du cou d'un bleu cendré ou bleu de plomb ; parties supérieures d'un brun noirâtre ; sur le milieu du dos un large espace blanc ; ailes et les deux pennes du milieu de la queue brunes, les autres pennes caudales et les parties inférieures d'un roux ardent ; couvertures inférieures de la queue terminées de blanc. Longueur, 7 pouces 6 lignes. *Le mâle adulte.*

Les vieux mâles, ont le bleu cendré de la tête et du cou très-pur, et sans aucune tache rousse.

La femelle, a toutes les parties supérieures d'un brun terne ; sur le dos quelques grandes taches blanchâtres bordées de brun ; la gorge et les côtés du cou d'un blanc pur ; mais le plus souvent le bord des plumes liseré de brun cendré ; toutes les autres parties inférieures d'un blanc roussâtre, avec de fines raies transversales à l'extrémité de chaque plume ; queue d'un roux clair, les deux pennes du milieu d'un brun cendré.

Les jeunes de l'année, diffèrent extraordinairement. Toutes les parties supérieures d'un brun cendré clair, chaque plume terminée par une tache plus ou moins grande d'un blanc grisâtre ; rémiges terminées de blanc ; couvertures des ailes bordées de gris, et terminées de blanc ; queue rousse, terminée de blanc ; dessous du corps à peu près comme dans *la vieille femelle*, mais varié de beaucoup plus de blanc, qui se trouve entrecoupé de lignes brunes.

Le vieux mâle et la femelle.

Turdus saxatilis. Lath. *Ind. v.* 1. *p.* 336. *sp.* 33. — *le mâle.* — Bechst. *Naturg. Deut. v.* 3. *p.* 386. *le mâle. t.* 5. A. 1 , *et la femelle. t.* 5. *f.* 2. — Lanius infaustus minor. Gmel. *Syst.* 1. *p.* 310. *sp.* 25. *var. B. le vieux mâle.* — Le Merle de roche. Buff. *pl. enl.* 562. *le mâle.* — Gérard. *Tab. élém. v.* 1. *p.* 104. — Steindrossel. Meyer, *Tasschenb. Deut. v.* 1. *p.* 200. — Frisch. *Vogel. t.* 32. *vieux mâle.* — Naum. *Vög. Nachtr. t.* 53. *f.* 99 *et* 100. *les vieux mâle et femelle.* — Torco sassatile. *Stor. degli uccel. v.* 3. *t.* 296. *mâle, et* 297 *femelle.*

Femelle ou jeune.

Turdus saxatilis. Gmel. *Syst.* 1. *p.* 338. *sp.* 114. — Turdus infaustus. Lath. *Ind. v.* 1. *p.* 335. *sp.* 32. —

Lanius infaustus. Gmel. *Syst.* 1. *p.* 310. *sp.* 25. Merle
de roche. Briss. *Orn. v.* 2. *p.* 238. *sp.* 13. — Rock Thrush.
Lath. *Syn. v.* 3 *p.* 54. *sp.* 57. — Alb. *Ois. v.* 3 *t.* 55.

Jeune mâle passant à l'âge fait.

Petit Merle de roche. Briss. *Orn. v.* 2 *p.* 240, *sp.* 14.
— Rock-Crow. Penn. *Arct. Zool. v.* 2. *p.* 252.
Remarque. Le merle rocard de Le Vaillant, *Ois. d'Af.
v.* 3. *pl.* 101, est une espèce distincte de celle-ci, sans
parler du Merle espionneur, qui diffère encore plus essentiellement.

Habite : les plus hautes montagnes rocailleuses ; en
Suisse, en Tyrol, Hongrie, Turquie, dans l'Archipel, sur
les Appenins, les Alpes et les Pyrénées ; plus rare sur les
bords de la Méditerranée ; isolément sur les Vosges et autres hautes montagnes de la France ; peu abondant en Allemagne ; commun dans le nord de l'Italie.

Nourriture : scarabés, sauterelles et baies sauvages.

Propagation : niche dans les fentes des rochers ou sous
les débris amoncelés des rocs ; construit son nid de la
mousse des arbres ; pond quatre œufs d'un bleu verdâtre
sans taches.

MERLE BLEU.

TURDUS CYANUS. (Gmel.)

Toutes les parties supérieures, les ailes et la
queue exceptées, d'un beau bleu foncé ; toutes les
parties inférieures également bleues, mais d'une
teinte plus claire ; la gorge et le devant du cou
sans aucune tache, mais sur toutes les autres parties inférieures se dessinent des croissans noirs
très-étroits, disposés vers le bout des plumes,
qui sont terminées par un second croissant blan-

châtre ; ailes et queue d'un noir profond ; les pennes de cette dernière et les couvertures alaires bordées de bleu foncé ; bec et pieds noirs. Longueur, 8 ½ pouces.

La femelle, a le bleu des parties supérieures mêlé de brun et de cendré ; les ailes et la queue d'un brun noirâtre, toutes les pennes bordées d'un cendré bleuâtre ; sur la gorge et sur le devant du cou sont de grandes taches roussâtres ; les autres parties inférieures sont rayées et variées de bleuâtre, de cendré et de brun. *Les jeunes* ont les parties supérieures et inférieures du corps d'un brun cendré, parsemé de petites taches blanchâtres ; il règne une légère teinte de bleuâtre sur le dos et sur le cou ; ailes et queue d'un brun noirâtre.

Turdus cyanus. Gmel. *Syst.* 1. *p.* 834. *sp.* 24. — Lath. *Ind. v.* 1. *p.* 345. *sp.* 60. *le mâle.* — Turdus solitarius et manillensis. Lath. *Ind. v.* 1. *sp.* 61 *et* 62. *femelle et jeune.* — Le Merle bleu. Buff. *Ois. v.* 3. *p.* 355. *t.* 24. — Id. *pl. enl.* 250. *vieux mâle.* — Edw. *Ois. t.* 18. *vieux mâle.*—Solitaire de Manille. Buff. *Ois. pl. enl.* 564. *f.* 2. *jeune.* — Merle solitaire. Gérard. *Tab. élém. v.* 1. *p.* 106. *jeune.* — Blue, solitary and pensive Thrush. Lath. *Syn. v.* 3. p. 51, 52 *et* 53. — Passera solitaria. Stor. *deg. ucc. v.* 3. *t.* 310. — Blauwe Drossel. Meyer, *Tasschenb. Deut. v.* 1. *p.* 203.

Habite : le midi de la France, l'Espagne, la Sardaigne, le Levant et l'Italie ; très-abondant dans les hautes vallées du Piémont ; moins commun dans le Tyrol ; rare en Suisse, plus encore dans les Vosges ; très-commun au delà des Appenins.

Nourriture : sauterelles, hannetons et autres insectes ; aussi des baies sauvages.

Propagation : niche dans les fentes des rochers, sur les faîtes des tours et des bâtimens antiques et isolés, quelquefois dans les creux des arbres ; pond cinq ou six œufs d'un blanc verdâtre, sans aucune tache.

GENRE DIX-SEPTIÈME.

CINCLE. — *CINCLUS.* (Bechst.)

Bec médiocre, tranchant, droit, élevé, comprimé et arrondi par le bout; pointe de la mandibule supérieure recourbée sur l'inférieure. Narines basales, latérales, concaves, longitudinalement fendues, recouvertes par une membrane. Tête petite, étroite par le haut; le front long et venant aboutir aux narines. Pieds, trois doigts devant et un derrière, tarse plus long que le doigt du milieu ; l'extérieur soudé à sa base, les latéraux égaux. Ailes, la 1re. rémige très-courte, la 2e. moins longue que la 3e. et la 4e., qui sont les plus longues.

Les cincles ou merles d'eau appartiennent indubitablement à la classe des oiseaux terrestres ; l'habitude qu'ils ont de se submerger, et de marcher dans le lit même des ruisseaux, n'est point une raison pour les admettre parmi les oiseaux qui vivent sur les grandes masses d'eau ; la place qu'ils doivent occuper est parmi les oiseaux chanteurs. Ils vivent d'insectes aquatiques, se tiennent habituellement le long des petits ruisseaux dont l'eau est très-limpide, et pratiquent leurs nids sur les bords de ces ruisseaux. Les sexes ne présentent point de différence marquée ; les jeunes se distinguent par des teintes roussâtres; la mue n'a lieu qu'une fois dans l'année.

Remarque. Le professeur Pallas a trouvé en Crimée un cincle absolument de la taille et des formes de notre espèce. Sa description succincte servira à compléter l'histoire de ce genre.

Cinclus Pallasii : formes de notre cincle ; tout le plumage, sans exception, d'une seule nuance brune, couleur de chocolat. D'un envoi fait par le professeur Pallas pendant son séjour en Crimée, ce qui fait *conjecturer* que l'espèce habite ce pays.

CINCLE PLONGEUR.

CINCLUS AQUATICUS. (Bechst.)

Parties supérieures d'un brun foncé, teint de cendré ; gorge, devant du cou et poitrine d'un blanc pur ; ventre roux ; bec noirâtre ; iris gris de perle ; pieds couleur de corne. Longueur, 7 pouces.

La femelle, a le dessus de la tête et la partie postérieure du cou d'un cendré brun ; moins de blanc sur la poitrine ; parties inférieures d'un roux jaunâtre.

Les jeunes de l'année, se distinguent par des plumes grises qui couvrent la tête et la nuque ; les plumes du dos et du croupion sont frangées de noirâtre, celles des ailes ont du blanc vers le bout ; la couleur blanche des parties inférieures s'étend jusque sur le milieu du ventre et vers l'abdomen ; mais toutes ces plumes blanches se trouvent finement liserées de brun et de cendré.

Cinclus aquaticus. Bescht. *Naturg. Deutschl. v.* 3. *p.* 808. — Meyer, *Tasschenb. Deutschl. v.* 1. *p.* 207. —

Sturnus Cinclus. Gmel. *Syst.* 1. *p.* 8o3. *sp.* 5. — Turdus
Cinclus. Lath. *Ind. v.* 1. *p.* 343. *sp.* 57. — Le Merle d'eau.
Buff. *Ois. v.* 8. *p.* 134. *t.* 11. — Id. *pl. enl.* 940. —
Gérard. *Tab élém. v.* 2. *p.* 260. — Water Ouzel. Lath.
Syn. v. 3. *p.* 48. — Id. *supp. p.* 142. — Naum. *Vög. t.* 72.
f. 114. *femelle.* — Waterspreeuw. Sepp. *Nederl. Vog.*
v. 1. *t. p.* 25.

Habite : en Suède, en Angleterre, en France, en Allemagne, commun sur les Vosges, en Suisse, en Italie, le
long des ruisseaux d'une eau très-limpide. Il est sédentaire
partout où il se trouve ; mais accidentellement de passage
en Hollande.

Nourriture : insectes d'eau, demoiselles et leurs larves ;
souvent du frai de truite.

. *Propagation :* construit, dans quelque lieu à l'écart,
un nid très-artistement entrelacé d'herbe et de mousse ;
ce nid est recouvert d'un dôme de même matière ; pond
de quatre jusqu'à six œufs, d'un blanc pur.

<center>~~~~~~~~~~~~~~~~~~</center>

GENRE DIX-HUITIÈME.

BEC-FIN. — *SYLVIA*. (Lath.)

Bec droit, grêle, en forme d'alène, base plus
élevée que large ; pointe de la mandibule supérieure souvent échancrée ; inférieure droite. Narines basales, latérales, ovoïdes, à moitié fermées
par une membrane. Pieds à tarse plus long que le
doigt du milieu ; trois doigts devant et un derrière ;
l'extérieur soudé, à sa base, à celui du milieu ;
l'ongle du doigt de derrière de moyenne longueur,

plus court que ce doigt et arqué. AILES : la 1re rémige très-courte ou presque nulle, quelquefois nulle; la 2°. de très peu moins longue que la 3°., ou aussi longue que celle-ci : grandes couvertures de beaucoup plus courtes que les rémiges.

Ce genre comprend les plus petites espèces d'oiseaux qui vivent en Europe; il est composé de celles qui égayent nos bocages par leur chant agréablement cadencé, souvent très-mélodieux; moins privilégiées sous le rapport de la voix harmonieuse, sont celles qui vivent habituellement sur les bords des eaux, à l'ombre des roseaux et des joncs, où ils se font remarquer par leur babil continuel qui égaye des lieux peu favorisés par la nature; les unes et les autres vivent le plus souvent cachées dans l'épaisseur des joncs ou des bois et des taillis; elles se nourrissent uniquement de vers et d'insectes ailés qu'elles n'ont point l'habitude de saisir au vol, mais dont elles s'emparent en sautillant de roseau en roseau ou de branche en branche, et en visitant chaque · feuille. Le plus grand nombre sont oiseaux de passage qui viennent chez nous au printemps, quelques-uns assez tard, et nous quittent dès les premiers jours d'automne ; quelques-uns sont sédentaires dans les climats méridionaux, où ils font régulièrement deux pontes, ce qui a aussi lieu dans nos climats, mais seulement chez quelques espèces. Les mâles se distinguent plus ou moins des femelles par des couleurs un peu vives, mais rarement par une distribution différente; chez les becs-fins qui habitent les bords des eaux, on ne voit presque aucune différence dans la livrée des sexes. La mue n'a lieu qu'une fois l'année, et les couleurs du printemps diffèrent peu de celles que l'oiseau porte après la mue d'automne; le jeune prend la livrée de l'adulte dès sa première mue d'automne; il perd alors toutes ses plumes du jeune âge. Lorsque chez certaines espèces les couleurs du plumage sont plus vives et plus pures au printemps qu'en automne, après la mue, on ne doit l'attribuer qu'à l'action du jour et des autres agens qui usent le bout des plumes ; il a été fait mention, en d'autres endroits, de ces changemens, ainsi que des causes qui les opèrent.

Remarque. Buffon, n'ayant point examiné soigneusement et comparé entre elles les différentes espèces de ses fauvettes indigènes, a commis dans l'histoire de ces oiseaux un grand nombre d'erreurs ; les descriptions qu'il donne n'ont pas toujours rapport aux espèces qu'il a figurées sous les mêmes noms dans ses planches enluminées ; bien souvent il lui est arrivé d'attribuer quelques habitudes d'une espèce à l'autre. Gérardin, en s'en rapportant trop souvent au témoignage de Buffon, est tombé dans les mêmes erreurs. L'ouvrage des oiseaux d'Allemagne de Bechstein est sous tous les rapports plus vrai et plus exact, mais on y voit à regret quelques descriptions à double emploi ; de ce nombre sont *Sylvia fruticeti*, *Sylvia albifrans*, *Sylvia fasciata*, et *Sylvia nigrifrons*. Il m'a paru également que, dans beaucoup d'endroits, la synonymie est susceptible de plus de précision. Dans la première édition j'ai placé la *Rousserolle* (*Turdus arundinaceus*, Gmel. et Lath.) avec les *Merles :* des observations faites depuis sur la nature m'ont prouvé que cet oiseau vit absolument comme toutes les espèces de becs-fins qui fréquentent les bords des eaux. M. Meyer, *Vög. Liv-und. Esthel.* et M. Cuvier, *Règne anim.*, paraissent aussi de cette opinion, puisqu'ils ont fait la réunion avant moi. J'ai aussi formé des *Saxicoles* un genre distinct auquel je conserve le nom déjà adopté par MM. Vaillant et Cuvier, en les désignant sous celui de *Traquet.* Le présent genre se compose et se divise très-nettement en becs-fins proprement dits, dont la première tribu habite les roseaux et vit le long des eaux ; la seconde, sous le nom de *Sylvains,* les bois et les bocages ; celle-ci se sous-divise en *Roitelets* et en *Troglodytes.* Je place les riverains en tête du genre, parce que les deux premières espèces forment le passage aux oiseaux compris dans le genre *Merle* ; on peut sectionner en divisions géographiques tous les autres sylvains étrangers.

Ire. *SECTION.* — RIVERAINS.

Sommet de la tête déprimé ; ailes courtes, très-arrondies ; queue longue, toujours très - étagée , souvent conique. Ils fréquentent les eaux, sur les bords des fleuves et des marais, escaladent habituellement les cannes des joncs et vivent d'insectes qui se propagent dans les marais et parmi les joncs. Le chant ou le cri d'appel des mâles n'est pas cadencé comme chez les *bec-fins sylvains ;* mais il consiste plutôt en une espèce de craquement non interrompu , peu mélodieux. Quelques espèces de cette section semblent placées sur la limite qui sépare les *becs-fins, proprement dits*, des *vrais merles*. Plusieurs espèces exotiques, à longue queue étagée et à ailes courtes, placées parmi les merles, doivent faire partie de cette section ; mais point les *malures* qui forment un genre.

BEC-FIN ROUSSEROLLE.

SYLVIA TURDOIDES. (Meyer.)

Tout le plumage supérieur, y compris la queue, d'un brun roussâtre ; parties inférieures d'un blanc jaunâtre qui devient plus foncé vers les parties postérieures ; gorge blanchâtre ; une bande d'un blanc jaunâtre passe au-dessus des yeux : le bec est jaune à sa racine, mais brun vers la pointe ;

iris brun, entouré d'un cercle aurore ; queue arrondie. Longueur, 8 pouces.

La femelle ne diffère presque point du *mâle.*

Sylvia turdoïdes. Meyer, *Vög. Liv-und. Estland.* p. 116. — Turdus arundinaceus. Gmel. *Syst.* 1. *p.* 834. *sp.* 25. — Lath. *Ind. v.* 1. *p.* 334. *sp.* 28. — Temm. *Manuel d'Ornith.*, 1re. *édition*, *p.* 96. — La Rousserolle. Buff. *Ois. v.* 3. *p.* 293. *t.* 18. — Id. *pl. enl.* 513. — Gérard. *Tab. élém. v.* 1. *p.* 111. — Red Thrush. Lath. *Syn.* *v.* 3. *p.* 32. — Rhordrossel. Bescht. *Naturg. Deutschl. v.* 3. *p.* 402. — Id. *Tasschenb. Deut. p.* 152. Meyer, *Tasschenb. v.* 1. *p.* 202. — Naum. *Vög. t.* 46. *f.* 103. — Groote Karakiet. Sepp. *Nederl. Vog. v.* 2. *t. p.* 93.

Habite : les lacs, les étangs et les rivières dont les bords sont couverts de roseaux et de joncs ; très-abondant en Hollande, commun dans quelques départemens de la France et dans le Piémont ; plus rare en Allemagne.

Nourriture : demoiselles, mouches, cousins et autres insectes aquatiques ; très-rarement des baies, et seulement quand la nourriture des insectes vient à manquer.

Propagation : construit un nid artistement entrelacé dans les cannes des joncs ; pond de trois jusqu'à cinq œufs obtus, verdâtres, maculés de taches cendrées et noirâtres.

BEC-FIN RUBIGINEUX.

S Y L V I A G A L A C T O T E S. (Mihi.)

Tout le plumage supérieur, y compris la queue, jusque près de son extrémité, d'un roux assez vif ; toutes les pennes latérales de la queue portent vers le bout une grande tache d'un noir profond ; leur extrémité est d'un blanc pur ; ailes d'un brun clair bordé de roussâtre; une bande brune va du bec à l'œil, et un sourcil blanc passe au-dessus ; toutes les parties inférieures d'un blanc isabelle, qui se nuance en roussâtre sur les flancs ; demi-bec inférieur et pieds jaunâtres. Longueur, 6 pouces, 6 lignes. *Le mâle.*

La femelle, ne diffère presque point du *mâle.*

Remarque. Cette espèce, qui se rapproche beaucoup par les formes de la *Rousserolle*, est nouvelle; M. Natterer, commissaire du cabinet impérial de Vienne, voyageur et naturaliste distingué, en fit la découverte pendant son séjour à Gibraltar; il en tua plusieurs couples à Algésiras. J'ignore si l'espèce habite les roseaux et les bords des eaux, je la range provisoirement dans cette section ; car seulement la connaissance des mœurs et des habitudes peut déterminer au juste la place qu'on doit lui assigner, dans la section des *riverains* ou bien des *sylvains.*

Habite : les provinces méridionales de l'Espagne.

Nourriture et *Propagation :* inconnues.

BEC-FIN RIVERAIN.

SYLVIA FLUVIATILIS. (Meyer.)

Mandibule supérieure et les pointes du bec brunes ; toutes les parties supérieures du plumage unicolores ; gorge fortement grivelée.

Toutes les parties supérieures de couleur olivâtre nuancées de brun, mais sans aucune tache ; gorge blanche, varié de nombreuses taches longitudinales de couleur olivâtre ; poitrine et côtés du cou d'un blanc nuancé d'olivâtre ; sur toutes les plumes de ces parties une tache plus foncée en fer de lance ; flancs et abdomen d'un olivâtre clair, sans taches ; milieu du ventre d'un blanc pur ; couvertures inférieures de la queue d'un brun olivâtre, toutes terminées par un grand espace blanc ; queue très-étagée ; ongle de derrière le plus long et le plus arqué : pieds couleur de chair livide. Longueur, 5 pouces 4 lignes.

Sylvia fluviatilis. Meyer , *Tasschenb. Deut. v.* 1. *p.* 229. — Il paraît que la description de la Fauvette tachetée de Gérard. *Tab. élém. v.* 1. 313, appartient plutôt à cette espèce qu'à la suivante : celle de la Fauvette tachetée de Brisson ne peut se rapporter à aucune des deux espèces. — Flussanger. Bechst. *Tasschenb. Deut. v.* 1. *p.* 562. *sp.* 22.

Remarque. Cette espèce que M. Meyer a le premier fait connaître, et dont il eut la complaisance de m'envoyer un individu, est fort rare en Allemagne. On ne connaît point jusqu'ici le nid ni les œufs de cet oiseau. Il a plu dernièrement à M. Shintz de Zurich de citer le *Bec-fin riverain* dans l'article et sur la planche qu'il donne du *Bec-fin verderollè* (ou *Sylvia palustris* ; c'est sans doute par erreur.

Habite : en Autriche et en Hongrie , le long des bords du Danube.

BEC-FIN LOCUSTELLE.

SYLVIA LOCUSTELLA (Lath.)

Bec unicolor, fortement en aléne ; plumage supérieur varié de nombreuses taches ; queue unicolore jusqu'au bout ; l'ongle postérieur plus court que le doigt.

Toutes les parties supérieures d'une couleur oli-

vâtre nuancée de brun, et variée de taches ovoïdes d'un brun noir; ces taches occupent le centre
de chaque plume ; gorge, devant du cou et milieu
du ventre d'un blanc pur; sous la gorge une zone
de très-petites taches ovoïdes d'un brun foncé ;
couvertures inférieures de la queue d'un jaune
roussâtre avec des taches brunes qui suivent la
direction de la baguette ; queue longue et très-étagée. Longueur, 5 pouces. *Le mâle.*

La femelle, a les teintes moins vives, mais ressemble pour le reste au mâle.

Sᴜʟᴠɪᴀ Lᴏᴄᴜsᴛᴇʟʟᴀ. Lath. *Ind. v. 2. p. 515. sp. 25.* —
L'Aʟᴏᴜᴇᴛᴛᴇ Lᴏᴄᴜsᴛᴇʟʟᴇ. Buff. *Ois. v. 5. p. 42.* — Briss.
Orn. Supp. t. 5. f. 2. — Buff. *pl. enl.* 581. *f.* 3. Une représentation très-exacte de la *Locustelle* sous le nom de
Fauvette tachetée. N. B. (la description *de cette Fauvette.* Buff. *v. 5. p.* 149, n'appartient point à notre espèce). — Cuv. *Règ. anim. v.* 1. *p.* 567; *mais les synonymes n'y appartiennent point*. — Gʀᴀsʜᴏᴘᴘᴇʀ Wᴀʀ-
ʙʟᴇʀ. Penn. *Arct. Zool. v.* 2. *p.* 419. — Penn. *Brit.
Zool. fol. p.* 95. *t.* 9. *f.* 5. — Lath. *Syn. v.* 4. *p.* 429. —
Hᴇᴜsᴄʜʀᴇᴄᴋᴇɴ Sᴀɴɢᴇʀ. Meyer, *Tasschenb. Deut. v.* 1.
p. 230. — Bechst. *Tasschenb. Deut. v.* 3. *p.* 562. *sp.* 23.
Naum. *Vög. Nacht. t.* 26. *f.* 54.

Remarque. La *pl.* 46. *f.* 105. des oiseaux de Nauman,
est trop inexacte pour me permettre de la désigner comme
synonyme de cette espèce ; la figure n'indique point ces
taches foncées qui constituent le caractère le plus apparent

---

* En effet la pl. d'Albin. v. 3. t. 266, que M. Cuvier cite en premier lieu, est une espèce exotique *à bec et pieds rouges*; et la planche
de Noseman et Sepp. v. 2. t. 53, représente très-exactement deux
individus de *Sylvia pharagmitis*, jeune.

dans ce bec-fin *. La *Sylvia nœvia* de Latham et la **Motacilla nœvia** de Gmel. n'appartiennent point à cette espèce, quoiqu'on y ait placé comme synonyme la figure
très-exacte de la *pl. enl.* 581. *f.* 3. Gérardin a simplement
copié la courte description de Brisson et de Buffon ; tous
confondent cette espèce avec la précédente, comme avec
d'autres, qui ont la queue un peu fourchue. Il en résulte
qu'on doit proscrire la *Sylvia nœvia* des auteurs, de la
liste nominale des oiseaux.

Habite : en Autriche, en Hongrie, en Italie, dans le
midi de la France ; rare en Angleterre et en Hollande. Vit
le long des bords des fleuves.

Nourriture : petits limaçons, demoiselles, cousins,
petites mouches et autres insectes qui vivent dans les roseaux.

Propagation : niche dans les roseaux et dans les grandes touffes d'herbes.

BEC-FIN TRAPU.

SYLVIA CERTHIOLA. (Mihi.)

*Bec fort ; mandibule supérieure noire ; plumage
supérieur varié de nombreuses taches ; toutes les
pennes de la queue terminées en dessous d'un
grand espace cendré ; ongle postérieur très-arqué,
plus long que le doigt.*

Toutes les parties supérieures d'une couleur oli-

---

* Lorsque je fis cette remarque dans la 1re édition, je trouvai
que les méthodistes avaient eu tort de réunir la pl. 46. f. 105,
précitée dans la synonymie de la *Locustelle ;* depuis j'ai été confirmé dans mon opinion, puisque cette figure des oiseaux de Nauman
représente très-exactement une espèce encore peu connue que je
décris sous le nom de *Bec-fin verderolle*, ou *Sylvia palustris* de
Bechstein.

vâtre, nuancée de brun, et variée de taches ovoïdes d'un brun noir; ces taches accupent le centre de chaque plume; gorge, devant du cou et milieu du ventre d'un blanc pur; sous la gorge une zone de très-petites taches ovoïdes d'un brun foncé; flancs, abdomen et couvertures inférieures de la queue d'un roux clair, les dernières terminées de blanc pur; queue longue, large et très-étagée; les pennes sont en dessous noirâtres et toutes sont terminées par un grand espace d'un cendré blanchâtre; mais, en dessus, il n'y a que la fine pointe des pennes qui porte une petite tache cendrée. Longueur, 5 pouces. *Le mâle.*

La femelle ne diffère que par des teintes moins prononcées et moins pures.

Remarque. Il est si facile de confondre cette espèce avec la précédente, que j'ai cru utile de placer un signe précis de reconnaissance en tête de chaque espèce; les caractères du bec, des pieds, et de la queue différemment colorée, servent seuls de moyens, le plumage étant absolument coloré et distribué de la même manière; le *Bec-fin fluviatile* sera toujours facile à reconnaître par son plumage supérieur, sans taches. Le *Bec-fin trapu* semble au premier abord plus ramassé par la largeur de sa queue, tandis que la *Locustelle* paraît plus svelte et plus élancée. Nous devons la première connaissance de cet oiseau au professeur Pallas, qui le décrit dans sa *Fauna rossica*, sous le nom de *Turdus certhiola*. Il n'existe de l'ouvrage mentionné qu'un seul exemplaire, celui que Pallas a légué à M. le professeur Rudolphi à Berlin.

Habite : la Russie méridionale.

Nourriture et *Propagation :* inconnues.

BEC-FIN AQUATIQUE.

SYLVIA AQUATICA. (Lath.)

Une bande d'un blanc jaunâtre passe au-dessus
des yeux; une semblable, mais plus large, va de
la racine du bec sur le milieu du crâne ; les deux
espaces entre ces trois bandes sont d'un brun noir :
nuque, côtés du cou, scapulaires et haut du dos
d'un gris légèrement teint de roussâtre avec de
grandes taches longitudinales noirâtres; ces taches
se trouvent seulement sur les scapulaires et sur le
haut du dos ; de très-petites taches sont disposées
sur la nuque ; croupion de couleur de pelure d'o-
gnon avec une longue tache noirâtre le long de
chaque baguette : pennes caudales acuminées,
d'un brun foncé dans le milieu avec une large
bordure grisâtre, la plus extérieure grisâtre bordée de blanc. Queue fortement arrondie. Longueur, 4 pouces 6 lignes.

La femelle, a toutes les couleurs du plumage
d'une nuance plus claire.

Sylvia aquatica. Lath. *Ind. v. 2. p. 510. sp. 11.* —
Motacilla aquatica. Gmel. *Syst. 1. p. 953. sp. 58.* —
Sylvia schoenobanus. Scop. *Ann. 1. n°. 235.* — Sylvia
salicaria. Bechst. *Naturg. Deut. v. 3. p. 625. n°. 138.* —
Fauvette aquatique. Sonn. *nouv. édit. de* Buff. *Ois. v. 15.
p. 132.* — Aquatic Warbler. Lath. *Syn. v. 4. p. 419.* —
Binsen Sanger. Meyer, *Tasschenb. Deut. v. 1. p. 232.* —
Rhorsanger. Bechst. *Tasschenb. p. 185. sp. 19.* — Naum.
Vög. t. 47. f. 106.

Habite : les roseaux les plus touffus le long des fleuves et dans les marais; très-abondant en Italie, dans le Piémont, quelquefois dans le midi de la France, moins abondant en Allemagne ; très-rare et accidentellement en Hollande.

Nourriture : petits scarabées, mouches, cousins et autres insectes aquatiques.

BEC-FIN PHRAGMITE.

SYLVIA PHRAGMITIS. (Bechst.)

Sommet de la tête, dos et scapulaires d'un gris olivâtre, marqué sur le centre de chaque plume de taches nuancées de brun ; ces taches ont une teinte noirâtre sur le sommet de la tête : au dessus des yeux une large bande d'un blanc jaunâtre, suivie d'une autre couleur noire ; grandes couvertures des ailes noirâtres bordées de blanc jaunâtre ; partie inférieure du dos, croupion et couvertures supérieures de la queue de couleur de pelure d'ognon, mais sans taches longitudinales ; queue d'une seule couleur de brun cendré, les pennes arrondies ; gorge blanche ; le reste des parties inférieures d'un blanc jaunâtre plus ou moins teint de roux clair ; queue légèrement arrondie. Longueur 4 pouces 6 lignes.

Je n'ai jamais vu de différence bien marquée entre le *mâle et al femelle.*

Les jeunes de l'année, se distinguent, en ce que les sourcils sont d'un roussâtre clair, que le liséré qui borde les couvertures des ailes est également roussâtre ; la gorge est d'un blanc roussâtre, et la

poitrine est nuancée de cette couleur, mais variée
de très-petites taches lancéolées d'un brun clair.

Remarque. On ne peut être trop attentif à saisir les
dissemblances entre cette espèce et la précédente; il est
très-facile de les confondre; mes courtes descriptions serviront cependant à les bien distinguer.

SYLVIA PHRAGMITIS. Bechst. *Naturg. Deut. v. 3. p.* 633.
— Id. *Tasschenb. Deut. p.* 186. *sp.* 20 — SEDGE WARBLER.
Lath. *Syn. v.* 4. *p.* 430. *sp.* 21. — Id. *supp. p.* 180. —
Penn. *Arct. Zool. v.* 2. *p.* 419. *sp.* M. — SCHILFSANGER.
Meyer. *Tasschenb. Deut. v.* 1. *p.* 234. — Naum. *Vög.*
t. 47. *f.* 107. — ENKELE KARRAKIET. Sepp. *Nederl. Voy.*
v. 2. *t.* 53. *p.* 98. *les jeunes, figure exacte.*

Remarque. Il est très-douteux qu'on doive considérer
la SYLVIA SALICARIA de Lath. *Ind. p.* 516. *sp.* 26, comme
appartenant au *Bec-fin phragmite;* mais il est certain
que la MOTACILLA SALICARIA de Linnée et de Gmelin, n'a aucun rapport avec notre oiseau. Cependant les descriptions
très-exactes du *Sedgebird* de Pennant et de Latham appartiennent indubitablement à l'espèe du *Bec-fin phragmite.* Il faut rayer de la liste nominale l'indication latine
de la *Sylvia salicaria,* ou bien la placer avec un signe
de doute comme synonyme à la *Sylvia arundinacea* des
auteurs.

Habite : toutes les jonchaies et les vastes marais de la
Hollande, quelquefois le long des rivières; commun en
Angleterre; se trouve également en France et en Alle-
magne.

Nourriture : petits hannetons, limaçons, taons, cousins et demoiselles.

Propagation : construit, en forme de panier, un nid
artistement entrelacé dans les roseaux, quelquefois sous
la racine des arbres ou dans les saules sur le bord des eaux;
pond cinq œufs d'un blanchâtre sale ou d'un cendré fauve,

avec de petits points bruns qui sont le plus souvent réunis
en zone ; un trait fin et délié se trouve sur l'une ou l'autre
partie des œufs.

BEC-FIN DES ROSEAUX ou ÉFARVATTE.

SYLVIA ARUNDINACEA. (Lath.)

*Bec comprimé à la base ; plumage généralement
teint de roussâtre*.*

Toutes les parties supérieures d'un brun roussâtre, d'une seule nuance et sans taches ; les ailes
brunes bordées de brun olivâtre ; depuis la racine
du bec jusqu'au-dessus des yeux s'étend une étroite
bande d'un blanc jaunâtre ; gorge d'un blanc pur ;
les autres parties inférieures d'un blanc jaunâtre
ou roussâtre, mais les flancs p.us nuancés de cette
dernière couleur ; queue longue, très-arrondie ;
bec comprimé, plus haut que large dans toute sa
longueur. Longueur totale, 5 pouces 1 ou 2 lignes.

La femelle, ressemble en tout au *mâle. Les jeunes de l'année*, n'ont point le trait blanchâtre au-
dessus des yeux, les parties inférieures sont plus
nuancées de roussâtre, et les pieds ne prennent
leur teinte jaunâtre qu'avec la première mue. On
trouve souvent des individus fortement nuancés de
roux assez foncé.

Sylvia arundinacea. Lath. *Ind. v. 2. p.* 510. *sp.* 12. —
Motacilla arundinacea. Gmel. *Syst.* 1. *p.* 992. *sp.* 167.

---

* Cette diagnose est nécessaire pour distinguer *Sylvia arundinacea* de *Sylvia palustris*, qu'il est si facile de confondre.

— Curruca arundinacea. Briss. *Orn. v. 3. p.* 378. *sp.* 5. Fauvette de roseaux. Buff. *Ois. v. 5. p.* 142. *mais point l'oiseau figuré par erreur sous ce nom, dans les pl. enl.* 581. *f.* 2, *qui représente* Sylvia hippolais. — Gérard. *Tab. élém. v.* 1. *p.* 307. — Red-Wren. Lath. *Syn. supp. v.* 1. *p.* 184. — Rhorsanger. Meyer, *Tasschenb. Deut. v.* 2. *p.* 235. — Id. *Vög. Deut. v.* 2. *Heft. p.* 23. *figure très-exacte.* — Naum. *Vög. t.* 46. *f.* 104. — Het Karrakietje. Sepp. *Nederl. Vog. v.* 2. *t. p.* 101.

Remarque. La Bouscarle de provence, de Buffon, *Ois. v.* 5. *p.* 134 *et sa pl. enl.* 655. *f.* 2, forme une espèce distincte.

Habite : toutes les jonchaies de la Hollande, où il est très-répandu ; également en France, en Allemagne et en Angleterre, le long des bords des eaux ; très-rare dans le midi et dans les contrées orientales. On ne les trouve que parmi les joncs qui bordent les rivières et les lacs, dans l'épaisseur desquels il est toujours caché.

Nourriture : comme l'espèce précédente.

Propagation : construit un nid en forme de panier oblong, artistement entrelacé dans les roseaux ; pond quatre ou cinq œufs d'un blanc verdâtre ; avec des taches vertes et brunes, qui sont plus nombreuses et plus rapprochées vers le gros bout.

BEC-FIN VERDEROLLE.

SYLVIA PALUSTRIS. (Bechst.)

Bec *plus large que haut à sa base ; plumage généralement teint d'olivâtre.*

Toutes les parties supérieures d'un brun olivâtre, un peu nuancé de verdâtre ; les ailes brunes bordées de cendré ; depuis la racine du bec jusqu'au dessus des yeux s'étend une étroite bande

d'un blanc jaunâtre ; toutes les parties inférieures
et la queue absolument comme dans l'espèce précédente, mais les teintes constamment un peu plus
claires ; le bec large, déprimé à sa base, et généralement dans toute sa longueur ; mandibule inférieure déprimée, jaunâtre. Longueur, 5 pouces
1 ou 2 lignes. *Le mâle* et *la femelle.*

Remarque. Si je n'avais la certitude des différences, dans
les habitudes, dans les mœurs et dans le chant, qui distinguent
ces deux espèces voisines, je n'aurais jamais, d'après la seule
vue d'individus montés, pu soupçonner leur dissemblance ;
il est très-difficile de distinguer les espèces, sans avoir de
toutes deux un individu sous les yeux ; les seuls caractères
pris du bec sont des guides sûrs. Les synonymes sont :

Sylvia palustris. Bechst *Naturg. Deut. v.* 3. *p.* 639.
t. 26. — Naum. *Vög. édit. in-8°. t.* 46, *f.* 105. — Sumpfsan-
ger. Meyer, *Tasschenb. Deut. v.* 1. *p.* 237. — Schintz.
Abbild. der cier. Heft. 1. *pl.* 1 *et* 2. M. Schintz. est dans
l'erreur en indiquant à cet article le *Bec-fin riverain* du
Manuel, 1ʳᵉ. édition ; l'oiseau que je désigne ici sous le
nom de *Verderolle* ne m'était point encore connu lors de
cette première édition.

Habite : les lieux humides et les bords des eaux couverts de saules, jamais dans les roseaux ; se pose le plus
souvent à découvert, sur les plus hautes tiges des chan-
vres ou des buissons ; commun dans tout le midi, le long
du Pô, et dans les contrées orientales, le long du Danube ;
aussi en Suisse et dans quelques parties de l'Allemagne.

Nourriture : insectes et petites baies.

Propagation : construit avec art un nid de forme sphérique, placé à terre parmi les racines des saules ou d'autres buissons ; pond quatre ou cinq œufs, d'un cendré clair,
couvert de taches foncées et plus claires, d'un cendré
bleuâtre.

BEC-FIN BOUSCARLE.

SYLVIA CETTI. (Marmora.)

Bec très-faible à bords rentrés en dedans ; plumage généralement d'un brun très-foncé ; queue à pennes très-larges.

Toutes les parties supérieures de la tête, du corps et des ailes, sont d'une seule teinte brune foncée, légèrement nuancée de roux ; pennes des ailes et celles de la queue d'un brun noir ; entre le bec et l'œil est un petit trait cendré ; côtés du cou, flancs, cuisses et abdomen d'un brun roux, moins foncé que celui du dos ; gorge, devant du cou et milieu du ventre d'un blanc pur ; couvertures du dessus de la queue rousses, terminées de blanchâtre ; queue large ; le bout des pennes très-arrondi ; bec et pieds d'un brun clair. Longueur, 5 pouces. *Les vieux mâles et femelles.*

Cette espèce est figurée dans Buff. *pl. enl.* 655. *f.* 2. sous le nom de Bouscarle, mais il n'en est point fait mention dans le texte ni dans aucune citation. *Voyez* aussi Usignuolo di fiume. Cetti. *Ucc. di Sardegna. p.* 216.

Remarque. M. de la Marmora a rapporté cette espèce de son voyage en Sardaigne, et M. Bonelli a eu la bonté de me communiquer les individus.

Habite : la Sardaigne et probablement aussi d'autres parties méridionales de l'Europe ; quelques individus ont aussi été tués en Angleterre, ce qui me fait présumer que l'espèce est plus répandue qu'on ne croit ; mais il est probable qu'elle a toujours été confondue avec l'*Efarvatte*, (*S. arundinacea*), dont elle diffère cependant assez par le forme du bec, par la queue et par les couleurs du plumage, pour la distinguer facilement. Elle habite toujours le long des rivières, dans les buissons épineux. M. de la Marmora dit qu'elle est sédentaire en Sardaigne, et n'émigre jamais.

Nourriture : très-petites mouches, cousins et autres petits insectes qui vivent dans le voisinage des eaux.

II_e. *SECTION.* — SYLVAINS.

Ils fréquentent habituellement les bois, et se nourrissent d'insectes, de baies et de vers. Le corps est svelte; la queue qu'ils portent horizontalement est longue, large et à pennes égales. Ils ont le bec droit, grêle, comprimé à la pointe. C'est parmi eux qu'on trouve les chantres mélodieux de nos bocages.

BEC-FIN ROSSIGNOL.

SYLVIA LUSCINIA. (Lath.)

Toutes les parties supérieures d'un brun teint de roux; queue d'un roux de rouille; gorge et ventre blanchâtres; poitrine et flancs cendrés. La 1re. rémige courte, la 2e. plus courte de trois lignes que la 3e, et d'égale longueur avec la 5e. Longueur totale, 6 pouces 2 lignes. *Mâle et femelle.*

Varie, entièrement d'un blanc pur; d'un blanc grisâtre ou à plumage bigarré de quelques plumes blanches; souvent aussi la tête blanche.

Motacilla luscinia. Gmel. *Syst.* 1. *p.* 950. *sp.* 1. —Sylvia luscinia. Lath. *Ind. v.* 2. *p.* 506. *sp.* 1. — Le Rossignol. Buff. *Ois v.* 5. *p.* 81. *t.* 6. *f.* 1. — Id. *pl. enl.* 615. — Gérard. *Tab. élém. v.* 1. *p.* 277. — Nightingale. Lath. *Syn. v.* 4. *p.* 408. — Nactigall. Meyer, *Tasschenb. Deut v.* 10. 221. — Frisch. *Vög. t.* 21. *f.* 1. *A.* — Naum. *Vög. t.* 36. *f.* 77.

Habite : les bois, les buissons et les jardins ; commun dans presque toutes les parties de l'Europe, jusqu'en Suède ; émigre l'hiver en Égypte et en Syrie.

Nourriture : mouches et petites phalènes ; baies du groseillier, du sureau et autres.

Propagation : niche dans les buissons touffus, quelquefois à terre parmi des herbes ; pond quatre ou six œufs, d'un vert olivâtre.

BEC-FIN PHILOMÈLE.

SYLVIA PHILOMELA. (Bech'st.)

Parties supérieures d'un gris brun terne ; sur la poitrine du gris clair teint de gris plus foncé ; queue moins vivement colorée de roux que dans l'espèce précédente ; gorge blanche entourée de gris foncé. La 1re. rémige presque nulle ; la 2e. presque d'égale longueur avec la 3e. et plus longue que la 4e. Longueur totale, 6 pouces 6 lignes. *Mâle* et *femelle.*

Sylvia philomela. Bechst. *Naturg. Deut. v.* 3. *p.* 507. *t.* 35. *f.* 1. — Luscinia major. Briss. *Orn. v.* 3. *p.* 400. *A.* — Motacilla luscinia major. Gmel. *Syst.* 1. *p.* 950. *sp.* 1. *B.* — Grosse grasmüke. Meyer, *Tasschenb. Deut. v.* 1. *p.* 222. — Frisch. *Vögel. t.* 21. *f.* 1. *B.* — Der Sprosser. Naum. *Vög. t.* 26. *f.* 52.

Habite : en Silésie, Bohème, Poméranie, Franconie et autres parties de l'Allemagne ; plus rare en France, et jamais en Hollande. On la trouve dans les bois situés sur des collines ; dans les plaines, particulièrement le long des ruisseaux.

Nourriture : comme la précédente.

Propagation : niche comme la précédente, mais plus fréquemment dans des lieux bas et humides ; pond des œufs plus grands que ceux du rossignol, et d'un brun olive teint de brun foncé.

BEC-FIN SOYEUX.

SYLVIA SERICEA. (Natter.)

Toutes les parties supérieures, y compris la queue et les ailes d'un gris brun terne ; côtés du cou et poitrine d'un cendré pur, se nuançant sur les flancs en gris brun, et couvrant l'abdomen et les couvertures inférieures de la queue de brun pur ; sourcils, tour des yeux, gorge et milieu du ventre d'un blanc pur ; queue un peu étagée ; la 1re. rémige assez longue, la 2e. et la 3e. étagées, les 4e., 5e. et 6e. les plus longues. Longueur, 5 pouces 3 lignes. *Mâle et femelle.*

Remarque. Cette espèce est du nombre des oiseaux nouvellement connus aux sciences naturelles ; M. Natterer, commissaire du musée de Vienne, en fit la découverte en Espagne, et lui donna le nom que nous adoptons, quoiqu'à dire vrai, son plumage ne soit pas plus soyeux que celui du *Rossignol* et de la *Philomèle ;* cet oiseau, quoique portant à peu près les mêmes couleurs que les deux espèces précitées, se rapproche le plus, par les formes, du *Bec-fin coryphée* de Vaillant. Je crois ntile de dire encore qu'il est très-facile de distinguer les trois espèces mentionnées ici, non-seulement par la taille, mais surtout eu égard à la forme des ailes dont les pennes sont différemment étagées.

Habite : les provinces méridionales d'Espagne ; com-

mun dans les buissons. M. Natterer tua plusieurs individus sur la Brenta, lors de son séjour à Gibraltar.

Nourriture et *Propagation :* inconnues.

BEC-FIN ORPHÉE.

SYLVIA ORPHEA. (Mihi.)

La tête et les joues jusque derrière les yeux noirâtres ; sur l'occiput le noir se nuance en gris cendré, et continue à dominer sur toutes les parties
supérieures ; ailes noirâtres bordées de cendré brun ;
la penne extérieure de chaque côté de la queue
blanche dans toute sa longueur, mais la baguette
noire, avec l'extrémité des barbes intérieures cendrée ; les autres pennes de la queue noirâtres, toutes terminées de blanc ; la gorge et le ventre d'un
blanc pur ; la poitrine et les flancs d'un rose très-
clair ; l'abdomen et les couvertures inférieures de
la queue d'un roux clair ; quelques-unes des moyennes couvertures supérieures de la queue rousse ; la
mandibule inférieure du bec jaune à sa racine, la
supérieure noire fortement échancrée ; quelques
poils longs à la racine du bec, qui est fort, et long
de 8 lignes. Longueur, 6 pouces 3 lignes. *Le vieux
mâle.*

La femelle, n'a point de noir sur la tête, cette
couleur n'existe qu'entre l'œil et le bec ; un petit
trait blanc aboutit à l'œil. Les parties supérieures
d'un cendré légèrement teint de roux ; la penne extérieure de la queue comme dans le mâle, les autres d'un brun noirâtre ; seulement la seconde de

chaque côté terminée de blanc sale ; une très-légère teinte de roux remplace sur la poitrine la couleur rosée du mâle.

Les jeunes pendant la première année, ressemblent à la femelle ; il est même probable que le vieux mâle perd en automne ses plumes noires, car il est certain que dans le midi on ne voit en automne aucun individu dont la tête est noirâtre ; ne prendrait-on alors que de jeunes oiseaux, et les vieux seraient-ils déjà émigrés à cette époque ? Je le suppose.

La Fauvette. Buff. *pl. enl.* 579. *f.* 1. une femelle de mon *Bec-fin Orphée :* mais le signalement des habitudes, Buff. *description v.* 5. *p.* 127, appartient au *Bec-fin Fauvette (Sylvia hortensis)*, si l'on en excepte cependant à la page 116 depuis la ligne 5 jusqu'à la ligne 24 inclusivement, où on trouve la description très-exacte d'une femelle du *Bec-fin Orphée*. — La Fauvette proprement dite. Cuv. *Règ. anim. v.* 1. *p.* 397.

Remarque. Cette confusion est cause que les méthodistes et les compilateurs n'ont jamais pu signaler exactement leur *Sylvia hortensis*, et que toutes les indications avant celle de Bechstein doivent être rayées de la liste des synonymes.

Habite : très-abondant en Italie , particulièrement en Piémont et en Lombardie , également commun dans quelques départemens méridionaux de la France et en Savoie ; accidentellement en Suisse , sur les Vosges et dans les Ardennes ; jamais dans le nord.

Nourriture : mouches, petites phalènes et baies.

Propagation : niche dans les buissons , souvent plusieurs en un même lieu ; souvent aussi dans les fentes des

masures, dans des trous de murailles et sous les toits des
habitations isolées ; pond quatre ou cinq œufs, presque
blancs marqués irrégulièrement de taches jaunâtres et de
petits points bruns.

BEC-FIN RAYÉ.

SYLVIA NISORIA. (BECHST.)

Tête, joues, nuque et dos d'un cendré foncé,
scapulaires et croupion de cette couleur, mais
toutes les plumes terminées par une petite raie
brune et une autre blanche ; ailes d'un cendré
plus clair ; queue d'un cendré foncé ; la penne latérale terminée par une tache blanche qui s'étend
sur la partie de la barbe intérieure ; sur la suivante
une tache blanche moins grande ; la troisième et
quatrième seulement bordées et terminées intérieurement de blanc ; gorge, devant du cou, poitrine,
flancs et abdomen blanchâtres et rayés transversalement de gris cendré ; milieu du ventre d'un blanc
pur ; couvertures inférieures de la queue cendrées
avec de larges bordures blanches ; bec brun ; iris
d'un jaune brillant. Longueur, 6 pouces 5 ou 6
lignes. *Le vieux mâle.*

La femelle, a le cendré des parties supérieures
nuancé de brun, point de fines raies transversales
brunes et blanches sur les scapulaires et sur le
croupion ; les flancs légèrement nuancés de roussâtre ; les taches à l'extrémité des pennes caudales
moins grandes et d'un blanchâtre terni.

Remarque. J'ai donné à cette nouvelle espèce le nom

de *Bec-fin rayé*, parce qu'aucune autre espèce de ce genre nombreux ne porte, comme celle-ci, une multitude de raies transversales sur les parties inférieures du corps.

Sʏʟᴠɪᴀ ɴɪsᴏʀɪᴀ. Bechst. *Naturg. Deut. v.* 3. *p.* 547. — Gᴇsᴘᴇʀʙᴛᴇʀ ɢʀᴀsᴍüᴄᴋᴇ. Meyer, *Tasschenb. Deut. v.* 1. *p.* 227. — Bechst. *Tasschenb. Deut. p.* 172. — Naum. *Vög. t.* 33. *f.* 67. *le jeune mâle.*

Les jeunes avant leur mue, ont toutes les parties supérieures et inférieures du corps marquées de nombreuses raies transversales d'un cendré brun; ils ont l'iris brun. *Voyez* Nᴀᴜᴍᴀɴ, *loco citato.*

Habite : les buissons et les taillis ; plus particulièrement répandues dans le nord, en Suède, dans les provinces du nord de l'Allemagne et en Hongrie ; l'espèce est plus rare en Autriche ; se trouve aussi en Lombardie.

Nourriture : insectes, chenilles, vers et baics.

Propagation : niche dans les buissons touffus d'aubépine ; pond quatre ou cinq œufs, d'un blanchâtre marqué de taches d'un cendré pourpré ou d'un cendré pur.

BEC-FIN A TÊTE NOIRE.

SYLVIA ATRICAPILLA. (Lᴀᴛʜ.)

Orbites des yeux couverts de plumes ; le mâle, *une calotte noire ;* la femelle, *une calotte rousse ; bec gros et fort.*

Front, sommet de la tête et occiput d'un noir profond ; espace entre l'œil et le bec, cou et poitrine d'un gris cendré ; les autres parties supérieures du corps, les ailes et la queue d'un cendré légèrement nuancé d'olivâtre ; ventre et gorge d'un

cendré blanchâtre ; bec et pieds noirs. Longueur,
5 pouces 5 lignes. *Le mâle.*

La calotte qui recouvre la tête de *la femelle*,
au lieu d'être noire comme celle *du mâle*, est
d'une couleur rousse ; l'espace entre l'œil et le bec,
ainsi que la gorge, est gris cendré ; toutes les parties supérieures sont nuancées d'olivâtre ; poitrine
et flancs d'un gris olivâtre ; ventre d'un blanc légèrement teint de roux.

MOTACILLA ATRICAPILLA. Gmel. *Syst.* 1. *p.* 970. *sp.* 18.
— SYLVIA ATRICAPILLA. Lath. *Ind. v.* 2. *p.* 508. *sp.* 6. —
MOTACILLA MOSQUITA. Gmel. *p.* 970. *sp.* 104. *la femelle.* —
LA FAUVETTE A TÊTE NOIRE. Buff. *Ois. v.* 5. *p.* 125. *t.* 8. *f.* 1.
— Id. *pl. enl.* 580. *f.* 1 *et* 2. *mâle et femelle.* — Gérard.
Tab. élém. v. 1. *p.* 296. — BLACK-CAP. Lath. *Syn. v.* 4.
p. 415. — *Arct. Zool. v.* 2. *p.* 418. — *Brit. Zool. p.* 101.
t. S. f. 5. — CAPINERA COMMUNE. *Stor. deg. ucc. v.* 4.
pl. 398. *f.* 1 *et* 2. *deux mâles.* — SCHWARZKÖPFIGE GRAS-
MÜCKE. Meyer, *Tasschenb. Deut. v.* 1. *p.* 223. — Frisch.
t. 23. *f.* 1. *A. et B.* — Naum. *t.* 34. *f.* 71 et 72. *mâle et*
femelle.

Remarque. La *Sylvia melanocephala* forme une espèce distincte, qui ne se trouve point dans la 1ʳᵉ. édition,
où j'ai énuméré les synonymes avec ceux de la *Sylvia*
atricapilla.

Habite : depuis le nord, même depuis la Laponie jusque dans les provinces méridionales de la France et dans
le nord de l'Italie ; commun en Allemagne et dans les parties orientales ; très-rare au delà des Apennins et des Pyrénées.

Nourriture : mouches, cousins, chenilles, larves et
cocons d'insectes ; également les baies du sureau, du groseillier et autres.

Propagation : niche dans les buissons, le plus habituellement dans ceux d'aubépine; pond de quatre jusqu'à six œufs assez gros, obtus, d'un jaune blanchâtre, nuancé de roux et parsemé d'un petit nombre de taches plus foncées.

BEC-FIN MÉLANOCÉPHALE.

SYLVIA MELANOCEPHALA. (Latn.)

Orbites nus ; le mâle, *un capuchon noir ;* la femelle, *un capuchon cendré noirâtre ; bec assez gros et fort.*

Front, sommet de la tête, occiput, joues et orifice des oreilles d'un noir profond; gorge, devant du cou et milieu du ventre blancs; nuque, dos, flancs, abdomen et couvertures des ailes d'un gris très-foncé ; ailes et queue noirâtres ; la penne extérieure blanche en dehors et au bout; sur la 2ᵉ. penne une petite tache blanche; base de la mandibule inférieure du bec, blanche; le reste noir; pieds bruns; nudité qui entoure les yeux d'un rougeâtre clair; iris brun. Longueur, 5 pouces. *Le mâle.*

Le capuchon qui enveloppe aussi toute la tête chez *la femelle,* au lieu d'être d'un noir profond comme celui *du mâle,* est d'une couleur cendrée noirâtre ; le blanc des parties inférieures est moins pur ; le cendré des parties supérieures plus brunâtre ; et les ailes ainsi que les pennes caudales sont d'un brun foncé; la nudité qui entoure les yeux est la même que chez *le mâle.* Cette espèce a la gorge blanche dans les deux sexes, et diffère en-

core de la suivante par le bec; il est cependant
facile de les confondre.

SYLVIA MELANOCEPHALA. Lath. *Ind. Orn. v.* 2. *p.* 509.
sp. 7. — MOTACILLA MELANOCEPHALA. Gmel. *Syst.* 1. *p.* 970.
— Cetti, *Ucc. sard. p.* 215.

Habite : seulement les parties les plus méridionales,
telles que le midi de l'Espagne, la Sardaigne et les états
napolitains. Quelques couples ont été tués par M. Natterer
à Algésiras, et près de Gibraltar.

Nourriture : petites mouches, cousins et larves d'insectes ; aussi de très-petites baies.

Propagation : niche dans les petits buissons, loin des
habitations ; pond quatre ou cinq œufs, d'un blanc jaunâtre, marqué, presque sur toute la surface de l'œuf, par
de très-petits points d'un jaunâtre plus foncé.

BEC-FIN SARDE.

SYLVIA SARDA. (MARMORA.)

*Orbites nues ; le mâle, d'un cendré noirâtre sur
la gorge ; la femelle, d'un cendré clair sur cette
partie ; bec faible et court.*

Front, sommet de la tête, joues et devant
du cou d'un cendré noirâtre, plus profond au
front et près des yeux ; manteau, dos et croupion
d'un cendré noirâtre ; nuque, côtés du cou, poitrine et flancs d'une teinte plus claire, qui prend
un ton roussâtre ou vineux à la région des cuisses ; milieu du ventre d'un blanc légèrement teint
de vineux ; ailes et toutes les pennes de la queue
noirâtres ; la seule penne caudale extérieure porte
un liséré blanc très-étroit ; orbites des yeux nus,

d'un beau vermillon ; base de la mandibule inférieure jaunâtre ; le reste noir ; pieds jaunâtres.
Longueur, 5 pouces. *Le vieux mâle.*

La femelle, diffère beaucoup par les teintes généralement plus claires ; il n'existe de couleur noire
qu'entre le bec et les yeux ; tout le reste est d'un
ton cendré foncé ; la seule penne extérieure de la
queue a un liséré très-fin comme dans le mâle ; les
parties inférieures ne diffèrent aussi que par des
teintes plus claires ; sous la mandibule inférieure
du bec sont quelques petites plumes blanchâtres.

Remarque. Nous devons à M. le Chevalier de la Marmora la connaissance de cette espèce nouvelle, décrite
dans les Annales de l'Académie de Turin, mémoire lu le
28 août 1819 ; elle se rapproche beaucoup par le plumage
et par la nudité du cercle des yeux de la *Sylvia melanocephala*, dont elle se distingue par son bec, qui est faible et grêle comme celui du *Pittchou;* on peut encore
trouver les moyens de la distinguer par la queue dont la
seule penne extérieure est lisérée, tandis que dans le *Bec-
fin melanocéphale* toute la barbe extérieure et le bout
des deux premières pennes sont blancs ; la couleur de la
gorge sert aussi de moyen pour ne point confondre ces
deux espèces très-voisines.

Habite : les petits buissons dans les lieux incultes et
déserts ; très-commun dans certains districts de la Sardaigne ; ne se trouvant jamais dans d'autres ; vit *proba-
bablement aussi* dans le royaume de Naples et en Sicile.

Nourriture : très-petites mouches et autres insectes
qui s'attachent aux feuilles.

Propagation : inconnue.

BEC-FIN FAUVETTE.

SYLVIA HORTENSIS. (BECHST.)

Toutes les parties supérieures d'un gris brun, très-légèrement teint d'olivâtre ; tour de l'œil blanc ; sur la partie latérale du bas du cou un espace d'un brun cendré pur ; gorge blanchâtre ; poitrine et flancs d'un gris roussâtre ; ventre blanc, et cette couleur très-légèrement nuancée de gris roussâtre sur les couvertures inférieures de la queue ; bec brun très-peu échancré ; base de la mandibule inférieure jaunâtre ; iris brun. Longueur, 5 pouces 5 lignes. *Le mâle.*

La femelle, a les teintes de la poitrine et des flancs un peu moins foncées ; du reste elle ressemble en tout au mâle.

Varie accidentellement; tout le plumage blanchâtre ou tapiré de blanc ; quelques individus ont les parties supérieures plus nuancées d'olivâtre ; d'autres les ont plus tirant sur le gris.

Sylvia hortensis. Bechst. *Naturg. Deut. v. 3. p.* 524. *sp.* 4. Id. *Tasschenb. Deut. p.* 169. — La petite Fauvette. Buff. *pl.* 579. *enl. f.* 2. *représentation très-exacte de notre fauvette des jardins.* —Graue Grasmücke. Meyer, *Tasschenb. Deut. v.* 1. *p.* 224. Naum. *Vög. t.* **33.** *f.* 68. *figure peu exacte.* — Beccafico cenerino. *Stor. degl. ucc. v.* 4. *pl.* 395. *f.* 1 *et* 2. — Braemsluiper. Sepp. *Nederl. Vog. v.* 2. *t. p.* 139.

Remarque. Comme indication de légères variétés dans le plumage de cet oiseau, on peut encore citer en tout ou en partie les suivantes : Variété de la fauvette, Sonnini, *nouv. édit. de* Buffon, *v.* 1. *p.* 295. — Nauman, *Vög. Deut. t.* 33. *f.* 168. Pour ce qui concerne l'indication de *Motacilla hortensis,* de Gmelin, ainsi que toutes celles placées comme synonymes avec cette espèce nominale ; je suis d'avis de les exclure de la nomenclature, afin de ne plus donner matière aux doubles emplois.

Habite : plus particulièrement les contrées méridionales ; se trouve également dans presque tous les pays tempérés de l'Europe ; vit dans les buissons à la lisière des bois situés dans les plaines et dans les jardins ; abondant en Hollande.

Nourriture : insectes et leurs larves ; baies du genévrier et autres.

Propagation : niche dans les buissons et dans les haies ; pond cinq ou six œufs blanchâtres ; parsemés de taches et de points verdâtres et grisâtres.

BEC-FIN GRISETTE.

SYLVIA CINEREA. (Lath.)

Sommet de la tête et espace entre l'œil et le bec cendrés ; les autres parties du corps, d'un gris fortement teint de roux ; cette dernière couleur domine principalement sur le haut du dos ; ailes noirâtres, toutes leurs couvertures bordées d'un roux très-vif ; rémiges lisérées de cette couleur, excepté l'extérieure qui est lisérée de blanc ; gorge, et milieu du ventre d'un blanc pur, poitrine légèrement teinte de rose ; flancs et abdomen d'un gris roussâtre ; queue d'un brun foncé ; les pennes d'égale longueur, excepté la plus extérieure qui est beaucoup plus courte ; celle-ci a la barbe extérieure et le bout d'un blanc pur ; la suivante est seulement terminée de blanchâtre. Longueur, 5 pouces 6 lignes. *Le mâle.*

La femelle, a les teintes moins pures et les parties supérieures plus nuàncées de roux ; le blanc de la gorge et de la penne extérieure de la queue nuancée de roussâtre ; point de teinte rose sur la poitrine.

Les jeunes, ont encore plus de roux dans les parties supérieures ; l'espace entre l'œil et le bec est blanc, et les bordures rousses des couvertures alaires sont plus larges ; la rémige extérieure est lisérée de roussâtre au lieu de blanc.

Sylvia cinerea. Lath. *Ind v.* 1. *p.* 514. — Motacilla Sylvia. Gmel. *Syst.* 1. *p.* 956. *sp.* 9. — Retz. Linn. *Faun. Suec. p.* 256. *n°.* 238. — Fauvette grise ou Grisette. Buff. *Ois. v.* 5. *p.* 132. — Id. *pl. enl.* 579. *f.* 3. — Gérard. *Tab. élém. v.* 1. *p.* 300. — White Throat. Lath. *Syn. v.* 4. *p.* 428. *sp.* 19. — *Brit. Zool. p.* 104. *t. S. f.* 4. — Fahle Gramücke. Bechst. *Naturg. Deut. v.* 3. *p.* 534. — Meyer, *Tasschenb. Deut. v.* 1. *p.* 225. — Id. *Vög. Deut. v.* 1. *Heft.* 14. — Naum. *Vög. t.* 33. *f.* 69. — Rietvink. Sepp, *Nederl. Vög. v.* 3. *t. p.* 97.

Remarque. Le jeune oiseau de l'année est très-exactement représenté dans Buffon, *pl. enl.* 581. *f.* 1. sous le faux nom *de Fauvette rousse.* N. B. la description qui accompagne cette planche appartient à la véritable *petite Fauvette rousse ou véloce,* notre *Sylvia rufa.*

Habite : les haies et les taillis ; en France, en Allemagne ; très-abondant en Hollande ; vit très-avant dans le nord, et se trouve dans les parties les plus chaudes du midi ; commun en Sardaigne.

Nourriture : mouches, petits scarabées, larves d'inectes et petites chenilles rases.

Propagation : niche dans les buissons d'aubépine et dans les taillis touffus ; pond cinq ou six œufs , d'un gris verdâtre moucheté de nombreuses taches roussâtres et olivâtres.

BEC-FIN BABILLARD.

SYLVIA CURRUCA. (Lath.)

Tout le haut de la tête d'un cendré pur ; espace entre l'œil et le bec et les plumes qui couvrent l'orifice des oreilles, d'un cendré plus foncé ; nuque, manteau et croupion d'un cendré brun ; ailes brunes bordées de cendré brun ; queue noirâtre, la penne extérieure cendrée , bordée et terminée de blanc , mais blanche sur toute la barbe extérieure ; les deux suivantes seulement terminées par une petite tache blanche ; poitrine, flancs et abdomen d'un blanc très-légèrement teint de roussâtre ; le reste des parties inférieures d'un blanc pur. Longueur, 5 pouces.

La femelle ne se distingue point *du mâle.*

Sylvia curruca. Lath. *Ind. v.* 2. *p.* 509. *sp.* 9. — Curruca garrula. Briss. *Orn. v.* 3. *p.* 584. *sp.* 7. — Sylvia garrula. Bechst. *Naturg. Deut. v.* 3. *p.* 540. *t.* 16. — Motacilla Dumetorum. Gmel. *Syst.* 1. *p.* 985. *sp.* 31. — Sylvia Dumetorum. Lath. *Ind. v.* 2. *p.* 522. *sp.* 45. — Motacilla garrula. Retz. Linn. *Faun. Suec. p.* 254. — n° 235. — La Fauvette babillarde. Buff. *Ois. v.* 5. *p.* 135. — Gérard. *Tab. élém. v.* 1. *p.* 299. — Babling Warbler. Lath. *Syn. v.* 4. *p.* 417. — Karuka. Penn. *Arct. Zool. v.* 2. *p.* 422. U. — White breasted Warbler. Lath. *Syn. v.* 4. *p.* 447. *sp.* 41. — Klapper Grasmücke. Meyer. *Taschenb. Deut. v.* 1. *p.* 226. — Frisch. *Vögel. Deut. t.* 21.

f. 2. A. figure très-exacte. — Naum. *t.* 34. *f.* 70. *figure très-exacte.*

Remarque. Comme citations douteuses et très-défectueuses, on peut énumérer les suivantes.

Motacilla curruca. Gmel. *Syst.* 1. *p.* 954. *sp.* 6. — La Fauvette babillarde. Buff. *Ois. pl.* 1. *enl.* 580. *f.* 3.

Habite : les provinces tempérées de l'Europe ; ne se répand guère plus avant dans le nord que la Suède ; également abondant en Asie.

Nourriture : mouches , chenilles et autres insectes , leurs larves et leurs œufs.

Propagation : niche dans les buissons épineux, dans les haies et les taillis ; pond cinq œufs, d'un blanc verdâtre avec des taches bleuâtres et brunâtres.

BEC-FIN A LUNETTES.

SYLVIA CONSPICILLATA. (Marmora.)

Sommet de la tête et joues d'un cendré pur ; espace entre l'œil et le bec noir ; cette couleur entoure aussi le cercle blanc des yeux ; manteau et dos d'un roux vineux ; ailes noirâtres, toutes leurs couvertures bordées d'un roux vif ; gorge d'un blanc pur, toutes les autres parties inférieures d'une teinte vineuse claire sur le milieu du ventre, mais roussâtre sur les flancs ; queue arrondie noirâtre ; la penne extérieure presque entièrement blanche ; la 2°. terminée par une grande tache blanche, et la 3°. par une très-petite ; bec jaune à la base et noir à la pointe ; pieds jaunâtres ; iris brun. Longueur, 4 pouces 4 lignes. *Le vieux mâle au printemps.*

La femelle, difficile à distinguer *du mâle*, a les teintes un peu moins vives et le vineux de la poitrine moins pur ; l'espace entre le bec et les yeux ainsi qu'une partie de la région ophthalmique, sont aussi moins noires, mais toujours d'un cendré noirâtre.

Remarque. Nous devons encore la connaissance de cette nouvelle espèce à M. le chevalier de la Marmora, qui en a donné la description dans son mémoire lu à l'académie de Turin, le 28 août 1819. Cette belle espèce ressemble beaucoup au *Bec-fin grisette* (*S. cinerea*) ; mais elle s'en distingue par sa très-petite taille, par des couleurs plus vives et plus pures, et les espèces de lunettes noires sur les yeux, aussi par la queue plus étagée et la couleur des pennes. Ses habitudes sont celles de la *Grisette* qui vit également dans les lieux où habite celle-ci.

Habite : elle n'a encore été trouvée qu'en Sardaigne, où on la voit presque dans tous les lieux couverts de buissons ou de bois ; il est assez probable qu'elle habite aussi tout le midi de l'Italie ; point encore observée dans le nord de l'Italie, ni en France.

Nourriture et *Propagation :* me sont inconnues.

BEC-FIN PITTE-CHOU.

SYLVIA PROVINCIALIS. (Gmel.)

Toutes les parties supérieures, à l'exception de la queue d'un beau gris foncé ; gorge, poitrine et flancs d'un rougeâtre pourpre ou couleur lie de vin ; milieu du ventre blanc ; queue très-longue, d'un brun noirâtre ; la seule penne extérieure terminée de blanc ; pennes des ailes cendrées extérieurement, mais noires sur les barbes intérieures ; ailes très-courtes ; pieds jaunâtres ; bec noir, mais d'un blanc jaunâtre à sa base ; iris brun. Longueur, 5 pouces. *Le vieux mâle.*

La femelle, a généralement des teintes un peu plus pâles et moins vives ; on remarque sur sa gorge un plus grand nombre de fines stries blanchâtres que chez le mâle, qui, étant très-vieux, n'en porte souvent plus aucune trace.

Les jeunes de l'année, ont un plus grand nombre de petites raies à la gorge, et les parties inférieures sont tapirées de plumes blanchâtres.

Motacilla Provincialis. Gmel. *Syst.* 1. *p.* 958. *sp.* 67. — Sylvia Dartfordiensis. Lath. *Ind. v.* 2. *p.* 517. *sp.* 31. — Montag. *Transac. of the Linn. society. v.* 7. *p.* 880 *et v.* 9. *p.* 191. — Le Pitte-chou de Provence. Buff. *Ois. v.* 5. *p.* 158. — Id. *pl. enl.* 655. *fig.* 1. *figure assez exacte.* — Sonn. *nouv. édit. de* Buff. *Ois. v.* 15. *p.* 155. — Dartford Warbler. Lath. *Syn. v.* 4. *p.* 435.

Habite : les contrées méridionales le long de la Méditerranée ; abondant en Espagne et dans le midi de l'Italie ; plus rare au centre de la France et en Angleterre ; jamais vu en Allemagne, ni en Hollande.

Nourriture : très-petites mouches et autres insectes qui s'attachent aux feuilles.

Propagation : niche dans les buissons touffus à quelque distance de terre et dans l'épaisseur du feuillage ; pond quatre ou six œufs, d'un blanchâtre marqué d'un grand nombre de petits points bruns et cendrés dont la réunion forme souvent une zone vers le gros bout.

BEC-FIN PASSERINETTE.

SYLVIA PASSERINA. (Lath.)

Sommet de la tête, joues, nuque et côtés du cou d'un cendré très-clair; parties supérieures du corps d'un cendré olivâtre; mais toutes les couvertures frangées de roussâtre; devant du cou, poitrine et flancs d'un roux très-clair; gorge, milieu du ventre et abdomen d'un blanc pur; pennes de la queue d'un cendré clair, toutes, excepté les quatre du milieu, terminées de blanc pur; les deux extérieures ont un grand espace blanc vers le bout, et la barbe extérieure est entièrement de cette couleur; iris brun; mandibule supérieure du bec brune, inférieure blanche; pieds bruns. Longueur, 4 pouces 6 lignes. *Le vieux mâle.* Il n'a jamais été décrit.

La vieille femelle, a toutes les parties supérieures d'une seule nuance de cendré légèrement roussâtre; un peu de cendré pur se dessine sur les joues, la gorge et le milieu du ventre blancs; toutes les autres parties inférieures d'un roussâtre trèsclair; pennes de la queue roussâtres vers la pointe, les quatre du milieu exceptées, qui ont du blanc à la fine pointe; la seule penne extérieure est comme chez le mâle. En cet état on reconnaît

Sylvia passerina. Gmel. *Syst.* 1. *p.* 954. — Lath. *Ind.* v. 2. *p.* 508. *sp.* 5. — Curruca minor. Briss. *Orn.* v. 3. *p.* 374. — La Passerinette. Buff. *Ois.* v. 5. *p.* 123. — Id. *pl. enl.* 579. *f.* 2. — Passerine Warbler. Lath. *Syn.* v. 4. *p.* 414. *sp.* 4.

Les jeunes de l'année, se distinguent en ce qu'ils ont plus de roussâtre sur le dos; toutes les plumes des ailes et de la queue sont frangées de roux.

Remarque. Tous les auteurs donnent une mesure trop forte à cet oiseau ; ils le signalent pour avoir **5** pouces 3 lignes en longueur totale ; mais ses plus fortes dimensions n'excèdent jamais 4 pouces 6 lignes, la planche de Buffon est sous ce rapport très-défectueuse ; quoiqu'elle représente une figure assez exacte de la *vieille femelle.*

Habite : les plaines cisalpines, le midi de l'Italie, la Sardaigne et le midi de l'Espagne ; assez commun en Lombardie, dans les buissons proches du Pô ; M. Natterer tua de ces oiseaux à Saint-Rocco, dans le royaume de Grenade ; il sont aussi communs en Portugal.

Nourriture : très-petites mouches et petits insectes qui s'attachent au feuillage.

Propagation : inconnue.

BEC-FIN SUBALPIN.

SYLVIA SUBALPINA. (Bonelli.)

Sommet de la tête, joues, nuque, dos et scapulaires d'un joli cendré pur ; côtés du cou nuancés de cendré et de vineux ; gorge, devant du cou, poitrine, flancs et abdomen d'une belle couleur vineuse ; milieu du ventre d'un blanc très-pur ; ailes d'un cendré noir, toutes les pennes et les couvertures bordées par du cendré roux ; queue à peu près noire, légèrement arrondie ; la penne extérieure blanche en dehors et au bout, toutes les autres terminées de blanc pur ; bec brun dessus, et noir en dessous ; pieds bruns. Longueur, 4 pouces 6 lignes. *La vieille femelle au printemps.*

Remarque. Cette nouvelle espèce m'a été communiquée par M. le professeur Bonelli, directeur du muséum d'histoire naturelle à Turin ; je crois que l'individu déposé dans les galeries de ce cabinet est jusqu'à présent unique ; il a été trouvé près de la ville de Turin ; d'autres ont été vus dans les environs de Gênes. L'espèce paraît être rare, vu qu'on ne l'a point encore trouvée dans ces contrées où les recherches, grâces au zèle de M. Bonelli, ont été faites avec tant d'exactitude et de soins. On ne connaît point encore la livrée du mâle ; l'individu tué dans les environs de Turin est une femelle. M. Bonelli se propose de publier quelques notices sur cet oiseau dans les mémoires de l'académie de cette année.

BEC-FIN ROUGE-GORGE.

SYLVIA RUBECULA. (Lath.)

Haut de la tête et parties supérieures d'un gris brun légèrement teint d'olivâtre ; front, espace entre l'œil et le bec, devant du cou et poitrine d'un roux ardent ; ce roux est entouré de chaque côté du cou de gris cendré ; flancs d'un cendré olivâtre ; ventre d'un blanc pur ; iris d'un noir brillant. Longueur, 5 pouces 9 lignes.

Les vieux, ont souvent des taches rouges sur les grandes couvertures des ailes.

La femelle, a toutes les parties supérieures d'un brun cendré ; le roux de la poitrine est plus terne et le gris qui l'entoure est moins apparent.

Les jeunes avant leur première mue, ont les parties supérieures d'un gris olivâtre avec de petites raies et des taches triangulaires d'un roux sale, disposées à l'extrémité de chaque plume ; gorge et devant du cou légèrement nuancés de roussâtre, et variés de petites raies d'un brun olivâtre; ventre d'un blanc sale, ondé de gris olivâtre.

Varie accidentellement; d'un blanc pur ou grisâtre ; quelquefois à ventre blanc et ailes jaunâtres; varié plus ou moins de blanc, ou la tête entièrement blanche; le plus souvent à ailes ou pennes de la queue blanches.

Motacilla rubecula. Gmel. *Syst.* 1. *p.* 993. *sp.* 45. — Sylvia rubecula. Lath. *Ind. v.* 2. *p.* 520. *sp.* 42. — Rouge-gorge. Buff. *Ois. v.* 5. *p.* 196. *t.* 11. — Id. *pl. enl.* 361. *f.* 1. — Gérard. *Tab. élém. v.* 1. *p.* 271. — Redbreast. Lath. *Sun. v.* 4. *p.* 442. — *Brit. Zool. t. S.* 2. — Rothbrustiger Sanger. Meyer, *Tasschenb. Deut. v.* 1. *p.* 238. — Id. *Vög. Deut. v.* 1. *Heft.* 5. — Frisch. *Vög. t.* 19. *f.* 1. — Naum. *t.* 35. *f.* 73.

Habite : les forêts tant noires que vertes, jusque bien avant dans le nord ; se rencontre souvent dans le voisinage des eaux ; très-abondant en France et en Hollande.

Nourriture : vermisseaux, mouches et baies.

Propagation : niche à terre, dans la mousse ou dans les herbes ; très-souvent dans les trous des arbres ou entre les racines ; pond de quatre jusqu'à sept œufs, d'un blanc jaunâtre avec des taches ondées et des raies brunes.

BEC-FIN GORGE BLEUE.

SYLVIA SUECICA. (Lath.)

Parties supérieures d'un cendré brun ; gorge et devant du cou d'un bleu d'azur; au centre de cette couleur un grand espace d'un blanc pur ; au-dessous de la couleur bleue s'étend une zone noire, puis une étroite bande blanche qui est suivie d'une

autre plus large de couleur rousse ; ventre et abdomen blancs ; la moitié de la queue rousse, l'extrémité noire. Longueur, 5 pouces 6 lignes. *Le
mâle adulte.*

Le très-vieux mâle, a une raie blanche au-dessus des yeux, suivie d'une autre noire ; point d'espace blanc sur la gorge ; du noir bleuâtre entre
l'œil et le bec ; la bande rousse de la poitrine beaucoup plus large ; celle-ci et l'origine des pennes de
la queue d'un roux plus vif.

La femelle, ressemble au mâle dans les parties
supérieures ; le cou a de chaque côté une raie longitudinale, noirâtre, qui se réunit sur le haut de
la poitrine en un large espace noirâtre teint de
cendré ; sur le milieu du cou est une grande tache
d'un blanc pur ; flancs nuancés d'olivâtre ; le reste
des parties inférieures blanchâtre. *Les très-vieilles
femelles* ont quelquefois la gorge d'un bleu très-
clair. *Les jeunes* ont le plumage brun taché de
blanchâtre ; tous ont un grand espace blanc sur
la gorge.

MOTACILLA SUECICA. Gmel. *Syst.* 1. *p.* 989. *sp.* 37.
— SYLVIA SUECICA. Lath. *Ind. v.* 2. *p.* 521. *sp.* 43. —
SYLVIA CYANECULA. Meyer, *Tasschenb. Deut. v.* 1. *p.* 240.
LA GORGE-BLEUE. Buff. *Ois. v.* 5. *p.* 206. *t.* 12. — Id. *pl.
enl.* 610. *f.* 1. très-vieux mâle. *f.* 2. variété acciden-
telle ; et f. 3. femelle, et pl. 361. f. 2. mâle. — Gérard.
Tab. élém. v. 1. *p.* 275. — BLEU THROATED WARBLER. Lath.
Syn. v. 4. *p.* 444. — BECA-FICO CHIAMATO. *Stor. deg. ucc.
v.* 4. *pl.* 397. Naum. *t.* 36. *f.* 78 *et* 79. — Frisch. *t.* 19.
f. 3 et 4.

Habite : dans les mêmes contrées que l'espèce précédente, mais plus particulièrement le long des lisières des forêts ; plus rare en France et en Hollande que la précédente.

Nourriture : mouches, larves d'insectes, vers de terre et autres.

Propagation : niche dans les buissons et dans les trous des arbres ; pond six œufs d'un bleu verdâtre.

BEC-FIN ROUGE-QUEUE.

SYLVIA TITHYS. (Scopoli.)

Parties supérieures d'un cendré bleuâtre; espace entre le bec et l'œil, joues, gorge et poitrine d'un noir profond; le noir se nuance en cendré bleuâtre sur le ventre, et ce bleu domine sur les flancs ; abdomen blanchâtre ; couvertures inférieures de la queue, croupion et pennes caudales d'un roux ardent; les deux pennes du milieu brunes ; grandes couvertures des ailes bordées de blanc pur ; la rémige extérieure courte ; la 2ᵉ. de six lignes plus courte que la 4ᵉ. et la 5ᵉ., qui sont les plus longues, et cette 2ᵉ. rémige d'égale longueur avec la 7ᵉ. Longueur totale, 5 pouces 3 lignes. *Le vieux mâle.*

La femelle, a les parties supérieures d'un cendré terne ; les parties inférieures d'un cendré plus clair et passant au blanchâtre vers l'anus ; couvertures et pennes des ailes noirâtres bordées de gris cendré ; les couvertures inférieures de la queue d'un roux jaunâtre ; le croupion et les pennes caudales d'un roux plus terne que chez *le mâle.*

Les jeunes, ressemblent jusqu'au printemps aux *femelles ;* les sexes dans cet âge se distinguent en ce que *la femelle* a toujours les parties supérieures et inférieures du corps d'un cendré plus clair, et le croupion moins ardent que *le mâle.*

Motacilla atrata. Gmel. *Syst.* 1. *p.* 988. *sp.* 162. *le vieux mâle.* — Motacilla Gibraltariensis. Id. *p.* 987. *sp.* 160. *le vieux mâle.* — Sylvia tithys. Lath. *Ind. v.* 2. *p.* 512. *sp.* 16. — Sylvia Gibraltariensis et atrata. Id. *sp.* 17 *et* 21. — Sylvia tithys. Scopoli. *Ann. hist. nat.* 1. *n°* 233. — Meyer, *Tasschenb. Deut. v.* 1. *p.* 241. — Bechst. *Naturg. Deut. v.* 3. *p.* 597. *mâle et femelle.* — Motacilla phoenicurus. Gmel. *Syst.* 1. *p.* 987. *sp.* 34. *var.* D. — Motacilla tithys. Retz. Linn. *Faun. Suec. p.* 262. *sp.* 246. *la femelle.* — Le Rouge-queue. Buff. *Ois. v.* 5. *p.* 180. — Gérard. *Tab. élém. v.* 1. *p.* 285. *jeunes et p.* 286. *à la ligne* 9. *le vieux mâle.* — Schwartze Rothschwantz. Naum. *Vög. t.* 37. *f.* 82 *et* 83. — Black redtail. Lath. *Syn. v.* 4. *p.* 426. *sp.* 16.

Remarque. Motacilla erithacus. Linn. *Syst.* 12. *p.* 335; *et* Retz. Linn. *Faun. Suec. n.* 247, ainsi que Motacilla ochrura. Gmel. *p.* 978, sont des descriptions trop embrouillées et confondues avec l'espèce de l'article suivant ; il en est de même du grey redstart et du redtail warbler de Pennant *Arct. Zool.* et du red tail warbler, de Lath. *Syn. p.* 425. Il est préférable de proscrire de la liste nominale des oiseaux toutes ces indications tronquées et à double emploi.

Habite : jusque fort avant dans le nord ; se trouve dans les lieux rocailleux ; plus rare dans les plaines ; vit aux environs des masures et des vieux châteaux isolés : très-rare et accidentellement en Hollande.

Nourriture : vers , insectes et leurs larves , ainsi que différentes espèces de baies.

Propagation : niche dans les fentes des rochers ou des masures, quelquefois sous les toits des maisons et des clochers; pond jusqu'à six œufs, d'un blanc pur et luisant.

BEC-FIN DE MURAILLES.

SYLVIA PHOENICURUS. (Lath.)

Front et sourcils d'un blanc pur; petite bande sur la racine du bec, espace entre celui-ci et l'œil; gorge et haut du cou d'un noir profond; tête et haut du dos d'un cendré bleuâtre; poitrine, flancs, croupion et pennes latérales de la queue d'un roux brillant; abdomen blanchâtre; couvertures inférieures de la queue d'un roux clair; les deux pennes du milieu brunes; la 1re. rémige courte, la 2e. de quatre lignes plus courte que la 3e. qui est la plus longue, et cette 2e. rémige d'égale longueur avec la 6e. Longueur totale, 5 pouces 3 lignes. *Le vieux mâle.*

La femelle, est facile à confondre avec celle de l'espèce précédente. Parties supérieures d'un gris fortement nuancé de roussâtre, grandes couvertures des ailes bordées de jaune roussâtre; gorge blanche; poitrine et flancs roussâtres; ventre blanchâtre; couvertures du dessous de la queue d'un roux pâle. *Les très-vieilles,* ont la gorge noirâtre tachetée de roussâtre.

Les jeunes mâles de l'annéé, n'ont point de blanc au front; le noir de la gorge maculé de lignes blanchâtres; le roux de la poitrine varié de blanc;

parties supérieures d'un cendré roussâtre ; couvertures et pennes des ailes bordées de roux.

Les jeunes femelles, se distinguent du rossignol, *Motacilla lucinia*, par le bec et les pieds qui sont noirs, et les deux pennes du milieu de la queue qui sont toujours d'un brun noirâtre.

Remarque. L'on ne peut guère distinguer plus infailliblement cette espèce, ainsi qu'un grand nombre d'autres qui se ressemblent, que par l'examen de la longueur respective entre les grandes pennes des ailes ou rémiges, caractère que j'ai toujours soigneusement indiqué. Pour faire usage de cette marque distinctive, il est nécessaire que l'oiseau ait accompli sa mue.

Motacilla phoenicurus. Gmel. *Syst.* 1. *p.* 987. *sp.* 34. — Sylvia phoenicurus. Lath. *Ind. v.* 2. *p.* 511. *sp.* 15. — Retz. Linn. *Faun. Suec. p.* 261. *n°.* 245. — Le Rossignol de murailles. Buff. *Ois. v.* 5. *p.* 170. *t.* 6. *f.* 2. — Id. *pl. enl.* 351. *f.* 1 et 2. — Gérard. *Tab. élém. v.* 1. *p.* 282. — Redstart Warbler. Lath. *Syn. v.* 4. *p.* 421. *sp.* 11. — *Brit. Zool. t. S. f.* 6. — Penn. *Arct. Zool. v.* 2. *p.* 416. — Schwarzkeliger Sanger. Meyer, *Tasschenb. Deut. v.* 1. *p.* 244. — Bechst. *Naturg. Deut. v.* 3. *p.* 607. — Frisch. *t.* 19. *f.* 1. *A. le mâle.* — *t.* 20. *f.* 1. *A. et f.* 2. *A. la femelle. f.* 2. *B. le jeune mâle.* — Naum. *t.* 37. *f.* 80 et 81. — Paepje. Sepp, *Nederl. Vog. v.* 1. *t. p.* 83. — Beccafico volgaram. *Stor. deg. ucc. v.* 4. *pl.* 397. *f.* 2. — Gekraagde roodstaart. Sepp, *Nederl. Vog. v.* 4. *t. p.* 361.

Habite : le long des lisières des bois, dans les buissons et dans les jardins ; vit jusque bien avant dans le nord ; très-abondant en Hollande.

Nourriture : petites chenilles, vers, insectes, leurs larves et différentes sortes de baies.

Propagation : niche dans les trous des arbres, dans

ceux des vieilles tours et sous les toits des maisons isolées;
pond jusqu'à huit œufs très-pointus, d'un bleu verdâtre
clair.

MUSCIVORES.

Leur nourriture consiste principalement en mouches,
qu'ils prennent au vol ou sur les feuilles. Les ailes sont
longues et aboutissent au delà du milieu de la queue ;
celle-ci est d'égale longueur ou très-légèrement fourchue.

BEC-FIN A POITRINE JAUNE.

SYLVIA HIPPOLAÏS. (Lath.)

Parties supérieures d'un cendré légèrement
nuancé de verdâtre ; du jaune entre l'œil et le
bec ; un petit cercle très-étroit de cette couleur à
l'entour des yeux ; grandes couvertures des ailes
d'un brun foncé, entourées de larges bordures
blanchâtres ; grandes pennes des ailes et de la queue
brunes et bordées de gris verdâtre ; depuis la gorge
jusqu'aux couvertures inférieures de la queue d'un
jaune pâle ; mandibule inférieure du bec blanche.
longueur, 5 pouces 4 ou 5 lignes.

Motacilla Hippolaïs. Gmel. *Syst.* 1. *p.* 954. *sp.* 7. —
Sylvia Hippolaïs. Lath. *Ind. v.* 2. *p.* 507. *sp.* 4. — La
Fauvette de roseaux. Buff. *pl. enl.* 581. *f.* 2. *N. B.* (La
description de Buff. *v.* 5. *p.* 142. appartient à la véritable
Fauvette des roseaux, Motacilla arundinacea.) — Petite
Fauvette a poitrine jaune. Sonn. *édit. de* Buff. *Ois. v.* 15.
p. 86. — Gérard. *Tab. élém. v.* 1. *p.* 305. — Le Grand
Pouillot. Cuvier, *Règ. anim. v.* 1. *p.* 369. — Gelebaüchi-
ger Sanger. Meyer, *Tasschenb. Deut. v.* 1. *p.* 246. —
Bechst. *Tasschenb. Deut. v.* 3. *p.* 173. *sp.* 10. — Lesser
pettychamps. Lath. *Syn. v.* 4. *p.* 413.

Habite : la France, l'Allemagne, l'Angleterre, la Suède et la Hollande; dans les grands bois et plus rarement dans les jardins.

Nourriture : hannetons, mouches et autres insectes volans, ainsi que leurs larves.

Propagation : niche sur les buissons de haute futaie ou sur des pins; pond cinq œufs, d'un blanc rougeâtre moucheté de petites taches rouges.

BEC-FIN SIFFLEUR.

SYLVIA SIBILATRIX. (BECHST.)

Sommet de la tête et toutes les parties supérieures du corps d'un beau vert clair; sur le front et depuis l'origine du bec une large raie d'un jaune pur; cette raie passe sur les yeux, et aboutit aux tempes; côtés de la tête, gorge, devant du cou, insertion des ailes et des cuisses d'un jaune pur; le reste des parties inférieures d'un blanc pur; pennes alaires et caudales noirâtres, bordées de vert clair. La queue, un peu fourchue, dépasse de sept lignes l'extrémité des ailes. La 1re. rémige presque nulle, la 2e. de la longueur de la quatrième. Longueur totale, 4 pouces 6 lignes.

Sylvia sibilatrix. Bechst. *Naturg. Deut. v.* 3. *p.* 561. — Id. *Tasschenb. Deut. p.* 176. — Sylvia sylvicola. Lath. *Ind. supp. v.* 2. *p.* 53. *sp.* 1. — Wood-wren. *Transact. of the Linn. societ. v.* 4. *p.* 35. — Lath. *Syn. supp. v.* 2. *p.* 237. — Grüner Sanger. Meyer, *Tasschenb. Deut. v.* 1. *p.* 247. — Naum. *Vög. Nachtr. pl.* 5. *f.* 12. *un mâle.*

Habite : les bois touffus en plaines et en montagnes;

assez commun en France, en Allemagne et en Hollande ;
plus rare en Angleterre.

Nourriture : mouches et autres petits insectes volans.

Propagation : niche dans les troncs des vieux arbres
coupés, entre les racines des grands arbres, ou à terre ;
pond jusqu'à six œufs, d'un blanc terne marqué de taches
rougeâtres, dont la réunion forme un cercle vers le bout
obtus.

BEC-FIN POUILLOT.

SYLVIA TROCHILA. (Lath.)

Sommet de la tête et parties supérieures du
corps d'un olivâtre clair ; depuis la racine du bec
jusqu'au-dessus des yeux est une raie d'un jaune
terni ; toutes les parties inférieures d'un jaunâtre
qui se nuance en blanchâtre sur le milieu du ventre ; pennes alaires et caudales d'un brun cendré,
entouré d'olivâtre ; la queue, dont les pennes du
milieu sont un peu plus courtes que les latérales,
dépasse de douze lignes l'extrémité des ailes ; rémige extérieure de celle-ci courte, la 2ᵉ. un peu
plus courte, ou de la même longueur que la 6ᵉ.
Longueur totale, 4 pouces 5 ou 6 lignes.

La femelle, a les parties inférieures d'une teinte
moins pure et moins jaunâtre.

MOTACILLA TROCHILUS. Gmel. *Syst.* 1. *p.* 995. *sp.* 491. —
SYLVIA TROCHILUS. Lath. *Ind.* v. 2. *p.* 550. *sp.* 155. —
ASILUS. Briss. *Orn.* v. 5. *p.* 479. *sp.* 45. — SYLVIA FITIS.
Bechst. *Naturg. Deut.* v. 3. *p.* 643. — MOTACILLA ACREDULA.
Linn. *Faun. Suec.* n°. 263. — MOTACILLA TROCHILUS. Retz.
Linn. *Faun. Suec. p.* 266. n°. 252. — LE POUILLOT OU LE
CHANTRE. Buff. *Ois.* v. 5. *p.* 344. — Id. *pl. enl.* 651. *f.* 1.

— Gérard. *Tab. élém. v.* 1. *p.* 526.—Yellow wren. Lath.
Syn. v. 4. *p.* 512. *sp.* 147. — Edw. *Ois. pl.* 278. *f.* 2. —
Willow wren. Penn. *Brit. Zool. pl. S.* 2. *f.* 1. — Fitis
sanger. Meyer, *Tasschenb. Deut. v.* 1. *p.* 248. — Frisch.
t. 24. *f.* 1. — Naum. *t.* 35. *f.* 75. — Id. *Nachtr. t.* 5. *f.* 10.
le vieux mâle.

Habite : les bois, les buissons, les jardins et les vergers,
en France, en Italie, en Allemagne, en Angleterre, en
Hollande, et jusqu'en Suède. Les individus de l'Amérique
septentrionale sont absolument semblables à ceux d'Europe.

Nourriture : mouches, cousins, moucherons et petites
chenilles rases.

Propagation : le nid est fait avec art en forme de
sphère ; il repose à terre parmi la mousse et les feuilles,
ou entre les racines des arbres ; pond six œufs blancs,
marqués de taches d'un rouge pourpré ; les petites taches
sont plus nombreuses vers le gros bout.

BEC-FIN VÉLOCE.

SYLVIA RUFA. (Lath.)

Sommet de la tête et parties supérieures du
corps d'un gris brun, plus ou moins nuancé d'olivâtre ; gorge blanche ; au-dessus des yeux une étroite
raie d'un blanc jaunâtre ; côté de la tête et insertion des ailes d'un brun très-clair ; ailes et queue
brunes ; ventre blanc nuancé de brun clair et de
jaunâtre ; couvertures inférieures des ailes d'un
jaune clair ; la penne extérieure de la queue lisérée en dehors de gris blanc ; les pennes de celle-ci
d'égale longueur, dépassant les ailes de douze lignes ; la rémige extérieure courte, la 2°. plus

courte de trois lignes que la 3e., et de la même longueur que la 7e. Longueur totale, 4 pouces 4 ou 5 lignes.

SYLVIA RUFA. Lath. *Ind. v.* 2. *p.* 516. *sp.* 27. — CURUCA RUFA. Briss. *Orn. v.* 3. *p.* 387. *sp.* 8. —. Buffon. *Ois. p.* 341. — MOTACILLA RUFA. Gmel. *Syst.* 1. *p.* 955. *sp.* 63. — LA PETITE FAUVETTE ROUSSE. Buff. *Ois. v.* 5. *p.* 146. *N. B.* (Mais point la *pl. enl.* 581. *f.* 1. qui représente un jeune individu du *Bec-fin grisette*.) — Gérard. *Tab. élém. v.* 1. *p.* 309. — RUFOUS WARBLER. Lath *Syn. v.* 4. *p.* 413. — WEIDEN SANGER. Bechts. *Naturg. Deut. v.* 3. *p.* 649. — Meyer, *Tasschenb. v.* 1. *p.* 249. — Naum. *Vög. t.* 35. *f.* 76 ; *et Nachtr. pl.* 5. *f.* 11.

Remarque. J'ai tout lieu de soupçonner que le GRAND POUILLOT, désigné sous ce nom par M. Gérardin, *Tab. élém. v.* 1. *p.* 325, n'est qu'une variété accidentelle du présent bec-fin ; il dit lui-même que la taille de ce *prétendu Pouillo* n'excède pas d'un tiers celle du *Roitelet*. LE TROCHILUS LOTHARINGICUS de Gmelin, *p.* 996. *var. y*, n'est probablement qu'une variété de cette même espèce. Il est facile de confondre les individus de cette espèce avec ceux du *Pouillot* (*S. trochilus*).

Habite : les grands bois ; particulièrement dans ceux de pins et de sapins. Cette espèce paraît peu abondante, parce qu'il est difficile de la découvrir ; elle se trouve en France, en Suisse, en Allemagne et en Hollande.

Nourriture : mouches, petites araignées, et autres insectes des bois.

Propagation : niche à terre parmi les ronces, les feuilles et les herbes, quelquefois dans les vieux trous des taupes, ou entre des racines ; pond quatre ou cinq œufs d'un blanc pur, varié de taches noirâtres, très-nombreuses sur le gros bout.

Dégland compte de plus les espèces
suivantes :

Rubiette de Caire . Eritacus Cairii
                                    gerbe.
Rubiette Guldenstadt . E erythragastra
                                    Sch.
Hippolais ambigu . Hippolais elaeica .
                                    Lindermey.
Hippolais flafarde . Hip scita . Eversm :
Rousserole botté . Calamoherpe sali =
          = caria [caligata] Lich

N. Le pouillot sylvicole de Dégland
     est le bec-fin siffleur de Tem
   L'hippolais luscinicole de Dégland
     est le bec fin à poitrine jaune
               de Tem .

Crespon compte encore le bec-fin des
     tamaris . tamarisis .

BEC-FIN NATTERER.

SYLVIA NATTERERI. (Mihi.)

Sommet de la tête et nuque d'un cendré brun, qui se nuance sur le dos et sur les petites couvertures des ailes en brun olivâtre ; depuis le bec jusqu'au-dessus des yeux s'étend un large sourcil d'un blanc pur ; toutes les parties inférieures d'une seule teinte de blanc pur et lustré ; pennes alaires et caudales d'un cendré noirâtre toutes lisérées de verdâtre clair ; mandibule inférieure du bec blanche ; la supérieure d'un brun clair ; pieds d'un cendré foncé. Longueur, 4 pouces 2 lignes. *Le mâle.*

La femelle, a les parties supérieures d'une teinte plus claire.

Remarque. Cette nouvelle espèce trouvée par M. Natterer, dans le district d'Algézras, a beaucoup de rapports avec les deux espèces précédentes, qui cependant diffèrent encore moins entre elles par les couleurs du plumage. On distinguera facilement le *Bec-fin natterer* par le blanc pur de ses parties inférieures. Le faible hommage rendu ici au mérite distingué du naturaliste voyageur de Vienne, sera sans doute agréable à ceux qui ont été à même d'apprécier les nombreux travaux et le zèle de ce savant trop peu connu.

Habite : probablement encore dans d'autres contrées méridionales que celles d'Espagne, puisque j'ai vu dans quelques cabinets de France des individus de cette espèce envoyés d'Italie ; je n'y ai point trouvé l'espèce pendant mon dernier voyage.

BEC-FIN CISTICOLE.

SYLVIA CISTICOLA. (Mihi.)

Sommet de la tête, nuque, dos et toutes les couvertures des ailes couleur de feuille morte, qui dessine le contour de chaque plume, dont le milieu est d'un brun noirâtre, ce qui produit une multitude de taches très-larges disposées longitudinalement ; partie inférieure du dos et croupion couleur de feuille morte sans taches ; toutes les parties inférieures d'un blanc roussâtre, sans aucune tache, mais un peu plus foncé sur les flancs ; queue courte, très-étagée ; toutes les pennes d'un brun noirâtre, lisérées de roussâtre ; vers l'extrémité de toutes les pennes latérales est une grande tache d'un noir profond. Leur bout est coloré de cendré pur ; bec et pieds d'un brun très-clair. Longueur, à peu près 4 pouces. *Le mâle.*

La femelle, diffère seulement par des teintes un peu plus claires.

Remarque. Cette nouvelle espèce a été apportée de Portugal par MM. Link et Hoffmannsegg ; M. Natterer en tua plusieurs individus à Algéziras, près de Gibraltar. Le port et les formes totales de cet oiseau en font une espèce très-voisine du *Pincpinc* trouvé par Le Vaillant en Afrique ; *Voyez Ois. d'Af. v.* 4. *pl.* 131 ; elle forme cependant une espèce distincte, bien caractérisée ; sa nidification diffère aussi beaucoup de celle du *Pincpinc* d'Afrique.

Habite : quelques provinces du Portugal et de l'Espagne, *probablement* aussi en Sardaigne et en Sicile.

Nourriture : très-petites mouches, et autres insectes.

Propagation : établit son nid dans les touffes d'herbes, et se choisit quelques brins qu'elle entrelace avec une matière cotonneuse ; ce nid a la forme d'un entonnoir fermé par le bas, et garni intérieurement de matières cotonneuses.

ROITELETS.

Leur bec est très-grêle, très-comprimé même à sa base; les deux mandibules rentrent un peu en dedans sur les côtés, et finissent en lames aiguës ; les narines sont couvertes de petits poils dirigés en avant. Ce sont les plus petits oiseaux d'Europe; ils sont très-agiles, poursuivent les mouches et les petits insectes, et ne redoutent point la rigueur de nos hivers ; nous en connaissons maintenant deux espèces en Europe, dont l'une est inédite ; l'Asie et l'Amérique septentrionale en produisent encore deux autres. Ces petits oiseaux semblent former le passage gradué des *vrais Sylvains* aux *Mésanges.*

ROITELET ORDINAIRE.

SYLVIA REGULUS. (Lath.)

Joues d'un cendré pur, sans aucun indice de bandes blanches; la huppe du mâle d'un jaune orange ; bec très-faible et en alène.

Parties supérieures du corps d'une couleur olivâtre teintée d'une faible nuance de jaunâtre ; sur l'aile deux bandes transversales blanchâtres ; plumes du sommet de la tête longues, un peu effilées, et d'une belle couleur d'un jaune vif légèrement

doré, de chaque côté de la tête est une seule bande
noire qui s'étend jusqu'à l'occiput; plumes de la base
du bec, toute la région des yeux, les côtés du cou et
les parties inférieures sont d'un cendré légèrement
nuancé de roux olivâtre; pennes des ailes et de la
queue d'un gris brun, bordées extérieurement d'o-
livâtre et intérieurement de blanchâtre; iris d'un
brun foncé; bec noir; pieds noirâtres. Longueur, 3
pouces 6 lignes. *Le vieux mâle.*

Chez *la femelle*, la huppe, au lieu d'être d'une
belle couleur jaune orange comme celle *du mâle*,
n'est que d'un jaune de citron; la bande noire
qui l'encadre latéralement est moins large et plus
nuancée d'un cendré uniforme, et toutes les couleurs
du plumage sont plus faibles.

Les jeunes diffèrent, en ce que les plumes effilées de la huppe sont d'un vert olivâtre; ce n'est
qu'après la première mue qu'on distingue les sexes.

Des variétés accidentelles ont le sommet de la
tête d'un bleu azuré; d'autres moins rares ont la
tête et une partie du plumage de couleur blanchâtre; souvent les plumes de la huppe sont d'un jaune
livide.

Motacilla regulus. Gmel. *Syst.* 1. *p.* 995. *sp.* 48. —
Sylvia rfgulus. Lath. *Ind. v.* 2. *p.* 548. *sp.* 152. — Le
Roitelet. Gérard. *Tab. élém. v.* 1. *p.* 318. — Gold crested
wren. Lath. *Syn. v.* 4. *p.* 508. — Penn. *Brit. Zool. t. S.
f.* 3. — Regolo. *Stor. deg. ucc v.* 4. *pl.* 390. — Gek-
rönter sanger. Meyer, *Tasschenb. Deut. v.* 1. *p.* 250. —
Frisch. *t.* 24. *f.* 4. — Naum. *Vög. t.* 47. *f.* 110. *la femelle.* (Mais point la *f.* 109. qui représente un mâle de
l'espèce suivante.)

Habite : le plus volontiers dans les forêts de pins et de sapins, aussi dans les bois en plaines ; assez commun dans presque toutes les contrées de l'Europe jusqu'au cercle arctique.

Nourriture : petits insectes qu'il attrape au vol, et à leur défaut des larves.

Propagation : niche sur les extrémités des rameaux du pin ou du sapin ; construit un nid sphérique ; pond jusqu'à onze œufs, d'un blanc rose.

ROITELET TRIPLE BANDEAU.

SYLVIA IGNICAPILLA. (Brehm.)

Sur les joues sont trois bandes longitudinales, deux blanches et une noire ; la huppe du mâle d'un orange très-vif ; bec comprimé, assez robuste à sa base.

Parties supérieures d'un vert olivâtre, qui se nuance sur les côtés du cou en un grand espace jaunâtre ; sur le haut de la tête et sur l'occiput des plumes longues et effilées de couleur de feu très-éclatant ; celles-ci sont accompagnées de chaque côté de plumes d'un noir profond qui viennent se réunir au fond où elles forment une bande transversale ; au-dessus des yeux comme au-dessous se dessine une bande blanche, et l'œil est traversé par une étroite raie noirâtre ; les plumes du front ont une teinte roussâtre ; deux bandes sont disposées sur les ailes dont les pennes sont bordées comme chez l'espèce précédente ; les teintes des parties inférieures, la couleur de l'iris, des pieds et du bec sont les mêmes. Longueur, 3 pouces 4 ou 5 lignes. *Le vieux mâle.*

La femelle, a les mêmes bandes que *le mâle*, si ce n'est que le blanc est moins pur et le noir plus terne ; les plumes de la huppe sont d'un orange paraissant terni ; la large bande noire qui est latérale à cette huppe est d'un noir profond , mais sans lustre ; le grand espace sur les côtés du cou, qui est jaunâtre chez *le mâle* , est d'un vert olivâtre dans *la femelle.*

Remarque. C'est le mâle de cette espèce que j'ai décrit dans la première édition de ce Manuel sous l'ancien nom de roitelet ; personne ne semble avoir observé cette erreur que je m'empresse de réparer ici , en décrivant la seconde espèce qui vit dans nos climats, et qui a échappé jusqu'ici à l'observation des naturalistes. M. Brehm , Saxon , a le premier donné des notices sur cette espèce inédite , à laquelle il donne le nom de *S. ignicapilla.* L'espèce a toujours été confondue comme une simple variété du roitelet ordinaire , et a déjà été figurée, mais sans qu'on l'ait reconnue comme espèce distincte ; Buffon l'indique très-exactement, mais il en donne une figure mal dessinée. La première espèce vit et émigre presque toujours en petites troupes ; elle se tient sur la cime des arbres ; la seconde recherche plus les buissons et les branches basses des arbres ; elle voyage ordinairement par paire.

LE ROITELET. Buff. *Ois. v.* 5. *p.* 363. *t.* 16. *f.* 2. — Id. *pl. enl.* 651. *f.* 3. — Id. *édit. de* Sonn. *v.* 16. *p.* 177. — Naum. *Vög. t.* 47. *f.* 109. *figure très-exacte du vieux mâle.* — ROITELET HUPPÉ. Vieill. *Ois. d'Am. sept. v.* 2. *p.* 50. *pl,* 106. *figure exacte.* — VARIETATE DER GOLDHAHN-CHENS. Bechst. *Deut. Orn. v.* 3. *p.* 658.

Habite : les bois de pins et de sapins ; souvent aussi

dans les buissons et dans les jardins ; se montre très-rarement en Allemagne et dans toutes les contrées orientales,
tandis qu'il est très-commun en France et dans les provinces belgiques. On le voit habituellement en hiver dans
les pins et les sapins du Jardin du Roi, à Paris.

Nourriture et *Propagation :* comme l'espèce précédente.

TROGLODYTES.

Leur bec très-grêle est légèrement arqué ; la
queue et les ailes sont courtes ; ils portent la première presque toujours relevée. Ils vivent le plus
souvent cachés, et se montrent rarement à découvert sur les arbres. Leur plumage est toujours
composé de couleurs sombres. Nous n'en avons
qu'une seule espèce en Europe ; mais le Nouveau-
Monde en produit plusieurs autres dont quelques-
unes ont le bec très-arqué. Ces oiseaux semblent
former le passage gradué des *vrais sylvains* à bec
un peu courbe (tels que l'Afrique en nourrit) aux
vrais grimpereaux (Certhia) ; aux *tichodromes* (*tichodroma*, Illig.) ; aux *picucules* (*Dendrocolaptes*, Illig.), et surtout à quelques espèces de *bec en
alène*.

TROGLODYTE ORDINAIRE.

SYLVIA TROGLODYTES. (Lath.)

Parties supérieures d'un brun terne, marqué
de très-étroites raies transversales, qui sont disposées sur le haut du dos ; rémiges marquées extérieurement de taches alternes, noires et roussâtres ; couvertures et pennes de la queue rayées

transversalement de noir ; au-dessus des yeux une étroite bande blanche ; gorge et poitrine d'un blanc bleuâtre ; toutes les parties postérieures d'un brun marqué de taches blanches et de raies transversales noires. Longueur, 3 $\frac{1}{2}$ pouces.

La femelle, un peu plus petite, a les teintes plus rousses, et les raies transversales moins bien prononcées.

MOTACILLA TROGLODYTES. Gmel. *Syst.* 1. *p.* 993. *sp.* 46. — SYLVIA TROGLODYTES. Lath. *Ind. v.* 2. *p.* 547. *sp.* 148. — LE TROGLODYTE. Buff. *Ois. v.* 5. *p.* 352. *t.* 16. *f.* 1. — Id. *pl. enl.* 631. *f.* 2. — Gérard. *Tab. élém. v.* 1. *p.* 321. — WREN. Lath. *Syn. v.* 4. *p.* 506. — Penn. *Brit. Zool. p.* 102. — ZAUN SANGER. Meyer, *Tasschenb. Deut. v.* 1. *p.* 215. *A.* — SCRICCIOLO. *Stor. deg. ucc. v.* 4. *p.* 389. *f.* 2. Frisch. *Vög. t.* 24. *f.* 3. — Naum. *Vög. t.* 47. *f.* 108.

Habite : dans toute l'Europe jusqu'au cercle arctique ; plus abondant dans le nord que dans le midi.

Nourriture : petits insectes, vermisseaux et larves d'insectes.

Propagation : niche dans les trous ou dans les fentes des arbres, quelquefois à terre, souvent aussi sous les toits des chaumières isolées et dans les grandes forêts ; pond jusqu'à huit œufs, d'un blanc terne avec de petits points rougeâtres qui sont disposés en cercle vers le gros bout.

GENRE DIX-NEUVIÈME.

TRAQUET. — *SAXICOLA*. (Bechst.)

Bec droit, grêle ; base un peu plus large que haute ; arête saillante, s'avançant sur le front ; pointe des deux mandibules en alène, la supérieure sensiblement courbée ; à la base du bec des poils très-marqués. Narines basales, latérales, ovoïdes, à moitié fermées par une membrane. Pieds, à tarse le plus souvent très-long ; trois doigts devant et un derrière ; l'extérieur soudé à sa base au doigt du milieu ; ongle du pouce plus court que ce doigt, mais très-arqué. Ailes. La 1re. rémige assez longue, la 2e, beaucoup plus courte que les 3e et 4e. qui sont les plus larges ; grandes couvertures de beaucoup plus courtes que les rémiges.

Le plus grand nombre de ces espèces vivent dans les lieux à découvert, dans les landes stériles ou sur les rochers, quelquefois à de hautes élévations ; on ne les trouve jamais dans les grands bois, et rarement dans les buissons ; ils sont vifs, méfians et difficiles à tuer, parce qu'ils vivent le plus souvent cachés par les pierres et les crevasses des rochers, où ils nichent dans des trous, souvent aussi à terre entre les racines des buissons ; leur nourriture se compose uniquement d'insectes, qu'ils saisissent le plus souvent en courant avec célérité ; leur tarse souvent très-long les rend assez agiles coureurs. Le plus grand nombre des espèces européennes et quelques espèces étrangères se distinguent par la distribution du blanc et du noir sur les pennes caudales, dont le blanc occupe la plus grande partie, tandis que le noir profond règne à leur extrémité et sur les deux pennes du milieu; ils remuent sans cesse leur queue. Leur mue n'a lieu qu'une fois l'année, mais leur plumage change singulièrement par l'action de l'air et par les frottemens, de façon même que la livrée d'automne est très-différente de celle qu'on trouve au printemps, lorsque les pointes des barbes sont usées et ont disparu. Les mâles et les femelles diffèrent le plus souvent beaucoup, et les jeunes mâles de l'année ressemblent aux femelles. Ces oiseaux se lient à l'une des sections des *Gobes-mouches proprement dits*, et ils forment également le passage presque sans intervalle assignable aux *Merles saxicoles*. Toutes les espèces connues sont de l'ancien continent; le nouveau monde n'en a point encore fourni, quoiqu'un naturaliste peu exercé y place une espèce d'Amérique, qui est un gobe-mouche.

TRAQUET RIEUR.

SAXICOLA CACHINNANS. (Mihi.)

Toutes les parties du corps d'un noir profond; ailes d'un noir brunissant; croupion, couvertures supérieures et inférieures de la queue, et la presque totalité de celle-ci d'un blanc pur; seulement les deux pennes caudales du milieu noires jusqu'à un demi-pouce de leur origine; toutes les autres ont une bande noire vers le bout, et sont terminées par une pointe blanche; bec et pieds d'un noir profond. Longueur, 7 pouces. *Le mâle.*

La femelle, diffère; mais les couleurs de son plumage ne sont point encore connues; la livrée du *jeune de l'année* reste également à décrire.

Turdus leucurus. Gmel. *Syst.* 1. *p.* 820. — Lath. *Ind. Orn. v.* 1. *p.* 344. *sp.* 58. — *Faun. Arrag. p.* 72. —

Merle a queue blanche. Cuv. *Règ. anim. v.* 1. 351. — White tailed thrush. Lath. *Syn. v.* 3. *p.* 49. *figure passablement exacte pour les couleurs, mais le bec totalement défectueux.*

Remarque. Je n'ai vu que quatre mâles de cette rare espèce. C'est un vrai saxicole, tant par ses mœurs, qu'eu égard à ses caractères extérieurs. Je n'ai pu employer le nom de *leucurus*, vu que presque tous les traquets ont la queue blanche.

Habite : les contrées rocailleuses et arides des parties les plus méridionales, telles que le midi de l'Espagne, la Sardaigne, la Sicile et les îles de l'Archipel ; commun aux environs de Gibraltar ; de passage accidentel sur les Apennins ; rare aux environs de Nice et de Gênes ; je ne la vis jamais dans le midi de la France, quoiqu'on l'y trouve.

Nourriture et *Propagation :* inconnues.

TRAQUET MOTEUX.

SAXICOLA ÆNANTHE. (Bechst.)

Parties supérieures du corps d'un gris cendré ; front, bande au-dessus des yeux et gorge blanches ; du noir depuis la racine du bec, passant au-dessous de l'œil et recouvrant l'orifice des oreilles ; ailes noires ; queue blanche sur les deux tiers de sa longueur, le reste vers le bout noir, en exceptant les deux pennes du milieu qui sont entièrement noires ; sur le devant du cou une légère teinte de blanc roussâtre, et le reste des parties inférieures blanches. Longueur, 5 pouces et plus. *Le vieux mâle.*

La femelle, a les parties supérieures d'un brun cendré ; le front gris roussâtre ; du brun foncé au-dessus de l'œil, et qui recouvre également l'orifice des oreilles ; ailes d'un brun noirâtre bordé de brun clair ; le blanc à l'origine de la queue moins étendu, et le noir occupant plus d'espace sur les pennes du milieu de la queue ; cou et poitrine roussâtres ; le reste blanc légèrement teint de roussâtre.

Les jeunes de l'année, au sortir du nid, ont les parties supérieures variées de roussâtre et de cendré, et maculées de brun ; plumes du croupion blanches ; gorge et dessous du corps roux pointillé, et finement rayé de brun noirâtre ; couvertures des ailes bordées de roussâtre ; rémiges et pennes de la queue terminées de roux.

Les variétés sont, le *Cul-blanc gris* et le *Cul-blanc cendré* de Brisson ; la Motacilla œnanthe *major*, ne diffère que par sa grande taille. En effet, cette espèce, ainsi que toutes celles qui vivent habituellement dans les lieux arides, varie singulièrement sous ce rapport. *Le mâle à sa première mue*, prend alors la bande noire entre les yeux et le bec ; mais l'orifice des oreilles est encore de couleur brune : les parties supérieures se présentent variées de roux et de cendré ; les parties inférieures et la gorge sont nuancées de roussâtre ; du roux borde encore les couvertures des ailes ; les rémiges sont terminées de blanc roussâtre, et du blanc pur se remarque à la fine pointe des pennes de la queue.

Motacilla œnanthe. Gmel. *Syst.* 1. *p.* 966. *sp.* 15. — Retz. Linn. *Faun. Suec. p.* 259. *n°.* 242. — Sylvia œnanthe. Lath. *Ind. v.* 2. *p.* 529. *sp.* 79. — Le Moteux ou Vitrec. Buff. *Ois. v.* 5. *p.* 237. — Id. *pl. enl.* 554.

f. 1 *et* 2. — Gérard. *Tab. élém. v.* 1. *p.* 289. — Wheate-
ear. Lath. *Syn. v.* 4. *p.* 465. — Penn. *Brit. Zool. pl. S.* 1.
f. 5 *et* 6. — Graurückiger steinschmatzer. Meyer, *Tasschenb. Deut. v.* 1. *p.* 251. *B.* — Naum. *t.* 48. *f.* 111.
vieux mâle, et f. 112. *jeune mâle.* — Culbianco. *Stor.
deg. ucc. v.* 4. *pl.* 383. — De tapuit. Sepp., *Nederl. Vog.
v.* 2. *p.* 163. *pl. enl. des jeunes.*

Remarque. Quelques naturalistes ont eu tort de réunir
à cette espèce, celle décrite dans Brisson et autres, sous le
nom de *Moteux roussâtre , Motacilla stapazina* de
Linnée.

Habite : les lieux montueux , non loin des champs
cultivés ; répandu depuis le midi de l'Europe jusqu'au
cercle arctique ; très-abondant en Hollande dans les dunes.
Plus commun dans les parties tempérées de l'Europe que
dans le nord ou le midi.

Nourriture : mouches , hannetons, autres insectes et
vermisseaux.

Propagation : niche contre une motte de terre , dans
les trous des lapius ou dans les fentes des rochers ; pond
six œufs très-obtus au gros bout et de couleur verdâtre
clair.

TRAQUET STAPAZIN.

SAXICOLA STAPAZINA. (Mihi)

Espace entre l'œil et le bec, région des yeux et
des oreilles, toute la gorge, les scapulaires et les
ailes d'un noir profond ; sommet de la tête, croupion et les parties inférieures, d'un blanc pur ;
nuque et haut du dos d'un blanc très-légèrement
nuancé de roussâtre ; queue blanche sur plus des
trois quarts de sa longueur, seulement noire vers
le bout, excepté la penne extérieure qui est en

grande partie noire, et les deux du milieu qui le
sont sur toute leur longueur. Longueur, 5 pouces
7 ou 9 lignes. *Le très-vieux mâle au printemps.*

La vieille femelle, a le sommet de la tête d'un
brun roussâtre ; de larges sourcils blanchâtres se
prolongent jusqu'à l'orifice des oreilles ; gorge et
région des yeux, d'un brun noirâtre mélangé de
cendré, et souvent de roux ; devant du cou et poitrine d'un blanc roussâtre ; nuque et dos d'un roux
sale ; scapulaires noires terminées de roussâtre ;
ailes d'un brun noirâtre ; toutes les pennes finement lisérées de roussâtre ; les parties postérieures
comme chez *le mâle,* excepté que le noir qui termine les pennes caudales en occupe une plus
grande partie dans *la femelle.*

Remarque. L'espèce n'a point encore été décrite dans
cet état de plumage, qui est propre à tous les individus
pris *au printemps ;* plus le mâle approche de l'époque de
la mue, plus le blanc de son plumage est pur, et moins il y
reste de roussâtre. En comparant un vieux mâle tué immédiatement après la mue d'automne et un autre tué en été,
on ne peut se faire une idée que ce sont des oiseaux d'une
même espèce ; le frottement et l'action du jour et de l'air
lime à tel point le bout de toutes les plumes que le roux
qui les borde toutes après la mue d'automne, disparaît totalement aux approches du printemps, et laisse à découvert le blanc pur de la partie supérieure des plumes ; le
noir profond et pur se forme de la même manière par le
frottement qui lime le bout roussâtre des plumes.

Le vieux mâle, après la mue d'automne, a le
sommet de la nuque et le dos d'un cendré roux assez foncé ; poitrine roussâtre, passant par demi-

teintes au blanchâtre, qui est la couleur des autres parties inférieures ; croupion toujours d'un blanc pur ; gorge, ailes et scapulaires d'un noir profond, mais presque toutes les plumes terminées par un peu de roux. *Les jeunes mâles de l'année*, diffèrent très-peu des *femelles*. L'espèce a seulement été indiquée en cet état de plumage ; voyez,

MOTACILLA STAPAZINA. Gmel. *Syst p.* 966. *sp.* 14. — VITIFLORA RUFA. Briss. *Orn. v.* 3. *p.* 459. *sp.* 37. — SYLVIA STAPAZINA. Lath. *Ind. v.* 2. *p.* 530. *sp.* 80. — LE CUL-BLANC ROUX. Buff. *Ois. v.* 5. *p.* 246. — BEC-FIN MONTAGNARD. *Manuel d'Ornith.* 1re. *édit. p.* 137. — Edw. *t.* 31. *la figure de devant très-exacte.* — ROUSSET WHEAT-EAR. Lath. *Syn. v.* 4. *p.* 468.

Habite : les parties méridionales de l'Europe, sur les montagnes rocailleuses ; très-abondant sur les rochers qui bordent la Méditerranée ; commun dans les parties méridionales de l'Italie, en Dalmatie et dans l'Archipel ; très-rare dans le nord de l'Italie ; peu répandu sur les Pyrénées; jamais dans le centre de l'Europe.

Nourriture et *Propagation :* inconnues.

Remarque. M. le professeur Bonelli croit que ce traquet et le suivant sont de la même espèce, ce qui est contraire à mes observations : je puis cependant m'être trompé.

TRAQUET OREILLARD.

SAXICOLA AURITA. (MIHI.)

Seulement l'espace entre l'œil et le bec, région des yeux et des oreilles, ainsi que les ailes, d'un noir profond ; gorge, devant du cou, ainsi que toutes les parties inférieures, la tête et le croupion d'un blanc pur ; nuque et haut du dos d'un blanc très-légèrement nuancé de roussâtre ; queue blanche sur plus des trois quarts de sa longueur, noire vers le bout, excepté la penne extérieure qui est en grande partie noire , et les deux du milieu qui le sont sur toute leur longueur. Longueur, 5 pouces 6 ou 7 lignes. *Le très-vieux mâle au printemps.*

La vieille femelle, a seulement du brun noirâtre, mêlé de roux, sur le méat auditif ; tête, nuque et dos d'un brun roussâtre , gorge d'un blanc sale ; poitrine roussâtre , et ce roux s'éclaircissant sur les autres parties inférieures ; croupion blanc ; ailes d'un brun noirâtre , à pennes finement lisérées de roussâtre ; parties postérieures comme chez *le mâle* , excepté que le noir qui termine la penne caudale en occupe une plus grande partie dans *la femelle*.

Les jeunes de l'année , se distinguent peu des *femelles adultes ;* ils n'ont presque aucun indice de couleur foncée à la région des oreilles ; leur plumage est plus roussâtre , et leur gorge d'un blanc légèrement roussâtre.

Remarque. Celle faite à l'article du *Traquet stapazin* est en totalité la même pour le *Traquet oreillard* , qui se distingue toujours de la précédente espèce par la couleur blanche ou blanchâtre de sa gorge, tandis que *le Stapazin,* dans ses différens états, a toujours la gorge et une portion du cou d'un noir profond ou noirâtre ; dans le reste du plumage , il existe tant de rapports, que, si je n'avais l'intime persuasion que ce sont *deux espèces distinctes,* j'aurais soupçonné leur identité.

Le vieux mâle après la mue d'automne , ne diffère du *Traquet stapazin*, que par le devant du cou et par la gorge qui n'ont point de plumes noires lisérées de roux ; cette partie est blanche dans toutes les saisons et dans les différens états de plumage. On reconnaît alors,

SYLVIA STAPAZINA. *var. B.* Lath. *Ind. p.* 531. — VITIFLORA RUBESCENS. Briss. *Orn. v.* 3. *p.* 457. *t.* 25. *f.* 4. *une bonne figure.* — LE CUL-BLANC ROUSSATRE. Buff. *Ois. v.* 5. *p.* 245. — Edw. *f.* 31. *la figure de derrière, qui est très-exacte, et dont on a fait assez mal à propos la femelle de l'espèce précédente.*

Habite : les parties méridionales sur les montagnes de moyenne hauteur ; plus commun dans le nord de l'Italie que l'espèce précédente ; assez abondant sur les bords de la Méditerranée, sur les Apennins, dans les provinces illyriennes, en Sardaigne et dans les états napolitains ; jamais vers le centre de l'Europe.

Nourriture et *Propagation :* inconnues.

TRAQUET LEUCOMÈLE.

SAXICOLA LEUCOMELA. (Mihi.)

Côtés de la tête, espace entre l'œil et le bec, gorge et devant du cou d'un noir profond ; haut de la tête, occiput et derrière du cou d'un blanc pur ; dos et ailes d'un brun noirâtre ; flancs d'un cendré foncé ; ventre et autres parties inférieures blanches ; la queue blanche depuis son origine jusqu'aux deux tiers de sa longueur ; le reste et les deux pennes du milieu noirs. La queue dépasse de quatre lignes l'extrémité des ailes. Longueur, 5 pouces 5 lignes. *Le vieux mâle.*

La femelle, a les parties supérieures d'un brun cendré, qui est plus clair sur la tête et sur la nuque ; gorge blanchâtre ; parties inférieures cendrées ; gorge et devant du cou d'un cendré foncé teint de roussâtre.

Les jeunes mâles de l'année, ont la gorge et le devant du cou rayés de roussâtre et de noir ; le blanc de la tête comme terni et chaque plume terminée de brun ; les plumes du dos et les couvertures des ailes bordées de roussâtre ; le ventre d'un blanc sale.

Motacilla leucomela. Pall. *Nov. com. Peter.* 14. *p.* 584. *t.* 22. *f.* 3. — Falck. *Vög. v.* 3. *p.* 406. *t.* 30. *mâle et femelle.* — Motacilla leucomela. Gmel. *Syst.* 1. *p.* 974. *sp.* 117. — Muscicapa leucomela et melanoleuca. Lath. *Ind. v.* 1. *p.* 469. *sp.* 6 et 7. — Id. *Syn. v.* 4. *p.* 456. *et* 457. *sp.* 58 *et* 59.

Habite : le nord de l'Europe ; on le trouve en Laponie, dans le nord de la Russie et sur les bords du Volga ; jamais dans nos climats tempérés.

Nourriture : vers, coléoptères et autres insectes.

Propagation : niche dans les trous construits par les guêpes, le long des bords escarpés des fleuves, dans les fentes des rochers, et quelquefois sous le toit des églises ou des maisons.

TRAQUET TARIER.

SAXICOLA RUBETRA. (Bechst.)

Haut de la tête, côtés du cou et parties supérieures du corps d'un brun noirâtre ; chaque plume portant une large bordure d'un jaune roussâtre ;

au-dessus des yeux une large bande qui aboutit à l'occiput; gorge et trait longitudinal de chaque côté du cou d'un blanc pur ; devant du cou et poitrine d'un beau roux clair ; une grande tache sur les ailes et la queue d'un blanc pur ; extrémité de cette dernière, ainsi que les deux pennes du milieu et toutes les baguettes d'un brun noirâtre. Longueur, 4 pouces 8 ou 10 lignes. *Le vieux mâle.*

La femelle, a du blanc jaunâtre partout où *le mâle* a du blanc pur ; l'espace blanc sur l'aile est moins grand, et toutes les plumes ont une petite tache brune; le roux de la poitrine est moins pur et les parties inférieures, ainsi que le haut de la queue sont d'un blanc roussâtre. *Les jeunes* ont des taches blanches et grises sur toutes les parties.

Motacilla rubetra. Gmel. *Syst.* 1. *p.* 967 *sp..* 16. — Sylvia rubetra. Lath. *Ind. v.* 2. *p.* 525. *sp.* 58. — Saxicola rubetra. Meyer, *Tasschenb. Deut. v.* 1. *p.* 252. *B.* — Grand Traquet ou Tarier. Buff. *Ois. v.* 5. *p.* 224. — Id. *pl. enl.* 678. *f.* 2. — Gérard. *Tab. élém. v.* 2. *p.* 288. — Whin-chat. Lath. *Syn. v.* 4. *p.* 454. *sp.* 54. —*Brit. Zool. t.* 12. *f.* 3 *et* 4. — Braunkehliger steinschmatger. Bechst. *Naturg. Deut. v.* 3. *p.* 684. — Naum. *t.* 48. *f.* 113 *et* 114. — Frisch. *t.* 22. *f.* 1. *B. le mâle.*

Habite : jusque vers le nord de l'Europe; partout dans les lieux montueux ; également commun dans le midi.

Nourriture : coléoptères, abeilles et autres insectes.

Propagation : niche dans les herbes et dans les buissons : pond sept œufs verdâtres.

TRAQUET PÂTRE.

SAXICOLA RUBICOLA. (Bechst.)

Toute la tête, la gorge et la queue d'un noir profond; les côtés du cou, le haut des ailes et le croupion d'un blanc pur; dos et nuque d'un noir profond, mais les plumes de ces parties bordées de roux blanchâtre; ailes noirâtres bordées de roussâtre; poitrine d'un roux foncé; le reste des parties inférieures d'un blanc roussâtre. Longueur, 4 pouces 8 lignes. *Le vieux mâle au printemps.*

La femelle a les parties supérieures d'un brun noirâtre à bordures d'un roux jaunâtre; ailes et pennes de la queue brunes bordées de roux jaunâtre; gorge noire avec de petites taches blanchâtres et roussâtres; l'espace blanc des côtés du cou et du haut de l'aile moins étendu; le roux de la poitrine moins vif. *Les jeunes mâles avant leur seconde mue*, ressemblent à la *vieille femelle*. Après la mue d'automne, tous les individus ont du cendré brun à la tête et au dos; cette couleur occupant seulement les fines pointes des barbes, il se fait, que par les agens souvent mentionnés, ces bouts en s'usant font paraître au printemps la couleur noire du milieu des plumes, temps où on voit les mâles dans les couleurs que j'ai indiquées plus haut.

MOTACILLA RUBICOLA. Gmel. *Syst.* 1. *p.* 969. *sp.* 17. — SYLVIA RUBICOLA. Lath. *Ind. v.* 2. *p.* 523. *sp.* 49. — SAXICOLA RUBICOLA. Meyer, *Tosschenb. Deut. v.* 1. *p.* 253. *A.* — MOTACILLA TSCHECANTSCHIA. Gmel. *Syst.* 1. *p.* 997.

sp. 175. LE TRAQUET. Buff. *Ois. v.* 5. *p.* 215. *t.* 13. —
Id. *pl. enl.* 678. *f.* 1. Gérard. *Tab. élém. v.* 1. *p.* 286.
— TRAQUET PATRE. Le Vaill. *Ois. d'Afriq. v.* 4. *pl.* 180.
f. 1 *et* 2. *le très-vieux mâle.* — STONE-CHAT. Lath. *Syn.
v.* 4. *p.* 448. — Penn. *Brit. Zool. t. S.* 2. *f.* 5 *et* 6. *jeune
mâle et femelle.*—SWARTZKEHLIGER STEINSCHMATZER. Bechst.
Naturg. Deut. v. 3. *p.* 694. *t.* 23. *le vieux mâle.* —
Naum. *Vög. Nachtr. t.* 43. *f.* 85 *et* 86. *figures très-
exactes des vieux au printemps.* — SALTINSELCE MORO.
Stor. deg. ucc. v. 4. *pl.* 382. *f.* 1. *le vieux mâle.*

Remarque. Les individus de cette espèce qui m'ont été
envoyés d'Afrique, et ceux rapportés par M. Le Vaillant,
ne diffèrent point de ceux rapportés de Russie par le professeur Pallas. En Afrique ce sont oiseaux sédentaires, en
Europe ils sont de passage.

Habite : dans presque tous les pays de l'Europe ; moins
abondant dans les contrées en plaines, et jamais dans les
lieux humides et marécageux ; le plus habituellement dans
les buissons aux confins des bruyères.

Nourriture : scarabées, mouches, autres insectes et
leurs larves.

Propagation : niche dans les crevasses des rochers,
sous des tas de pierres, et entre les racines des buissons ;
pond six œufs, d'un vert blanchâtre avec quelques taches
d'un roux jaunâtre.

GENRE VINGTIÈME.

ACCENTEUR. — *ACCENTOR.*
(BECHST.)

BEC de moyenne longueur, robuste, droit, taillé
en pointe acérée ; les bords des deux mandibules

comprimées, la supérieure échancrée vers la pointe. Narines basales, nues, percées dans une grande membrane. Pieds robustes ; trois doigts devant et un derrière ; l'extérieur soudé à sa base au doigt du milieu ; l'ongle du doigt postérieur le plus long et le plus arqué. Ailes, 1re. rémige presque nulle, 2e. presque aussi longue que la 3e. qui est la plus longue.

Moins sensibles aux intempéries de l'air que les oiseaux qui composent les genres précédens, il semble que les trois espèces réunies sous le nom d'*Accenteur*, recherchent une température plus froide et un genre de nourriture différent ; les insectes ne forment point leur unique aliment, mais les semences des plantes et les grains en font aussi partie, celles-ci forment même leur seule ressource pendant la saison hyvernale ; l'été ils habitent les régions élevées des Alpes et des autres montagnes ; ils descendent l'hiver dans les vallées et dans les plaines, et n'émigrent point habituellement. Les mâles et les femelles ne diffèrent presque point à l'extérieur ; les jeunes leur ressemblent aussi, et ils ne muent qu'une fois dans l'année. Leur bec fort et assez gros sert à briser les enveloppes des semences dont ils se nourrissent en hiver.

ACCENTEUR PEGOT ou DES ALPES.

ACCENTOR ALPINUS. (Bechst.)

Tête, poitrine, cou et dos d'un gris cendré marqué sur le haut du dos de grandes taches brunes ; gorge blanche à écailles brunes ; ventre et flancs d'un roussâtre mêlé de blanc et de gris ; ailes et queue d'un brun noirâtre ; toutes ces plumes lisérées de cendré ; petites et moyennes couvertures terminées par une tache blanche : bec noir à la pointe et jaune à sa racine ; pieds jaunâtres ; ongles bruns. Longueur, 6 pouces 8 lignes.

La femelle , ne diffère du *mâle* que par les couleurs un peu moins vives.

ACCENTOR ALPINUS. Bechst. *Natury. Deut. v.* 3. *p.* 700. *n°* 1. — MOTACILLA ALPINA. Gmel. *Syst* 1. *p.* 957. *sp.* 65. — STURNUS MORITANUS. Gmel. *p.* 804. *sp.* 7. — Lath. *Ind. v.* 1. *p.* 325. *sp.* 11. — STURNUS COLLARIS. Gmel. *p.* 805. *sp.* 16. — Lath. *Ind. v.* 1. *p.* 323. *sp.* 5. — LA FAUVETTE DES ALPES. Buff. *Ois. v.* 5. *p.* 156. *t.* 10. — Id. *pl. enl.* 668. — Gérard. *Tab. élém. v.* 1. *p.* 514. — ALPEN FLUEVÖGEL. Meyer, *Tasschenb. Deut. v.* 1. *p.* 253. *B.* — Id. *Vög. Deut. Heft.* 9. — ALPINE WARBLER and COLLARED STARE. Lath. *Syn. v.* 4. *p.* 434, *et v.* 3. *p.* 8.

Habite : sur les Alpes , le long des rochers ; dans la belle saison il gagne les plus grandes élévations des montagnes, et descend dans les régions moyennes à l'approche de l'hiver ; très-commun sur le Saint-Bernard , dans les environs de l'hospice ; également abondant dans quelques parties montueuses de l'Allemagne et de la France.

Nourriture : petits hannetons et autres insectes ; en hiver uniquement des semences et des plantes alpestres.

Propagation : niche dans les fentes des rochers, quelquefois aussi sous les toits des maisons et dans les villages situés sur les montagnes ; pond cinq œufs verdâtres.

ACCENTEUR MOUCHET.

ACCENTOR MODULARIS. (Cuv.)

Sommet de la tête cendré avec des taches brunes ; côtés du cou, gorge et poitrine d'un cendré bleuâtre ; des grandes taches d'un brun roux, sur

le centre des plumes du dos et des couvertures
alaires ; grandes et petites couvertures et pennes
des ailes noirâtres bordées de roussâtre ; à l'extrémité des moyennes couvertures une petite tache
d'un jaune blanchâtre; flancs et croupion d'un gris
roussâtre ; couvertures inférieures de la queue
brunes avec une large bordure blanche ; ventre
blanc; queue d'un brun terne. Longueur, 5 pouces
3 lignes,

La femelle a plus de taches brunes sur le haut
de la tête.

MOTACILLA MODULARIS. Gmel. *p.* 952. *sp.* 3. — SYLVIA
MODULARIS. Lath. *Ind. v.* 2. *p.* 511. *sp.* 13. — SYLVIA SCHÆ-
NOBANUS. Lath. *Ind. v.* 2. *p.* 510. *sp.* 10. — LE MOUCHET,
TRAINE-BUISSON ou FAUVETTE D'HIVER. Buff. *Ois. v.* 5. *p.* 151.
— Id. *pl. enl.* 615. *f.* 1. —Gérard. *Tab. élém. v.* 2. *p.* 310.
— FAUVETTE DE BOIS ou ROUSSETTE. Buff. *v.* 5. *p.* 139. —
Gérard. *v.* 1. *p.* 303. — Sonn. *édit. de* Buff. *v.* 15. *p.* 120.
et les notes. — HEDGED SPARROW and RED WARBLER Lath.
Syn. v. 4. *p.* 418 *et* 419. *sp.* 7 *et* 9. — *Brit. Zool. t. S.* 1.
f. 3 *et* 4. — SCHIEFER BRUSTIGER SANGER. Meyer, *Tasschenb.*
Deut. v. 1. *p.* 246. — Frisch. *t.* 21. *f.* 2. *B.* — Naum.
t. 13. *f.* 32. — DE WINTER ZANGER. Sepp. *Nederl. Vog.*
v. 4. *t. p.* 404.

Remarque. M. Cuvier, *Règ. anim. v.* 1. *p.* 368, a fait
la juste observation que la *Sylvia modularis* rangée jusqu'ici avec les becs-fins, doit plutôt être placée avec les
Accenteurs, vu qu'elle a le même bec et la même manière de vivre et de se nourrir. Cette novation est peut-
être la seule bien vue de toutes celles faites par M. Koch,
Zoologie de Bavière.

Habite : dans presque toutes les parties tempérées de

l'Europe, même fort avant dans le nord, seulement pendant l'hiver dans quelques parties de la France.

Nourriture : vers, insectes, chenilles et baies; en hiver toutes sortes de semences.

Propagation : niche dans les taillis des forêts; pond cinq ou six œufs d'un bleu d'azur.

ACCENTEUR MONTAGNARD.

ACCENTOR MONTANELLUS. (Mihi.)

Un capuchon d'un noir profond couvre la tête et l'occiput; une très-large bande également noire passe au-dessous des yeux, et couvre l'orifice des oreilles; un large sourcil jaunâtre prend son origine à la racine du bec, et aboutit à la nuque; parties supérieures du corps et scapulaires d'un cendré rougeâtre, marqué de grandes taches longitudinales d'un rouge de briques; ailes d'un cendré brun bordé de cendré rougeâtre; deux rangées de petits points jaunâtres forment sur l'aile une double bande; queue d'une seule teinte brune, mais les baguettes d'un brun rougeâtre; toutes les parties inférieures d'un isabelle jaunâtre, varié sur la poitrine de taches brunes et sur les flancs de taches longitudinales d'un cendré rougeâtre; base du bec jaune, pointe brune; pieds jaunâtres. Longueur, 5 pouces 3 ou 4 lignes. *Le vieux mâle.*

La femelle a du brun noirâtre sur la tête, sur l'occiput et à l'orifice des oreilles; pour le reste, elle ne diffère presque point du mâle.

Habite : les parties orientales du midi de l'Europe,

ainsi que sous la même latitude en Asie; trouvé par Pallas dans la Sibérie orientale et en Crimée ; peu commun dans les états napolitains , en Dalmatie et dans le midi de la Hongrie.

Remarque. L'individu envoyé par Pallas ne diffère en rien de ceux tués près de Naples. Vit toujours sur les montagnes , et ne se montre que l'hiver dans les plaines.

Nourriture : en été comme les précédentes ; probablement aussi en hiver de semences.

Propagation : inconnue.

GENRE VINGT ET UNIÈME.

BERGERONNETTE. — *MOTA-CILLA.* (Lath.)

Bec droit, grêle, en forme d'alène, cylindrique, anguleux entre les narines ; mandibule inférieure à bords comprimés. Narines, basales, latérales, ovoïdes, à moitié fermées par une membrane nue. Pieds à tarse du double plus long que le doigt du milieu; trois doigts devant et un derrière ; l'extérieur soudé à sa base à celui du milieu ; l'ongle du doigt de derrière plus long que ceux de devant, qui sont très-petits. Queue très-longue, égale, horizontale. Ailes, 1re. rémige nulle, 2e. la plus longue; l'une des grandes couvertures aboutit à l'extrémité des rémiges.

Les *Bergeronnettes lavandières* ou *Hoche-queues*, vivent habituellement dans les lieux à découvert, jamais

dans les forêts ou dans les jonchaies; on les voit le plus
souvent dans les prairies où elles accompagnent les bes-
tiaux; souvent aussi le long des bords graveleux des fleuves; elles remuent sans cesse la queue du haut en bas, et
nichent dans les herbes, sous des tas de pierres ou dans
des trous. Ces oiseaux que l'on a eu tort de confondre avec
les *Becs-fins*, muent deux fois, au printemps et en automne : ce n'est que durant la saison des amours que les
mâles diffèrent des femelles; après la mue d'automne, il
est difficile de distinguer les sexes, et les jeunes de l'année
ressemblent alors aux vieux. La double mue ne change
les couleurs du plumage qu'au cou et dans quelques espèces à la tête. Les oiseaux de ce genre paraissent n'habiter que l'ancien continent, car l'espèce de *Motacilla
hudsonica*, Lath., semble ne point appartenir à ce genre.

BERGERONNETTE LUGUBRE.

MOTACILLA LUGUBRIS. (Pallas.)

Du noir très-profond règne depuis le milieu du
crâne sur toutes les parties supérieures du corps
et sur les 8 pennes du milieu de la queue; la poitrine et la gorge sont aussi d'un noir profond; le
front, la région des yeux et des oreilles, le ventre, l'abdomen et les deux pennes latérales de la
queue, sont d'un blanc pur; les flancs sont d'un
cendré noirâtre, et souvent d'un noir parfait; les
ailes sont de cette couleur, mais leurs couvertures
sont bordées extérieurement de blanc pur; bec,
pieds et iris noirs. Longueur, à peu près 7 pouces.
Le mâle et la femelle en plumage parfait d'été.

Remarque. Les individus envoyés de Russie par le professeur Pallas, sont dans cet état de plumage; ils ne dif-

fèrent en rien de ceux tués en France. Pallas a indiqué l'espèce sous le nom de *Lugubris*, dans son ouvrage pos-thume la *Fauna rossica*. J'ai comparé des individus tués en Égypte, en Crimée, en Hongrie et en France, et je n'ai pu trouver aucune différence entre ces oiseaux de pays si éloignés. J'ai acquis la certitude que, dans nos contrées occidentales, cette espèce s'accouple avec la *Bergeronnette grise*, et produit des individus tapirés de noir et de cendré clair; serait-ce à cause qu'elle ne trouve pas toujours à s'unir avec des individus de son espèce? Quoi qu'il en soit, le fait est certain, il me semble produit par les mêmes causes qui paraissent influer sur l'accouplement de la *Corneille noire* avec la *Corneille mantelée*, dont on ne trouve des exemples que là où l'une de ces espèces est peu nombreuse ou se montre accidentellement. La *Bergeronnette à guimpe* de Le Vaillant *Ois. d'Af. v. 4. pl.* 178. quoique voisine de notre *Bergeronnette lugubre*, forme une espèce distincte.

Les jeunes de l'année, ont du cendré brun très-foncé, partout où les vieux en plumage d'hiver ont du noir profond ; le large croissant de la poitrine remonte jusqu'aux joues, qui de même que la gorge et le front sont d'un blanc sale, souvent marqué de petits points bruns; le ventre et l'abdomen sont aussi d'un blanc sale; la tache noire, longitudinale sur les barbes intérieures des deux pennes blanches de la queue, est plus grande chez les *jeunes* que dans les *vieux*.

Plumage complet d'hiver.

Gorge et devant du cou d'un blanc pur, sans aucune tache; sur la poitrine se déssine un large

hausse-col noir, dont les bords remontent vers l'o-
rifice des oreilles ; le reste comme en été.

Habite : le midi de l'Europe , les parties orientales et
quelques provinces de France; jamais encore observée en
Suisse ni en Allemagne, où il semble qu'elle doit habiter ;
paraît n'étendre ses voyages vers le nord que jusqu'au
50°. degré. On la voit comme l'espèce suivante , fréquen-
ter les bords des eaux et les prairies.

Nourriture : cousins , larves , insectes des marais et
ceux qui vivent dans le voisinage des eaux.

Propagation : inconnue.

BERGERONNETTE GRISE.

MOTACILLA ALBA. (Linn.)

Front, joues, côtés du cou et parties inférieures
d'un blanc pur ; occiput, nuque, gorge, poitrine,
penne du milieu de la queue et couvertures supérieures de celle-ci d'un noir profond ; dos et flancs
cendrés; couvertures des ailes noirâtres bordées de
blanc ; les deux pennes extérieures de la queue
blanches. Longueur, 7 pouces.

La femelle, a le front et les joues d'un blanc
plus terne ; l'espace noir de l'occiput moins grand,
et les bords des couvertures alaires tirant au gris.
*Le mâle et la femelle sont ainsi en plumage de
printemps.*

Varie accidentellement, d'un blanc pur, MOTA-
CILLA ALBIDA. Gmel. *Syst.* 1. *sp.* 77. Jacq. *Beyt.*
t. 8, *une jeune Bergeronnette grise, toute blanche.*
Plus ou moins tapiré de blanc avec les ailes et la

queue d'un blanc pur, quelquefois avec les ailes noires ; le reste du plumage comme à l'ordinaire.

Plumage de printemps et d'été.

Motacilla alba. Gmel. *Syst.* 1. *p.* 960. *sp.* 11. — Lath. *Ind. v.* 2. *p.* 501. *sp.* 1. — La Lavandière. Buff. *Ois. v.* 5. *p.* 251. *t.* 14. *f.* 1. — Id. *pl. enl.* 652. *f.* 1. *mâle en habit de noces.* — Gérard. *Tab. élém. v.* 1. *p.* 328. — White wagtail. Lath. *Syn. v.* 4. *p.* 395. — Cutrettola cinerea. Stor. *deg. ucc. pl.* 384. *f.* 2. — Weisse bachstelze Meyer, *Tasschenb. Deut. v.* 1. *p.* 216. — Id. *Vög. Deut. Heft.* 3. *mâle, femelle et jeune.* — Frisch. *t.* 23. *f.* 2. *A.* — Naum. *Vög. t.* 39. *f.* 86. — Kwikstaart. Sepp., *Nederl. Vog. t. v.* 2. *p.* 119.

Plumage complet d'hiver.

Gorge et devant du cou d'un blanc pur, sans aucune tache ; sur la partie inférieure du cou, se dessine un hausse-col dont les parties latérales remontent vers la gorge ; ce hausse-col est d'un noir profond ; tout le cendré des parties supérieures est moins foncé qu'en été ; c'est alors, Buff. *Ois. pl. enl.* 652. *f.* 2, *mais point la description.*

Les jeunes, ont les parties inférieures d'un blanc sale ; sur la poitrine un croissant plus ou moins grand d'un brun cendré ; toutes les parties d'un cendré terne. Les jeunes du printemps commencent à prendre en automne la livrée des adultes ; ceux de la seconde couvée quittent nos climats dans la livrée du jeune âge, et reviennent même quelquefois dans cet état au renouvellement du printemps ; ce sont alors.

Motacilla cinerea. Gmel. *Syst.* 1. *p.* 961. *sp.* 79. —

SYLVIA CINEREA. Lath. *Ind. v.* 2. *p.* 502. *sp.* 3. — LA BER-
GERONNETTE GRISE. Buff. *Ois. v.* 4. *p.* 261.; *et pl. enl.* 674.
f. 1. — Gérard. *Tab. élém. v.* 1. *p.* 332. — Naum. *Vög.*
t. 39. *f.* 87.

Habite : les prairies sur le bord des eaux, dans les villages et dans les villes, sur les tours et les clochers. Vit
jusque dans les régions du cercle arctique.

Nourriture : mouches, cousins, phalènes, petits limaçons, mille-pieds, et autres insectes et leurs larves.

Propagation : niche dans les prairies, entre les fentes
des rochers, sous les ponts, dans les tours et dans les
trous des arbres ; pond jusqu'à six œufs, d'un blanc bleuâtre moucheté de noir.

BERGERONNETTE JAUNE.

MOTACILLA BOARULA. (LINN.)

Parties supérieures cendrées ; croupion d'un
jaune olivâtre ; au-dessus des yeux et sur les parties latérales de la gorge une bande blanche ;
gorge d'un noir profond ; les autres parties inférieures d'un jaune clair ; ailes et les six pennes in-
termédiaires de la queue noires, bordées de blanc
et d'olivâtre ; des trois pennes latérales de la
queue, l'extérieure est entièrement blanche ; les
deux autres sont noires sur les barbes extérieures.
Queue de 2 ½ pouces, plus longue que l'extrémité
des ailes. Longueur, 7 pouces 3 lignes. *Le vieux*
mâle en plumage de printemps.

Les femelles et les mâles après leur mue d'au-
tomne, n'ont point la gorge noire ; cette partie est
d'un blanc légèrement teint de rougeâtre ; le trait

au-dessus des yeux plus jaunâtre; les parties supérieures d'un cendré teint d'olivâtre, et le dessous
du corps d'un jaune pâle.

Les mâles en mue, ont des plumes blanches mê-
lées avec les plumes noires de la gorge.

Remarque. Le mâle de cette espèce n'a la gorge noire
que durant le temps des noces et de l'éducation des jeunes ;
passé cette époque, le noir de la gorge disparaît peu à
peu, et *le mâle* ne diffère alors guère de *la femelle.*

Motacilla boarula. Gmel. *Syst.* 1. *p.* 997. *sp.* 51. —
Motacilla melanope. Pall. *It.* 3. *p.* 696. *n*°. 16. — Gmel.·
p. 997. *sp.* 174. — Lath. *Ind.* v. 2. *p.* 503. *sp.* 4 *et* 5. —
La Bergeronnette jaune. Buff. *Ois.* v. 5. *p.* 268. Id. *pl.*
enl. 28. *f.* 1. *jeune femelle.* — Gérard. *Tab. élém.* v. 1.
p. 335. — Edw. *Ois. t.* 259. *le vieux mâle en habit de*
noces. — Yellow wagtail. Alb. *Ois.* v. 2. *t.* 58. *femelle.*
Motacilla sulphurea. Bechst. *Naturg. Deut.* v. 3. *p.* 459.
— Cutrettola da codizinzola. *Stor. deg. ucc.* v. 4. *pl.* 386.
f. 1 *et* 2. *mâle et femelle.* — Naum. *Vög. Nachtr. t.* 6.
f. 13 et 14. *mâle et femelle en plumage de printemps*
ou de noces.

Habite : moins habituellemeut les prairies que la précédente; plus commune dans les lieux avoisinant à des
ruisseaux limpides ; répandue fort avant dans le nord.

Nourriture : comme la précédente et insectes d'eau.

Propagation : niche entre des pierres amoncelées, dans
les trous du rivage et dans les trémies; pond six œufs très-
pointus, larges vers le gros bout, d'un blanc sale taché
de rougeâtre.

BERGERONNETTE CITRINE.

MOTACILLA CITREOLA. (Pall.)

Sommet de la tête, joues et généralement toutes les parties inférieures d'un jaune citron vif et pur, sur l'occiput une large bande noire, qui a la forme d'un croissant; nuque, dos, petites couvertures, alaires, côté de la poitrine et flancs d'un cendré plombé; moyennes et grandes couvertures des ailes bordées et terminées de blanc pur; pennes des ailes et de la queue noirâtres, les deux latérales de chaque côté exceptées, qui sont d'un blanc pur; bec et pieds bruns; ongle postérieur plus long que le doigt. Longueur, 7 pouces. *Le vieux mâle en plumage de printemps.*

Les femelles et les mâles après leur mue d'automne ou en hiver, n'ont point à l'occiput cette large bande d'un noir profond; cette partie est alors du même jaune que le reste de la tête. *Les vieilles femelles* se distinguent dans tous les temps des mâles, par le jaune un peu moins vif des parties inférieures, et en ce que le manteau et les petites couvertures des ailes sont d'un cendré olivâtre, au lieu de cendré plombé comme chez les *mâles.*

Motacilla citreola. Pall. *It. v.* 3. *p.* 696.—Falk. *Vog. v.* 3. *t.* 29. — Lath. *Ind. v.* 2. *p.* 504. *sp.* 9. — Gmel. *Syst.* 1. *p.* 962. — Motacilla scheltobriuska. Lepech. *Vog. v.* 2. *p.* 187. *t.* 8. *f.* 1. — Yellow headed wagtail. Penn. *Arct. Zool. v.* 2. *p.* 297.

Habite: jusqu'ici cette espèce, très-rare, n'a été trou-

vée que dans la Russie orientale et en Crimée; il est *probable* qu'on la trouvera aussi en Hongrie et dans l'Archipel.

Nourriture et *Propagation :* inconnues.

· BERGERONNETTE PRINTANIÈRE.

MOTACILLA FLAVA. (Linn.)

Tête et nuque d'un cendré bleuâtre très-pur ;
toutes les autres parties supérieures d'un vert olivâtre; une bande blanche va du bec supérieur au-
dessus des yeux; une autre part de la mandibule
inférieure, et se dirige au-dessous de l'orifice des
oreilles; toutes les parties inférieures d'un jaune
brillant; ailes et pennes du milieu de la queue noirâtres, bordées de blanc jaunâtre; les deux pennes
latérales de la queue blanches; celle-ci légèrement arrondie et ne dépassant l'extrémité des ailes
que de 1 pouce 9 lignes; l'ongle de derrière très-long
et peu arqué. Longueur, 6 pouces. *Le vieux mâle.*

La femelle, a les parties supérieures plus nuancées de cendré ; le jaune des parties inférieures est
moins vif, et la gorge est blanche.

Les jeunes, ressemblent plus ou moins à *la femelle;* ils sont en dessus d'un cendré terne, et les
parties inférieures sont d'un blanc jaunâtre ; ils ont
quelquefois sur la poitrine des taches d'un brun
roussâtre et des ondes sur le ventre.

Remarque. Je n'ai point encore pu observer si l'espèce
de cet article est sujet comme les autres à une double mue;
mais il est certain que les distributions des couleurs ne

changent point ; si la double mue a lieu, comme je le présume, elle n'opère aucun changement très-remarquable.

Motacilla flava. Gmel. *Syst.* 1. *p.* 963. — Lath. *Ind.* *v.* 2. *p.* 504. *sp.* 8. — Motacilla chrysogastra. Bechst. *Naturg. Deut. v.* 3. *p.* 446. — Bergeronnette de printemps. Buff. *Ois. v.* 5. *p.* 265. *t.* 14. *f.* 1. — Id. pl. enl. 674. f. 2. — Gérard. *Tab. élém. v.* 1. *p.* 334. — Yellow wagtail. Edw. *Ois. t.* 258. — Lath. *Syn. v.* 4. *p.* 400. *sp.* 6. — Gelbe bachstelze. Meyer, *Tasschenb. Deut. v.* 1. *p.* 219. — Id. *Vög. Deut. Heft.* 10. *mâle et femelle.* — Frisch. *t.* 23. *f.* 2. — Naum. *t.* 39. *f.* 88. *le mâle.* — Geele kwikstaart. Sepp, *Nederl. Vog. v.* 2. *t. p.* 103. — Cutrettola di primavera. *Stor. deg. ucc. v.* 4. *pl.* 85. *f.* 2.

Habite : les bords des eaux, les prairies et les bords graveleux des fleuves ; répandue très-avant dans le nord ; commun dans le midi de l'Europe ; plus abondante en Hollande que l'espèce précédente.

Nourriture : mouches, phalènes, autres insectes aquatiques et petites chenilles vertes.

Propagation : niche dans les trous abandonnés des taupes, sous les racines des arbres, dans les blés et dans les prairies ; pond six œufs arrondis, d'un vert olivâtre avec des taches très-claires couleur de chair.

GENRE VINGT-DEUXIÈME.

PIPIT. — *ANTHUS.* (Bechst.)

Bec droit, grêle, cylindrique, vers la pointe en forme d'alène, à bords fléchis en dedans vers le milieu ; base de la mandibule supérieure en arête, pointe légèrement échancrée. Narines basales, latérales, à moitié fermées par une membrane voûtée. Pieds, trois doigts devant et un derrière, l'extérieur soudé à sa base au doigt du milieu ; ongle de derrière plus ou moins courbé, le plus souvent excédant la longueur du doigt postérieur *. Ailes, la 1ʳᵉ. rémige nulle, la 2ᵉ. un peu plus courte que les 3ᵉ. et 4ᵉ., qui sont les plus longues ; deux des grandes couvertures aboutissent à l'extrémité des rémiges.

Ces oiseaux, que la plupart des ornithologistes ont réunis avec les véritables *Alouettes*, en diffèrent essentiellement, tant par leur manière de vivre que par les caractères particuliers ; ils ont tous la tête de forme longicone et la queue très-longue, caractères qu'on ne trouve dans aucune espèce d'alouette. Ils se rapprochent plus des *Bergeronnettes* par leurs habitudes et par le genre de nourriture qui leur sont en commun ; l'on serait même tenté de les ranger avec les *Bergeronnettes*, si la forme des ongles, celle des ailes, ainsi que la distribution des couleurs du plumage, n'offraient des rapports avec les véritables *Alouettes*. Il en est de même pour toutes les espèces exotiques qui peuvent être rapportées au genre *Anthus*. Ils se nourrissent uniquement d'insectes, vivent habituellement dans les lieux à découvert, tels que les champs et les bords graveleux des fleuves ou des eaux ; se tiennent et nichent à terre. Quelques espèces se présentent sous des couleurs différentes, sans l'intervention d'une double mue ; dans ce cas, la livrée de printemps dont les seuls mâles paraissent revêtus, pendant le court espace

---

* Exception dans la seule espèce du *Pipit des buissons* ou *Anthus arboreus*, de Bechstein. Les espèces étrangères qu'il convient de classer dans ce genre ont toutes l'ongle plus long que le doigt postérieur.

du temps des amours, diffère plus ou moins de celle d'hiver ; les jeunes ne diffèrent pas beaucoup des vieux en plumage d'hiver.

Remarque. Les descriptions des oiseaux du genre pipit sont à tel point confondues les unes avec les autres, dans les écrits de Buffon et de Gérardin, qu'il est impossible de les bien reconnaître : le premier figure dans ses pl. enl. des espèces entièrement différentes de celles qu'il décrit, ce qui est cause que je m'en rapporterai pour les citations aux seules planches de cet ouvrage ; elles sont d'une exactitude rare. Je renvoie pour les mœurs et les habitudes de ces oiseaux, aux descriptions des naturalistes allemands, qui, sous ces rapports, ne laissent rien à désirer. Je me flatte que mes indications serviront à bien distinguer les espèces.

PIPIT RICHARD.

ANTHUS RICHARDI. (Vieill.)

Bec fort ; tarses très-longs ; ongle postérieur beaucoup plus long que le doigt peu arqué.

Plumes du sommet de la tête, du dos et des scapulaires d'un brun très-foncé dans le milieu, toutes bordées et terminées de brun clair ; au-dessus des yeux de larges sourcils, qui, ainsi que les tempes, la gorge, le ventre et l'abdomen, sont d'un blanc pur ; sur la poitrine, qui est légèrement roussâtre, se dessine un large ceinturon de taches lancéolées ; flancs roussâtres ; ailes et queue noirâtres ; toutes les pennes lisérées de larges bords d'un blanc jaunâtre ; la penne extérieure de la queue est toute blanche, et sur la seconde se dessine une grande tache conique de cette couleur ;

mandibule supérieure du bec brune, inférieure ainsi que les pieds jaunâtres ; iris brun : longueur du doigt postérieur avec l'ongle, un pouce. Longueur totale, 6 pouces 7 lignes. *Probablement un jeune de l'an né* *.

Remarque. Je ne connais cette espèce nouvelle, découverte par M. Richard, que d'après l'individu que M. de Lamotte d'Abbeville eut la bonté de me communiquer, il me dit que ces oiseaux passent en Picardie, qu'ils vivent absolument comme toutes les autres espèces de ce genre, et qu'on les trouve toujours à terre, où ils remuent souvent la queue à la manière des bergeronnettes. Il paraît que ce pipit est un habitant des pays chauds de l'Europe, puisqu'on le trouve aussi vers les Pyrénées et probablement en Espagne ; je ne le vis jamais dans les parties orientales du midi. Le *Pipit Richard* a le plus de rapports avec les grandes espèces de ce genre qui habitent l'Afrique ; par la forme du bec, des pieds et de l'ongle postérieur, il se rapproche le plus de *Alauda capensis*, Lath., dont les synonymes sont la *pl. enl.* 504. *f.* 2. de Buffon, et *l'Alouette sentinelle* de Vaillant, *Ois. d'Af. v.* 4. *pl.* 195. *Il se pourrait* que *Aluda lusitania* des systèmes fût le même que notre *Pipit Richard.* *L'alouette sentinelle* d'Afrique doit aussi prendre rang dans le genre *Anthus.*

Nourriture et *Propagation :* inconnues.

---

* N'ayant pu observer qu'un jeune oiseau de cette espèce, et voir très-superficiellement un second tué sur les Pyrénées, on me saura gré de ne pas compléter l'article du *Pipit richard*, dont on trouve une description détaillée dans le *Dictionn. d'hist. nat. v.* 26. p. 491.

PIPIT SPIONCELLE.

ANTHUS AQUATICUS. (Bechst.)

Parties supérieures d'un gris brun , sur le centre de chaque plume d'une nuance plus foncée; au-dessus des yeux un trait blanc; petites couvertures des ailes bordées et terminées de gris blanc; toutes les parties inférieures blanches , mais variées , sur les côtés du cou, sur la poitrine et sur les flancs , de taches longitudinales peu distinctes , d'un brun cendré clair ; les deux pennes du milieu de la queue d'un brun cendré, les latérales noires ; l'extérieure blanche en dehors avec une longue tache conique de cette couleur ; sur la 2ᵉ., une tache conique moins longue , et sur la 3ᵉ. une très petite tache blanche *; ongle postérieur long de plus de 4 lignes, arqué; pieds d'un brun marron ; mandibule inférieure du bec livide. Longueur, 6 pouces 5 ou 6 lignes. *Le vieux mâle en plumage d'automne.*

La femelle se distingue seulement par les taches des parties inférieures qui sont en plus grand nombre.

Anthus aquaticus. Bechst. *Naturg. Deut. v.* 3. *p.* 745. —Anthus rupestris. Nilss. *Orn. Suec. v.* 1. *p.* 245. *sp.* 115. — Alauda campestris spinoletta. Gmel. *Syst.* 1. *p.* 794. *sp.* 4. *var. B.* — Lath. *Ind. v.* 2. *p.* 495. *sp.* 12. *var. B.* — Buff. *pl. enl.* 661. *f.* 2. *représentation exacte de la*

---

* La petite tache blanche sur la 3ᵉ. penne n'existe pas chez tous les individus.

*Spioncelle , sous le faux nom d'*Alouette pipi. — Meadow lark. Lath. *Syn v.* 4. *p.* 378. *var. A.* — Wasser Piper. Meyer, *Tasschenb. Deut. v.* 1. *p.* 258. — Pispolada Spioncella *Stor. deg. ucc. v.* 4. *p.* 388. *f.* 2.

Les jeunes de l'année, ont le sommet de la tête , joues, nuque , bord des ailes et deux pennes de la queue d'un brun foncé , légèrement nuancé d'olivâtre; cette couleur domine également sur le dos, les ailes et les cuisses, mais elle y est variée par des taches d'un brun noirâtre ; sourcils, tour des yeux et un croissant au-dessous des oreilles d'un jaune clair ; poitrine , flancs, ventre et abdomen d'un jaunâtre clair; les deux premières parties marquées de grandes taches d'un brun foncé et quelques fines raies sur les autres ; tout le devant du cou blanc, mais encadré par une bande noirâtre ; les deux bandes sur les ailes sont d'un cendré brun ; sur la 1ʳᵉ. penne une grande tache blanche, et sur la 2ᵉ. une très-petite. C'est alors

Alauda petrosa. *Transact. of the Linn. societ. v.* 4. *p.* 41. — Alauda obscura. Gmel. *Syst.* 1. *p.* 801. *sp.* 33. Lath. *Ind. Orn. v.* 2. *p.* 494. *sp.* 7. — Dusky lark. Lewin. *Brit. birds. v.* 3. *pl.* 94.

Les vieux mâles pendant le court espace de temps qu'ils vaquent à la reproduction, ont le devant du cou , la poitrine, la partie supérieure du ventre et les flancs colorés d'une teinte de roux rose, très-claire ; le reste du plumage est comme en automne. C'est alors

Anthus montanus. Koch. *Baierische Zoöl. p.* 179; *n°.* 102.

Remarque. On a eu tort de confondre cette espèce avec le *Pipit des buissons;* l'erreur provient de Buffon.

Habite : particulièrement le midi de l'Europe, où il niche ; seulement de passage dans les provinces tempérées, le long des bords des eaux et des fleuves, aux environs de Paris. Depuis la publication de la première édition j'ai découvert que ce pipit habite aussi les côtes maritimes d'Angleterre et de Hollande ; dans le premier de ces pays on le trouve sur les rochers qui bordent la mer; et dans le second, seulement dans le peu d'endroits des côtes où l'on a construit des jetées de grosses pierres destinées à contenir et à briser le premier choc des vagues. Des individus, tués dans l'Amérique septentrionale , ne diffèrent point de ceux d'Europe.

Nourriture : mouches, cousins, insectes aquatiques et leurs larves.

Propagation : niche dans les pays en montagnes, même sur les plateaux stériles de celles qui sont très-élevées, comme les Pyrénées et autres ; plus rarement sur les falaises et sur les rocs qui bordent la mer. Construit son nid entre les fentes des pierres et des rochers ; pond quatre ou cinq œufs , d'un blanc sale couvert de petits points bruns, qui sont très-rapprochés sur le gros bout.

PIPIT ROUSSELINE.

ANTHUS RUFESCENS.* (Mihi.)

Parties supérieures du corps d'un gris isabelle; sur le milieu de chaque plume une légère teinte

---

* Si je me suis permis de substituer ce nom à la place de celui de *campestris*, donné par Bechstein, c'est que j'ai voulu éviter qu'on ne confondît l'oiseau de cet article avec notre *Anthus pratensis*, dont les synonymes très-incorrects sont *Alauda campestris* qu'il conviendrait plutôt de rayer de la liste nominale, et *Alauda mosellana* qui ne vaut guère mieux.

brune ; au-dessus des yeux une large bande blanchâtre ; gorge de cette couleur ; toutes les autres
parties inférieures d'un blanc isabelle ; de chaque
côté de la gorge un petit trait délié, et sur la poitrine 8 ou 10 très-petits points peu apparens ;
couvertures et rémiges brunes, bordées de roux
isabelle ; pennes de la queue d'un brun noirâtre ;
les deux du milieu lisérées de roussâtre ; l'extérieure presque totalemeut blanche et à baguette
blanche ; la deuxième d'un blanc roussâtre sur la
barbe extérieure, ainsi que sur une partie de la
pointe et à baguette brune ; l'ongle du doigt postérieur plus court que ce doigt et très-faiblement
arqué. Longueur, 6 pouces 5 ou 6 lignes.

Les jeunes de l'année, ont toutes les parties supérieures d'un brun très-foncé, chaque plume étant
lisérée de blanchâtre ou de roussâtre très-clair ; les
couvertures des ailes, les pennes secondaires et
celles de la queue ont une large bordure rousse ;
des moustaches noires se dirigent sur les côtés du
cou ; de grandes taches noires forment des raies
longitudinales sur la poitrine et sur les flancs ;
la bande au-dessus des yeux est plus ou moins
large.

ANTHUS CAMPESTRIS. Meyer , *Tasschenb. Deut. v.* 1.
p. 257. — Bechst. *Naturg. Deut. v.* 3. *t.* 2. (N. B. la
description, *p.* 724, est inexacte, ainsi que les citations.)
— LA ROUSSELINE. Buff. *pl. enl.* 661. *f.* 1. *une figure
très-exacte.* — BRACHLERCHE. Frisch. *t.* 15. . 2. *A. figure
très-exacte.* — Naum. *p.* 48. N. B. *mais point la figure
t.* 8. *f.* 10 , *de l'édition* in-folio ; *celle-ci offre des*

*teintes verdâtres qui n'existent point dans l'espèce *.*
— Bechst. *Tasschenb. Deut. p.* 200. *très-exacte description.* — W*illow* l*ark.* Penn. *Brit. Zool. p.* 95. *t. Q. f.* 4.

Habite : en Allemagne et en France où l'espèce vient nicher ; commun en Lorraine ; très-rare en Hollande. Vit le long des lisières des bois en montagnes, dans le voisinage des champs cultivés.

Nourriture : petits hannetons, sauterelles et autres insectes.

Propagation : niche à terre, dans les herbes ou derrière une motte de terre ; pond depuis quatre jusqu'à six œufs arrondis, d'un bleuâtre pâle entrecoupé de taches et de raies rousses et violettes.

PIPIT FARLOUSE.

ANTHUS PRATENSIS (B*echst.*)

L'ongle du pouce plus long que ce doigt, et faiblement arqué.

Parties supérieures d'un cendré olivâtre marqué de grandes taches noirâtres, qui sont disposées sur le centre des plumes ; ces taches sont plus grandes sur le haut du dos que partout ailleurs, parties inférieures d'un blanc très-légèrement teint de jaunâtre, mais varié sur les côtés du cou, sur la poitrine, sur le haut du ventre et tout le long des flancs par de grandes taches noires, qui sont très-longues et larges ; couvertures inférieures de la queue marquées de brun le long des baguettes ;

---

* M. Nauman ayant publié une nouvelle édition in-8°. de ses planches enluminées, nous y voyons l'oiseau de cet article représenté de la manière la plus exacte sur la table 8, figure 10.

pennes de la queue noirâtres ; l'extérieure bordée
de blanc et terminée par une grande tache blanche, sur la seconde une petite tache blanche. Longueur, 5 pouces 4 ou 5 lignes. *Le mâle et la femelle.*

*Le vieux mâle, pendant le court espace que dure
la reproduction, a la gorge d'un roux rose très-
foncé.*

La femelle l'a au contraire d'un blanc pur ;
tous les deux avec une fine raie longitudinale de
chaque côté de la gorge. Je soupçonne que les
mâles n'ont cette marque distinctive que dans le
printemps ou durant le temps des amours ; j'ai devant moi un mâle tué en Égypte, et trois autres individus absolument semblables tués en Lorraine ,
qui ont la gorge d'un roux rose. Nauman, *Vögel.
Deut. nacht. t.* 8. *f.* 16, a très-exactement figuré
ce mâle, que je soupçonne être revêtu de son plumage des noces.

Les jeunes, ont les bordures des plumes des parties supérieures plus nuancées de verdâtre.

Remarque. Il est si facile de confondre cette espèce
avec la suivante, qu'on ne peut trop inviter à observer
scrupuleusement les dissemblances que j'ai tracées. La *pl.
enl.* de Buffon, *n.* 660, est, sous ce rapport, d'une exactitude rare ; mais on doit observer que les noms au bas de
la planche sont mal indiqués.

ANTHUS PRATENSIS. Bechst. *Natury Deut* v. 3. *p.* 732.
t. 33. *f.* 2. — ALAUDA PRATENSIS. Lath. *Ind.* v. 2. *p.* 493.
sp. 5. — ALAUDA MOSELLANA. Gmel. *Syst.* 1. *p.* 794. *sp.* 16.
— Lath. *Ind. Orn. v.* 2. *p.* 495. *sp.* 11. — LE CUJELIER.
Buff. *pl. enl.* 660. *f.* 2. *représentation très-exacte de*

femelle. — La Farlouse ou l'Alouette des prés. Gérard. *Tab. élém. v.* 1. *p.* 262. — Wiesen pieper. Meyer, *Tasschenb. Deut. v.* 1. *p.* 255. — Frisch. *t.* 16. *f.* 2. *A.* — Naum. *Vög. t.* 8. *f.* 11. *la femelle , et supp. t.* 8. *f.* 16. *le mâle.* Le Tieteuwerik. Sepp. *Nederl. Vog. v.* 3. *t. p.* 209.

Habite : les bruyères humides et les lieux marécageux proche des lacs et des fleuves ; il semble que l'espèce passe l'hiver dans le nord de l'Afrique. Niche , quoiqu'en petit nombre, en Hollande ; très-commun dans ce pays en automne.

Nourriture : très-petits scarabées, des insectes et leurs larves.

Propagtion : niche à terre dans les marais et dans les petits buissons proche des eaux ; pond jusqu'à six œufs rougeâtres, marqués de taches pourprées.

PIPIT DES BUISSONS.

ANTHUS ARBOREUS. (Bechst.)

L'ongle du pouce plus court que ce doigt, et arqué de manière à former le quart de cercle.

Parties supérieures d'un cendré lavé d'olivâtre avec du brun noirâtre disposé longitudinalement sur le centre des plumes ; cette couleur est presque imperceptible sur le croupion ; le blanc jaunâtre de l'extrémité des petites et des moyennes couvertures forme une double bande transversale sur l'aile ; gorgerette d'un blanc pur ; le reste des côtés et du devant du cou, la poitrine et les flancs d'un beau roux jaunâtre ou couleur d'ocre ; sur la poitrine de grandes taches noires piciformes, et sur les flancs des traits longitudinaux très-étroits ; le milieu du ventre d'un blanc pur ; les couvertures inférieures de la queue légèrement nuancées de jaunâtre et sans taches. Longueur, 5 pouces 5 ou 6 lignes.

Remarque. C'est particulièrement au doigt de derrière et à sa longueur comparative avec l'ongle qu'on doit faire attention. En automne j'ai vu des individus dont le plumage supérieur était lavé de brun cendré ; le jaune couleur d'ocre beaucoup plus terne, et les bordures des plumes moins larges. Ces bords cendrés disparaissent au printemps par l'action de l'air et du jour.

ANTHUS ARBOREUS. Bechst. *Naturg. Deut. v.* 3. *p.* 706. *t.* 36. *f.* 1. — ALAUDA TRIVIALIS. Gmel. *Syst.* 1. *p.* 796. — Lath. *Ind. v.* 2. *p.* 493. *sp.* 6. *mais les synonymes incorrects.* — Buff. *pl. enl.* 660. *f.* 1. représentation très-exacte du pipit des buissons mâle, en habit de noces, mais sous le faux nom de farlouse. — L'ALOUETTE PIPI. Gérard. *Tab. élém. v.* 1. *p.* 264. — BAUMPIEPER. Meyer, *Tasschenb. Deut. v.* 1. *p.* 254. *B.* — Frisch. *t.* 16. *f.* 1. *B.* — Naum. *t.* 8. *f.* 12. *figure très-exacte du mâle.* — FIELD-LARK. Lath. *Syn. v.* 4. *p.* 375. *sp.* 6.

Habite : les lieux montueux dans les buissons , sur la cime desquels il se perche souvent ; plus rare en Hollande que l'espèce précédente ; il paraît ne point émigrer au delà de la Méditerranée.

Nourriture : mouches , petits scarabées et autres insectes, ainsi que leurs larves.

Propagation : niche dans les touffes des herbes , sur de petites éminences ou sous les racines des taillis ; pond cinq œufs, d'un blanc rougeâtre totalement couvert de nombreuses taches d'un rouge foncé.

ORDRE QUATRIÈME.

GRANIVORES. — *GRANIVORES.*

Bᴇᴄ fort, court, gros, plus ou moins conique, arête plus ou moins aplatie; s'avançant sur le front; mandibules le plus souvent sans échancrures. Pɪᴇᴅs, trois doigts devant et un derrière; les doigts antérieurs divisés. Aɪʟᴇs médiocres.

Ils vivent par couples, et se rassemblent pour les voyages en grandes bandes; ce sont des oiseaux sédentaires ou de passage suivant les climats où ils habitent; le plus grand nombre est de passage périodique ou accidentel dans les pays exposés aux frimas. Leur nourriture consiste principalement en grains et en semences dont ils écartent le plus souvent l'enveloppe; les insectes leur servent d'aliment dans le temps destiné à élever leur progéniture; tous peuvent être nourris en captivité avec des grains. Ce sont de la nombreuse classe ailée ceux qui, après les pigeons et les gallinacées, se réunissent le plus près des hommes, et qui sont le plus susceptibles à être élevés en domesticité. La mue est double seulement dans un très-petit nombre d'espèces européennes, tandis que le plus grand nombre des espèces étrangères muent régulièrement deux fois dans l'année; les mâles sont extraordinairement parés à l'époque

Habite et *niche* en Asie, mais se répand en automne dans quelques provinces de la Russie européenne, où elle vit en petites troupes.

Nourriture et *Propagation :* inconnues.

ALOUETTE CALANDRE.

ALAUDA CALANDRA. (Linn.)

Parties supérieures du corps d'un cendré roussâtre avec du brun sur le milieu des plumes ; ces taches brunes sont plus grandes sur le milieu du dos; gorge, ventre et abdomen d'un blanc pur ; une grande tache noire de chaque côté du cou ; flancs et poitrine d'un blanc teint de couleur d'ocre, sur cette dernière partie des taches lancéolées brunes; rémiges bordées et terminées de blanc ; pennes moyennes terminées par un grand espace blanc ; penne latérale de la queue presque entièrement blanche, la suivante bordée extérieurement de blanc; toutes, hormis celles du milieu, terminées par un peu de blanc ; bec gris, pointe brune. Longueur, 7 pouces. *Le mâle.*

La femelle a l'espace noir sur les côtés du cou moins grand ; les taches du plumage sont moins foncées.

ALAUDA CALANDRA. Gmel. *Syst.* 1. *p.* 799. *sp.* 9. — Lath. *Ind. v.* 2. *p.* 496. *sp.* 17. — ALAUDA SIBIRICA. Pall. *It. v.* 2. *p.* 708. *sp.* 15. — Id. *Voy. en Russ. trad. franç. v.* 3. *p.* 108, *et App. p.* 462. — Gmel. *Syst.* 1. *p.* 799. *sp.* 31. — GROSSE ALOUETTE ou CALANDRE. Buff. *Ois.* 5. *p.* 49. — Id. *pl. enl.* 363. *f.* 2. — Gérard. *Tab.* m. v. 11. *p.* 253. — LA CALANDRE DE SIBÉRIE. Sonn. *édit. de* Buff. v. 15.

p. 35o. — Calandra and mongolian lark. Lath. *Syn. v.* 4. *p.* 382 *et* 384. — Id. *supp. v.* 1. *p.* 177. — Edw. *Ois. t.* 268. — Kalander lerche. Meyer, *Tasschenb. Deut. v.* 1. *p.* 261. — Bechst. *Tasschenb. Deut. v.* 3. *p.* 566. *sp.* 5.

Les jeunes de l'année, au sortir du nid, ont toutes les plumes des parties supérieures d'un cendré brun, liseré par un bord noirâtre, chaque plume étant frangée extérieurement par un large bord blanchâtre; rémiges et pennes de la queue frangées de blanc pur; la penne extérieure entièrement blanche; toutes les parties inférieures de quelques teintes plus claires que chez les vieux.

Habite : le nord de l'Afrique et le midi de l'Europe, l'Italie, la Turquie, l'Espagne et la France; également dans les provinces méridionales de l'Asie; seulement de passage accidentel dans quelques provinces du centre de la France; beaucoup plus rare en Allemagne; jamais en Hollande.

Nourriture : sauterelles, vermisseaux et graines.

Propagation : niche dans les herbes; pond quatre ou cinq œufs d'un pourpre clair, marqué de grandes taches cendrées; et de points d'un brun foncé.

ALOUETTE COCHEVIS.

ALAUDA CRISTATA. (Linn.)

Petite huppe coronale à plumes allongées et acuminées, noires dans le milieu et entourées de cendré; parties supérieures du corps et des ailes d'un cendré gris, avec d'étroites taches brunes le long des baguettes; pennes des ailes bordées et terminées de roussâtre et de blanchâtre; pennes du milieu de la queue roussâtres, les suivantes d'un brun noirâtre et terminées par un bord blanchâtre très-étroit; les deux pennes latérales extérieurement et à leur bout d'un roussâtre clair; tour des yeux, gorge, ventre et abdomen d'un blanc légèrement teint de jaunâtre. Une étroite bande suit la direction de la gorge et des taches longitudinales brunes couvrent la poitrine. Longueur, 6 pouces 6 ou 7 lignes.

ALAUDA CRISTATA. Gmel. *p.* 796. *sp.* 6.—Lath. *Ind. v.* 2. *p.* 499. *sp.* 25. — L'ALOUETTE COCHEVIS. Buff. *Ois. v.* 5. *p.* 66. — Id. *pl. enl.* 503. *f.* 1. — Gérard. *Tab. élém. v.* 1. *p.* 256. — CRESTED LARK. Lath. *Syn. v.* 4. *p.* 389. — HAUBENLERCHE. Bechst. *Tasschenb. Deut. p.* 197. — Meyer, Id. *v.* 1. *p.* 263. — Naum. *Vög. Deut. t.* 7. *f.* 8.

Remarque. La *Coquillade* de Buffon, donnée par cet auteur comme espèce distincte, n'est qu'une *variété constante du Cochevis ordinaire;* ce sont des individus qui forment souvent de grandes bandes de passage dans certains cantons où l'abondance de nourriture et peut-être d'autres causes locales influent sur leur taille, qui est toujours un peu plus forte, et sur les teintes générales du plumage, qui sont plus nuancées de roussâtre [*]. Cette

---

[*] Mon ami Le Vaillant m'a envoyé des individus de cette variété tués en Lorraine; je lui dois aussi ces observations qui cadrent avec celles consignées dans la première édition. Il en est de la *Coquillade* comme des *prétendues espèces* de grand et de petit bouvreuil, du grand et du petit chardonneret, des espèces du sizerin et du cabaret qui n'en font qu'une; du bécasseau variable, de la barge rousse et de la barge Meyer, et de tant d'autres soi-disant espèces, qui varient ou diffèrent par des causes puremen' locales;

variété est indiquée : Alauda undata. Gmel. *Syst.* 1. *p.* 797. *sp.* 22. — Lath. *Ind.* v. 2. *p.* 500. *sp.* 27. — La Coquillade. Buff. *Ois.* v. 5. *p.* 77. — Id. *pl. enl.* 662.] — Gérard. *Tab. élém.* v. 1. *p.* 260. Undated lark. Lath. *Syn.* v. 4. *p.* 391.

Habite : la France, l'Allemagne, la Suisse et toutes les parties méridionales de l'Europe ; voyage quelquefois plus avant dans le nord, mais jamais en grand nombre ; se tient dans les buissons situés à la lisière des champs.

Nourriture : insectes, mais plus communément des graines et des semences.

Propagation : niche à terre, derrière quelque motte ou au pied des buissons ; pond quatre ou cinq œufs, d'un cendré clair marqué de taches d'un brun foncé.

ALOUETTE A HAUSSE-COL NOIR.

ALAUDA ALPESTRIS. (Linn.)

Gorge, sourcils et espace derrière les yeux d'un jaune clair ; petit trait au-dessus des yeux, moustaches et un large hausse-col sur le haut de la poitrine d'un noir profond ; parties supérieures, haut de l'aile et parties latérales de la poitrine d'un cendré rougeâtre ; rémiges noirâtres, l'intérieure bordée de blanc ; pennes latérales de la queue d'un noir profond, l'extérieure blanche en dehors ; partie inférieure de la poitrine et flancs d'un fauve blanchâtre ; ventre et abdomen d'un blanc pur ; bec et pieds noirs. Longueur, 6 pouces 10 lignes. *Le mâle.*

La femelle a le front jaunâtre ; du noir et du

brun sur le haut de la tête ; les parties noires variées par de petits traits jaunâtres ; le hausse-col
de la poitrine moins grand et les pennes noires
de la queue terminées par une étroite bande blanchâtre.

Varie suivant l'âge, le noir des moustaches et
du hausse-col plus ou moins étendu ; le jaune des
sourcils et de la gorge plus ou moins vif, et les
pennes latérales de la queue d'un noir plus ou moins
profond.

Alauda alpestris. Gmel. *Syst.* 1. *p* 800. *sp.* 10. — Lath.
Ind. v. 2. *p.* 498. *sp.* 21.—Wilson. *Birds of the.* U. *States.*
v. 1. *p.* 85. *pl.* 5. *f.* 4. — Alauda flava. Gmel. *Syst.* 1.
p. 800. *sp.* 32. —Le Hausse-col noir. Buff. *Ois. v.* 5. *p.* 55.
— La Ceinture de prêtre. Id. *v.* 5. *p.* 61 ; *et pl. enl.* 650.
f. 2. — Shore lark. Penn. *Arct. Zool. v.* 2. *p.* 392. —
Lath. *Syn. v.* 4. *p.* 385 *et* 387. — Berglerche. Bechst.
Natury. Deut. v. 3. *p.* 801. — Meyer, *Tasschenb. Deut.*
v. 1. *p.* 265. — Frisch., *t.* 16. *f.* 1. *A.*

Remarque. Les individus tués dans l'Amérique septentrionale, ne diffèrent point de ceux d'Europe.

Habite et *niche :* dans le nord de l'Europe, de l'Asie et
de l'Amérique ; seulement de passage dans quelques parties de l'Allemagne ; jamais plus avant dans le midi ; fréquente les plaines et les lieux humides.

Nourriture insectes et semences des plantes alpestres.

Propagation : inconnue.

ALOUETTE DES CHAMPS.

ALAUDA ARVENSIS. (Linn.)

Parties supérieures d'un gris roussâtre, chaque plume noirâtre dans le milieu; ces taches noires plus grandes sur le haut du dos et sur la tête; au-dessus des yeux une bande blanchâtre; joues d'un brun gris; pennes secondaires des ailes échancrées et terminées de blanc; gorge blanche; cou, poitrine et flancs, teints de roussâtre; sur le centre de chaque plume une tache brune lancéolée; sur les flancs, des lignes brunes qui suivent la direction de la baguette; milieu du ventre d'un blanc très-légèrement teint de roussâtre; pennes latérales de la queue d'un brun noirâtre, sur l'extérieure une longue tache blanche conique, la suivante blanche sur une grande partie de la barbe extérieure. Longueur, 6 pouces 10 ou 11 lignes.

La femelle, a sur les couleurs du fond du plumage un plus grand nombre de taches, et celles-ci sont plus foncées sur le dos et sur la poitrine.

Varie accidentellement, du blanc pur au blanc jaunâtre; plus ou moins tapiré de blanc ou bien toute une partie du plumage de cette couleur; souvent d'un brun sombre et rougeâtre, tirant plus ou moins sur le noir.

ALAUDA ARVENSIS. Gmel. *Syst.* 1. *p.* 791. *sp.* 1. — Lath. *Ind. v.* 2. *p.* 491. *sp.* 1. — L'ALOUETTE ORDINAIRE. Buff. *Ois. v.* 5. *p.* 1. *t.* 1. — Id. *pl. enl.* 363. *f.* 1. — Gérard. *Tab. élém. v.* 1. *p.* 248. — SKY LARK. Lath. *Syn. v.* 4. *p.* 368,

— *Brit. Zool. p.* 93. *t. S.* 2. *f.* 7. — Feldlerche. Bechst. *Naturg. Deut. v.* **3.** *p.* 755. — Meyer, *Tasschenb. Deut. v.* 1. *p.* 260. — Frisch. *t.* 15. *f.* 1. — Naum. *t.* 6. *f.* 6. *le mâle.*

Remarque. La prétendue *Girole* des auteurs ne me semble qu'une variété accidentelle , et peut être simplement un jeune oiseau varié dans l'espèce de l'*Alouette des champs* ou du *Lulu;* toutes ces prétendues *Giroles* que l'on m'a fait voir , n'étaient que des variétés de notre *Alouette commune*, ou bien de l'*Alouette lulu.* En attendant que le fait s'éclaircisse , je donne ici la synonymie de cette *Girole.* — Alauda italica. Gmel. *Syst.* 1. *p.* 793. *sp.* 13. — La Girole. Buff. *Ois. v.* 5. *p.* 47. — Gérard. *Tab. élém. v.* 1. *p.* 652.

Habite : toutes les parties de l'Europe jusqu'en Sibérie, également en Asie et dans les parties septentrionales de l'Afrique, mais point dans les parties méridionales de ce vaste continent. Vit dans les champs.

Nourriture : insectes et leurs larves , ainsi que plusieurs sortes de semences et de graines.

Propagation : niche à terre ; pond quatre ou cinq œufs grisâtres tachés de brun.

ALOUETTE LULU.

ALAUDA ARBOREA. (Linn.)

Plumes de la tête plus longues que dans les autres espèces , mais point acuminées comme dans le *Cochevis;* queue plus courte. Parties supérieures d'un cendré roussâtre avec du brun noirâtre sur le milieu des plumes , une bande blanchâtre passe au-dessus des yeux et entoure l'occiput; sur les joues qui sont brunes , est une tache triangulaire blanchâtre; les parties inférieures d'un blanc très-

légèrement teintes de jaunâtre, mais variées sur le
devant du cou et sur la poitrine de taches longitudinales ; couvertures des rémiges terminées de
blanc ; pennes secondaires échancrées et terminées
par un peu de blanc ; penne extérieure de la queue
grisâtre bordée de blanc, les trois suivantes noires
terminées de blanc pur ; ongles jaunâtres. Longueur, 6 pouces.

La femelle, a tout le blanc des parties inférieures
plus pur et sans nuance jaunâtre ; le trait au-dessus des yeux plus marqué, et les taches de la poitrine en plus grand nombre.

Varie accidentellement, comme l'alouette vulgaire.

ALAUDA ARBOREA. Gmel. *Syst.* 1. *p.* 793. *sp.* 3. — Lath.
Ind. v. 2. *p.* 492. *sp.* 3. —ALAUDA NEMOROSA. Gmel. *Syst.* 1.
p. 787. *sp.* 21. — ALAUDA CRISTATELLA. Lath. *Ind. v.* 2.
p. 499. *sp.* 26. — LE LULU, L'ALOUETTE DES BOIS ET LE CU-
JELIER. Buff. *Ois. v.* 5. *p.* 74 et 25, *ainsi que la pl. enl.* 503.
f. 2. —Gérard. *Tab. élém. v.* 1. *p.* 258. *n°.* 5, *et p.* 251.
n°. 2. — WOOD LARK and LESSER CRESTED LARK. Lath. *Syn.*
v. 4. *p.* 371 *et* 391.— Penn. *Brit. Zool. p.* 94. *t.* Q.
f. 3, *et p.* 95. —BAUM LERCHE. Bechst. *Naturg. Deut. v.* 3.
p. 781. — WALDLERCHE. Meyer, *Tasschenb. Deut. v.* 1.
p. 262. — Frisch. *Vög. t.* 15. *f.* 2. *A.* —Naum. *t.* 6. *f.* 7.
le mâle.

Remarque. Les différentes indications de Buffon, que
Gérardin a si soigneusement copiées, appartiennent indubitablement à *l'Alouette lulu ;* on doit cependant observer de ne point admettre comme synonyme la *pl. enl. de*
Buff. *n°.* 660. *f.* 2 ; l'oiseau représenté sous le nom de *Cujelier* est une figure très-exacte du *Pipit farlouse*, tandis que

f. 1. de la même planche représente parfaitement bien mon *Pipit des buissons*, mais sous le faux nom de *Far-louse*. J'ai également relevé ces erreurs aux articles qui traitent de ces oiseaux. Il est assez singulier que cette re-marque et plusieurs autres de la même nature, n'ont point été mises à profit dans les ouvrages publiés depuis la pre-mière édition ; c'est ainsi que les erreurs se perpétuent et se renouvellent sans cesse.

Habite : une grande partie de l'Europe, répandue jus-qu'en Suède et en Russie ; elle émigre dans les provinces septentrionales, et est sédentaire dans les départemens mé-ridionaux. Vit dans les champs, et se pose, quoique rare-ment, sur les arbres.

Nourriture : insectes et différentes sortes de graines huileuses.

Propagation : niche sous quelque motte, dans les bruyères ou sous des taillis ; pond quatre ou cinq œufs, d'un gris taché de brun.

ALOUETTE A DOIGTS COURTS ou CALANDRELLE.

ALAUDA BRACHIDACTYLA. (Mihi.)

Les grandes couvertures aussi longues que les rémiges ; doigts très-courts ; bec court, fort et rougeâtre.

Toutes les parties supérieures d'un beau roux isabelle, plus cendré sur la nuque et le long des baguettes ; les baguettes elles-mêmes d'un brun foncé ; gorge et bande au-dessus des yeux d'un blanc pur ; deux ou trois petits points bruns sur la partie latérale du cou ; poitrine et flancs d'un roux clair ; ventre et abdomen d'un blanc très-lé-gèrement nuancé de roussâtre ; les deux pennes du milieu de la queue noires dans le milieu et cette couleur bordée d'un roux foncé ; les trois suivantes noires, lisérées et terminées de roux clair ; la quatrième d'un blanc roussâtre sur la barbe extérieure, et la plus extérieure presque entièrement de cette couleur, mais plus roussâtre vers la pointe. Longueur, 5 pouces, 6 ou 7 lignes.

DIE KURTZEHIGE LERCHE. Leisl. *Annal. der Wetter. v. 3. p.* 357. *t.* 19. *figure très-exacte.* — LA CALANDRELLE. Bonelli, *Mém. de l'acad. de Turin.*

La femelle, a les parties inférieures et la bande au-dessus des yeux d'un blanc plus pur.

Les jeunes au sortir du nid, ont les mêmes distributions de couleur indiquées à l'article de la *Calandre dans le même état.*

Habite : très-abondant en Sicile, dans le royaume de Naples, en Espagne et en Italie ; se trouve également dans le midi de la France, le long de la Méditerranée ; jamais dans le nord de la France ni en Hollande ; émigre vers le continent de l'Afrique.

Nourriture : insectes et graines.

Propagation : niche à terre ; pond quatre ou cinq œufs d'un roux isabelle ou couleur café au lait, sans taches.

GENRE VINGT-QUATRIÈME.

MÉSANGE. — *PARUS.* (Linn.)

Bec court, droit, fort, conique, comprimé, tranchant, terminé en pointe; sans échancrure; base garnie de petits poils. Narines basales, arrondies, cachées par des plumes dirigées en avant. Pieds forts, à trois doigts devant et un derrière, entièrement divisés, l'ongle de derrière le plus fort et le plus courbé. Ailes 1re rémige de moyenne longueur ou presque nulle, 2e. de beaucoup moins longue que la 3e. et plus courte que la 4e. et la 5e., qui sont les plus longues.

Elles escaladent, par de petits vols brusques et courts, les branches des arbres et les cannes des joncs, aussi lestement que les *Pics* et les *Torche-pots*, grimpent contre les troncs; elles se suspendent dans toutes sortes d'attitudes aux menues branches des buissons et aux épanouissemens des roseaux; les espèces qui composent la première section, nichent dans les trous naturels des arbres; celles qui font partie de la seconde, construisent avec art des nids entrelacés dans les cannes des joncs; toutes pondent un grand nombre d'œufs; passé le temps de la reproduction, on les voit toujours en petites troupes. Ils se nourrissent d'insectes, mais aussi de semences et de fruits; les petits oiseaux maladifs deviennent aussi leur proie, elles les achèvent en leur ouvrant le crâne; elles ne broient point les graines, mais les percent et n'en mangent que l'intérieur; elles ont même assez de force dans le bec pour trouer les noix et les amandes, dont la substance qui y est renfermée leur sert de nourriture. Ce sont des oiseaux hargneux, courageux et grands destructeurs d'insectes.

Ire. SECTION. — SYLVAINS.

La 1re. rémige de moyenne longueur.

Elles vivent dans les bois et dans les buissons, et nichent dans les trous naturels des grands arbres.

MÉSANGE CHARBONNIÈRE.

PARUS MAJOR. (Linn.)

Tête, gorge, devant du cou et une raie longitudinale sur le milieu du ventre, d'un noir à reflets; tempes d'un blanc pur; manteau d'un vert olivâtre; croupion et petites couvertures des ailes cendrés; parties latérales du ventre jaunes; couvertures inférieures de la queue d'un blanc pur; ailes bordées de cendré; une bande transversale blanche sur les ailes; queue d'un cendré noirâtre; la penne extérieure à mi-partie blanche; la deuxième terminée de blanc. Longueur, 5 pouces 7 ou 8 lignes.

La femelle, a le noir du haut de la tête moins brillant et le jaune du ventre moins vif; la raie noire ne s'étend que jusque vers le milieu du ventre.

Varie accidentellement : toutes les couleurs principales légèrement ébauchées sur un fond blanchâtre; souvent les ailes roussâtres, plus ou moins tapirées de blanc.

Parus major. Gmel. *Syst.* 1. *p.* 1006. *sp.* 3. — Lath. *Ind. v.* 2. *p.* 562. *sp.* 1. — La grosse Mésange ou Charbonnière. Buff. *Ois. v.* 5. *p.* 392. *t.* 17. — Id. *pl. enl.* 3. *f.* 1.—Gérard. *Tab. élém. v.* 1. *p.* 229. — Great titmouse.

Lath. *Syn. v.* 4. *p.* 536. — Penn. *Brit. Zool. p.* 113. *t.*
W. f. 4. Cinciallegra maggiore. *Stor. deg. ucc. v.* 4.
pl. 377. *f.* 2. — Kohlmeise. Bechst. *Naturg. Deut. v.* 3.
p. 834. — Meyer, *Tasschenb. Deut. v.* 1. *p.* 267. — Frisch.
t. 13. *f.* 1. — Naum. *t.* 23. *f.* 42. *le mâle.*

Habite : plus volontiers les parties tempérées et froides
que les contrées chaudes de l'Europe ; préfère les bois en
montagnes ; se répand dans les plaines vers la fin de l'automne.

Nourriture : chenilles rases, mouches et autres insectes diptères, leurs larves et leurs œufs ; en automne, des
graines et des fruits.

Propagation : niche dans les trous les plus profonds
des arbres et dans les fentes des murailles ou des masures ;
pond de huit jusqu'à quatorze et même vingt œufs d'un
blanc jaunâtre avec des points et des raies rouges.

MÉSANGE PETITE CHARBONNIÈRE.

PARUS ATER. (Linn.)

Sommet de la tête, nuque, gorge et devant du
cou d'un noir profond ; une large bande blanche
sur la partie latérale du cou, et un grand espace
de cette couleur sur la nuque ; parties supérieures
cendrées ; deux bandes transversales blanches sur
les ailes ; flancs et abdomen grisâtres ; ventre blanc ;
queue légèrement fourchue. Longueur, 4 pouces.

La femelle, a l'espace blanc des parties latérales
du cou moins étendu ; elle a moins de noir sur la
gorge.

Varie accidentellement : blanchâtre ou quelques
parties du corps de cette couleur ; le plus souvent
varié de blanc.

Parus ater. Gmel. *Syst.* 1. *p.* 1009. *sp.* 7. — Lath. *Ind. v* 2. *p.* 564. *sp.* 8. — La petite Charbonnière. Buff. *Ois. v.* 5. *p.* 400. — Gérard. *Tab. élém. v.* 1. *p.* 232. — Mésange a tête noire. Gérard. *Tab. élém. v.* 1. *p.* 238. *sp.* 5. —Briss. *Orn. v.* 3. *p.* 551. *sp.* 5.— Colemouse. Lath. *Syn. v.* 4. *p.* 540. — Penn. *Brit. Zool. p.* 114. *sp.* 3. — Tanne meise. Bechst. *Naturg. Deut. v.* 3. *p.* 853. — Meyer, *Tasschenb. Deut. v.* 1. *p.* 268. — Frisch. *Vög. t.* 13. *f.* 2. *A.* — Naum. *t.* 24. *f.* 46. *le mâle.* — Sepp. *Nederl. Vog. v.* 1. *t. f.* 1. mais point la description. — Cincille gra minore. *Stor. deg. ucc. v.* 4. *pl.* 376. *f.* 2.

Habite : les bois en montagnes, particulièrement ceux de pins et de sapins; se répand dans les plaines vers le milieu de l'automne.

Nourriture : punaises et autres insectes, ainsi que leurs larves; également des semences des pins et des mélèses.

Propagation : niche dans les arbres creux, dans les trous abandonnés des souris et des taupes, et dans les trous des masures; pond jusqu'à huit ou dix œufs, d'un blanc pur avec des taches pourprées, peu nombreuses.

MÉSANGE BLEUE.

PARUS COERULEUS. (Linn.)

Sommet de la tête d'un bleu clair; collier du bas du cou et raie transversale des tempes d'un bleu plus foncé; front, sourcils, couronne occipitale et tempes d'un blanc pur; haut du dos d'un vert olivâtre; ailes et queue bleuâtres, mais les grandes couvertures et les pennes moyennes terminées de blanc; une bande transversale blanche sur les ailes; gorge et raie longitudinale du milieu du ventre d'un noir bleuâtre; poitrine, parties latérales du ventre et abdomen d'un beau jaune ; queue carrée. Longueur, 4 pouces 5 ou 6 lignes.

La femelle, a la raie longitudinale du ventre peu apparente, et les couleurs bleues sont nuancées de cendré.

Varie, comme l'espèce précédente.

PARUS COERULEUS. Gmel. *Syst.* 1. *p.* 1008. *sp.* 5. — Lath. *Ind. v.* 2. *p.* 566. *sp.* 12. — LA MÉSANGE BLEUE. Buff. *Ois. v.* 5. *p.* 413. — Id. *pl. enl.* 3. *f.* 2. — Gérard. *Tab. élém. v.* 1. *p.* 233. — BLEU TITMOUSE. Lath. *Syn. v.* 4. *p.* 543. — Penn. *Brit. Zool. p.* 114. *t. W. f.* 5. — BLAUMEISE. Bechst. *Naturg. Deut. v.* 3. *p.* 860. — Meyer, *Tasschenb Deut. v.* 1. *p.* 269. — Frisch. *t.* 14. *f.* 1. *A.* — Naum. *Vög. t.* 23. *f.* 43. *le mâle.* — PIMPELMEES. Sepp, *Nederl. Vög. v.* 1. *t. p.* 45. CINCIALLEGRA PICOLA. *Stor. degli. ucc. v.* 4. *pl.* 376 *f.* 1.

Habite : les bois et les buissons, particulièrement dans ceux de hêtre, de chêne et autres ; beaucoup plus abondant en Hollande que l'espèce précédente.

Nourriture : comme l'espèce précédente, mais en plus grande abondance des baies sauvages et des noix de hêtre.

Propagation : niche dans des arbres creux ; pond huit ou dix œufs, d'un blanc rougeâtre taché de petits points rouges et bruns.

MÉSANGE HUPPÉE.

PARUS CRISTATUS. (LINN.)

Plumes frontales et coronales acuminées et capables d'érection ; plumes de la huppe noires, bordées de blanchâtre ; joues et côtés du cou de cette couleur ; gorge, haut du cou, petite raie transversale sur les tempes ; et collier d'un noir profond ; toutes les autres parties supérieures d'un brun

roussâtre; parties inférieures d'un blanc légèrement teint de roussâtre. Longueur, 4 pouces 5
ou 6 lignes.

La femelle, a l'espace noir de la gorge moins
grand, la huppe est moins longue.

Parus cristatus. Gmel. *Syst.* 1. *p.* 1005. *sp.* 2. — Lath.
Ind. v. 2. *p.* 567. *sp.* 14. — La Mésange huppée. Buff.
Ois. v. 5. *p.* 447. — Id. *pl. enl.* 502. *f.* 2. — Gérard.
Tab. élém. v. 1. *p.* 240. — Crested titmouse. Lath. *Syn.
v.* 4. *p.* 545. — Alb. *Birds. t.* 57.—Haubenmeise. Bechst.
Naturg. Deut. v. 3. *p.* 869. — Meyer. *Tasschenb. Deut.
v.* 1. *p.* 270. — Frisch. *Vög. t.* 14. *f.* 1. *B.* — Naum.
t. 24. *f.* 45.

Habite : plus particulièrement les forêts noires et dans
les lieux où croissent des baies de genévrier ; commun
partout ailleurs qu'en Hollande, où l'espèce est très-rare.

Nourriture : insectes, araignées, petites chenilles rases, baies et semence des arbres toujours verts.

Propagation : niche dans les creux des arbres, dans
les trous des murailles et des masures, dans les nids abandonnés d'écureuils et de pies; pond jusqu'à dix œufs blancs
marqués sur le gros bout de taches d'un rouge de sang.

MÉSANGE NONNETTE.

PARUS PALUSTRIS. (Linn.)

*Taille de la mésange bleue ; le noir profond
qui recouvre le sommet de la tête se dirige très-
avant sur la nuque ; le noirâtre sur la gorge peu
étendu *.*

Une calotte d'un noir profond engage toute la

---

* Par le moyen de cette courte indication on reconnaîtra facilement la *Nonnette* de la *Mésange lugubre.*

tête et se dirige sur la nuque ; gorge noirâtre, toutes les parties supérieures d'un gris nuancé de brun ; ailes brunes bordées de cendré clair ; tempes blanchâtres à racines des plumes noires , le reste des parties inférieures d'un blanc très-légèrement nuancé de gris brun. Longueur, 4 pouces 3 ou 4 lignes.

La femelle, a la calotte d'un noir moins profond; cette couleur sur la gorge est très-peu apparente , et marquée de petites taches grises.

Varie accidentellement, point de noir sous le bec ; tout le plumage plus ou moins tapiré de blanc.

Remarque. Des individus qui m'ont été envoyés de l'Amérique septentrionale, ont absolument les mêmes distributions dans les couleurs du plumage que ceux tués en Europe ; ces couleurs sont absolument plus pures chez les individus d'Amérique.

Parus palustris. Gmel. *Syst.* 1. *p.* 1009. *sp.* 8. — Lath. *Ind. v.* 2. *p.* 565. *sp.* 9. — Parus atricapillus. Gmel. *Syst.* 1. *p.* 1008. *sp.* 6. — Lath. *Ind. v.* 2. *p.* 566. *sp.* 10. — La Nonnette cendrée. Buff. *Ois. v.* 5. *p.* 403. — Id. *pl. enl.* 3. *f.* 3. — Briss. *Orn. v.* 3. *p.* 555. — La Mésange a tête noire du Canada. Briss. *Orn. v.* 3. *p.* 553. *sp.* 6. *pl.* 29. *f.* 1. — Buff. *Ois. v.* 5. *p.* 408. — Black cap and Canada titmouse. Lath. *Syn. v.* 4. *p.* 541 *et* 542. mais point *le supp. v.* 1. *p.* 189. *sp.* 8. — Penn. *Brit. Zool. p.* 114. *t. W. f.* 3. — Black cap. Alb. *Birds. v.* 3. *t.* 58. *f.* 1. — Sumpfmeise. Bechst. *Naturg. Deut. v.* 3. *p.* 874. — Meyer, *Tasschenb. Deut. v.* 1. *p.* 271. — Frisch. *t.* 13. *f.* 2. *B.* — Naum. *t.* 23. *f.* 44. *le mâle.* — Rietmees. Sepp. *Vog. v.* 1. *t. f.* 2. *p.* 47. — Cinciallegra cinerea. *Stor. deg. ucc. v.* 4. *pl.* 377. *f.* 1.

Habite : les buissons , les taillis et les jardins situés dans le voisinage des eaux stagnantes ou des marais ; plus abondante en Hollande que dans les autres contrées de l'Europe ; vit jusque très-avant dans le nord.

Nourriture : insectes , petites chenilles rases ; larves d'insectes, semences et graines.

Propagation : niche dans les arbres creux , dans les pommiers et les poiriers ; pond dix ou douze œufs blancs, tachés de rouge pourpre.

Remarque. Dans le cas où la *Mésange cendrée* de Brisson, *v.* 3. *p.* 549. *sp.* 4., et celle décrite sous le même nom par Gérard. *Tab. élém. v.* 1. *p.* 236. *n°* 4, ne seraient point des variétés accidentelles de la *Mésange nonnette* , ce qui est difficile à présumer, cette mésange cendrée constitue pour lors une espèce distincte , que je n'ai jamais eu occasion de voir en nature.

MÉSANGE LUGUBRE.

PARUS LUGUBRIS. (Natt.)

Taille de la mésange charbonnière ; le noir mat et rembruni ne s'étendant point au delà de l'occiput; le noir de la gorge occupe un grand espace.

Une calotte d'un noir brun couvre tout le sommet de la tête et se termine à l'occiput ; gorge et une partie du devant et des côtés du cou noires ; nuque , dos et scapulaires d'un brun cendré ; ailes et queue cendrées , toutes les pennes étant lisérées de cendré blanchâtre; tempes et toutes les parties inférieures d'un blanc légèrement nuancé de gris brun ; iris brun ; bec et pieds d'un gris foncé. Longueur , 6 pouces. *Le mâle et la femelle.*

Remarque. Cette mésange , caractérisée par sa grande taille et par les distributions des couleurs, ressemble plus ou moins à la *Nonnette* avec laquelle il serait facile de la confondre , outre les caractères indiqués qui servent à la distinguer de la *Nonnette;* on peut encore ajouter que , proportion gardée , son bec est beaucoup plus fort et ses pieds plus robustes, à tarses plus longs ; la queue est aussi plus longue. Le professeur Pallas a décrit cette espèce dans sa *Fauna rossica*, ouvrage précieux qui n'a point encore été publié. J'ai trouvé cet oisean dans le midi , en Dalmatie et en Hongrie. M. Natterer, de Vienne , en a rapporté quelques individus de ses voyages dans les provinces méridionales de la Hongrie.

Habite : les parties orientales du midi de l'Europe ; jamais observé en Autriche , ni dans aucune autre partie de l'Allemagne ; il paraît qu'on n'a point encore trouvé l'espèce en Italie, quoiqu'elle soit commune en Dalmatie.

Nourriture et *Propagation :* inconnues.

MÉSANGE A CEINTURE BLANCHE.

PARUS SIBIRICUS. (Gmel.)

Parties supérieures d'un cendré roussâtre , mais nuancé de brun sur la tête et sur la nuque ; gorge, devant du cou et haut de la poitrine d'un noir profond ; tempes , côtés du cou et le ceinturon de la partie inférieure de la poitrine blancs ; le blanc prend une teinte cendrée sur le ventre, et se nuance en roussâtre sur les flancs et sur l'abdomen ; ailes et queue d'un brun cendré ; les rémiges bordées de roussâtre; pennes extérieures de la queue (qui est longue et cunéiforme), bordées de cendré roussâtre. Longueur , 5 pouces.

Parus sibiricus. Gmel. *Syst.* 1. *p.* 1013. *sp.* 24.—Lath.
Ind. v. 2. *p.* 571. *sp.* 25.—La Mésange a ceinture blanche
de Sibérie. Buff. *Ois. v.* 5. *p.* 446.—Id. *pl. enl.* 708. *f.* 3.
—Sibirian titmouse. Lath. *Syn. v.* 4. *p.* 556.

Habite : les parties les plus septentrionales de l'Europe
et de l'Asie ; se répand en hiver dans quelques provinces
de la Russie.

Nourriture et *Propagation :* inconnues.

MÉSANGE AZURÉE. -

PARUS CYANUS. (Pall.)

Front, tempes, grande tache sur la nuque et
toutes les parties inférieures d'un blanc de neige ;
sommet de la tête d'un blanc nuancé de couleur
azurée ; une bande d'un bleu très-foncé va du bec
sur les yeux, entoure toute la tête et s'élargit sur
la nuque ; dos, croupion et haut de l'aile d'un bleu
d'azur ; grandes couvertures des ailes d'un bleu
très-foncé, bordées de bleu plus clair et terminées
de blanc pur ; pennes du milieu de la queue d'un
bleu d'azur, les latérales bordées et terminées de
blanc ; queue longue, cunéiforme. Longueur, 5
pouces 6 lignes.

La femelle, a le haut de la tête d'un blanc cendré ; toutes les teintes bleues et azurées moins
pures, et la bande bleue qui passe sur les yeux
moins large sur la nuque.

Parus cyanus. Pall. *Nov. comm. acad. Peterop. v.* 14.
p. 588. *t.* 23. *f.* 3. — Gmel. *Syst.* 1. *p.* 1007. *sp.* 16. —
Retz. Linn. *Faun. Suec. p.* 367. *n°.* 253. — Parus cyaneus.

Falck. *Vög. v.* 3. *p.* 407. *t.* 31. — Parus sæbyensis. Sparm. *Mus. Carl. t.* 25. — Gmel. *Syst.* 1. *p.* 1008. *p.* 17. — Parus knjæscik. Gmel. *Syst.* 1. *p.* 1013. *sp.* 25. — Lath. *Ind. v.* 2. *p.* 572. *sp.* 30. — Lepech. *Voy. v.* 1. *p.* 180. Ib. *p.* 498. *t.* 13. *f.* 1. — La grosse Mésange bleue. Briss. *Orn. v.* 3. *p.* 548. — Buff. *Ois. v.* 5. *p.* 455. — Azure titmouse. Lath. *Syn. v.* 4. *p.* 538. — Lazur-meise. Bechst. *Naturg. Deut. v.* 3. *p.* 865. *t.* 37. — Id. *Tasschenb. v.* 3. *p.* 566. — Meyer, *Tasschenb. Deut. v.* 1. *p.* 270. — Naum. *Vög. Nacht. t.* 20. *f.* 42. *le mâle.*

Habite : les parties les plus septentrionales de l'Europe et de l'Asie ; vers la fin de l'automne plus répandue dans le centre de la Russie ; quelquefois, mais plus rarement en Pologne et jusque dans le nord de l'Allemagne.

Nourriture et *Propagation :* inconnues.

MÉSANGE A LONGUE QUEUE.

PARUS CAUDATUS. (Linn.)]

Tête, cou, gorge et poitrine d'un blanc pur ; haut du dos, centre de cette partie, croupion et les six pennes du milieu de la queue d'un noir profond ; scapulaires rougeâtres ; ventre, flancs et abdomen d'un blanc rougeâtre ; rémiges noires ; grandes couvertures cendrées, bordées de blanc pur ; pennes latérales de la queue blanches sur les barbes extérieures et à leur bout ; queue très-longue, cunéiforme. Longueur, 5 pouces 7 ou 8 lignes.

La femelle, a une large bande noire au-dessus des yeux ; cette bande se prolonge sur la nuque et va se réunir au noir du haut du dos.

Les jeunes ont de petites taches noires sur les joues et des taches brunes sur la poitrine; le noir du dos n'est point aussi décidé.

PARUS CAUDATUS. Gmel. *Syst.* 1. *p.* 1010. *sp.* 11. — Lath. *Ind. v.* 2. *p.* 569. *sp.* 20. — LA MÉSANGE A LONGUE QUEUE. Buff. *Ois. v.* 5. *p.* 437. *t.* 19. — Id. *pl. enl.* 502. *f.* 3. *la femelle.* — Gérard. *Tab. élém. v.* 1. *p.* 243. — LONGTAILED TITMOUSE. Lath. *Syn. v.* 4 *p.* 550. — Id. *supp. v.* 1. *p.* 190. — Penn. *Brit. Zool. p.* 115. *t.* W. *f.* 6. *la femelle.* — CODIBUGNOLO. *Stor. deg. ucc. v.* 4. *pl.* 378. SCHWANTZMEIZE. Bechst. *Naturg. Deut. v.* 3. *p.* 879. — Meyer, *Tasschenb. Deut. v.* 1. *p.* 272. — Frisch. *t.* 14. *f.* 2. *le mâle.* — Naum. *Vög. t.* 24. *f.* 47 *et* 48. *mâle et femelle.* — STAARTMEES. Sepp. *Nederl. Vog. v.* 1. *t. p.* 49. *deux mâles.*

Habite : les bois, les buissons et les taillis en plaines; se répand ailleurs vers la fin de l'automne; commun en hiver dans presque tous les pays de l'Europe; très-abondant en Hollande.

Nourriture : petits hannetons et autres scarabées, punaises, petites chenilles, araignées, larves et œufs d'insectes.

Propagation : construit avec assez d'art un nid à quelque distance de terre, posé sur l'enfourchement des branches; pond jusqu'à quinze œufs blanchâtres, entourés d'une zone de points rougeâtres, presque imperceptibles.

II*e*. SECTION. — RIVERAINS.

La 1*re*. rémige nulle ou presque nulle.

Ils vivent dans les roseaux, dans les joncs et dans les buissons proches des eaux, où ils pratiquent des nids artistement construits.

MÉSANGE MOUSTACHE.

PARUS BIARMICUS. (Linn.)

Du noir entre le bec et l'œil, et ces plumes noires très-longues et prolongées de chaque côté sur la partie latérale du cou ; tête et occiput d'un cendré bleuâtre ; gorge et devant du cou d'un blanc pur ; ce blanc se nuance sur la poitrine et sur le milieu du ventre en couleur rose ; nuque, dos, croupion, pennes du milieu de la queue et flancs d'un beau roux; grandes couvertures des ailes d'un noir profond, bordées de roux foncé sur la barbe extérieure, et d'un blanc roussâtre sur la barbe intérieure ; rémiges bordées de blanc ; plumes du dessous de la queue d'un noir profond ; pennes latérales de celle-ci bordées et terminées de gris ; queue longue, très-étagée ; bec et iris d'un beau jaune. Longueur, 6 pouces 2 ou 3 lignes.

La femelle n'a point les moustaches noires : la gorge et le devant du cou d'un blanc terne ; parties supérieures de la tête et du corps d'un roux nuancé de brun; sur le milieu du dos quelques taches longitudinales noires ; les couvertures du dessous de la queue d'un roux clair.

Les jeunes, au sortir du nid et avant leur pre-

mière mue, ont presque tout le plumage d'un roussâtre très-clair ; beaucoup de noir sur les barbes extérieures des pennes des ailes et sur les pennes de la queue ; sur le milieu du dos est un très-grand espace d'un noir profond ; après la première mue il ne reste plus de ce noir profond sur le dos que quelques taches longitudinales.

Varie accidentellement, plus ou moins tapiré de blanc ou de blanchâtre ; souvent avec les couleurs du plumage faiblement ébauchées.

Parus biarmicus. Gmel. *Syst.* 1. *p.* 1014. *sp.* 12. — Lath. *Ind. v.* 2. *p.* 570. *sp.* 23. — Retz. Linn. *Faun. Succ. p.* 272. *n*₀ 260. — Parus russicus. Gmel. *Reise*, *v.* 2. *p.* 164. *t.* 10. — La Mesange barbue ou Moustache. Buff. *Ois. v.* 5. *p.* 518. *t.* 18. — Id. *pl. enl.* 618. *f.* 1 *et* 2. — Least butcher bird. Edw. *Ois. t.* 55. *mâle et femelle.* — Bearded titmouse. Lath. *Syn. v.* 4. *p.* 552. — Id. *supp. v.* 1. *p.* 190. — Bartmeise. Bechst. *Naturg. Deut. v.* 3. *p.* 888. — Meyer , *Tasschenb. Deut. v.* 1. *p.* 273. — Frisch. *t.* 8. *f.* 2. *le mâle.* — Naum. *Vög. Nacht. t.* 2. *f.* 1 *et* 2. *mâle et femelle.* — Baartmees. Sepp. *Nederl. Vög. v.* 1. *t. p.* 85. *le mâle et le jeune.*

Habite : le nord de l'Europe, l'Angleterre, la Suède, également l'Asie, sur les bords de la mer Caspienne, nulle part aussi abondant qu'en Hollande ; accidentellement de passage dans quelques parties de la France.

Nourriture : petits insectes aquatiques , chenilles des roseaux, cousins et mottes , également les semences des joncs et des roseaux.

Propagation : niche parmi les herbes , dans de petits îlots couverts de joncs , ou dans les vastes étendues des jonchaies, mais toujours au-dessus de la plus haute crue des eaux ; pond jusqu'à six ou huit œufs rougeâtres, avec des taches brunes, qui sont très-nombreuses sur le gros bout.

Dont le bec est un peu droit et pointu.

MÉSANGE RÉMIZ.

PARUS PENDULINUS. (Linn.)

Bec noir, droit, un peu allongé et pointu ; queue courte ; sommet de la tête et nuque d'un cendré pur ; front, espace entre l'œil et le bec, région des yeux et plumes des orifices des oreilles d'un noir profond ; dos et scapulaires d'un gris roussâtre ; croupion cendré ; gorge blanche, les autres parties inférieures blanchâtres avec des teintes roses ; couvertures des ailes marron, bordées et terminées de roux jaunâtre et de blanc ; ailes et queue noirâtres, bordées de roux blanchâtre ; pennes caudales terminées de blanc ; iris jaune. Longueur, 4 pouces 3 ou 4 lignes.

La femelle adulte, est un peu moins grande que *le mâle ;* elle n'a point le noir du front aussi grand ni aussi pur ; la bande qui passe sur les yeux et qui aboutit aux oreilles d'un noir bleuâtre ; le cendré de la tête moins pur ; les parties supérieures plus nuancées de roux ; les parties inférieures d'un blanc roussâtre, mais teint de jaunâtre sur le milieu du ventre. *Les jeunes,* ont jusqu'à leur première mue les couleurs plus claires ; ils n'ont point le front noir.

Parus pendulinus. Gmel. *Syst.* 1. *p.* 1014. *sp.* 13. — Lath. *Ind. v.* 2. *p.* 568. *sp.* 18. — Le Bériz ou Mésange de Pologne. Buff. *Ois. v.* 5. *p.* 423. — Id. *pl. enl.* 618. *f.* 3. — Penduline titmouse. Lath. *Syn. v.* 4. *p.* 547. — Alb. *Ois. v.* 3. *t.* 57. *mâle et jeune.* — Beutel meise. Bechst. *Naturg. Deut. v.* 3. *p.* 893. *t.* 38. *f.* 2. *un jeune individu.* — Meyer , *Tasschenb. Deut. v.* 1. *p.* 274. — Id. *Vög. Deut. Heft.* 10. *pl. enl. mâle, femelle et le nid.* — Naum. *Vög. Deut. Nachtr. t.* 3. *f.* 5 *et* 6. *le mâle, le jeune de l'année et le nid.*

Remarque. La *Penduline* de Buffon figurée dans sa *pl. enl.* 708. *f.* 1, sous la dénomination de *Mésange de Languedoc*, et que cet auteur regarde comme une espèce différente de la *Mésange rémiz*, n'est qu'un jeune individu de cette espèce ; la planche enluminée représente un oiseau très-jeune, à peine au sortir du nid. J'ai reçu des individus en cet état, et puis assurer que ce sont des jeunes du rémiz, tels que sont tous les individus au sortir du nid : c'est par conséquent bien gratuitement que les compilateurs en ont formé leur

Parus narbonensis. Gmel. *Syst.* 1. *p.* 1014. *sp.* 39. — Lath. *Ind. v.* 2. *p.* 568. *sp.* 19. — La Penduline. Buff. *Ois. v.* 5. *p.* 433. — Gérard. *Tab. élém. v.* 1. *p.* 246. *sp.* 10. — La Mésange de Languedoc. Buff. *pl. enl.* 708. *f.* 1. Languedoc titmouse. Lath. *Syn. v.* 4. *p.* 549.

Habite : en Pologne, en Russie, en Hongrie, dans quelques parties de l'Allemagne, en Italie et dans tout le midi de la France, le long des bords des étangs et des eaux couverts de roseaux et de buissons de saules.

Nourriture : insectes aquatiques, chenilles et semences des herbes et des roseaux qui croissent sur les bords des eaux.

Propagation : construit en forme d'une bourse un nid très-artistement tissu de duvet de saule ou de peuplier ; suspend ce nid aux rameaux flexibles des arbres aquatiques , ou l'entrelace dans les [cannes des joncs; pond jusqu'à six œufs, d'un blanc pur marqué de quelques taches rousses.

GENRE VINGT-CINQUIÈME.

BRUANT. — *EMBERIZA*. (Linn.)

Bec court, conique, comprimé, tranchant, sans échancrure; mandibules ayant leurs bords rentrans en dedans, la supérieure moins large que l'inférieure, un peu distantes l'une de l'autre à leur base. * Narines basales, arrondies, surmontées par les plumes du front qui les couvrent en partie. Pieds, trois doigts devant et un derrière, les antérieurs entièrement divisés, le postérieur porte un ongle court et courbé; chez un petit nombre d'espèces il est droit et long. Ailes, 1re. rémige un peu plus courte que les 2e. et 3e., qui sont les plus longues. Queue fourchue ou légèrement arrondie.

Les bruants se nourrissent de semences farineuses; ils ajoutent aussi des insectes à cet aliment : la plupart vivent dans les bois et dans les jardins, et nichent dans les broussailles; ceux dont l'ongle postérieur est long, vivent parmi les rochers ou dans les plaines, et ne fréquentent point les bois. Les sexes offrent dans presque toutes les espèces des différences très-caractérisées; les mâles portent

---

* Je crois devoir supprimer des caractères génériques celui qui signale la forme tuberculée et saillante au palais, puisque ce caractère n'est point visible à l'extérieur.

des couleurs vives et marquées; les jeunes se distinguent
des femelles, auxquelles elles ressemblent beaucoup , par
des couleurs plus sombres et par un plus grand nombre de
taches foncées. Aucune des espèces indigènes ne mue deux
fois; mais la plupart des espèces exotiques le font régulièrement ; les couleurs du plumage des mâles changent
alors considérablement dans ces deux mues ; ceux-ci , parés
l'été de couleurs brillantes, prennent en hiver la livrée modeste des femelles.

Ire. *SECTION.* — BRUANTS PROPREMENT DITS.

L'ongle postérieur court et courbé.

Ils vivent dans les bois et dans les jardins. Leur mue
paraît n'avoir lieu qu'une fois dans l'année ; certaines
parties, colorées de teintes vives et marquées en été , sont
cachées en hiver par des nuances cendrées dont les plumes
sont terminées ; ces couleurs, surtout le noir profond , est
sans mélange au printemps, tandis qu'il paraît nuancé de
roussâtre après la mue d'automne.

BRUANT CROCOTE.

EMBERIZA MELANOCEPHALA. (Scopoli.)

Tout le sommet de la tête, région des yeux et
des oreilles d'un noir profond ; côtés du cou et généralement toutes les parties inférieures d'un jaune
citron ; nuque, dos, scapulaires et croupion d'un
roux clair ; ailes et queue d'un brun très-clair ;
toutes les plumes et les pennes bordées de blanchâtre ; la penne extérieure de la queue lisérée de
blanc ; bec d'un cendré bleuâtre ; pieds d'un brun
jaunâtre. Longueur, 6 pouces 6 lignes. *Le mâle
au printemps.*

La femelle a toutes les parties supérieures d'un cendré roussâtre; gorge blanche; parties inférieures d'un roux blanchâtre, mêlé de quelques légères teintes jaunâtres; couvertures du dessous de la queue jaunâtres; grandes couvertures des ailes et pennes les plus proches du corps bordées de roux cendré et noires dans le milieu.

EMBERIZA MELANOCEPHALA. Scop. *Ann.* 1. *p.* 142. n°. 2o8. — Gmel. *Syst.* 1. *p.* 873. *sp.* 40. — Lath. *Ind. v.* 2. *p.* 412. *sp.* 46. — FRINGILLE CROCOTE. Vieill. *Ois. chant. p.* 51. *pl.* 27. *figure très-exacte du mâle.* — BLACK HEADED BUNTING. Lath. *Syn. v.* 3. *p.* 198. *sp.* 41.

Habite : les provinces méridionales des contrées orientales de l'Europe; très-abondant en Dalmatie et dans tout le Levant ; assez commun en Istrie , aux environs de Trieste, dans les buissons et sur le penchant des collines qui bordent l'Adriatique. Chante très-agréablement , de préférence étant posé sur quelque pilier ou autre lieu à découvert. Jamais ou accidentellement en Lombardie et en-deçà des Alpes.

Nourriture : beaucoup de semences de plantes potagères et sauvages , des graines et des insectes.

Propagation : niche dans les haies et dans les petits buissons, à une petite élévation de terre ; pond quatre ou cinq œufs blancs , couverts à claire-voie par de très-petits points d'un cendré clair.

BRUANT JAUNE.

EMBERIZA CITRINELLA. (LINN.)

Tête, joues, devant du cou, ventre et couvertures inférieures de la queue d'un beau jaune ; sur la poitrine et sur les flancs des taches rougeâtres, qui sur ces dernières parties ont un trait noir à leur centre; plumes du haut du dos noirâtres dans leur milieu, et roussâtres sur les côtés; celles du croupion d'un marron clair, terminées de grisâtre; pennes de la queue noirâtres; les deux latérales portent une tache blanche de forme conique, sur les barbes intérieures. Iris brun foncé; pieds jaunâtres. Longueur, 6 pouces 3 ou 4 lignes.

La femelle, est plus petite; le jaune de la tête, de la gorge et du cou est plus marqué par le nombre de taches brunes et olivâtres dont ces parties sont parsemées; sur le centre des plumes de la poitrine, des flancs et des couvertures inférieures de la queue, est une tache longitudinale brune; le jaune du ventre pâle.

Varie accidentellement, quelques parties du corps parsemées de plumes blanches; quelquefois totalement blanc ou d'un blanc jaunâtre; souvent avec les ailes ou la queue d'un blanc pur. Frisch. *Vogel. t.* 6. *f.* 2. *a.*

Emberiza citrinella. Gmel. *Syst.* 1. *p.* 870. *sp.* 5. — Lath. *Ind. v.* 1. *p.* 400. *sp.* 7. — Retz. Linn. *Faun. Suec. p.* 240. *n°.* 217. — Le Bruant. Buff. *Ois. v.* 4. *p.* 342. *t.* 8. — Id. *pl. enl.* 30. *f.* 1. — Gérard. *Tab. élém. v.* 1. *p.* 210. — Yellow bunting. Lath. *Syn. v.* 3. *p.* 170. — Alb. *Ois. v.* 1. *t.* 66. — Goldammer. Bechst. *Naturg. Deut. v.* 3. *p.* 252. — Meyer, *Tasschenb. Deut. v.* 1. *p.* 178. — Id. *Vög. Deut. Heft.* 9. *mâle et femelle.* — Naum. *Vög. t.* 11. *f.* 26 *et* 27. — Frisch. *t.* 5. *f. A et B.* — De Geel-gerst. Sepp, *Nederl. Vog. v.* 2. *t. p.* 115.

Habite : les bois en plaines, les buissons, les haies et les jardins; répandu jusque fort avant dans le nord.

Nourriture : toutes sortes de graines farineuses; plus rarement des mouches et des chenilles.

Propagation : niche dans les haies et dans les buissons; pond quatre ou cinq œufs blancs, tachés et rayés de différentes nuances de brun.

B,RUANT PROYER.

EMBERIZA MILIARIA. (Linn.)

Parties supérieures d'un brun cendré marqué de nombreuses taches longitudinales noires; ces taches sont disposées le long des baguettes; gorge blanche, marquée latéralement et au centre de petites taches noires; milieu du ventre et abdomen blancs; ailes et queue d'un noirâtre cendré; toutes les couvertures de ces parties et les pennes lisérées de brun blanchâtre; bec d'un cendré bleuâtre; iris brun; pieds d'un brun clair. Longueur totale, 7 pouces 6 lignes. *Le vieux mâle.*

La vieille femelle, ne diffère presqu'en rien.

Les jeunes de l'année, ont les parties supérieures d'un cendré roussâtre, marqué de grandes taches noires; couvertures des ailes bordées de roux; toutes les parties inférieures d'un blanc jaunâtre; sur la gorge, le cou et la poitrine des taches angulaires d'un brun noirâtre; sur les flancs et les couvertures inférieures de la queue des raies longitudinales.

Varie accidentellement, d'un blanc pur. Lapeyrouse. *Acta Stockh.* 5 *trad. Allem. p.* 108, ou bien quelques parties du corps blanches ou parsemées de plumes blanches.

Emberiza miliaria. Gmel. *Syst.* 1. *p.* 868. *sp.* 3. — Lath.
Ind. v. 1. *p.* 402. *sp.* 12. — Retz. Linn. *Faun. Suec.*
p. 239. *n°.* 215. — Le Proyer. Buff. *Ois. v.* 4. *p.* 355.
t. 16. — Id. *pl. enl.* 233. — Gérard. *Tab. élém. v.* 1.
p. 215. *le jeune de l'année.* — Common bunting. Lath.
Syn. v. 3. *p.* 171. — Der Grauammer. Bechst. *Naturg.*
Deut. v. 3. *p.* 262. — Id. *Tasschenb. Deut. p.* 133. —
Meyer, *Tasschenb. Deut. v.* 1. *p.* 180. *le jeune de*
l'année. — Naum. *Vög. t.* 10. *f.* 25. — Frisch. *Vög. t.* 6.
f. 2. *B.*

Habite : jusque fort avant dans le nord et dans le
midi ; se perche le plus souvent sur quelque arbre mort ,
sur des bornes ou des piliers. Jamais dans les pays montueux et rocailleux ; assez commun en Hollande.

Nourriture : semences ; des insectes comme accessoires
et comme nourriture des jeunes.

Propagation : niche dans les herbes qui croissent dans
les buissons , dans les champs ensemencés et dans les
prairies d'herbes hautes , mais jamais à terre ; pond quatre
ou six œufs obtus , d'un gris cendré avec des taches , des
points ou des raies d'un rouge brun.

BRUANT DE ROSEAU.

EMBERIZA SCHOENICULUS. (Linn.)

Tête, occiput, joues, gorge et devant du cou
d'un noir profond ; un petit trait blanc prenant
naissance à quelque distance de l'angle du bec se
prolonge sur les côtés du cou ; nuque , partie inférieure du cou , parties latérales de la poitrine,
ventre et abdomen d'un blanc pur ; des taches longitudinales noires sur les flancs ; dos et ailes d'un
beau roux ; sur le milieu de chaque plume une
large raie longitudinale d'un noir profond ; queue

noirâtre ; sur la penne extérieure qui est pour la plus grande partie blanche, une petite tache conique brune, et sur la suivante qui est noire, une petite tache conique blanche ; bec noir ; iris et pieds bruns. Longueur, 5 pouces 9 lignes. *Le vieux mâle.*

La femelle, a le haut de la tête et les plumes des joues roux avec des taches noires ; un trait d'un roux clair passe au-dessus des yeux, et un autre depuis l'angle du bec va sur les côtés du cou ; la gorge blanchâtre est bordée de chaque côté par une bande noire ; la poitrine et les flancs teints de roussâtre ont des taches noirâtres ; le reste des parties inférieures est blanchâtre ; la nuque et les côtés du bas du cou d'un cendré brun ; les autres parties supérieures d'un roux cendré avec des taches longitudinales noires. *Les vieilles femelles*, portent une livrée plus sombre ; les parties supérieures du corps sont colorées de roux vif et de taches noires, comme *les vieux mâles.*

Les jeunes mâles de l'année, avant la mue d'automne, ont déjà le collier de la nuque faiblement indiqué par du cendré clair ; le noir de la gorge et du devant du cou distribué par taches et indiqué par une bande longitudinale qui part des angles du bec ; la partie inférieure du devant du cou est rousse, maculée de taches noires ; les couvertures des ailes portent une large bordure rousse ; le sommet de la tête taché de noir.

Les jeunes femelles à cette époque, ont sur le

sommet de la tête et sur le manteau des taches
noires bordées de roussâtre ; gorge , poitrine , partie supérieure du ventre et les flancs d'un roux
clair marqué de grandes taches longitudinales d'un
noir profond ; le reste comme chez les femelles.

EMBERIZA SCHŒNICULUS. Gmel. *Syst.* 1. *p.* 881. *sp.* 17. —
Lath. *Ind. v.* 1. *p.* 402. *sp.* 13. — EMBERIZA ARUNDINACEA.
S.-G. Gmel. *It.* 2. *p.* 175.* — Lath. *Ind. v.* 1. *p.* 403.
var. Y. — ORTOLAN DE ROSEAUX. Buff. *Ois. v.* 4. *p.* 315.
—Id. *pl. enl.* 247. *f.* 2. *le mâle* , *et pl.* 477. *f.* 2. *la fe-
melle.* — LA COQUELUCHE. Buff. *Ois. v.* 4. *p.* 320. *le mâle.*
REED BUNTING. Lath. *Syn. v.* 3. *p.* 173.—Id. *supp. p.* 137.
— *Brit. Zool. p.* 112. *t. W. f.* 1. *et* 2.—DER RHORRAMMER.
Bechst. *Naturg. Deut. v.* 3. *p.* 269. — Meyer, *Tasschenb.*
Deut. v. 1. *p.* 181.— Frisch. *t.* 7. *f.* 1. *A. et B.* — Naum.
t. 12. *f.* 28. *le mâle, et f.* 29. *la femelle.*—DE SLOOTMUSCH.
Sepp. *Nederl. Voy. t. p.* 81. — MONCIAHO DI PABULE. *Stor.*
deg. ucc. v. 3. *pl.* 336. *f.* 1. *et* 2. *mâles.*

Indications du jeune mâle et de la vieille femelle.

EMBERIZA PASSERINA. Gmel. *Syst.* 1. *p.* 871. *sp.* 27. —
Lath. *Ind. v.* 1. *p.* 403. *sp.* 14. — Pall. *It. v.* 1. *p.* 456.
— PASSERINE BUNTING. Lath. *Syn. v.* 3. *p.* 196.—MOUNTAIN.
SPARROW. Alb. *Ois. v.* 3. *t.* 66. — SPERLINGS AMMER. Bechst.
Naturg. Deut. v. 3. *p.* 277. — Id. *Tasschenb. Deut.*
p. 141. *sp.* 9.

Remarque. L'espèce ne mue qu'une fois ; j'en ai fait
l'observation pendant plusieurs années. Il est certain que
le *Gavoué* de Provence, Buff. *Pl. Enl.* 656. *f.* 1 , ainsi
que le *Mitilène* de Provence. Buff. *Ois. Pl.* 656. *f.* 2.
sont deux espèces différentes du *Bruant des roseaux.*
Nous connaissons l'espèce indiquée sous le nom de *Miti-*
lène ; celle sous l'indication de *Gavoué* ne nous est con-

nue que par la planche enluminée de Buff. *Voyez*, pour plus de détails, notre article du *Bruant mitilène*.

Habite : depuis les provinces méridionales de l'Italie, jusque dans les régions froides de la Suède et de la Russie; très-abondant en Hollande. Se trouve sur les bords des lacs, des rivières, et dans les marais où croissent des joncs ou des broussailles.

Nourriture : semences des plantes qui croissent sur les bords des eaux ; en automne toutes sortes de graines; pendant l'éducation des jeunes beaucoup d'insectes aquatiques.

Propagation : niche dans les roseaux , près de terre ou entre les racines des arbustes qui croissent près des eaux, souvent dans les hautes herbes ; pond quatre ou cinq œufs , d'un gris foncé avec des taches et des raies angulaires brunes.

BRUANT A COURONNE LACTÉE.

EMBERIZA PITHYORNUS. (Pall.)

Côtés du sommet de la tête et le front d'un noir profond ; au centre de ce noir se dessine une large plaque ovale d'un blanc très-éclatant; région des yeux et gorge d'un roux très-vif; région des oreilles, un grand espace sur le devant du cou, milieu du ventre et abdomen d'un blanc pur; flancs et poitrine tachés de roux vif; parties supérieures du corps d'un roux vif, varié sur le haut du dos de taches longitudinales noires; ailes et queue d'un brun noirâtre, toutes les plumes bordées de roux vif ; sur les deux pennes latérales de la queue , une grande tache conique d'un blanc pur; bec et pieds jaunâtres. Longueur, 6 pouces 6 lignes. *Le vieux mâle.*

La femelle, n'a qu'une faible indice de la couronne blanche ; elle n'a point de roux à la gorge , comme chez le mâle ; les parties supérieures sont d'un brun roussâtre et les parties inférieures s ont blanchâtres ; les ailes et la queue sont comme chez le mâle. C'est Fringilla dalmatica. Lath. *Ind.* *v.* ı. *p.* 437. *sp.* 11. — Moineau d'Esclavonie. Brisson. *Orn. v.* 3. *p.* 94. — Dalmatic sparrow. Lath. *Syn. v.* 3. *p.* 256. Le mâle est indiqué sous,

Emberiza pithyornus. Pall. *It.* 2. *p.* 710. *n°.* 22. — Lath. *Ind. v.* 2. *p.* 413. *sp.* 50. *femina.* — Gmel. *Syst.* 1. *p.* 875. *Mas.* — Emberiza leucocephala. S.-G. Gmel. *Nov. comm. petr.* 15. *p.* 480. *t.* 23. *f.* 3. — Lepech. Id. 15. *p.* 486. *t.* 25. *f.* 2. — Pine bunting. Lath. *Syn. v.* 3. *p.* 203.

Habite : en Sibérie ; commun dans le midi de la Turquie ; rare aux environs de la mer Caspienne ; souvent l'hiver en Hongrie et en Bohême ; accidentellement en Autriche et dans les provinces Illyriennes.

Nourriture : semences alpestres ; en hiver toutes sortes de graines. *On dit* aussi qu'il se nourrit de semences des plantes aquatiques.

Propagation : niche probablement en Sibérie.

BRUANT ORTOLAN.

EMBERIZA HORTULANA, (Linn.)

Gorge, cercle à l'entour des yeux et une étroite bande partant de l'angle du bec, jaunes ; ces deux espaces jaunes séparés par un trait gris noirâtre ; tête et cou d'un gris olivâtre avec de petites taches brunes ; plumes des parties supérieures d'un gris roussâtre sur leurs bords et noires au milieu; poitrine, ventre et abdomen d'un rouge bai , toutes les plumes de ces parties terminées de cendré; queue noirâtre; les deux pennes extérieures en grande partie blanches sur leurs barbes intérieures; bec et pieds couleur de chair; iris brun. Longueur, 6 pouces 3 lignes. *Le mâle.*

La femelle, est plus petite; la bande au-dessus des yeux et la gorge d'un jaune pâle; la poitrine marquée de grandes taches brunes , les autres parties inférieures d'un roux blanchâtre; un grand nombre de taches brunes sur la tête et sur le cou; toutes les parties supérieures moins foncées.

Emberiza hortulana. Gmel. *Syst.* 1. *p.* 869. *sp.* 4. — Lath, *Ind. v.* 1. *p.* 399. *sp.* 5.—Retz. *Faun. Suec. p.* 240. *n°:* 216. — L'ortolan. Buff. *Ois. v.* 4. *p.* 305. *t.* 14. — Id. *pl. enl.* 247. *f.* 1. *le mâle.* — Gérard. *Tab. élém. v.* 1. *p.* 217. — Ortolan bunting. Lath. *Syn. v.* 3. *p.* 166. — Garten ammer. Bechst. *Naturg. Deut. v.* 3. *p.* 283. — Meyer, *Tasschenb. Deut. v.* 1. *p.* 183. — Id. *Vög. Deut. t. Heft.* 17. — Frisch. *Vögel. t.* 5. *f.* 2. *A et B.*—Naum. *Vög. Nachtr. pl.* 60. *f.* 113 *et* 114. — De Gerste kneu. Sepp. *Nederl. Vog. t. p.* 245.

Les jeunes, avant leur première mue, ont le jaune de la gorge peu apparent et teint de grisâtre.

Varie accidentellement, d'un blanc pur ; souvent l'une ou l'autre partie du corps blanc ou blanchâtre, ou simplement tapiré de blanc. Ortolan blanc. Buff. *Ois. v.* 4. *p.* 313. Comme variété accidentelle plus ou moins blanchâtre, on doit également énumérer la suivante.

Emberiza malbeyensis. Sparm. *Mus. Carls. fasc* 1. *t.* 1.
— Lath. *Ind. v.* 1. *p.* 401. *sp.* 8. — Penn. *Arct. Zool.*
supp. p. 64. — Bruant Malby. Sonn. *nouv. édit. de*
Buff. *Ois. v.* 13. *p.* 110.

Varie, aussi avec des couleurs plus foncées,
quelquefois tout le plumage noir ou noirâtre, ap-
paremment lorsque l'oiseau a été nourri de graine
de chanvre.

Habite : en plus grand nombre le midi plutôt que dans
les provinces du centre de l'Europe ; se trouve cependant
en Hollande et en Suède , dans les endroits boisés, ou
couverts de broussailles ; commun en Italie.

Nourriture : de préférence le millet et autres graines
farineuses ; aussi des insectes.

Propagation : niche indifféremment, et suivant la localité , dans les buissons, dans les haies, ou dans les blés ;
pond quatre ou cinq œufs d'un gris rougeâtre avec des
raies brunes.

BRUANT ZIZI ou DE HAIE.

EMBERIZA CIRLUS. (Linn.)

Gorge et haut du cou d'un beau noir ; une bande
de cette couleur commence aux angles du bec et
passe sur les yeux ; une autre d'un jaune brillant
forme au-dessus des yeux un large sourcil qui
aboutit à la nuque ; une troisième de la même couleur passe au-dessus des yeux ; sur le bas du cou
une large plaque d'un beau jaune ; poitrine d'un
cendré olivâtre ; parties latérales de la poitrine et
du ventre d'un beau roux marron ; ventre et abdomen d'un jaune clair ; tête et nuque olivâtres avec

de petites taches noires ; plumes du manteau d'un roux marron sur leurs bords et noires au milieu ; bec cendré; pieds couleur de chair. Longueur, 6 pouces 1 ou 2 lignes. *Le mâle en habit des noces.*

Le mâle en hiver et les jeunes mâles de l'année, ont la gorge et les bandes latérales de la tête noirâtres ; les plumes de la gorge toutes bordées et terminées de jaune clair.

La femelle a la tête, les joues et la nuque olivâtres avec de nombreuses taches noires ; plumes du manteau d'un roux clair avec des taches noires plus grandes que dans *le mâle ;* toutes les parties inférieures d'un jaunâtre terne; sur la poitrine maculée de roussâtre, et chaque plume portant une fine tache lancéolée; les taches brunes des flancs et des couvertures inférieures de la queue sont longitudinales.

Les jeunes avant la mue, ont les parties supérieures brunes tachées de noir; et les parties inférieures jaunâtres avec des teintes olivâtres et des taches noirâtres. LE BRUANT DE HAYE FEMELLE. Buff. *pl. enl.* 653. *f.* 2.

EMBERIZA CIRLUS. Gmel. *Syst.* 1. *p.* 879. *sp.* 12. — Lath. *Ind. v.* 1. *p.* 401. *sp.* 10. — EMBERIZA ELCATHORAX. Bechst. *Tasschenb. Deut. p.* 135. *sp.* 4. — LE BRUANT D HAIE ou ZIZI. Buff. *Ois. v.* 4. *p.* 347. — *Pl. enl.* 653. *f.* 1. *le vieux mâle, et f.* 2. *le jeune, sous le faux nom de femelle.* — Gérard. *Tab. élém. v.* 1. *p.* 212. *la femelle et le jeune.* — CIRL BUNTING. Lath. *Syn. v.* 3. *p.* 190. — Montag: *Transact. of the Linn. society. v.* 7. *p.* 276. —

Zaunämmer. Bechst. *Naturg. Deut. v.* 3. *p.* 292. — Meyer, *Tasschenb. Deut. v.* 1. *p.* 185. — Id. *Vög. Deut. v.* 1. *t. Heft.* 18. *le vieux mâle et femelle au printemps* — Zivolo nero. *Stor. deg. ucc. v.* 3. *pl.* 349. *f.* 2. *le mâle.*

Habite : plus particulièrement les contrées méridionales ; très-abondant en Italie, en Suisse et surtout le long des bords de la Méditérranée ; dans les haies et les broussailles, près des champs, et dans le voisinage des ruisseaux.

Nourriture : plutôt des insectes que des semences.

Propagation : niche dans les haies et dans les buissons près de terre ; pond quatre ou cinq œufs, grisâtres avec des taches, des points et des raies cendrées et noires.

BRUANT FOU ou DE PRÉ.

EMBERIZA CIA. (Linn.)

Devant du cou et poitrine d'un cendré bleuâtre pur ; une bande noire traverse les yeux, entoure la région des oreilles et vient se réunir à l'angle du bec ; un large sourcil blanchâtre au-dessus des yeux, suivi d'une bande noire qui se prolonge sur la nuque ; haut de la tête cendré avec de petites taches noires ; plumes du dos et des ailes d'un roux cendré avec des taches longitudinales noires ; ventre, flancs et abdomen d'un roux pur ; mandibule supérieure noirâtre, inférieure grise ; pieds bruns. Longueur, 6 pouces. *Le vieux mâle.*

La femelle, a le cendré du cou et de la poitrine, plus clair et parsemé de petites taches brunes, peu distinctes ; le roux des parties inférieures plus pâle, avec quelques taches longitudinales brunes ;

la bande qui entoure la région des oreilles plus
étroite et moins apparente ; le haut de la tête et la
nuque d'un cendré roussâtre avec de nombreuses
taches noires.

EMBERIZA CIA. Gmel. *Syst.* 1. *p.* 878. *sp.* 11. — Lath.
Ind. v. 1. *p.* 402. *sp.* 11 — EMBERIZA LOTHARINGICA. Gmel.
p. 882. *sp.* 62. — Lath. *Ind. v.* 1. *p.* 404. *sp.* 17. — LE
BRUANT FOU OU DE PRÉ. Buff. *Ois. v.* 4. *p.* 351. — Id. *pl.
enl.* 30. *f.* 2. *le mâle.* — ORTOLAN DE LORRAINE. Buff. *Ois.
v.* 4. *p.* 323 (la seule description du mâle.) — *Pl. enl.* 511.
f. 1 *le jeune mâle.* — BRUANT et ORTOLAN DE LORRAINE.
Gérard. *Tab. élém. v.* 1. *p.* 214 *et* 219. *n°*. 3. *et* 6.—
THE FOLISCH and LORRAIN BUNTING. Lath. *Syn. v.* 3. *p.* 191
et 197. — ZIPAMMER. Bechst. *Naturg. Deut. v.* 3. *p.* 298.
—Meyer, *Tasschenb. Deut. v.* 1. *p.* 186. — ZIVOLO DEI
PRATI. *Stor. deg. ucc. v.* 3. *p.* 349. *f. le mâle.*

Remarque. [Outre le double emploi que Buffon fait de
cette espèce, en la décrivant sous le nom de *Bruant fou*
et *d'Ortolan de Lorraine,* il commet une seconde erreur
en donnant dans ses descriptions un *Ortolan de neige, pl.*
511. *f.* 2, comme la femelle de *l'Ortolan de Lorraine.* Les
auteurs allemands se trompent également en énumérant,
dans la synonymie du *Bruant fou,* les oiseaux décrits et
figurés par Buffon sous les noms de *Gavoué* et *de Mitilène de Provence;* ceux-ci forment deux espèces distinctes. Des naturalistes français placent *l'Emberiza passerina* de GMEL. *Syst.* 1. *p.* 871, *sp.* 27, dans la synonymie
du *Bruant fou;* tandis que la description de GMEL. signale très-exactement une vieille femelle du *Bruant des
roseaux. Voyez* cet article page 307.

Habite : les parties méridionales de l'Europe; très-
abondant en Italie, en Espagne, sur les bords de la Méditerranée; préfère les pays montueux ; plus rare dans les
provinces du nord de la France ; niche en Allemagne ;

assez commun sur les bords du Rhin ; jamais en Hollande , ni dans le nord.

Nourriture : des insectes et différentes sortes de graines farineuses.

Propagation : niche dans les haies et dans les buissons, souvent aussi dans le millet ; vit proche des villes et des maisons de plaisance ; pond quatre ou cinq œufs blanchâtres , marqués de lignes et de raies noires peu nombreuses.

BRUANT MITILÈNE.

EMBERIZA LESBIA. (Gmel.)

Parties supérieures d'un roussâtre cendré , varié de grandes taches noirâtres disposées sur le milieu des plumes; front, sourcils et méat auditif d'un roux clair; trois petites bandes d'un brun noir sont disposées longitudinalement sur les côtés du cou; gorge et parties inférieures blanchâtres, un peu mélangées de roux sur la poitrine et sur les flancs ; queue un peu fourchue ; les deux pennes latérales ont une bande blanche, disposée en longueur sur la baguette, elles sont bordées de brun; les autres pennes sont brunes lisérées de blanchâtre; bec d'un brun clair; pieds et ongles jaunâtres. Longueur, 4 pouces 9 ou 10 lignes. *Les vieux.*

Les jeunes de l'année, ont plus de taches sur les parties supérieures ; leur poitrine est variée de mèches brunes, qui se trouvent aussi sur les flancs, mais en plus petit nombre.

Emberiza lesbia. Gmel. *Syst.* i. *p.* 882. — Lath. *Ind. Orn. v.* i. *p.* 404. *sp.* 16. — Le Mitilène de Provence.

Buff. *Ois. v. 6. p.* 322. — Id. *pl. enl.* 656. *f.* 2. — Lesbian
buting. Lath. *Syn. v.* 3. *p.* 176.

Remarque. Le *Mitilène* et le *Gavoué* du midi de
l'Europe sont deux espèces distinctes de petits bruants
dont l'existence a été long-temps problématique ; on a
supposé que c'étaient des états différens de *Emberiza
schoeniculus* ou *emberiza cia*. Elles sont bien connues
sous ces noms dans les départemens de la France situés
aux pieds des Alpes. L'une de ces espèces porte dans le
pays le nom de *Gavoué* (*montagnard*), et se trouve en
effet toujours sur les montagnes les plus élevées des départemens voisins des hautes Alpes*. Nous regrettons de
n'avoir que ce peu de renseignemens à donner sur ce rare
oiseau. Je n'ai pu le trouver dans aucun cabinet ; nous
renvoyons à la planche enluminée, 656. *f.* 1 , des oiseaux
de Buffon, qui paraît bien faite. La description du *Bruant
Mitilène*, dont Buffon donne aussi une figure exacte,
pl. 665. *f.* 2. servira à reconnaître cette espèce également
rare.

Habite : les contrés subalpines du midi de la France ;
pas encore observé en Italie ni en Suisse ; il est cependant
probable que l'espèce doit aussi se trouver dans ces deux
pays.

Nourriture et *Propagation :* inconnues.

II*e*. *SECTION.* — BRUANS ÉPERONNIERS**.

L'ongle de derrière long, faiblement arqué.

Les deux espèces qui composent cette section , n'ont

---

* Note communiquée par mon ami M. le baron Meyfrein Laugier, qui possède un jeune *Mitilène* dans son riche cabinet d'oiseaux.

** M. Meyer a fait de cette espèce et de la suivante le genre
Plectrophanes ; mais les caractères donnés sont de trop peu de va-
leur pour former une séparation générique; les mœurs seuls
offrent des disparités un peu marquées.

point d'analogues parmi les espèces étrangères, elles vivent toujours à terre dans les lieux découverts. Leur mue est simple et ordinaire, mais les couleurs du plumage changent considérablement par le frottement et par l'action de l'air et du jour, de façon que la livrée d'été paraît très-différente de celle que ces oiseaux ont revêtus en automne.

BRUANT DE NEIGE.

EMBERIZA NIVALIS. (Linn.)

Tête, cou, toutes les parties inférieures, grandes et petites couvertures des ailes et moitié supérieure des rémiges d'un blanc pur ; haut du dos, les trois pennes secondaires des ailes les plus proches du corps, aile bâtarde et la moitié inférieure des rémiges noires ; les trois pennes latérales de la queue blanches avec un trait noir vers le bout ; la quatrième blanche sur le haut de la barbe extérieure ; les autres pennes noires ; bec jaune à sa base, noir vers la pointe ; pieds et ongles noirs ; iris d'un brun très-foncé. Longueur, 6 pouces 5 ou 6 lignes. *Le vieux mâle en habit d'été ou des noces.*

La femelle, a tout le blanc de la tête, du cou et de la région des oreilles, nuancé de roux de rouille ; un hausse-col de cette couleur ceint la poitrine ; les plumes noires du dos et des pennes secondaires des ailes les plus proches du corps, sont toutes terminées de blanc roussâtre ; les rémiges et les pennes du milieu de la queue sont lisérées et terminées de blanchâtre ; le reste est blanc comme dans *le mâle*.

EMBERIZA NIVALIS. Gmel. *Syst.* 1. *p.* 866. *sp.* 1. — Lath.
Ind. v. 1. *p.* 397. — Retz. *Faun. Suec. p.* 237. *n°.* 214.
— L'ORTOLAN DE NEIGE. Buff. *Ois. v.* 3. *p.* 329. — Id. *pl.*
enl. 497. *f.* 1. — SNOW BUNTING. Lath. *Syn. v.* 3. *p.* 161.
— Edw. *Ois. t.* 126. *vieux mâle.* — SCHNEAMMER. Bechts.
Naturg. Deut. v. 3. *p.* 305. — Meyer, *Tasschenb. Deut.*
v. 1. *p.* 187. — Id. *Vög. Deut. v.* 1. *t. Heft.* 11. *f.* 1. *le*
vieux mâle. — Naum *Vög. Deut. Nachtr. t.* 1. *f.* 2.
vieille femelle ou mâle en hiver. — ORTOLANO NIVOLA.
Stor. deg. ucc. v. 3. *pl.* 352. *f.* 1.

En plumage d'hiver.

Le vieux mâle, se revêt en automne de la livrée
de *la femelle ;* toutes les plumes noires du dos, des
ailes et de la queue, ont alors une large bordure
d'un cendré roussâtre ; la tète, le cou, les tempes
et la poitrine se colorent d'une légère teinte couleur de rouille ; sur les plumes du croupion et des
couvertures de la queue, se répandent quelques
taches brunes et rousses. La plus grande partie de
ce roux et de ce cendré roussâtre disparaît par
l'action de l'air et par le frottement, et fait paraître le mâle au printemps, tel qu'il est décrit
plus haut.

Remarque. La femelle n'ayant point de blanc pur ni de
noir profond à la partie supérieure des barbes, il se fait
que le frottement qui s'opère au bout des plumes ne produit pas les mêmes effets que chez le mâle ; les mêmes
causes opèrent de semblables changemens dans l'espèce
suivante.

Les jeunes de l'année, tels qu'ils émigrent en
automne, ont le haut de la tête couleur de cannelle ;

la région des oreilles, la gorge et un large hausse-
col sur la poitrine, d'un roux très-foncé; flancs
d'un roux clair; sourcils, gorge et devant du cou
d'un cendré blanchâtre; nuque d'un roux cendré;
les plumes des parties supérieures noires dans le
milieu, avec une large bordure d'un roux foncé;
seulement le milieu de l'aile et les parties inférieures d'un blanc pur; les rémiges et les pennes
du milieu de la queue noires et bordées de roux
clair; les trois pennes latérales de la queue ont une
grande tache noire; bec jaunâtre.

EMBERIZA MUSTELINA ET MONTANA. Gmel. *Syst.* 1. *p.* 867.
sp. 7 *et* 25. — EMBERIZA GLACIALIS ET MONTANA. Lath. *Ind.*
v. 1. *p.* 398. *sp.* 2 *et* 3. — Bechst. *Tasschenb. Deut.*
p. 138. *sp.* 7. — HORTULANUS NIVALIS NÆVIUS. Briss. *Orn.*
v. 3. *p.* 288. *var.* *A.* — ORTOLAN DE PASSAGE. Buff. *Ois.*
v. 4. *p.* 323. (sous le nom de femelle de l'ortolan de Lorraine.) — Id. *pl. enl.* 511. *f.* 2. — TAWNY AND MOUNTAIN
BUNTING. Lath. *Syn.* *v.* 3. *p.* 164 *et* 165. *sp.* 2 *et* 3. —
Brit. Zool. t. V. *f.* 6. — Alb. *Ois. v.* 3. *t.* 71. — DER
BERGAMMER. Bechst. *Tasschenb. Deut. v.* 3. *p.* 314. *t.* 10.
Frisch. *t.* 6. *f.* 1. *A et B.* — Naum. *t.* 7. *f.* 9. *jeune*
mâle à l'âge d'un an. — Meyer, *Vög. Deut. v.* 1. *t.*
f. 2 *et* 3.

Varie accidentellement, d'un blanc pur, d'un
blanc jaunâtre, ou avec un plumage irrégulièrement marqué de brun ou de noir; tels sont, HOR-
TULANUS, NIVALIS, NÆVIUS ET PECTORE NIGRO. Briss.
v. 3; d'autres variétés et notamment celle d'Albin.
Ois. v. 2. *t.* 54, n'appartiennent point au *Bruant*
de neige.

Habite : les régions du cercle arctique; seulement de

passage en automne et en hiver dans le nord de l'Allemagne et de la France : très-abondant en Hollande le
long des bords de la mer , dans les mois de novembre et de
décembre.

Nourriture : graines des plantes alpestres et insectes ,
se tient à terre et vit habituellement de larves et d'insectes
qu'il ramasse sur les crotins et parmi les voieries.

Propagation : niche sur les rochers et sur les montagnes ; pond cinq œufs obtus , blanchâtres , avec de nombreuses taches brunes et cendrées.

BRUANT MONTAIN.

EMBERIZA CALCARATA. (Mihi.)

Sommet de la tête d'un noir mêlé de petites
taches rousses ; tour du bec d'un noir profond ; région des ouïes en partie encadrées de noir ; gorge
blanchâtre, parsemée de fines raies noires ; poitrine
noire , nuancée de gris blanchâtre ; une bande
blanchâtre part depuis la racine du bec , passe au-
dessus des yeux et se dirige sur les côtés du cou ;
toutes les parties inférieures , les flancs exceptés ,
sont d'un blanc pur ; ailes d'un brun marron, portant deux bandes transversales blanches ; la rémige
extérieure bordée de blanc ; nuque, dos et scapulaires d'un brun mêlé de roux ; queue un peu
fourchue , d'un brun foncé ; toutes les pennes
bordées de roux ; les deux latérales terminées par
une tache blanche conique ; iris et pieds bruns ;
bec jaunâtre à sa base, brun à la pointe. Longueur,
6 pouces 5 ou 6 lignes ; ongles postérieur, 10 lignes.
Le mâle en automne et en hiver.

La femelle, a le sommet de la tête, le cou, le manteau et le dos d'un cendré roux avec des taches noires; une bande d'un blanc roussâtre suit la même direction comme chez le mâle; elle se réunit avec un trait blanc qui part de l'angle du bec; gorge blanche, bordée latéralement par une bande brune; la poitrine marquée de nombreuses taches grises et noires; les autres parties inférieures blanches; des taches longitudinales sur les flancs.

Les jeunes de l'année, ont la tête, la nuque et toutes les parties supérieures du corps de couleur isabelle, marquée de raies longitudinales et de taches noirâtres; le large espace de brun marron existe déjà sur les ailes; toutes les pennes des ailes et de la queue sont bordées de roux foncé; gorge blanche, marquée de petites taches longitudinales; une petite tache noirâtre à l'orifice des oreilles; parties inférieures d'un blanc roussâtre, plus foncé sur la poitrine et sur les flancs, qui ont des taches d'un brun noirâtre; une tache conique; rousse sur la penne extérieure de la queue, et une tache longitudinale sur la deuxième.

Remarque. Cette espèce a subi le sort d'avoir été ballottée d'un genre à l'autre. On en a fait une fringille seulement à cause de son bec un peu plus large et plus conique que celui des bruants proprement dits; d'autres en ont fait un pinson; quelques méthodistes en font une alouette, à cause de l'ongle postérieur : en dernier lieu, il a plu à M. Meyer d'en former un genre distinct; mais je crois qu'eu égard à ses mœurs et à ses habitudes, on ne peut la séparer du *Bruant de neige;* et que, par

rapport à ses caractères extérieurs, elle ne peut être convenablement classée que dans le genre *Emberiza*.

Fringilla calcarata. Pall. *It. v. 2. p.* 710. *n°.* 20. *t. E.*
— Id. *Voy. App. trad. franç. v.* 8. *p.* 57. *n°.* 54. *Atlas
Tab.* — Fringilla lapponica. Gmel. *Syst.* 1. *p.* 900. *sp.* 1.
— Retz. *Faun. Suec. p.* 242. *n°.* 219. — Lath. *Ind. v.* 1.
p. 440. *sp.* 18. — Le grand Montain. Buff. *Ois. v.* 4. *p.* 134.
— Pinson de montagne. Gérard. *Tab. élém. v.* 1. *p.* 186. —
Lapland finch. Lath. *Syn. v.* 3. *p.* 263. — Penn. *Arct.
Zool. v.* 2. *p.* 377. *n°.* 259. — Sporner oder lerchin fíne.
Bechst. *Naturg. Deut. v.* 3. *p.* 246. — Meyer, *Tasschenb.
Deut. v.* 1. *p.* 176. — Naum. *Vög. Nachtr. t.* 20. *f.* 41.
le mâle en automne.

Habite : les régions boréales, d'où il émigre en hiver ;
il visite quoique rarement les provinces du nord de l'Allemagne ; commun dans les pays montueux des parties
orientales de l'Europe ; les jeunes poussent leur émigration
jusque dans la Suisse.

Nourriture : semences des plantes alpestres, et des
insectes.

Propagation : niche à terre, dans les champs marécageux où se trouvent de petites éminences ; pond jusqu'à
six œufs, d'un jaune rousâtre avec des ondes brunes.

GENRE VINGT-SIXIÈME.

BEC-CROISÉ. — *LOXIA.* (Bris.)

Bec médiocre, fort, très-comprimé ; les deux
mandibules également courbées, crochues, leur
bout allongé se croisant. Narines basales, latérales, arrondies, cachées par des poils dirigés en

avant. Pieds, trois doigts devant et un derrière, les doigts antérieurs divisés. Ailes médiocres, la 1re. rémige la plus longue. *Queue fourchue.*

Ces oiseaux habitent les contrées boréales ; ils vivent à peu près de la même manière que les espèces nombreuses qui composent le genre du *Gros-bec.* Ils se nourrissent de semences d'arbres et d'arbustes alpestres ; le bec, de forme très-extraordinaire, leur sert à arracher les semences de dessous les écailles des pommes de pin [*]. Ce qu'il y a de plus remarquable, c'est qu'ils nichent et se reproduisent dans nos climats, dans la saison rigoureuse de l'hiver; ils émigrent en été vers les régions du cercle arctique. Le changement de livrée dans ces oiseaux est du nombre des phénomènes en histoire naturelle ; peut-être muent-ils deux fois l'année? Mais j'en doute.

Remarque. Les caractères donnés au genre *Loxia* de Brisson, sont avec exclusion de toutes les autres espèces, seuls propres aux *Becs-croisés.* Le savant Illiger, dans son *Prodromus mammalium et avium,* est aussi de cet avis.

BEC-CROISÉ PERROQUET ou DES SAPINS.

LOXIA PYTIOPSITTACUS. Bechst.)

Bec très-fort, très-courbé, large à sa base de 7 lignes, plus court que le doigt du milieu, la pointe croisée de la mandibule inférieure ne dépassant point le bord supérieur du bec.

Livrée du mâle adulte et vieux.

Couleurs principales du plumage d'un cendré olivâtre ; joues, gorge et côtés du cou cendrés ; sur

---

[*] *Voyez* Cuvier, *Règne animal*, vol. 1, page 391.

la tête des taches brunes bordées de cendré verdâtre ; croupion d'un jaune verdâtre ; poitrine et
ventre de cette couleur, mais nuancés de grisâtre ;
sur les flancs quelques taches longitudinales d'un
cendré foncé ; pennes des ailes et de la queue d'un
brun noirâtre, lisérées de cendré olivâtre ; couvertures inférieures de la queue brunes, avec une
large bordure plus claire. Iris d'un brun foncé; bec
couleur de corne noirâtre; pieds bruns. Longueur,
7 pouces.

*Le mâle depuis sa première mue jusqu'à l'âge
d'un an.*

Toutes les parties inférieures et supérieures du
corps d'un rouge ponceau, *plus ou moins pur, suivant que les individus sont plus ou moins éloignés
du terme de leur seconde mue, qui a lieu en avril
ou mai ;* ailes et queue noirâtres, toutes les pennes
lisérées de rougeâtre. Peu de temps après l'époque
de la première mue, le rouge du plumage est
nuancé de grisâtre; on remarque alors encore quelques taches grises sur la gorge et sur les joues;
abdomen et couvertures inférieures de la queue
d'un blanc rose ; sur ces dernières une grande
tache brune qui en occupe le centre.

Les jeunes de l'année, sont d'un cendré brun
sur les parties supérieures , mais avec des taches
d'un brun foncé sur la tête et sur le dos ; sur les
parties inférieures d'un gris blanchâtre avec des
taches longitudinales brunes ; croupion et couver-

tures supérieures de la queue d'un cendré jaunâtre.

La femelle.

Dans tous les âges, ne diffère pas beaucoup du
jeune de l'année ; les parties supérieures d'un cendré verdâtre avec de grandes taches d'un brun
cendré ; gorge et cou d'un grisâtre nuancé de
brun ; le reste des parties inférieures d'un cendré
légèrement nuancé de jaune verdâtre ; croupion
jaunâtre ; abdomen et couvertures inférieures de
la queue blanchâtres ; sur ces dernières une grande
tache brune.

Loxia pytiopsittacus. Bechst. *Tasschenb. Deut. v.* 3.
p. 106. — Loxia curvirostra major. Gmel. *Syst.* 1. *p.* 843.
sp. 1. *var. Y.* — Lath. *Ind v.* 1. *p.* 371. *sp.* 1. *var. Y.*
— Crucirostra pinetorum. Meyer, *Vög. Liv-und. Esthl.*
p. 71. — Kiefern kreuzschnabel. Bechst. *Naturg. Deut.*
v. 3. *p.* 20. *t.* 32. *f.* 2 *et* 3. — Frisch. *Vögel. t.* 11. *f.* 2.
le mâle à l'âge d'un an et la femelle. — Brit. Zool.
p. 106. *t. U. f.* 2. *mâle à l'âge d'un an. — *Grosschna-
bliger kernbeisser. Meyer, *Tasschenb. Deut. v.* 1. *p.* 137.
— Id. *Vög. Deut. v.* 1. *t. f.* 1. *le vieux mâle.* — Naum.
Vög. Nachtr. t. 42. *f.* 83. *le mâle à l'âge d'un an, et*
f. 84. *la vieille femelle.* — Tannen papegai. *Naturf.*
Gesclc. v. 12. *p.* 97. *B.*

Remarque. L'espèce habite également l'Amérique septentrionale, elle n'y diffère point. Tenue en cage et dans
une chambre, lors de l'époque de sa première mue, il
arrive le plus souvent que le rouge ne paraît point sur le
nouveau plumage ; mais à l'air libre, le mâle opère sa singulière mue.

Habite : les régions du cercle arctique, où le plus grand
nombre séjourne pour nicher ; moins commun l'été en

Pologne, en Prusse et en Allemagne ; se répand en hiver dans les grands bois de sapins, et retourne vers l'été dans les contrées du nord ; de passage accidentel en France et en Hollande.

Nourriture : semences du sapin et de l'aune.

Propagation : niche en hiver dans nos climats, sur les branches du sapin ; en Livonie l'espèce niche dès le mois de mai ; pond dans un nid artistement construit quatre ou cinq œufs cendrés, marqués au gros bout de quelques grandes taches irrégulières d'un rouge de sang, et, sur le reste, de quelques points épars.

BEC-CROISÉ COMMUN ou DES PINS.

LOXIA CURVIROSTRA. (LINN.)

Bec long, faiblement courbé, large à sa base de 5 lignes, de la longueur du doigt du milieu ; la pointe croisée de la mandibule inférieure dépassant le bord supérieur du bec.

Livrée du mâle adulte et vieux.

Couleurs principales du plumage d'un cendré fortement teint de verdâtre ; front, joues et sourcils gris avec des taches jaunâtres et blanchâtres ; dos, petites couvertures des ailes et scapulaires verdâtres ; croupion jaune ; parties inférieures d'un vert jaunâtre ; l'abdomen gris avec des taches plus foncées ; pennes des ailes et de la queue noirâtres, lisérées de verdâtre, grandes et moyennes couvertures bordées de blanc jaunâtre ; iris et pieds bruns ; bec d'un brun couleur de corne. Longueur, 6 pouces.

*Le mâle depuis sa première mue jusqu'à l'âge
d'un an.*

Toutes les parties supérieures et inférieures du
corps d'un rouge de brique, plus ou moins teint de
verdâtre et de jaunâtre ; pennes des ailes et de la
queue noires, lisérées de vert rougeâtre ; couvertures inférieures de la queue blanches, avec une
grande tache brune, qui en occupe le centre.

Jeunes de l'année.

Parties supérieures d'un gris brun nuancé de
verdâtre ; croupion jaunâtre ; parties inférieures
blanchâtres, avec des taches longitudinales brunes
et noires.

La femelle.

Dans tous les âges, ne diffère pas beaucoup *du
jeune ;* son plumage se nuance de teintes verdâtres
et jaunâtres ; ni celle de cette espèce, ni la femelle
de l'espèce précédente, ne prennent jamais la livrée rouge, qui seule est propre au mâle, depuis
sa première mue jusqu'à l'âge d'un an.

Loxia curvirostra. Gmel. *Syst.* 1. *p.* 843. *sp.* 1. —
Lath. *Ind. v.* 1. *p.* 370. *sp.* 1. —Retz. *Faun. Suec. p.* 232.
n°. 209. —Cuv. *Règ. anim. v.* 1. *p.* 591. — Le Bec-croisé.
Buff. *Ois. v.* 3. *p.* 449. *t.* 27. *f.* 2. — Ind. *pl. enl.* 218.
mâle âgé d'un an. — Gérard. *Tab. élém. v.* 1. *p.* 157.
— Cross bill. Lath. *Syn. v.* 3. *p.* 106. — Edw. *Ois. t.* 303
mâle âgé d'un an et le vieux. — Alb. *Ois. v.* 1. *t.* 61.
— Fichten kreuzschnabel. Bechst. *Naturg. Deut. v.* 3.
p. 4. *t.* 32. *f.* 1. — Meyer, *Tasschenb, Deut. v.* 1. *p.* 140.

— Id. *Vög. Deut. v.* 1. *t. les différens âges.* — Naum.
Vög. t. 9. *f.* 21. *le mâle.f.* 22 *et* 23. *femelles , et t.* 10.
f. 24. *le mâle à l'âge d'un an.* — Kruisvink. Sepp.
Nederl. Vog. v. 3. *t. p.* 221. *le mâle âgé d'un an et la
femelle.* — Crosicro. *Stor. deg. ucc. v.* 3. *pl.* 324. *f.* 2.
mâle en mue.

Habite : les mêmes contrées et a les mêmes mœurs que
le précédent , dont il diffère par les caractères indiqués,
par sa voix qui est différente, et parce qu'il ne se trouve que
dans les bois de pins ; plus habituellement de passage en
France et en Hollande.

Nourriture : semences du pin, de l'aune et du cor-
bier ; noyaux de fruits et bourgeons des arbres.

Propagation : niche en hiver, dans l'enfourchure des
branches ; pond quatre ou cinq œufs d'un gris verdâtre ,
dont le gros bout est marqué d'un cercle de taches, de
raies et de points d'un rouge brun ; ces raies s'étendent
souvent sur toute la surface de l'œuf.

Remarque. Il existe dans l'Amérique septentrionale une
troisième espèce de *Bec-croisé*, beaucoup plus petite, qui
se distingue facilement par deux bandes transversales sur
les ailes, et par sa queue très-fourchue ; le mâle , jusqu'à
l'âge de deux ans , porte un plumage d'un pourpre
couleur de laque. Latham en fait mention sous le nom
de Loxia falcirostra. *Ind. Orn. v.* 1. *p.* 371. *sp.* 2.

GENRE VINGT-SEPTIÈME.

BOUVREUIL. — *PYRRHULA.*
(Briss.)

Bec court, dur, conico-convexe, épais, bombé sur les côtés, comprimé à la pointe et vers l'arête qui s'avance sur le front; mandibule supérieure toujours courbée, l'inférieure plus ou moins. Narines basales, latérales, arrondies, le plus souvent cachées par les plumes du front. Pieds à tarse plus court que le doigt du milieu; les doigts de devant entièrement divisés. Ailes courtes, les 3 premières rémiges étagées, la 4e. la plus longue. Queue un peu longue, légèrement arrondie ou carrée.

Les *Bouvreuils* ont beaucoup de ressemblance dans leurs habitudes avec les *Becs-croisés*, leurs plus proches voisins; les semences les plus dures leur servent de nourriture; plusieurs espèces étrangères ont le bec excessivement gros et fort, capable de briser les enveloppes ligneuses les plus compactes; les petites espèces ne s'adressent qu'aux graines et aux semences qu'ils ouvrent et dont ils rejettent l'enveloppe. Les climats froids et tempérés semblent produire le plus grand nombre des espèces. On les trouve en Europe et en Amérique; le nord de l'Asie paraît être également leur berceau, mais ils ne sont point encore venus de la Nouvelle-Hollande, et en petit nombre d'Afrique. L'Amérique méridionale en fournit plusieurs qui sont de ce genre. Presque toutes les espèces connues sont sujettes à une double mue; les mâles et les femelles diffèrent, on peut les distinguer facilement dans toutes les époques; les jeunes de l'année diffèrent très-peu des vieux, et seulement jusqu'à leur mue d'automne.

Remarque. Dans la première édition du Manuel, on trouve ce groupe des *Bouvreuils* indiqué comme division. Je crois cependant qu'il est mieux vu d'en faire un genre distinct de celui des *Gros-becs*. La courbure plus ou moins arquée des deux mandibules, et surtout de la supérieure, qui forme souvent une arête assez saillante, dont la base s'avance entre les plumes du front, ainsi que la forme comprimée des mandibules à leur pointe, sont des caractères au moyen desquels il est facile de les distinguer des *Gros-becs*, dont les deux mandibules sont droites, et présentent dans tous les sens une forme conique. C'est dans le genre *pyrrhula* que viennent se ranger toutes les grandes espèces de l'Amérique méridionale, desquelles *Loxia erythromelas* et *grossa* de Latham servent de type ; ils ont le bec plus fort en raison de leur plus grande taille, mais les formes principales de ce bec sont les mêmes que dans toutes les autres espèces à mandibules, plus ou moins convexes. J'ignore absolument à l'aide de quels caractères faciles à saisir, on a pu isoler ma première espèce, ou le *Bouvreuil dur-bec* des autres espèces de ce groupe : M. Cuvier en fait son genre *Corythus*. Voy. *Règ. anim. v.* 1. *p.* 391; et M. Vieillot, le genre *Stobilophaga*. Voyez son analyse, page 29, genre 50; les caractères indiqués par ces deux méthodistes diffèrent, et cependant il est impossible de trouver dans leur réunion une forme exclusivement propre à l'espèce qu'ils donnent pour type : on pourrait multiplier ainsi le nombre des genres sans limite déterminable, et en faire presque pour chaque espèce connue. Dans le fait, il existe une anomalie non-interrompue de formes très-rapprochées, mais plus ou moins nuancées, depuis le bec gros bombé, et fortement conico-convexe des plus grandes espèces de *Bouvreuils*, aux becs très-longicones et à pointe droite et aiguë des *Chardonnerets* et des

Tarins; qu'elles que puissent-être les différences très-marquées entre les espèces prises à chaque extrémité de cette grande série, il n'en est pas moins vrai que l'ensemble forme un passage graduel presque sans intervalle ou démarcation assignable. En plaçant après les *Tarins* ou *Chardonnerets*, le genre tout composé d'espèces exotiques indiqué sous le nom de *Tisserin* (*ploceus*, Cuv.), on parvient, quoique par une ligne de démarcation plus rigoureuse, de ces oiseaux au genre *Troupiale* (*Icterus de Daudin*).

BOUVREUIL DUR-BEC.

PYRRHULA ENUCLEATOR. (Mihi.)

Livrée du mâle adulte et vieux.

Tête, gorge et parties supérieures du cou d'un rouge orange, qui devient plus clair sur le devant du cou; la poitrine et le ventre d'une couleur orange jaunâtre; plumes du dos, des scapulaires et du croupion d'un brun noirâtre dans leur milieu, avec une large bordure d'un jaune orangé; ailes et queue noires; sur les premières deux bandes transversales blanches; toutes les pennes secondaires bordées de blanc, les rémiges et les pennes caudales lisérées d'orange. Longueur, 7 pouces 4 ou 5 lignes.

Le mâle depuis sa première mue jusqu'à l'âge d'un an.

Tête, cou, gorge, poitrine, une partie du ventre et le croupion d'un rouge cramoisi, d'autant plus foncé et brillant que l'individu approche de sa seconde mue; plumes du dos et des scapulaires noires dans leur milieu, avec une large bordure d'un rouge cramoisi ; flancs, abdomen et couvertures inférieures de la queue cendrés ; deux bandes roses sur les ailes, dont les pennes secondaires portent une large bordure de cette couleur ; les rémiges et toutes les pennes de la queue lisérées de rouge clair.

Femelle et jeune.

Les femelles d'un an, ont seulement le haut de la tête et le croupion rougeâtres ; *adultes*, elles ont ces parties d'un brun fortement teint d'orange, la nuque et les joues nuancées de cette couleur ; le dos et les scapulaires d'un cendré brun ; les parties inférieures cendrées avec une très-légère nuance orangée ; sur l'aile deux bandes d'un blanc grisâtre ; toutes les pennes alaires lisérées d'orange verdâtre. *Les jeunes* ont des teintes plus cendrées.

Varie accidentellement, d'un blanc pur, ou d'un rose clair avec les parties inférieures rouges. Une telle variété est figurée sous le nom de LOXIA FLAMENGO. Sparman, *Mus. Carls. t.* 27.

LOXIA ENUCLEATOR. Gmel. *Syst.* 1. *p.* 845. *sp.* 3.—Retz. *Faun. Suec. p.* 234. *n°* 211. — Lath. *Ind. v.* 1. *p.* 372. *sp.* 5. — LE DUR-BEC DU CANADA. Buff. *Ois. v.* 3. *p.* 457. — Id. *pl. enl.* 135. *f.* 1. *mâle âgé d'un an.* — Edw. *Ois. pl.* 123. *mâle âgé d'un an; et pl.* 124. *femelle adulte.* — PINE GROS-BEC. Lath. *Syn. v.* 3. *p.* 111. — Penn. *Arct. Zool. v.* 2. *p.* 348, *n°.* 299.—HAAKEN KERNBEISSER. Bechst. *Naturg. Deut. v.* 3. *p.* 28. — Meyer, *Tasschenb. Deut. v.* 1. *p.* 142. — Id. *Vög. Deut. v.* 1. *t. f.* 1. *le mâle à*

*l'âge d'un an, f. 2. la vieille femelle. — Naum. Vög.
Nachtr. t. 19. f. 36 ˋ37. figures exactes du mâle et
de la femelle.*

Remarque. Cet oiseau, qui semble former le passage
des *Becs-croisés* aux *Gros-becs*, vit à peu près de la même
manière que les premiers ; il change de plumage comme eux.

Habite : les régions du cercle arctique ; très-abondant
dans le nord de l'Europe et de l'Amérique ; très-rare, et
seulement de passage accidentel dans le nord de l'Allemagne.

Nourriture : semences d'arbres et de plantes alpestres,
et plusieurs sortes de baies.

Propagation : niche sur les arbres à peu de distance
de terre : pond quatre œufs blancs.

BOUVREUIL PALLAS.

PYRRHULA ROSEA. (Mihi.)

Front et toute la gorge couvertes de plumes ar-
gentées et lustrées ; tête, nuque, croupion, épau-
lettes et les parties inférieures d'un cramoisi très-
vif ; plumes du dos et scapulaires noires dans le
milieu, mais bordées de cramoisi ; deux bandes
d'un blanc rose sur les ailes, qui sont d'un brun
cendré ; toutes les couvertures bordées de blanc
sale, pennes de la queue brunes, toutes lisérées
de cramoisi ; abdomen et couvertures inférieures
de la queue d'un blanc rose ; bec et pieds d'un brun
clair. Longueur, 5 pouces 5 lignes. *Le vieux mâle.*

FRINGILLA ROSEA. Pall. *It. v.* 3. *p.* 699.—Gmel. *Syst.* 1.
p. 923. — Lath. *Ind. v.* 1. *p.* 444. *sp.* 33.

Remarque. La femelle de cette espèce n'est point en-

core bien connue. Je n'ai appris à connaître le mâle que
lors de mon voyage dans les parties orientales de l'Europe.
Dans la première édition du Manuel , on a confondu les synonymes de cette espèce avec celles de la *Loxia erytherina*
de Pallas , qui diffère beaucoup de sa *Fringilla rosea*. On
reconnaît facilement cette dernière à ses teintes de cramoisi vif dont tout le plumage est orné , et particulièrement aux belles plumes lustrés et d'un blanc éclatant ,
qui couvrent la gorge et le front.

M. Wilson , qui figure et décrit avec son exactitude
ordinaire l'espèce indiquée chez les méthodistes sous le
nom de *Fringilla purpurea. v.* 1. *pl.* 7. *f.* 4. Le mâle
en été, et *v.* 3. *pl.* 42. *f.* 3. La femelle ou le mâle en habit
d'hiver, se trompe en rangeant dans les synonymes la
Fringilla rosea de cet article ; M. Vieillot a figuré la
Fringilla purpurea de Latham et de Wilson , comme
une espèce nouvelle sous le nom de *Loxie rose*, oiseaux
chanteurs ; possédant l'individu qui a servi de type à
M. Vieillot , ainsi qu'un individu mâle, tué dans l'Amérique septentrionale, j'ai pu constater cette identité.

Habite : les environs des fleuves , particulièrement en
Sibérie , visite en hiver les parties orientales du midi de
l'Europe , se montre accidentellement en Hongrie. L'individu que j'ai rapporté de ce pays ne diffère point de
celui de Pallas que je possède également.

Nourriture et *Propagation :* inconnues.

BOUVREUIL CRAMOISI.

PYRRHULA ERYTHRINA (Mihi.)

**Petites plumes sur les narines et tour du bec
d'un rose terne; tête, nuque et haut du dos d'un
cramoisi vif; base de toutes les plumes , ainsi
qu'une étroite raie le long des baguettes d'un brun
roux; croupion, côtés de la tête, gorge, devant**

du cou et poitrine d'un cramoisi clair ou rose ; ventre et abdomen d'un blanc pur ; dos et couvertures des ailes d'un cendré brun, teint d'un peu de rougeâtre vers l'extrémité des plumes ; pennes des ailes et de la queue d'un brun noirâtre , toutes lisérées de rougeâtre ; queue fourchue ; bec et pieds bruns. Longueur, 5 pouces 6 lignes. *Le mâle au printemps.*

La femelle, a toutes les parties supérieures d'un brun cendré, avec de grandes taches longitudinales d'un brun plus foncé ; gorge et joues tachées régulièrement de blanc et de brun ; devant du cou et toutes les parties inférieures d'un blanc pur , marqué de grandes taches longitudinales d'un brun foncé ; milieu du ventre sans taches. *On assure que le mâle prend en hiver la livrée de la femelle.*

FRINGILLA ERYTHRINA. Meyer, *Vög. Liv-und. Esthl.* p. 77. — LOXIA CARDINALIS. Beseke. *Vög. Curland. p.* 77. n°. 166. — LOXIA ERYTHRINA. Pall. *Nov. Com. Petr.* 14. p. 587. *t.* 23. *f.* 1. — Gmel. *Syst.* 1. *p.* 864. *sp.* 91. — FRINGILLA FLAMMEA. Retz. *Faun. Suec. p.* 247. *n*. 225. — (LOXIA OBSCURA. Gmel. *Syst.* 1. *p.* 862. *sp.* 88. — Lath. *Ind. v.* 1. *p.* 379. *sp.* 27. *la femelle.*) — PETIT CARDINAL DU VOLGA. Sonn. *Nouv. édit. de* Buff. *Ois. v.* 11. *p.* 105. — CRIMSON HEADED FINCH. Lath. *Syn. v.* 3. *p.* 271. — Penn. *Arct. Zool. v.* 2. *p.* 376. — DUSKY GROS-BEAK. Penn. *Arct. Zool. v.* 2. *p.* 351. — Lath. *Syn. v.* 3. *p.* 127. *la femelle.* — BRANDFINK. Bechts. *Naturg. Deut. v.* 3. *p.* 164. *t.* 33. *f.* 2. *le mâle.* — Meyer, *Tasschenb. Deut. v.* 1. *p.* 166. — Naum. *Vög. Nachtr. t.* 20. *f.* 40. *figure assez exacte du mâle.* — Meyer, *Vög. Liv-und. Esthl.* Voyez *la pl. du frontispice. Le mâle et la femelle.*

Remarque. On ignore les raisons qui ont pu déterminer les auteurs allemands à créer, en Europe, une espèce de *Fringilla flammea*, en indiquant la diagnose de Gmelin et de Latham dans la synonymie du *Brand-fink.* Cette *Fringilla flammea* des méthodistes est une citation à double usage de la *Fringilla cristata* des mêmes méthodistes, et synonyme avec le Friquet huppé de Buffon. *Ois. v. 3. p.* 496; et de sa *pl. enl.* 181. *f.* 1. et Vieillot. *Ois. Chant. p.* 53. *pl.* 29.; ainsi que du Crimson crowned finch. Lath. *Syn. v.* 3. *p.* 259. *t.* 47. Toutes ces indications appartiennent à une espèce propre à l'Amérique méridionale, dont je possède le mâle et la femelle.

Habite : les régions du cercle arctique ; rare en Fionie et en Courlande ; accidentellement dans le nord de l'Allemagne ; commun dans quelques provinces de la Russie, où il fréquente habituellement les jardins.

Nourriture : semences.

Propagation : niche dans les forêts, sur les arbres ; pond cinq ou six œufs verdâtres.

BOUVREUIL COMMUN.

PYRRHULA VULGARIS. (Briss.)

Sommet de la tête, tour du bec, gorge, ailes et queue d'un noir lustré de violet ; nuque et manteau cendrés ; joues, cou, poitrine, flancs et ventre rouges; croupion et abdomen d'un blanc pur ; une large bande transversale d'un blanc grisâtre sur l'aile ; pieds bruns ; bec d'un brun noirâtre. Longueur, 6 pouces 3 lignes.

La femelle, a toutes les parties inférieures d'un brun roussâtre ; moins de blanc sur le croupion et sur l'abdomen.

Varie accidentellement, d'un blanc pur ou blanchâtre, avec quelques plumes colorées (*Loxia
pyrrhula candida*), ou le *Bouvreuil blanc* de Buffon. Quelquefois noir ou noirâtre, ce qui a souvent
lieu chez les femelles tenues en cage et dans l'obscurité, et plus souvent encore lorsqu'on nourrit
ces oiseaux de graine de chanvre. Varie encore
plus ou moins en blanc ou en brun noirâtre ; les
ailes et la queue d'un blanc pur, et souvent des
plumes blanches semées au hasard.

Remarque. LE LOXIA FLAMENGO de Sparrman, *Mus.
Carls. t.* 17, n'est point une variété albine du Bouvreuil
commun ; mais ce prétendu LOXIA FLAMENGO est une
variété albine de mon *Bouvreuil dur-bec.* Les prétendues espèces du grand et du petit Bouvreuil commun ne
sont que des variétés dues à des causes qui dépendent de
la localité, et du plus ou moins d'abondance dans laquelle
ces oiseaux ont vécu. — LE LOXIA HAMBURGICA. Gmel. *p.*
854. *sp.* 68, ou le HAMBOUVREUX. Buff. *Ois. v.* 4. *p.* 398;
appartient au *Moineau friquet :* de semblables citations
devraient être rayées de la liste nominale des oiseaux.

LOXIA PYRRHULA. Gmel. *Syst.* 1. *p.* 846. *sp.* 4. — EMBE-
RIZA COCCINEA. Sander. *Naturf. Geselc. v.* 13. *p.* 199. —
Gmel. *Syst.* 1. *p.* 873. *sp.* 42. — Lath. *Ind. v.* 1. *p.* 387.
sp. 56. — LE BOUVREUIL. Buff. *Ois. v.* 4. *p.* 372. *t.* 17. —
Id. *pl enl.* 145. *mâle et femelle.* — Gérard. *Tab élém.
v.* 1. *p.* 167. — LE BRUANT ECARLATE. Sonn. *nouv. édit. de*
Buff. *Ois. v.* 13. *p.* 114. *description exacte du Bouvreuil
mâle.* — BULLFINCH. Lath. *Syn. v.* 3. *p.* 145. — Id. *supp.
p.* 152. — Penn. *Brit. Zool. t.* U. *f.* 3 et 4. — CIUFOLOTTO.
Stor. degl. ucc. v. 3. *pl.* 321. — ROTHBURSTIGER GIMPEL.
Bechst. *Naturg. Deut. v.* 3. *p.* 55. — Meyer, *Tasschenb.
Deut. v.* 1. *p.* 147. — Id. *Vög. Deut. v.* 1. *t. Heft.* 1. —

Frisch. *t. 2. f. 1. A et B.* — Naum. *t. 8. f.* 19 *et* 20. *mâle et femelle.* — DE GOUDVINK. Sepp. *Nederl. Voy. v.* 2. *t. p.* 133.

Habite : dans le nord, comme oiseau de passage jusque vers les provinces méridionales de l'Europe ; vit dans les bois en montagnes, et particulièrement dans les forêts noires ; de passage accidentel en Hollande.

Nourriture : baies du cormier, de l'aubépine, du genévrier, du nerprun et autres ; également différentes sortes de graines et des bourgeons.

Propagation : niche dans les enfourchemens élevés et les moins accessibles des arbres ; pond de trois jusqu'à six œufs obtus, d'un blanc bleuâtre, marqués à leur gros bout d'un cercle de taches brunes et violettes.

BOUVREUIL A LONGUE QUEUE.

PYRRHULA LONGICAUDA (Mihi.)

Un cercle de plumes d'un rouge ponceau à l'entour du bec ; plumes du haut de la tête, de la gorge et du devant du cou acuminées, d'un rose clair et comme lustrées ; poitrine et ventre d'un rouge cramoisi ; abdomen d'un rouge rose ; plumes du dos et des scapulaires noires dans leur milieu, bordées et terminées de rouge cramoisi ; petites couvertures des ailes blanches ; les moyennes terminées d'une grande tache blanche ; pennes alaires noires bordées de blanc ; les trois pennes latérales de la queue blanches, à baguettes noires ; les autres noires bordées de rose clair ; bec et pieds bruns. Queue carrée, longue de trois pouces. Longueur totale, 6 pouces 3 lignes. *Le mâle au printemps.*

Le mâle après la mue d'automne , a toutes les plumes lisérées de blanchâtre, ce qui fait que tout le plumage est alors d'un rose léger; les bords des plumes, en s'usant, font paraître au printemps le beau rouge et le rose foncé.

La femelle, a la tête, le cou et tout le corps d'un olivâtre clair ou d'un cendré verdâtre; les ailes et la queue sont colorées comme dans *le mâle*.

Loxia sibirica. Pall. *It. v. 2. p. 711. n°. 24. —* Id. *Append. p. 56. n°. 53. —* Falk. *Reis. Rusl. Sibir. v. 3. p. 396. t. 28. f. 1 et 2. figures exactes du mâle et de la femelle. —* Gmel. *Syst. 1. p. 849. sp. 57. —* Lath. *Ind. v. 1. p. 378. sp. 23. —* Le Cardinal de Sibérie. Sonn. *nouv. édit. de* Buff. *Ois. v. 11. p. 99.—*Sibirian grosbeak. Lath. *Syn. v. 3. p. 124.*

Habite : les contrées boréales , très-abondant en Sibérie , dans le voisinage des torrens, dans les vergers les plus touffus ; en hiver il émigre vers les provinces méridionales de la Russie, et passe en Hongrie.

Nourriture : semences de l'armoise bleue , de l'armoise à feuilles entières et autres graines.

GENRE VINGT-HUITIÈME.

GROS-BEC. — *FRINGILLA.* (Illig.)

Bec court, fort, bombé, droit et conique en tout sens ; mandibule supérieure renflée, un peu inclinée à la pointe, sans arête, à partie supérieure déprimée, souvent prolongée en angle entre les plumes

du front. Narines basales, rondes, placées près
du front, derrière l'élévation cornée de la partie
bombée du bec, en partie cachées par les plumes
du front. Pieds à tarse plus court que le doigt du
milieu ; ceux de devant entièrement divisés. Ailes
courtes ; les 2 ou les 3 premières rémiges étagées,
la 3e. ou la 4e. les plus longues. Queue de forme
variée.

Ces oiseaux se nourrissent de toutes sortes de semences
et de graines, qu'ils ouvrent avec le bec en rejetant l'enveloppe ; ce n'est que très-rarement qu'ils ajoutent les insectes
à leur nourriture. Ils habitent dans tous les pays du globe,
mais particulièrement dans les régions de la zone torride et
dans les pays chauds ; ils font plusieurs pontes par an ;
s'atroupent en nombre assez considérable, et émigrent par
bandes. Ce sont de la classe ailée ceux qui, après es
pigeons et les gallinacées sont les plus faciles à subjuguer à
l'état de domesticité. Le plus grand nombre des espèces
étrangères et quelques espèces européennes sont sujettes à
une double mue ; dans ce cas, le mâle prend en hiver la
livrée de la femelle. Les jeunes de l'année diffèrent des
vieux avant la mue de l'automne ; mais, passé cette époque,
il est impossible de les distinguer.

Remarque. Les méthodistes ont essayé de classer ces oiseaux en plusieurs genres, sous les indications : *Strobilo-
phaga, Coccothraustes, Fringilla, Passer, Pyrgita, Vidua, Linaria* et *Carduelis.* C'est vainement qu'on invente-
rait encore double et triple de noms nouveaux pour former
des groupes strictement méthodiques. Les mœurs de tous
ces oiseaux étant, à quelques légères nuances près, absolument les mêmes, on n'a pu avoir recours à ce moyen
pour sous-diviser ce grand genre. J'ai mis tous mes soins à
comparer plus de cent espèces étrangères, avec nos espèces
indigènes ; le résultat de cet examen m'a confirmé dans

l'opinion qu'il existe un passage graduel, sans démarcation aucune, d'une espèce à l'autre ; cette série naturelle a été reconnue par le professeur Illiger, qui réunit tous ces oiseaux à bec gros et conique dans un seul genre, sous le nom de *Fringilla*, ce savant y comprenait aussi les *Bouvreuils* (*pyrrhula*); mais je crois que ceux-ci doivent-être classés dans un genre distinct par la forme du bec, par quelques habitudes et peut-être encore par rapport aux pays qu'ils habitent. Le genre * *Loxia* a été réintégré par Illiger, dans les limites assignées par Brisson. J'ai aussi isolé du genre *Loxia* de Linnée, une espèce singulièrement caractérisée par la forme du bec ; c'est celle désignée dans l'analise du système sous le nom de *Psittirostra* **. M. Cuvier, dans son Règne animal, a indiqué plutôt qu'établi par des caractères, plusieurs genres et sous-genres ; il convient *qu'il y a un passage graduel et sans intervalle assignable des Linottes aux Gros-becs.* Les espèces de son genre *Vidua* ou les *Veuves* *** *se distinguent, parce que quelques-unes des couvertures supérieures de leur queue, sont excessivement allongées dans les mâles.* Ce moyen, propre à reconnaître les seuls mâles, disparaît par la mue ; car, en hiver, ils n'ont pas la queue autrement conformée que les femelles ; et il serait difficile alors de dire si ce sont des *Linottes*, des *Moineaux* ou des *Pinsons.* Je conviens que, pour faciliter l'arrangement

---

* On a vu que les seules espèces de *Becs-croisés* portant les caractères indiqués dans le genre *Loxia* de Brisson.

** Cette espèce est indiquée par Latham dans son *Index* sous le non de *Loxia psittacea*, avec une mauvaise figure; elle a en effet le bec presque formé comme celui des perroquets : si ses doigts étaient disposés par paires, et ne connaissant point ses mœurs, on pourrait la classer avec les perroquets. Je désigne l'espèce sous le nom de *Psittirostra icterocephala*.

*** Linnée et Latham en font des *Bruants ;* ils les classent dans le genre *Emberiza*.

méthodique d'un si grand nombre d'espèces dont ce genre
est composé, il faut avoir recours à une classification arti-
ficielle, à l'aide de laquelle on puisse trouver facilement
les espèces. Le moyen le plus simple me paraît, de former
trois sections dans le genre *Fringilla*, sous les indications plus ou moins en rapport avec les trois groupes différens de becs, que l'on peut classer en *laticones*, *brevi-
cones* et *longicones*. Dans la première section on pourra
comprendre le plus grand nombre des prétendues *Loxies*
des auteurs, quelques soi-disant *Bengalis*, les *Moineaux*
qui ressemblent aux nôtres pour les couleurs du plumage ;
dans la 2ᵉ. section, quelques *Moineaux* des auteurs, les
Pinsons, les *Linottes* et ceux indiqués comme *Veuves*,
Bengalis et *Sénégalis;* dans la 3ᵉ., ce seront les *Tarins*,
quelques *Sénégalis* et les *Chardonnerets.* Ceux qui désire-
ront un autre arrangement seront à même de varier leur
ordre de série ; leurs idées ou leurs caprices ne changeront
rien à la nommenclature, et ne produiront point une
confusion de noms nouveaux, qui surchargent inutile-
ment la mémoire, en augmentant toujours un peu plus les
difficultés.

Iʳᵉ. SECTION. — LATICONES.

A bec gros, bombé, plus ou moins renflé sur
les côtés.

LE GROS-BEC.

FRINGILLA COCCOTHRAUSTES. (Mihi.)

Croupion, tête et joues d'un brun roux, mais
plus clair sur le front; tour du bec, espace entre
celui-ci et l'œil, ainsi que la gorge d'un noir profond ; un large collier cendré sur la nuque; manteau d'un brun foncé ; sur l'aile une tache longitudinale blanche ; pennes secondaires coupées carré-

ment ; pennes de la queue blanches intérieurement, d'un brun noirâtre sur les barbes extérieures ; parties inférieures d'un roux vineux ; iris d'un rouge pâle ; pieds et bec d'un brun grisâtre. Longueur, 7 pouces.

La femelle, a toutes les couleurs plus claires ; la tache longitudinale de l'aile d'un gris blanchâtre ; les parties inférieures cendrées ; des teintes rousses et vineuses sur les flancs.

Les jeunes de l'année avant la mue, diffèrent extraordinairement des adultes et des vieux. Gorge jaune ; face, joues et sommet de la tête d'un jaunâtre sale ; parties inférieures blanches ou blanchâtres ; les flancs marqués de petits traits bruns dont toutes les plumes sont terminées. *Suivant l'âge*, quelques plumes d'un roux vineux disposées irrégulièrement sur le ventre ; parties supérieures d'un brun terne, maculé de jaunâtre sale ; bec d'un brun blanchâtre, mais d'un brun foncé à la pointe.

Varie accidentellement, d'un blanc pur, jaunâtre ou grisâtre ; souvent avec les ailes ou la queue blanches ; le plumage tapiré de plumes blanches.

Loxia coccothraustes. Gmel. *Syst.* 1. *p.* 844. *sp.* 2. — Retz. *Faun. Suec. p.* 233. *n°.* 210. Lath. *Ind. v.* 1. *p.* 371. *sp.* 4. — Le Gros-bec. Buff. *Ois. v.* 3. *p.* 444. *t.* 27. *f.* 1. — Id. *pl. enl.* 99 *et* 100. — Gérard. *Tab. élém.* *v.* 1. *p.* 160. — Gros-beak. Lath. *Syn. v.* 3. *p.* 109. — Id. *supp.* . 148. — Penn. *Brit. Zool. p.* 105. *t.* U. *f.* 1. — Edw. *Ois. t.* 188. — Kirsch kernbeisser. Bechst. *Naturg. Deut. v.* 3. *p.* 35. — Meyer, *Tasschenb. Deut.* *v.* 1. *p.* 143. — Id. *Vög. Deut. v.* 1. *t. Heft.* 1. — Frisch.

t. 4. f. 2. A et B. — Naum. *t. 7. f. 17 et 18. mâle et femelle* — Appel-vink. Sepp. *Vog. v. 2. t. p.* 137. — Frosone commune. *Stor. degl. ucc. v.* 3. *pl.* 325. *le mâle; et pl.* 326. *variété jaunâtre.*

Habite : les bois de haute futaie, dans les vergers des pays montueux, même jusque dans les villages; seulement de passage périodique dans quelques contrées de la Franee; de passage accidentel en Hollande.

Nourriture : semences du platane, du hêtre, du charme, du pin, du sapin, et les amandes du cerisier.

Propagation : place son nid artistement construit, sur les plus hautes branches des arbres de la forêt et des vergers : pond de trois jusqu'à cinq œufs, d'un gris cendré nuancé de verdâtre avec des taches brunes et des raies d'un noir bleuâtre.

GROS-BEC VERDIER.

FRINGILLA CHLORIS. (Mihi.)

Toutes les parties supérieures et inférieures du corps, les scapulaires et les petites couvertures des ailes d'un vert jaunâtre; moyennes couvertures et pennes secondaires des ailes cendrées avec de grandes taches noires; bord extérieur des ailes, le haut des rémiges et les trois quarts de la partie supérieure des pennes latérales de la queue. d'un beau jaune; l'extrémité de ces pennes et les deux du milieu noires; pieds et bec couleur de chair; iris brun foncé; queue un peu fourchue. Longueur, à peu près 6 pouces.

La femelle, a les parties supérieures d'un cendré légèrement nuancé de verdâtre; milieu du ventre et gorge légèrement nuancés de vert jau-

nâtre ; flancs cendrés ; abdomen et couvertures inférieures de la queue, d'un blanc nuancé de jaunâtre ; seulement la base des pennes de la queue,
d'un jaunâtre clair, le reste noirâtre et bordé de
cendré.

Varie accidentellement, d'un blanc pur ou jaunâtre, le plus souvent tapiré de plumes jaunes et
blanches.

Loxia chloris. Gmel. *Syst.* 1. *p.* 853. *sp.* 27. — Lath.
Ind. v. 1. *p.* 382. *sp.* 39. — Le Verdier. Buff. *Ois. v.* 4.
p. 172. *t.* 15. — Id. *pl. enl.* 267. *f.* 2. *le mâle.* — Gérard.
Tab. élém. v. 1. *p.* 163. — Grunling. Lath. *Syn. v.* 3.
p. 134. — Id. *supp. p.* 152. — Alb. *Ois. v.* 1. *t.* 58, —
Penn. *Brit. Zool. t. U. f.* 5. *le mâle.* — Gruner kernbeisser.
Bechst. *Naturg. Deut. v.* 3. *p.* 45. — Frisch. *t.* 2. *f.* 2. *A*
et B. — Naum. *t.* 4. *f.* 8 *et* 9. — Verdone. *Stor. degl. ucc.*
v. 3. *pl.* 331. *f.* 1. *le mâle; et f.* 2. *variété.* — De Grœn-
ling. Sepp. *Nederl. Vog. v.* 1. *t. p.* 73.

Habite : à la lisière d s bois, dans les buissons, les
parcs et les jardins ; moins souvent dans les forêts. Commun dans presque toutes les contrées de l'Europe.

Nourriture : linette, chanvre, navette, salade et autres
graines ; baies du genévrier et autres.

Propagation : niche sur les arbres, sur les buissons ou
dans les haies ; pond de quatre jusqu'à six œufs, d'un blanc
argentin avec des points isolés, bruns et violets.

Remarque. M. Gérardin, dans son *Tableau élém. v.* 1.
p. 165, décrit une seconde espèce de *Verdier* sous le nom
de Verdier de haies. *N'ayant jamais vu un semblable*
individu, je ne puis le classer comme espèce distincte
dans la liste nominale des oiseaux ; la citation de l'*Embe-*
riza textrix de Gmel., n'appartient point à cette prétendue espèce, comme M. Gérardin semble le croire. Cet

Émeriza textrix est un bruant exotique, très-bien connu. Au reste, voici la description de ce *Verdier de haies* de Gérardin.

Le dessus de son dos et de ses ailes est un mélange de brun foncé, de brun clair et de roux, à peu près comme dans le *Moineau friquet*. Le dessus de la tête vert : joues noires : yeux surmontés d'une espèce de sourcil jaune, et accompagné d'une raie de même couleur, qui se dirige de chaque côté, d'avant en arrière : poitrine d'un brun noir de même que la queue ; tout le reste du dessous du corps jaunâtre.

GROS-BEC SOULCIE.

FRINGILLA PETRONIA. (Linn.)

Tout le fond du plumage d'un brun cendré, mêlé de blanchâtre sur les parties inférieures ; au-dessus des yeux un sourcil d'un blanc roussâtre, suivi d'une bande brune plus large, et qui aboutit à l'occiput ; les parties supérieures, variées de brun foncé, ont toutes les plumes terminées de blanchâtre ; sur les barbes intérieures des pennes de la queue, et vers leur extrémité, est une tache arrondie d'un blanc pur ; une grande tache d'un jaune vif sur le devant du cou ; mandibule supérieure du bec brune, inférieure jaunâtre ; iris brun ; pieds d'un brun couleur de chair. Longueur, 5 pouces 9 lignes.

La femelle, ne diffère presque point du *mâle*. Chez *les jeunes*, la tache jaune de la gorge est peu apparente.

Varie accidentellement, d'un blanc pur, et le plus souvent d'un jaune cendré avec les couleurs brunes du plumage faiblement prononcées. C'est le FRINGILLA LEUCURA. Gmel. *p.* 919. *sp.* 75. Lath. *Ind. v.* 1. *p.* 436. *sp.* 9. ou le MOINEAU à QUEUE BLANCHE. de Briss. *v.* 3. *sp.* 8.

FRINGILLA PETRONIA. Gmel. *Syst.* 1. *p.* 919. *sp.* 30. — Lath. *Ind. v.* 1. *p.* 435. *sp.* 6. — FRINGILLA STULTA. Gmel. *Syst.* 1 *p.* 919. *sp.* 73. — Lath. *Ind. v.* 1. *p.* 436 *sp.* 7. — FRINGILLA BONONIENSIS. Gmel. *Syst.* 1. *p.* 919. *sp.* 74. — Lath. *p.* 436. *sp.* 8. — LE MOINEAU DES BOIS OU SOULCIE. Buff. *Ois. v.* 3. *p.* 498. *t.* 30. *f.* 1. — Id. *pl. enl.* 225. — Gérard. *Tab. élém. v.* 1. *p.* 177. — MOINEAU FOU et MOINEAU DE BOLOGNE. Briss. *Orn. v.* 3. *p.* 87. *sp.* 5 ; *et p.* 91. *sp.* 7. — DER GRAUFINK. Becht. *Naturg. Deut. v.* 3. *p.* 133. — Frisch. *Vög. t.* 3. *f.* 1. — Naum. *Vög. Nachtr. t.* 1. *f.* 1. — Meyer, *Tasschenb. Deut. v.* 1. *p.* 160. — RING SPARROW. Lath. *Syn. v.* 3. *p.* 254. — Id. *supp. p.* 164. — FOOLISCH, SPECKLED and WHITE-TAILED SPARROW. Lath. *Syn. v.* 3. *p.* 255. *sp.* 5 , 6 *et* 7.

Remarque. Latham a eu tort de citer comme variétés de la soulcie, les PASSER CAMPESTRIS ET TORQUATUS, de Briss. *p.* 85. *sp.* 3 et 4. Ces indications appartiennent au *Moineau des champs* ou *Friquet.*

Habite : plus particulièrement le midi, l'Italie , la Suisse et les contrées méridionales de la France ; sédentaire dans le midi , émigre dans les provinces du centre de l'Europe : jamais en Hollande. Vit toujours dans les forêts et dans les bois.

Nourriture : toutes sortes de semences.

Propagation : niche dans les trous naturels des arbres , particulièrement dans ceux des arbres fruitiers.

GROS-BEC MOINEAU.

FRINGILLA DOMESTICA. (Linn.)

Sommet de la tête et occiput d'un cendré bleuâtre; une bande d'un marron pur passe au-dessus des yeux, se dilate sur les côtés du cou; espace entre le bec et l'œil, gorge et devant du cou d'un noir profond; les plumes noires de la poitrine sont lisérées de blanc; tempes et parties inférieures d'un blanc cendré; plumes du dos et des ailes noires dans leur milieu, bordées de marron; une seule bande blanche sur l'aile; bec noir. Longueur, 5 pouces. *Le mâle adulte et vieux.*

La femelle, est d'un cendré brun sur la tête et sur la nuque; une bande couleur d'ocre au-dessus et derrière les yeux, et une semblable sur les ailes; les parties supérieures d'un roux brun avec du noir sur le milieu des plumes; gorge et milieu du ventre blanchâtres; le reste des parties inférieures d'un cendré roussâtre; bec brun.

Varie accidentellement, d'un blanc pur, d'un blanc jaunâtre avec les couleurs faiblement indiquées, d'un jaune roussâtre varié de blanc; l'une ou l'autre partie du corps blanc, de couleur cendrée ou d'un noir brun, plus ou moins foncé; tels sont : Fringilla candida. Sparm. *Mus. Carls. t.* 20. Passer flavus. Briss. *Orn. v.* 3. *p.* 78. Black sparrow. Lath. *Syn. v.* 3. *p.* 251.

Fringilla domestica. Gmel. *Syst. p.* 925. *sp.* 36. — Lath. *Ind. v.* 1. *p.* 432. *sp.* 1. — Le Moineau. Buff. *Ois.*

v. 3. p. 474. *t.* 29. *f.* 1. — Id. *pl. enl.* 6. *f.* 1. *le vieux mâle; et f.* 2. *le jeune mâle.* — Gérard. *Tab. élém. v.* 1. *p.* 171. — HOUSE SPARROW. Lath. *Syn. v.* 3. *p.* 248. — Id. *supp. p.* 163. — HAUS SPERLING. Bechst. *Naturg. Deut. v.* 3. *p.* 107. — Frisch. *t.* 8. *f.* 1. *A et B.* — Naum. *t.* 1. *f.* 1 *et* 2. *mâle et femelle.* — Meyer, *Tasschenb. Deut. v.* 1. *p.* 156. Id. *Vög. Deut. v.* 1. *t. Heft.* 8. — DE HUIS-MUSCH. Sepp. *Nederl. Vög. t. p.* 77.

Habite : depuis les provinces méridionales de la France, jusque dans les régions du cercle arctique ; très-abondant, même dans les villes ; extraordinairement rare en Italie, où on ne trouve que l'espèce suivante. Paraît avoir la grande chaîne des Alpes et celle des Pyrénées pour limites vers le midi.

Nourriture : toutes sortes de semences, des fruits mous, des insectes, et particulièrement des chenilles.

Propagation : niche partout où l'occasion s'en présente, jusque sous les tuiles des maisons ; pond cinq ou six œufs, quelquefois davantage, d'un vert blanchâtre, avec un grand nombre de points bruns et cendrés.

GROS-BEC CISALPIN.

FRINGILLA CISALPINA. (MIHI.)

Sommet de la tête, nuque et une partie du haut du dos d'un marron pur, très-vif en été, mais immédiatement après la mue d'un marron roussâtre, toutes les plumes étant alors terminées de roux, qui disparaît par le frottement et par les autres agens qui opèrent sur le plumage ; toute la région des joues est d'un blanc pur : quant aux autres couleurs du plumage, elles ne diffèrent en rien du gros-bec moineau ou moineau vulgaire. *Le mâle,*

La femelle, diffère aussi constamment de celle
de l'espèce précédente, mais par des nuances de
couleurs sifaibles et si peu apparentes, que, pour les
saisir, il faut avoir les individus sous les yeux ; les
différences consistent, en ce que la femelle du *Moi-*
neau cisalpin a le sommet de la tête et la nuque
d'un cendré brun beaucoup plus clair, que la bande
au-dessus et derrière les yeux ets d'un blanc roussâtre, et que la bande sur les ailes est blanchâtre;
toutes les autres couleurs sont aussi plus claires.

PASSER VOLGARE. *Stor. degl. ucc. v. 3. pl.* 3{o. *f.* 2. *le*
mâle; et f. 1. *une variété banchâtre.*

Remarque. Dans la première édition du Manuel, j'ai
donné ce gros-bec comme race constante ; mais les observations minutieuses faites sur cet oiseau dans mon dernier
voyage, me portent à le placer ici comme espèce qui se re-
produit toujours sans varier autrement que par des causes
accidentelles, et sans offrir d'exemples d'alliance avec le
moineau vulgaire. L'espèce de cet oiseau ne se voit que
dans les contrées méridionales au delà de la grande chaîne
des Alpes cottiennes et pennines ; jamais sur le revers sep-
tentrional de ces montagnes. Je le vis avant d'arriver à
Suze, en descendant les Alpes cottiennes, sur plusieurs
montagnes peu élevées des Apennins, le long du golfe de
Ligurie et dans toute l'Italie ; il se trouve encore dans les
campagnes vénitiennes ; mais, passé Trévise, dans toute
l'Istrie, et plus loin vers l'orient et le nord, on ne trouve
plus cette race, qui est remplacée par celle que nous dési-
gnons par le nom de *vulgaire* : même à Trieste et dans le
nord de la Dalmatie, séparées seulement par l'Adriatique,
de la vraie patrie du *Moineau cisalpin*, on ne trouve que
l'espèce absolument semblable à celle qui vit parmi nous.
Quand aux mœurs de ces deux espèces, je n'ai observé

que cette seule différence ; que le *Moineau vulgaire* se plaît plus dans les lieux habités, dans les villes et dans les villages ; au lieu que le *Moineau cisalpin* donne la préférence aux champs, et qu'on le rencontre moins, même rarement, dans les villes ; sa manière de vivre a plus de rapports avec la *Fringilla montana*, qu'avec la *Fringilla domestica*.

GROS-BEC ESPAGNOL.

FRINGILLA HISPANIOLENSIS. (Mihi.)

Sommet de la tête et nuque d'un marron vif et très-foncé ; dos et manteau noir, mais toutes les plumes bordées latéralement de roux jaunâtre ; gorge, devant du cou et un ceinturon très-étroit sur la poitrine, d'un noir profond ; ce noir profond est répandu en taches très-longues sur les flancs, de façon que seulement le milieu du ventre et l'abdomen sont d'un blanc pur, couleur qui revêt également les joues, et forme au-dessus des yeux un sourcil qui aboutit vers l'occiput ; bec plus fort et plus long que celui des deux espèces précédentes. *Le mâle.*

Voyez la figure assez exacte de cet oiseau, dans le système des oiseaux d'Égypte. pl. 3, fig. 7.

La *femelle* de cette espèce ne m'est point encore connue.

Remarque. La troisième espèce de moineau s'éloigne encore davantage du nôtre, par les couleurs du plumage ; sa demeure, plus méridionale que celle du moineau cisalpin, paraît s'étendre depuis le 40e. jusqu'au 35e. degré, puisqu'on le trouve en Sicile, dans l'Archipel, dans le midi de l'Espagne, et jusqu'en Égypte. Je ne connais

cette espèce que par les individus préparés que **M. Nat-**
terer a envoyés de Gibraltar, au cabinet impérial, à
Vienne, et qu'il tua dans le territoire d'Algésiras. J'ai
comparé ces oiseaux avec un moineau reçu très-récemment de Batavia, et je n'ai pu trouver aucune différence
entre ces deux oiseaux de pays et de climats si différens
et si éloignés. Le moineau d'Égypte de M. Savigny ne
diffère point de celui-ci. Il serait bien intéressant de savoir si cette espèce habite tout le midi de l'Espagne jusqu'aux montagnes de la Sierra, et si le moinean que nous
nommons *cisalpin* a établi sa demeure, à partir du revers
de ces montagnes jusqu'aux pieds des Pyrénées ; je suppose
qu'il en est ainsi, mais ces suppositions doivent être confir-
mées par des observations faites sur les lieux.

Nous n'avons aucune notion qui concerne la nourriture
et la propagation de cette espèce, encore très-rare dans les
collections d'histoire naturelle.

GROS-BEC FRIQUET.

FRINGILLA MONTANA. (Linn.)

Sommet de la tête et occiput d'un rouge de cui-
vre ou bai ; espace entre l'œil et le bec, bande sur
les yeux, plumes de l'orifice des oreilles, gorge et
une partie du devant du cou, d'un noir profond ;
tempes et un collier interrompu sur la nuque, d'un
blanc pur ; ailes et queue d'un brun foncé; plumes
du dos et des scapulaires noires dans leur milieu,
et bordées de marron ; deux bandes blanches sur
les ailes ; poitrine d'un cendré pur ; ventre et abdomen blanchâtres ; bec noir. Longueur, à peu près
5 pouces. *Le mâle, adulte et vieux.*

La femelle, a les couleurs plus claires, particulièrement sur la tête ; la tache de l'orifice des oreilles petite; le noir de la gorge moins étendu, et le collier blanc moins apparent.

Varie accidentellement, comme l'espèce précédente.

FRINGILLA MONTANA. Gmel. *Syst.* 1. *p.* 925. *sp.* 27. — Lath. *Ind. v.* 1. *p.* 433. *sp.* 2. — Retz. Linn. *Faun. Suec. p.* 250. — LOXIA HAMBURGIA. Gmel. *Syst.* 1. *p.* 854. *sp.* 68. — PASSER CAMPESTRIS. Briss. *Orn. v.* 3. *p.* 82. *sp.* 3. — PASSER TORQUATUS. Id. *p.* 85. *sp.* 4. — LE FRIQUET. Buff. *Ois. v.* 3. *p.* 489. *t.* 29. *f.* 2. — Id. *pl. enl.* 267. *f.* 1. — Gérard. *Tab. élém. v.* 1. *p.* 175. — LE HAMBOUVREUX. Buff. *Ois. v.* 4. *p.* 398. — TREE SPARROW and HAMBURG GROSBEAK. Lath. *Syn. v.* 3. *p.* 252, *et p.* 149. — Id. *supp. v.* 1. *p.* 163. — Alb. *Ois. v.* 3. *t.* 24. *le mâle variété, et t.* 65. *le vieux mâle.* — Edw. *Glan. t.* 269. *mâle et jeune.* — DER FELDSPERLING. Bechst. *Naturg. Deut. v.* 3. *p.* 124. — Meyer, *Tasschenb. Deut. v.* 1. *p.* 158. — Frisch. *Vög. t.* 7. *f.* 2. *le mâle.* — Naum. *Vög. t.* 1. *f.* 3. — DE RINGMUSCH. Sepp. *Nederl. Vog. t. p.* 79.

Habite : les jardins, les buissons, les lisières des forêts; jamais dans les villes ni dans les villages ; fréquente souvent les champs ; commun dans presque tous les pays , depuis l'Italie et l'Espagne , jusque dans les régions du cercle arctique ; vit en grandes bandes.

Nourriture : en été plus particulièrement des insectes et surtout des chenilles ; en automne, toutes sortes de graines, et en hiver, les pousses de graminées.

Propagation : niche dans les trous des arbres ; pond de cinq jusqu'à sept œufs, d'un blanc cendré très-finement pointillé et parsemé de taches rougeâtres et de cendrées.

GROS-BEC SERIN ou CINI.

FRINGILLA SERINUS. (Linn.)

Front, tour des yeux, joues et une bande au-dessus des yeux qui aboutit sur la nuque, d'un jaune verdâtre nuancé de grisâtre; depuis l'angle du bec se dirige sur les côtés du cou une bande olivâtre; parties supérieures olivâtres avec des nuances cendrées et des taches noirâtres; croupion et poitrine couleur de jonquille, cette dernière partie ondée de cendré; quelques traits foncés et longitudinaux sont disposés sur les côtés de la poitrine et sur les flancs; sur l'aile deux bandes transversales, l'une d'un jaune verdâtre, l'autre d'un brun jaunâtre; queue un peu fourchue; ventre d'un blanc jaunâtre, avec des taches longitudinales noirâtres. Longueur, 4 pouces 4 ou 5 lignes.

***La femelle, en automne,* a les teintes bien plus claires; les parties supérieures nuancées de cendré; les parties inférieures d'un blanc jaunâtre sale, avec un grand nombre de taches longitudinales. Au printemps, les deux sexes ont le jaune du plumage beaucoup plus pur.**

Remarque. On doit observer de ne point confondre cette espèce, ni avec le *Tarin* (*Fringilla spinus*), dont elle diffère par la forme du bec; ni avec le *Venturon*, (*Fringilla citrinella*), dont elle diffère par la distribution des couleurs. Le savant Bechstein, dans la première édition de ses œuvres et de son manuel portatif, avait confondu le *Cini* avec le *Venturon;* cette erreur a été redressée dans la seconde édition. M. Cuvier, *Règ. anim.*, place ce gros-bec avec les *Linottes ;* mais le *Cini* ne peut être compris dans cette famille, son bec fort et bombé l'en éloigne.

Fʀɪɴɢɪʟʟᴀ sᴇʀɪɴᴜs. Gmel. *Syst.* 1. *p.* 908. *sp.* 17. — Lath. *Ind. v.* 1. *p.* 454. *sp.* 69. — Loxɪᴀ sᴇʀɪɴᴜs. Scop. *Ann.* 1, *p.* 205. *trad. de Gunt.* — Meyer, *Tasschenb. Deut. v.* 1. *p.* 146. — Lᴇ Sᴇʀɪɴ ou Cɪɴɪ. Buff. *Ois. v.* 4. *pl. enl.* 658. *f.* 1. — Briss. *Orn. v.* 3. *p.* 179. — Sᴇʀɪɴ ꜰɪɴᴄʜ. Lath. *Syn. v.* 3. *p.* 296. — Gɪʀʟɪᴛᴢ. Bechst. *Naturg. Deut. v.* 3. *p.* 156. *t.* 33. *f.* 1. — Meyer, *Vög. Deut. v.* 1. *t. liv.* 7.

Habite : les contrées méridionales; plus rare dans les provinces du centre de la France et de l'Allemagne; très-abondant en Suisse, dans le midi de la France et de l'Allemagne; très-rarement et seulement de passage accidentel en Hollande. Vit le long des bords des ruisseaux dans les saules et les aunes, souvent aussi sur les arbres fruitiers, sur les chênes et sur les bêtres.

Nourriture : petites graines, telles que sencçon, plantain, morgeline et autres.

Propagation : niche sur les arbres fruitiers, les hêtres et les chênes; pond quatre ou cinq œufs blancs, marqués au gros bout d'un cercle de points et de taches brunes et rougeâtres.

IIᵉ. *SECTION.* — BRÉVICONES.

Le bec est en cône plus ou moins court, droit, et cylindrique, souvent conique partout.

GROS-BEC PINSON.

FRINGILLA COELEBS. (Lɪɴɴ.)

Front noir; haut de la tête et nuque d'un bleu cendré pur; dos et scapulaires châtains, avec une

légère nuance olivâtre ; croupion vert ; toutes les
parties inférieures d'une couleur lie de vin roussâtre, qui devient plus claire sur le ventre, et
blanchâtre sur l'abdomen ; ailes et queue noires ;
deux bandes transversales blanches sur les ailes ;
sur les deux pennes latérales de la queue, une
grande tache conique de cette couleur, souvent
sur la troisième une tache plus petite ; bec d'un
bleuâtre foncé ; iris châtain ; pieds bruns. Longueur, 6 pouces 2 ou 3 lignes. *Le vieux mâle, au
printemps.*

La femelle, est plus petite ; tête, nuque, dos et
scapulaires d'un cendré brun nuancé d'olivâtre ;
toutes les parties inférieures et les joues d'un cendré blanchâtre : les bandes sur l'aile moins prononcées, la supérieure moins large et l'inférieure
d'un blanc jaunâtre ; bec d'un gris blanc en hiver ;
au printemps d'un gris brun.

Le mâle en automne.

Après la mue, les couleurs du plumage sont
plus claires qu'au printemps, parce que toutes les
plumes des parties supérieures et inférieures sont
alors terminées de cendré clair ; ces bords des
barbes en s'usant par les mêmes causes que j'ai allé-
guées dans l'avant-propos, et à l'article de la *Linotte*, il s'ensuit que vers le temps des amours le
plumage du mâle est revêtu de couleurs pures et
brillantes, sans qu'une seconde mue ait opéré ce
changement. En hiver le bec du mâle est blanchâtre.

Varie accidentellement, d'un blanc pur, d'un blanc jaunâtre ; quelques parties du corps blanches ; un collier blanc, ou les ailes et la queue de cette couleur.

Fringilla coelebs. Gmel. *Syst.* 1. *p.* 901. *sp.* 3.—Lath. *Ind. v.* 1. *p.* 437. *sp.* 12. — Retz. *Faun. Suec. p.* 243. *n°.* 220. Le Pinson. Buff. *Ois. v.* 4. *p.* 109. *t.* 4. — Id. *pl. enl.* 54. *f.* 1. *le mâle en automne.* — Gérard. *Tab. élém. v.* 1. *p.* 179. — Chaffinch. Lath. *Syn. v.* 3. *p.* 257. — Id. *supp. v.* 1. *p.* 165. — Penn. *Brit. Zoöl. t.* 5. *f.* 2 et 3. — Alb. *Ois. v.* 1. *t.* 63. *le vieux mâle au printemps.* — Edelfink, gemeine fink. Bechst. *Naturg. Deut. v.* 3. *p.* 75. — Meyer, *Tasschenb. Deut. v.* 1. *p.* 150. — Id. *Vög. Deut. v.* 1. *t. f.* 1 et 2. *le mâle et la femelle au printemps.* — Frisch. *t.* 1. *f.* 1. — Naum. *t.* 2. *f.* 4 et 5. — Schild-vink. Sepp. *Nederl. Vog. t. p.* 141. — Fringillo comune. *Stor. deg. ucc. v.* 3. *pl.* 337. *f.* 1. *le mâle, et f.* 2. *variété jaunâtre.*

Habite : presque tous les pays de l'Europe ; sédentaire dans les contrées méridionales ; de passage régulier dans le plus grand nombre ; vit dans les bois, les buissons et les jardins.

Nourriture : semences de faîne, chanvre, navette, lin, salade, moutarde, millet et avoine, des semences du sapin, du pin, ainsi que de l'ail sauvage.

Propagation : niche sur les arbres ; pond quatre ou cinq œufs, d'un bleu verdâtre clair-semé de taches et de petites bandes d'un brun couleur de café.

GROS-BEC D'ARDENNES.

FRINGILLA MONTIFRINGILLA. (Linn.)

Tête, joues, nuque, côtés du cou et hant du dos couverts de plumes d'un noir brillant ; gorge, devant du cou, poitrine, scapulaires et petites couvertures des ailes d'un beau roux orange ; une étroite bande transversale de cette couleur sur les ailes, qui ont un petit miroir blanc sur l'origine des rémiges ; les trois rémiges extérieures entièrement noires ; croupion et parties inférieures d'un blanc pur ; flancs roussâtres avec des taches noires; queue noire ; la penne extérieure bordée de blanc à sa racine ; les deux du milieu entourées de roux cendré ; bec d'un noir bleuâtre. Longueur, 6 pouces 5 ou 6 lignes. *Le mâle au printemps.*

Remarque. Quoique le mâle de cette espèce, ainsi que le *Pinson ordinaire* (Fringilla cælebs), les *Gros-becs Linotte* et de *montagne* (Fringilla cannabina et montium), et le sizerin (Fringilla linaria), ne muent qu'une fois en automne, les mêmes changemens indiqués dans les articles cités ont lieu chez celle-ci. Le *mâle, après la mue d'automne,* porte des bords assez larges et d'un cendré roussâtre à l'extrémité de toutes les plumes noires des parties supérieures, et le roux orange des parties inférieures paraît également plus terne, par les bords cendrés dont les plumes sont terminées ; en hiver, le bec est jaunâtre à pointe noire, il devient bleuâtre au printemps.

La femelle, a le sommet de la tête d'un roux grisâtre ; une bande noire passe au-dessus des yeux; joues et haut du cou d'un gris cendré ; devant du cou et poitrine d'un roux orange clair ; plumes du dos d'un brun noirâtre , bordées et terminées d'un roux cendré ; scapulaires d'un jaunâtre clair, ailes et queue d'un brun noirâtre. C'est alors, FRINGILLA FLAMMEA. Beseke. *Vög. Curl. p.* 79. *n.* 174. BRAM-BLING. *var. A.* Lath. *Syn. v.* 3. *p.* 362. FRINGILLA LULENSIS. Gmel. *Syst.* 1. *p.* 902. *sp.* 5. *jeune femelle.*—Lath. *Ind. v.* 1. *p.* 452. *sp.* 63. Retz. *Faun. Suec. p.* 245. *n.* 222. *frontispice. t. f.* 2. CHARDON-NERET à QUATRE RAIES. Buff. *Ois. v.* 4. *p.* 210. LULEAN FINCH. Lath. *Syn. v.* 3. *p.* 278. Penn. *Arct. zool. v.* 2. *p.* 380. *B.*

Les jeunes de l'année, ont le plus souvent la gorge blanche ; les autres couleurs du plumage sont peu différentes de celles des vieilles femelles.

Varie accidentellement, d'un blanc pur, jaunâtre ou blanchâtre , avec les couleurs principales du plumage plus ou moins distinctement tracées avec un collier blanc ; la tête blanche , ou toute autre partie du plumage, variée et tapirée de blanc. Les variétés de *la femelle* sont également très-différentes , mais jamais tellement disparates qu'on ne puisse reconnaître l'espèce en faisant attention aux caractères indiqués qui distinguent l'un et l'autre sexe.

Le mâle et la femelle.

FRINGILLA MONTIFRINGILLA. Gmel. *Syst.* 1. *p.* 902. *sp.* 4. — Lath. *Ind. v.* 1. *p.* 439. *sp.* 17. — Retz. *Faun. Suec. p.* 244. *n°.* 221. — LE PINSON D'ARDENNES. Buff. *Ois. v.* 4 *p.* 124. — Id. *pl. enl.* 54. *f.* 2. *le mâle.* — Gérard. *T ab*

élém. v. 1. *p.* 183. — Bramblink or moutain finch. Lath.
Syn. v. 3. *p.* 261. — Penn. *Brit. Zool.. t. v. f.* 4. — Alb.
Ois. t. 64. — Bergfink. Bechst. *Naturg. Deut. v.* 3. *p.* 97.
— Meyer, *Tasschenb. Deut. v.* 1. *p.* 151. — Frisch. *t.* 3.
f. 2. *mauvaise représentation.* — Naum. *t.* 3. *f.* 6 *et* 7.
— Fringillo montanino. *Stor. degl. ucc. v.* 3. *pl.* 338.
f. 2. *le mâle.*

Habite : de passage dans presque toutes les contrées de
l'Europe; sédentaire dans quelques-unes; demeure même
pendant les rigueurs de l'hiver dans les pays du nord de
l'Allemagne, mais toujours accidentellement; de passage
régulier en Hollande.

Propagation : niche sur les pins et les sapins les plus
garnis ; pond cinq œufs tachés de jaunâtre.

GROS-BEC NIVEROLLE.

FRINGILLA NIVALIS. (Linn.)

Sommet de la tête, joues et nuque d'un cendré
bleuâtre; dos, scapulaires et les deux pennes secondaires des ailes les plus proches du corps d'un
brun foncé, toutes ces plumes bordées de brun
plus clair; les couvertures des ailes, les autres
pennes secondaires et celles de la queue d'un blanc
pur; toutes les pennes latérales de la queue terminées par du noir, les deux pennes du milieu, les
grandes couvertures supérieures, et les rémiges d'un
noir profond; parties inférieures blanches ou seulement blanchâtres, suivant les âges; pieds noirs,
bec d'un jaune plus ou moins pur *en hiver; en été*
le bec est noir et les pieds sont bruns. Longueur,
7 pouces. *Le vieux mâle.*

La femelle, diffère *du mâle* en ce que le cendré de sa tête est nuancé de roussâtre, que les parties inférieures sont d'un blanc moins pur, et que les rémiges et les deux pennes du milieu de la queue sont d'un noir brunâtre.

Fringilla nivalis. Gmel. *Syst.* ɪ. *p.* 911. *sp.* 21. — Lath. *Ind. v.* ɪ. *p.* 440. *sp.* ɪ9. — Wils. *Birds of the Un. States. v.* ɪ. *p.* 36. *pl.* 21. *f.* 2. *en plumage 'd'hiver.* — Le Pinson de neige ou niverolle. Buff. *Ois. v.* 4. *p.* 136. — Briss. *Orn. v.* 3. *p.* 162. *t.* 15. *f.* ɪ. — Gérard. *Tab. élém. v.* ɪ. *p.* 264. — Der schnefink. Bechst. *Naturg. Deut. v.* 3. *p.* 136. — Meyer, *Tasschenb. Deut. v.* ɪ. *p.* 161. — Hablizl. Gmel. *Beyt.* 4. *p.* 168. — Pall. *Neu nord. Beyt.* 4. *p.* 46. *la femelle.* — Naum. *Vög. Nachtr. t.* 20. *A. f.* 38. *le vieux mâle.*

Remarque. L'oiseau indiqué par M. Koch, dans son système de la zoologie de Bavière, sous le nouveau nom de *Fringilla saxatilis*, n'est qu'une de ces espèces créées à bon plaisir, fruit d'une stérile compilation, et non d'un examen préalable et de comparaisons faites sur la nature. Cet oiseau n'est qu'un état différent du *pinson de neige*, et tel qu'on voit tous les individus en hiver ; le bec est alors jaune, tandis qu'il est noir en été ; l'espèce ne mue pas deux fois ; elle est également sédentaire en Suissè. Cet oiseau et l'*Accenteur des Alpes* (Accentor alpinus), sont les deux espèces qu'on rencontre sur les plus hautes élévations, près de la région des glaces et des neiges perpétuelles. L'espèce est la même dans l'Amérique septentrionale.

Habite : les plus hautes montagnes de l'Europe, tels que les Alpes suisses, les Pyrénées et les Alpes du nord ; de passage en hiver dans les pays de montagnes ; rarement dans les plaines.

Nourriture : toutes sortes d'insectes, ainsi que les semences du pin, du sapin et des plantes aquatiques.

Propagation : niche sur les rochers, ou dans les crevasses des rocs ; pond de trois jusqu'à cinq œufs, d'un vert
clair parsemé de taches irrégulières et de points cendrés,
mêlés avec des taches d'un vert foncé.

GROS-BEC LINOTTE.

FRINGILLA CANNABINA. (Linn.)

*Bec fort, de la largeur du front, noirâtre ; gorge
blanchâtre, marquée dans le milieu par quelques
taches brunes *.*

Les plumes du front, de la poitrine et des parties latérales de celle-ci, d'un rouge cramoisi terminé par un bord étroit de rouge rose; gorge et
devant du cou blanchâtres, avec des taches longitudinales brunes; haut de la tête, nuque et côtés
du cou d'un cendré pur; dos, scapulaires et couvertures des ailes d'un brun châtain; flancs d'un
brun rougeâtre; milieu du ventre et abdomen
blancs; quelques-unes des rémiges noires, bordées
extérieurement de blanc; queue fourchue, noire ;
les pennes lisérées extérieurement de blanc, et bordées intérieurement par un large espace blanc; iris

---

* Comme la *Fringilla cannabina* et la *Fringilla montium* ont souvent été confondues, j'ai tâché de distinguer ces espèces par un
petit nombre de caractères mis en tête des courtes descriptions et
des synonymes; les *Fringilla linaria* et *montium*, ayant aussi été
confondues, j'ai également placé un signe précis de reconnaissance
à l'article de ma *F. linaria.*

brun ; bec d'un bleuâtre foncé ; pieds d'un brun rouge, plus ou moins pâle. Longueur, 5 pouces. *Le vieux mâle, au printemps.*

Le mâle, après la mue d'automne, à l'âge d'un an accompli. Sur le haut de la tête de grandes taches noires ; le dos roussâtre avec des taches d'un brun châtain, bordées de brun blanchâtre ; la poitrine d'un rouge cendré brun, ou d'un rouge brun avec des bords d'un rouge blanchâtre ; des taches brunes très-prononcées sur les flancs ; couvertures supérieures de la queue noires, bordées intérieurement de blanc et extérieurement de gris roussâtre. (En soulevant les plumes du front et celles de la poitrine, on remarque les indices de couleurs rouges qui ornent l'oiseau au printemps.) Ce sont :

Fringilla linota. Gmel. *Syst.* 1. *p.* 916. *sp.* 67. — Lath. *Ind. v.* 1. *p.* 457. *sp.* 81. — La Linotte ordinaire. Buff. *Ois. v.* 4. *p.* 58. *t.* 1. — Id. *pl. enl.* 151. *f.* 1. — Gérard. *Tab. élém. v.* 1. *p.* 188. — Common linet. Lath. *Syn. v.* 3. *p.* 302.

Remarque. Cet oiseau ne mue qu'une fois l'année, en automne ; cependant son plumage de printemps ou de noces se trouve paré, sur la tête et sur la poitrine, d'une belle teinte rouge ; ceci a lieu par le frottement et par l'action de l'air, qui usent les bords sombres et cendrés des plumes, et font paraître au printemps la couleur rouge, en partie cachée en hiver, sous les bords cendrés dont ces plumes sont terminées. On conçoit que l'âge, et l'époque plus ou moins éloignée du temps de la mue, varient ce plumage à l'infini.

Varie accidentellement, d'un blanc pur, blanchâtre, avec les ailes et la queue comme à l'ordinaire ; les couleurs du plumage faiblement tracées ; une partie du corps blanche ou tapirée de plumes blanches. Tout le plumage noirâtre ou plus sombre qu'à l'ordinaire ; souvent les pieds rouges. C'est alors, FRINGILLA ARGENTORATENSIS. Gmel. *Syst.* 1. *p.* 918. *sp.* 69. — Lath. *Ind. v.* 1. *p.* 468. *sp.* 87. LE GENTYL DE STRASBOURG. Buff. *Ois. v.* 4. *p.* 73. Gérard. *Tab. élém. v.* 1 *p.* 194.

La femelle, qui ne change point de couleurs après l'état d'adulte, est plus petite que le *mâle ;* toutes les parties supérieures d'un cendré jaunâtre, parsemées de taches d'un brun noirâtre ; les couvertures des ailes d'un brun roux terne ; parties inférieures d'un roussâtre clair, mais blanchâtres sur le milieu du ventre, et parsemées sur la poitrine et sur les flancs de nombreuses taches d'un brun noirâtre.

Les jeunes mâles jusqu'au printemps, ont le sommet de la tête et le dos d'un brun roussâtre, marqué de taches lancéolées d'un brun foncé ; joues et nuque cendrées ; toutes les parties inférieures d'un blanc légèrement roussâtre, marquées sur le milieu de la gorge et sur la poitrine de taches longitudinales d'un brun foncé ; sur les flancs de larges taches d'un brun roussâtre, et sur les couvertures de la queue, de larges taches lancéolées, noirâtres ; pieds couleur de chair ; base du bec d'un bleu livide ; c'est alors, Meyer. *Vög. Heft. t. f.* 3. *et* Frisch. *Vög. Deutschl. t.* 9. *f. A. et B.*

Remarque. Les variétés du jeune, décrites par Meyer,

sous la lettre *c*, et celle de la lettre *e*, doivent être rangées avec l'espèce suivante.

Les vieux, mâle et femelle.

FRINGILLA CANNABINA. Gmel. *Syst.* 1. *p.* 916. *sp.* 28. — Lath. *Ind. v.* 1. *p.* 458. *sp.* 82.—Retz. *Faun. Suec. p.* 247. *n°.* 226. — LA GRANDE LINOTTE DE VIGNES. Buff. *Ois. v.* 4. *p.* 58. — Id. *pl. enl.* 485. *f.* 1. *le mâle prenant sa parure, et pl. enl.* 151. *f.* 2. *le très-vieux mâle :* (sous le faux nom de petite linotte de vignes *.—Id. *pl. enl.* 151. *f.* 1. *une Linotte femelle, ou bien le mâle en automne.* Gérard. *Tab. élém. v.* 1. *p.* 190. — GREATER RED HEADED LINET OR REDPOLE. Lath. *Syn. v.* 3. *p.* 304. — Id. *supp.* *p.* 176. — BLUTHANFLING. Bechst. *Naturg. Deut. v.* 3. *p.* 141. — Id. *Tasschenb. p.* 121. — Meyer, *Tasschenb.* *v.* 1. *p.* 163.—Id. *Vög. Deut. v.* 1. *t. f.* 1 *et* 2. — Frisch, *Vög. t.* 9. *f.* 1 *et* 2. — Naum. *Vög. t.* 5. *f.* 10. *vieux mâle, et f.* 11. *femelle.* — VLASVINK. Sepp. *Nederl. Vog.* *v.* 2. *t. p.* 157. — MONTANELLO MAGGIORE. *Stor. deg. ucc.* *v.* 3. *pl.* 357. *f.* 1.

Habite : dans les lieux montueux, dans les vignobles, les taillis et à la lisière des bois ; moins souvent dans les haies et dans les buissons ; très-abondant en Hollande.

Nourriture : graines de plantain, de dent-de-lion, de navette, de choux, de lin et de chanvre ; en hiver, l'intérieur des boutons des chênes et des peupliers.

Propagation : niche indifféremment, dans les vignes, dans les buissons, dans les charmilles et dans les haies ; pond de quatre à six œufs, d'un blanc bleuâtre avec des points et des petites raies couleur de chair.

---

* La description du *Sizerin*, dans laquelle Buffon a été sans doute par erreur cette *pl.* 251 *f.* 2, appartient au *Fringilla linaria ;* et il aurait dû citer, dans cette description du *Sizerin*, celle du *Cabaret.*, *pl.* 485. *f.* 2.

GROS - BEC A GORGE ROUSSE ou DE MONTAGNE.

FRINGILLA MONTIUM. (Gmel.)

Bec formant un triangle parfait; gorge rousse, sans aucune tache ; pieds noirs.

Gorge, devant du cou, de larges sourcils et toute la région des yeux d'un roux clair ; plumes du sommet de la tête ; de la nuque et du dos d'un noir profond dans le milieu, et bordées de roux ; côtés du cou, poitrine et flancs d'un roux clair, marqué de grandes taches noirâtres ; croupion d'un beau rose foncé ; milieu du ventre et abdomen blancs ; deux bandes d'un roux blanchâtre sur le milieu des ailes ; iris brun; bec d'un jaune de cire ; pieds noirs. Longueur, 4 pouces 6 ou 7 lignes. *Le mâle au printemps.*

Les femelles et les jeunes de l'année, diffèrent en ce que le roussâtre de toutes les parties est plus clair ; que les grandes taches longitudinales qui occupent le centre des plumes des parties supérieures sont d'un brun très-foncé, au lieu de noir profond, comme chez les vieux mâles au printemps; que le croupion est rayé comme les autres parties supérieures sans aucune nuance rose; enfin que le bec est d'un jaune plus clair, et qu'il a une tache noire vers la pointe.

Les vieux mâles, après la mue d'automne, ne se distinguent des jeunes que par de faibles nuances plus foncées; chez eux le croupion conserve une teinte roussâtre rose, marquée de taches brunes.

Fringilla montium. Gmel. *Syst.* 1. *p.* 907. *sp.* 68. —
Lath. *Ind. v.* 1. *p.* 459. *sp.* 84. — La Linotte de montagne. Vieill. *Mém. de l'Acad. de Turin, année* 1816.
p. 212. *description très-exacte.* — Arktische fink. Bechst.
Tasschenb. p. 125. *sp.* 9. — Id. *Naturg. Deut. v.* 3.
p. 139. — Gelbschnabliche fink. Naum. *Vög. t.* 20. *f.* 39.
figure très-exacte du vieux mâle. — Frisch. *t.* 10. *f.* 1.
les femelles ou les jeunes. — Mootain Linet. Lath. *Syn.*
v. 3. *p.* 307.

Remarque. M. Vieillot, dans les *Memories della R. Academia di Torino*, précités, a très-exactement observé,
en parlant de la première édition du Manuel, que je ne
connaissais point alors le gros-bec qui fait le sujet du
présent article. J'en ai reçu depuis par les soins de M. Boié,
voyageur distingué, qui a parcouru une partie de la Suède et
de la Norvége ; les chasses faites dans mon dernier voyage,
m'en ont aussi fourni un bon nombre. Les observations
de ce naturaliste français venant à l'appui des nôtres, il
ne reste plus aucun doute sur l'existence de cette· espèce,
et sur la différence de *F. flavirostris* et *F. montium ;* le
premier est simplement un *Sizerin*, ainsi que Retz, *Fauna
Suecica* le juge aussi, et comme je l'ai déjà indiqué dans ma
première édition. Il n'en est pas de même du *Fringilla
flavirostris*, indiqué très-récemment par Nilsson. *Faun.
Suec. v.* 1. *p.* 140. *n°.* 71. *t.* 4. *figure reconnaissable ;* sous
ce nom, l'auteur cité décrit très-exactement notre oiseau. Je
crois que Pallas et Linné *Faun. Suec.*, ont aussi eu la même
espèce en vue dans leur *flavirostris ;* mais les indications de
Retz, Gmelin et Latham ont rapport au *Sizerin*. Il faudrait
souvent des pages pour débrouiller le chaos et indiquer les
nombreuses erreurs de compilation.

Habite : les contrées arctiques ; très-commun en été
en Écosse, en Norvége et en Suède ; rare en Russie et dans
les contrées orientales de l'Allemagne ; en automne, de
passage périodique dans quelques contrées d'Allemagne,

de France et de Hollande ; accidentellement en Suisse et dans le midi de la France , où l'on ne voit que des jeunes.

Nourriture : exactement la même que celle de la linotte. *F. cannabina ,* avec laquelle cette espèce voyage assez habituellement en bandes plus ou moins nombreuses , mais seulement en automne. C'est le *Riska* des Suédois.

Propagation : niche probablement très-avant dans le nord.

IIIe. *SECTION.* — LONGICONES.

Bec en cône droit, long et comprimé ; pointe des deux mandibules aiguë.

GROS-BEC VENTURON.

FRINGILLA CITRINELLA. (Linn.)

Front, sommet de la tête, tour des yeux, gorge, devant du cou, poitrine et milieu du ventre d'un vert jaunâtre ; occiput, nuque , côtés du cou et flancs cendrés ; dos , scapulaires, couvertures des ailes et une bande transversale sur celles-ci , d'un vert jaunâtre foncé, nuancé de grisâtre ; croupion d'un jaune verdâtre ; ailes et queue noires , les pennes lisérées de cendré verdâtre. Longueur , 4 pouces 6 ou 7 lignes.

La femelle , diffère en ce que les couleurs sont moins vives ; le cendré des côtés du cou s'étend plus sur le devant, et les nuances des plumes du dos sont plus cendrées ; ces plumes ont un trait brun le long des baguettes.

Fringilla citrinella. Gmel. *Syst.* 1. *p.* 908. *sp.* 16. —

Lath. *Ind. v.* 1. *p.* 454. *sp.* 70. — Emberiza brumalis.
Scop. *Ann. v.* 1. *p.* 145, *n°.* 213. Gmel. *Syst.* 1. *p.* 873.
sp. 41. — Lath. *Ind v.* 1. *p.* 412. *sp.* 47. — Fringilla
brumalis. Bechts. *Naturg. Deut. v.* 3. *p.* 240. *f.* 3. —
Le Venturon de Provence. Buff. *Ois. pl. enl.* 658. *f.* 2. —
Bruant du Tyrol. Sonn. *nouv. édit de* Buff. *Ois. v.* 13.
p. 130. — Citril-finch. Lath. *Syn. v.* 3. *p.* 297. — Bru-
mal bunting. Lath. *Id. p.* 199. — Citronen-fink. Meyer,
Tasschenb. Deut. v. 1. *p.* 175. — Id. *Vög. Deut. v.* 1.
t. f. 1 *et* 2. *mâle et femelle.*

Habite : sur les montagnes, dans les taillis des pins
et des sapins ; très-commun dans les provinces méridionales de l'Europe, en Grèce, en Turquie, en Italie et le
long de la Méditerranée ; abondant en Suisse et dans le
Tyrol ; de passage accidentel en Allemagne et en France ;
jamais en Hollande.

Nourriture : semences des arbres et des plantes alpestres.

Propagation : niche dans les fourrés des sapinières ;
pond trois ou cinq œufs blanchâtres avec de grandes taches
d'un rouge de brique, ou avec de nombreuses petites taches
de cette couleur.

GROS-BEC TARIN.

FRINGILLA SPINUS. (Linn.)

Sommet de la tête et gorge d'un noir profond ;
du noir varié de verdâtre sur la nuque ; une large
bande jaune derrière les yeux ; cou, poitrine,
ventre, base des pennes de la queue et des rémiges jaunes ; dos et scapulaires d'un verdâtre nuancé
de cendré, sur chaque plume de ces parties une petite tache longitudinale noirâtre ; deux bandes sur
l'aile, l'une noire, et l'autre d'un vert jaunâtre ;

ailes et extrémité des pennes de la queue noires,
toutes lisérées de vert jaunâtre; flancs et abdomen
blanchâtres avec des taches longitudinales noires.
Longueur, 4 pouces 4 ou 5 lignes. *Le mâle.*

La femelle, a toutes les parties supérieures, les
joues et les côtés du cou cendrés avec des taches
noires longitudinales; toutes les parties inférieures
blanchâtres, mais variées par un grand nombre de
taches longitudinales de couleur noire, disposées
sur les flancs, sur les côtés du cou et sur les couvertures inférieures de la queue; la bande transversale sur l'aile d'un blanc jaunâtre; les pennes
secondaires bordées de jaune clair.

Varie accidentellement, d'un blanc pur, tapiré
de plumes blanches, d'un blanc jaunâtre avec les
couleurs du plumage faiblement prononcées; rarement noirâtre ou varié de grandes taches noires.

Fringilla spinus. Gmel. *Syst.* 1. *p.* 914. *sp.* 25. —
Lath. *Ind. v.* 1. *p.* 452. *sp.* 65. — Le Tarin. Buff. *Ois.*
v. 4. *p.* 221. — Id. *pl. enl.* 485. *f.* 3. *le mâle.* — Gérard.
Tab. élém. v. 1. *p.* 207. — Siskin. Lath. *Syn. v.* 3. *p.* 289.
— Penn. *Arct. Zool. v.* 2. *p.* 383. — Id. *Brit. Zool. t. V.*
f. 5. — Alb. *Ois. v.* 3. *t.* 76. — Erlenzeizig. Bechst.
Naturg. Deut. v. 3. *p.* 220. — Meyer, *Tasschenb. Deut.*
v. 1. *p.* 170. — Frisch. *t.* 11. *f.* 1. *A. et B. mâle et fe-*
melle. — Naum. *t.* 6. *f.* 13 *et* 14. *mâle et femelle.* — De
sys. Sepp. *Nederl. Vog. t. p.* 135. *f.* 1. *et* 2. *deux mâles.*

Habite : les pays du nord jusqu'en Suède, mais point
en Sibérie; fréquente les forêts noires et celles d'aunes : de
passage périodique en France et en Hollande.

Nourriture : semences de l'aune, du pin, de l'orme,
de la bardane, du ronce, et autres.

Propagation : niche sur les rameaux les plus élevés du pin : pond cinq œufs d'un blanc grisâtre, parsemé de petits points d'un brun pourpré.

GROS-BEC SIZERIN*.

FRINGILLA LINARIA. (Linn.)

Bec en cône long, comprimé, effilé et très-acéré à la pointe ; gorge noire.

Front, espace entre l'œil et le bec, et la gorgerette noirs ; haut de la tête d'un cramoisi foncé ; parties latérales de la gorge, devant du cou, poitrine, parties latérales du ventre et croupion d'un

---

* Cet article, qui est mot à mot ainsi dans la première édition, a trouvé en M. Vieillot, voyez *Memorie della R. Academia di Torino, année 1816, p.* 193 *et suivantes,* des critiques peu exactes. Cet auteur dit, p. 202, que je parle de l'espèce sans la connaître, expression pour le moins hasardée. Dans le Mémoire cité, l'auteur dit, *que je n'ai point fait mention du rouge sur le croupion de mon Sizerin mâle, et que ce rouge n'existe point.* A quoi je me vois forcé de répondre que, si M. Vieillot veut bien se donner la peine de lire, il trouvera ici, comme dans la première édition p. 226, qu'il est dit : *Parties latérales du ventre et croupion d'un cramoisi clair.* Je suppose que tous ceux qui ont vu un *Sizerin* autrement qu'en cage savent que le mâle en plumage parfait a du cramoisi clair ou du moins du rouge sur le croupion. Je n'ai point encore vu dans la nature les deux espèces distinctes que M. Vieillot assure exister ; car, indépendamment de mes observations dans le cours de mes différens voyages, j'ai encore informé plusieurs de mes correspondans naturalistes du fait avancé par M. Vieillot; tous ne connaissent que le seul *Sizerin* dont le *Cabaret* n'est qu'un double emploi : au reste, j'ai vu à Turin les deux oiseaux envoyés par M. Vieillot au cabinet de cette ville; ce ne sont tous deux que de vrais *Sizerins,* pas tout-à-fait en livrée complète, mais le cramoisi clair est très-visible sur le croupion.

cramoisi clair; ventre d'un blanc rose; sur les flancs
et sur les couvertures inférieures de la queue des
taches longitudinales noirâtres; parties supérieures
d'un cendré roux avec des taches longitudinales
noires, ailes et queue noires; les pennes bordées
de cendré roux; sur l'aile deux bandes transversales; bec jaune, à pointe noire; pieds bruns. Longueur, 5 pouces. *Le très-vieux mâle , au printemps.*

La vieille femelle, a seulement une partie du
haut de la tête cramoisie; point de rouge sur le
croupion , ni sur les parties inférieures; la gorge
noire; les parties latérales de la gorge, la poitrine
et le milieu du ventre blanchâtres; flancs et abdomen roussâtres, marqués de grandes taches longitudinales , noires. *Les très-vieilles femelles* ont
souvent un peu de couleur rose sur la poitrine.

Les jeunes, après leur première mue, ont déjà
un peu de rouge foncé sur la tête; tour du bec
cendré; gorgerette noirâtre; les côtés de la gorge,
le cou , la poitrine , les flancs et les parties supérieures d'un roux clair, mais avec des taches longitudinales brunes, disposées sur les parties supérieures et sur les flancs; deux bandes rousses sur
les ailes; celles-ci et les pennes de la queue d'un
brun noirâtre bordé de cendré roux; milieu du
ventre et abdomen blancs.

FRINGILLA LINARIA. Gmel. *Syst.* 1. *p.* 917. *sp.* 29. —
Lath. *v.* 1. *p.* 458. *sp.* 83. — Retz. *Faun. Suec. p.* 248.
sp. 227. — Wils. *Birds of the Un. States. v.* 4. *p.* 42.

pl. 3o. *f.* 4. *individu en plumage complet d'été.* — Le
Sizerin. Buff. *Ois. v.* 4. *p.* 216. *description du vieux*
mâle *. — Le Cabaret. Buff. *Ois.* 4. *p.* 76. *et* Id. *pl.*
enl. 485. *f.* 2. *le mâle.* — Petite Linotte de vignes.
Briss. *Orn. v.* 3. *p.* 138. *le vieux mâle.* — Petite Linotte ou cabaret. Briss. *Orn. v.* 3. *p.* 142. *le jeune mâle*
en hiver. — Lesser red pole ad twite Lath. *Syn. v.* 3.
p. 3o5 *et* 3o7. — Id. *supp. v.* 1. *p.* 167. — Alb. *Ois. v.* 3.
t. 75. *deux mâles en hiver.* Montanello minore. *Stor.*
deg. ucc. v. 3. *pl.* 356. *f.* 2. *vieux mâle.* — Bergzeisig.
Bechst. *Naturg. Deut. v.* 3. *p.* 231. — Meyer, *Tasschenb.*
Deut. v. 1. *p.* 171. — Frisch. *Vög. t.* 10. *f.* 2. *mâle et*
femelle. — Naum. *Vög. t.* 6. *f.* 15 *et* 16. *vieux mâle et*
femelle , figures exactes.

Remarque. Il existe, dans cette espèce comme chez la
Fringilla cannabina , Fringilla pyrrhula Alauda
cristata , perdix cinerea , et chez plusieurs espèces d'oiseaux de marais, des individus, souvent des compagnies
entières, dont les dimensions sont moins fortes ; nous avons
observé que ces variétés plus ou moins constantes dépendent de causes purement accidentelles et locales. Il me paraît qu'il en est ainsi du *Sizerin* et du prétendu *Cabaret ,*
qu'on veut faire passer comme deux espèces distinctes. Les
individus que j'ai reçus de l'Amérique septentrionale ne
diffèrent point de ceux d'Europe.

Remarque. Comme synonyme appartenant à un *jeune*
Sizerin avant la seconde mue , on doit encore énumérer.

Fringilla flavirostris. Linn. *Faun. Suec. édit. de*
Retz. *t. frontispice ; une jeune femelle.* —Gmel. *Syst.* 1.
p. 915. *sp.* 27. — Lath. *Ind. v.* 1. *p.* 438. *sp.* 16. —

---

* La *pl. enl.* 151. *f.* 2. que Buffon cite dans sa description du
Sizerin , n'appartient point ici ; elle représente une *Linotte de vigne*
(Fringilla cannabina.)

ARCTIC FINCH. Penn. *Arct. Zool. v.* 2. *p.* 379. — Lath.
Syn. v. 3. *p.* 260. Mais on doit se garder d'y comprendre
les citations de Brisson et de Buffon, du *Pinson brun* ,
et le *Flavirostris* de Pallas et de Nilsson qui ont voulu
indiquer notre *Fringilla montium*.

Habite : les contrés du cercle arctique et les pays
tempérés de l'Europe ; vit jusque vers la Sibérie et le
Kamtschatka ; également abondant dans l'Amérique septentrionale : de passage périodique dans certains cantons
de la France : rarement en Hollande.

Nourriture : semences de l'aune, du pin, ronce, lin ,
navette ; et, en hiver, les bourgeons de l'aune.

Propagation : niche dans les taillis d'aunes et sur les
rameaux des pins : pond cinq œufs , d'un blanc bleuâtre
varié de nombreuses taches rougeâtres, disposées seulement sur le gros bout.

GROS-BEC CHARDONNERET.

FRINGILLA CARDUELIS. (LINN.)

Tour du bec , occiput et nuque d'un noir profond ; front et gorge cramoisi ; joues , devant du
cou et parties inférieures d'un blanc pur ; dos ,
scapulaires et parties latérales de la poitrine d'un
brun foncé ; moitié supérieure des pennes de l'aile
d'un jaune pur, le reste noir avec des taches blanches vers le bout ; queue noire, une longue tache
blanche sur les barbes intérieures des pennes latérales , les autres terminées de blanc ; bec blanchâtre, à pointe noirâtre ; iris châtain. Longueur,
5 pouces 4 ou 5 lignes. *Le mâle.*

La femelle , a le cramoisi du front et de la gorge
moins étendu et moins pur ; joues colorées de brun

clair ; petites couvertures des ailes brunes ; parties inférieures plus nuancées de roussâtre ; le jaune et le noir des pennes alaires moins vif.

Varie accidentellement, d'un blanc pur, blanchâtre avec les couleurs ordinaires faiblement marquées ; le rouge plus ou moins vif, et le reste blanchâtre ; souvent tapiré irrégulièrement de plumes blanches. D'un brun noirâtre et quelquefois approchant du noir, lorsque l'individu a été nourri de graine de chanvre et tenu à l'obscurité.

Fringilla carduelis. Gmel. *Syst.* 1. *p.* 903. *sp.* 7. — Lath. *Ind. v.* 1. *p.* 449. *sp.* 58. — Retz. *Faun. Suec. p.* 245. *n°.* 223. — Le Chardonneret. Buff. *Ois. v.* 4. *p.* 187. *t.* 10. — Id. *pl. enl.* 4. *f.* 1. *le mâle.* — Gérard. *Tab. élém. v.* 1. *p.* 202. — Gold-finch. Lath. *Syn. v.* 3. *p.* 281. — Penn. *Arct. Zool. v.* 2. *p.* 283. — Alb. *Ois. t.* 64. *le mâle.* — Id. *v.* 3. *t.* 70. *f.* A. *variété noirâtre*, *et f.* B. *le mâle.* Distel zeisig. Bechst. *Naturg. Deut. v.* 3. *p.* 200. — Meyer, *Tasschenb. Deut. v.* 1. *p.* 167. — Frisch. *t.* 1. *f.* 2. A. *et* B. — Naum. *t.* 5. *f.* 12. *le mâle.*

Habite : depuis les îles méridionales de l'Archipel jusqu'en Sibérie ; commun dans plusieurs parties de la France et de l'Allemagne ; de passage en Hollande.

Nourriture : toutes sortes de graines et de semences huileuses.

Propagation : niche habituellement dans les vergers, sur les poiriers, les pommiers, les tilleuls et autres arbres à la lisière des forêts : pond jusqu'à six œufs obtus, d'un vert clair, marqués de taches isolées rougeâtres, et vers le gros bout quelques traits d'un rouge noirâtre.

ORDRE CINQUIÈME.

ZYGODACTYLES. — ZYGO-DATYLI.

Bec de forme variée, plus ou moins arqué, ou très-crochu, souvent droit et angulaire. Pieds, toujours deux doigts devant et deux derrière, le doigt extérieur de derrière souvent réversible.

Cet ordre d'oiseaux se compose de quelques espèces dont le doigt externe peut à volonté se diriger en arrière ou en avant, et d'un grand nombre qui ont habituellement les doigts par paires: il résulte de cette conformation un appui plus solide, que quelques genres mettent à profit pour se cramponner et pour escalader le tronc et les branches des arbres *; tandis que d'autres s'en servent encore avec avantage comme moyens de préhension **. Les genres de cet ordre qui vivent en Europe se nourrissent presque exclusivement de chenilles, de vers ou de larves d'insectes, ces alimens sont également propres aux espèces exotiques analogues ; plusieurs genres étrangers, à bec gros et courbé, donnent la préférence aux fruits mous, d'autres à bec très-fort et crochu se nourrissent d'amandes et de noyaux.

* Comme dans le plus grand nombre des espèces qui composent les genres *Picus*, *Yunx* et *Psittacus*.

** Comme toutes les espèces du genre *Psittacus*.

Le plus grand nombre de ces oiseaux , à doigts disposés par paires , nichent dans les trous naturels des vieux arbres ; quelques espèces forment , à l'aide du bec tranchant , les trous qui leur servent de gîte. Cet ordre se divise assez naturellement, suivant la forme du bec, en deux familles.

Remarque. Dans la première édition, j'ai réuni, non sans quelques hésitations , sous le nom de *Scansores* ou *Grimpeurs* , tous ces genres qui paraissent doués de l'habitude de se cramponner ou de se suspendre au moyen des doigts et des ongles aux troncs et aux branches des arbres. Plusieurs remarques m'ont été faites contre cette réunion de formes de pieds si différentes , ainsi que contre le nom donné à cet ordre. En effet, plusieurs groupes d'oiseaux exotiques, ainsi que les *Coucous* d'Europe, ne sont en aucune manière doués d'une habitude que le nom de *Grimpeur* induit à supposer : la classification de M. Cuvier pèche par le même défaut ; mais celle de M. Vieillot * vient au-devant de cette incohérence ; ses tribus, sous les noms de *Zygodactyles* et de *Anisodactyles*, sont parfaitement bien imaginées ; j'en fis déjà l'observation dans une brochure publiée contre cette nouvelle classification **. Ici j'utilise la manière de voir de M. Vieillot, mais en faisant usage des noms qu'il donne à ses deux tribus des *Sylvains*, comme indications de deux ordres que je crois utile d'établir dans le système, et qui remplaceront plus convenablement l'ordre des *Grimpeurs*.

---

* Analyse d'une nouvelle Ornithologie élémentaire.

** Observations sur la classification méthodique des oiseaux, etc.

c

PREMIÈRE FAMILLE.

Bᴇᴄ plus ou moins arqué. Pɪᴇᴅs, deux doigts devant et le plus habituellement deux derrière ; quelquefois le doigt extérieur de derrière réversible.

~~~~~~~~~~~~~~~~~~~~

GENRE VINGT-NEUVIÈME.

COUCOU. — *CUCULUS.* (Lɪɴɴ.)

Bᴇᴄ de la longueur de la tête, comprimé, faiblement arqué; mandibules sans échancrures. Nᴀʀɪɴᴇs basales, percées dans les bords de la mandibule, entourées d'une membrane nue et proéminente. Pɪᴇᴅs emplumés au-dessous du genou ; deux doigts devant, soudés à leur base; deux doigts derrière, entièrement divisés, l'extérieur réversible. Qᴜᴇᴜᴇ longue, plus ou moins étagée. Aɪʟᴇs médiocres ; la 1ʳᵉ. rémige de moyenne longueur ; la 2ᵉ. un peu plus courte que la 3ᵉ., qui est la plus longue.

Ces oiseaux sont farouches ; ils vivent solitaires, ne construisent point de nids ; la femelle transporte (*on ne sait point encore positivement par quel moyen*) les œufs qu'elle pond, dans le nid° de différentes espèces de petits oiseaux, qui couvent l'œuf et élèvent le jeune ; c'est le plus souvent dans les nids des espèces du genre *Bec-fin*, du *Pipit*, du *Merle*, et quelquefois de la *Pie-grièche* que les *Coucous* déposent un œuf. Ils vivent d'insectes,
~~~~~~~~~~~~~~~~~~~~

particulièrement de chenilles velues, dont ils dégorgent la peau après la digestion ; ils mangent aussi les œufs des autres oiseaux. Leur mue n'a lieu qu'une fois l'année ; dans le grand nombre des espèces exotiques il est rare de trouver des différences marquées entre le mâle et la femelle ; il n'en existe aucune chez l'espèce indigène ; les jeunes diffèrent bien plus des adultes.

Remarque. Les coucous étrangers, à ailes courtes et à rémiges étagées, forment sous le nom de *Coua* un genre distinct ; ceux-ci construisent des nids et élèvent leurs petits, les autres caractères essentiels de ces *Coucas* ne diffèrent presque point. D'autres coucous étrangers, tels que les *Coucals* qui ont un ongle postérieur très-long, les *Indicateurs*, les *Courols* et les *Malcohas* forment autant de genres distincts, dont les espèces ont été réunies par Linnée dans son genre *Coucou* ; les *Barbacous* viennent se grouper après les *Tamatias*, dont ils forment une section. Les *Touracous* sont du genre *Musophaga* ; mon ami Le Vaillant a établi le premier tous ces groupes différens.

COUCOU GRIS.

CUCULUS CANORUS. (Linn.)

Toutes les parties supérieures, le cou et la poitrine d'un cendré bleuâtre, mais plus foncé sur les ailes, et d'une teinte claire sur le cou et sur la poitrine ; ventre, cuisses, abdomen et couvertures inférieures de la queue blanchâtres, avec des raies transversales d'un brun noirâtre ; sur les barbes intérieures des pennes alaires sont des grandes taches blanches de forme ovoïde ; pennes de la queue noirâtres avec quelques petites taches blanches, disposées le long de la baguette, toutes terminées de blanc ; bord membraneux du bec et tour des

yeux d'un jaune orange ; iris et pieds jaunes. Longueur, 10 pouces 6 ou 8 lignes.

La femelle adulte, est un peu moins grande,
mais ne diffère du reste en aucune manière du
mâle dans le même état.

CUCULUS CANORUS. Gmel. *Syst.* 1. *p.* 409. *sp.* 1. — Lath.
Ind. v. 1. *p.* 207. *sp.* 1. — Retz. *Faun. Suec. p.* 99.
n°. 50. — LE COUCOU GRIS. Buff. *Ois. v.* 6. *p.* 305. — Id.
pl. enl. 811. — Gérard. *Tab. élém. v.* 2. *p.* 17. Le Vaill.
Ois. d'Afriq. v. 5. *pl.* 202. *le vieux d'Europe ; et
pl.* 200. *le même d'Afrique* — COMMUN CUCKOW. Lath.
Syn. v. 2. 509.—Id. *supp. v.* 1. *p.* 98. — ASCH-GRAUER
ODER GEMEÏNE KUKUK. Bechst. *Naturg. Deut. v.* 2. *p.* 1120.
— Meyer, *Tasschenb. Deut. v.* 1. *p.* 110. — Id. *Vög.
Deut. v.* 1. *t. Heft.* 5. — Frisch. *t.* 40. *l'oiseau adulte.*
Naum. *Vög. t.* 45. *f.* 102. *le vieux mâle.* — CUCULE CENE-
RINO. *Stor. deg. ucc. pl. v.* 1. *pl.* 67. *le vieux mâle.*—
CUCULE DI COLOR VARIO. Id. *pl.* 69. *un oiseau avant sa
seconde mue.* — DE KŒKŒK. Sepp. *Nederl. Vog. v.* 2.
t. p. 117.

Les jeunes, au sortir du nid, ont toutes les
parties supérieures d'un cendré brun ; les plumes
et les pennes terminées par une bande blanche ;
des taches rousses disposées sur les ailes, et celles
de forme ovoïde sur les barbes intérieures des
pennes, également rousses ; une grande tache blanche sur l'occiput ; devant du cou et poitrine rayés
de bandes noirâtres très-rapprochées ; ventre,
cuisses et abdomen blanchâtres avec des raies
noires, comme chez les adultes ; c'est alors, COU-
COU VULGAIRE JEUNE. Le Vaillant. *Oiseau d'Afriq. v.*
5. *pl.* 203. *fig. très-exacte.*

Les jeunes tels qu'ils émigrent en automne, ont toutes les parties supérieures d'une seule nuance de cendré olivâtre très-foncé ; sur la nuque sont quelques bandes roussâtres peu distinctes ; des bandes roussâtres plus larges sont disposées sur les pennes secondaires des ailes ; la gorge et la poitrine sont rayées transversalement de cendré roussâtre et de noir , mais tout le reste du plumage est absolument comme chez les individus adultes ; c'est alors ,

Cuculus canorus rufus. Gmel. *Syst.* 1. *p.* 409. *sp.* 1. *var. B.* — Le Coucou vulgaire premier age. Le Vaill. *Ois. d'Afriq. v.* 5. *pl.* 201. *figure très-exacte.* — De rosse koekoek. Sepp. *Nederl. Vog. v.* 4. *t. p.* 227. — Cucule rossicio. *Stor. deg. ucc. v.* 1. *pl.* 68. — Frisch. *Vog. t.* 41.

Remarque. En Afrique le *Coucou gris* a le même plumage qu'en Europe ; la couleur cendrée est seulement plus pure, et les taches blanches et noires de la queue plus grandes. On le trouve également dans quelques parties de l'Asie. L'oiseau que les naturalistes signalent sous le nom de *Coucou roux* ne me parait autre chose qu'un état différent du *Coucou gris*, probablement ce même oiseau *âgé d'un an*. Plusieurs naturalistes ont pris le jeune coucou pour le coucou roux, parce que la livrée du jeune âge offre toujours quelques légères traces de raies rousses ; j'ai fait mention de ces auteurs dans les synonymes au paragraphe où je décris la livrée du jeune âge. D'autres ont voulu faire passer le *Coucou roux* pour la femelle du *gris ;* mais ceux-là se trompent également, car il n'existe aucune différence dans le plumage des sexes ; plusieurs *Coucous roux* que j'ai disséqués étaient mâles.

Habite : les bois et les buissons , dans le voisinage des

prairies ; vit dans le midi comme dans le nord, où il est de passage régulier ; beaucoup plus rare en Italie et dans les contrées orientales que le soi-disant coucou roux. A peu près le même en Asie et en Afrique.

Nourriture : chenilles rases et velues, sauterelles, limaçons, phalènes et hannetons. Après la digestion, la peau et les corps durs se forment en pelote, qu'il dégorge, comme le font les oiseaux de proie.

Propagation : Il est à présumer, d'après les observations de Le Vaillant, que la femelle coucou pond son œuf à terre, qu'elle le saisit avec le bec et le transporte dans sa gorge (à cette fin très-élargie), jusque dans le nid des petits oiseaux, auxquels la couvaison et l'éducation du jeune animal sont confiées ; telles sont quelques espèces du genre *Bec-fin* et du genre *Pipit.* La ponte est de cinq ou six œufs arrondis, très-petits, d'un blanc verdâtre ou bleuâtre ; d'un blanc jaunâtre ou grisâtre, toujours avec des taches olivâtres, ou avec des taches cendrées ; et ces couleurs varient d'une année à l'autre, et suivant la localité.

Le Coucou roux ou le Cuculus hœpaticus des méthodes.

N'est, selon mes observations, que le coucou gris vulgaire dans sa seconde année. Les recherches que j'ai faites à cet égard sont peut-être assez intéressantes pour que j'entre dans quelques détails, quoique ce soit contre les règles que je me suis prescrites dans cet ouvrage. Il est certain que tous les oiseaux qui émigrent voyagent en troupe ou en famille ; que les jeunes chez le plus grand nombre ne voyagent point avec les vieux, ou que, partant en famille, ils se séparent pour se réunir en troupes composées d'individus du même âge ; les jeunes reviennent rarement dans les mêmes lieux qui les ont vus naître, ce qu'il est très-facile de suivre chez toutes ces espèces où ceux-ci ont be-

soin de plusieurs années et l'accomplissement de plusieurs
mues avant de se revêtir de la livrée des vieux. Dans telle
contrée on ne trouve que les jeunes âgés d'un ou de deux
ans, dans telle autre que des individus adultes, et jamais
ou très-accidentellement des individus dont le plumage indique qu'il n'est point encore parvenu à l'état d'adulte,
mêlés avec ceux dont le plumage a acquis son dernier degré de perfection ou de stabilité. Tous les oiseaux du genre
*Falco, Ardea, Podiceps, Colymbus, Larus, Lestris,
Pelecanus, Carbo*, et quelques espèces d'autres genres
en fournissent de nombreuses preuves, qu'il serait trop
long de détailler ici ; voici cependant quelques faits. Dans
le midi de l'Europe on ne voit que le *Falco nævius* marqué de nombreuses taches blanchâtres, ce qui indique un
jeune oiseau ; dans le centre de l'Europe et de plus en plus
vers le nord on ne voit que des individus sans taches,
à plumage unicolor, livrée propre aux vieux : il en est de
même des *Falco palumbarius*, *rufus*, *cinerarius et
cyanus*. *Larus marinus*, *argentatus et fuscus*, en
plumage parfait, sont extraordinairement rares sur les mers
de l'intérieur et sur les rivières ; les jeunes d'un ou de deux
ans y sont par contre très-communs, tandis que, dans les
lieux où des milliers de paires vaquent aux soins de la reproduction de leur espèce, il ne s'en trouve que rarement
dont le plumage n'est pas ou parfait ou du moins approchant cet état ; les jeunes sont poursuivis avec acharnement
lorsqu'ils se montrent dans ces lieux. En voici assez pour
servir de base à mon opinion, qui me porte à croire qu'il
en est de même du véritable coucou roux indiqué sous
Cuculus hepaticus, très-exactement figuré par Sparman,
Mus. Carls. t. 55. Celui-ci me paraît le jeune âgé d'un
an du *Coucou vulgaire.* Ce prétendu *Coucou roux* (non
point les jeunes de l'année qui sont aussi roussâtres), mais
le *Cuculus hepaticus*, est très-commun dans le midi ; on
le voit déjà, quoique plus rarement, du côté des Alpes
cottiennes ; mais passé les Alpes, dans toute l'Italie et dans

toutes les parties orientales de l'Europe, il est très-commun,
et le *Coucou gris* y est rare : j'ai souvent suivi ; au commencement du printemps, pendant des heures, des couples
de ces *Coucous roux*, et j'en ai vu dans les mois d'avril
en grand nombre dans les marchés des villes d'Italie, indifféremment mâles et femelles, les gris très-rarement et
le plus souvent point. Chacun sait qu'au printemps on ne
trouve dans le nord que des *Coucous gris* ; parmi ceux-ci
on voit quelquefois des individus qui ont une faible teinte
roussâtre. Que notre coucou soit roux dans la première
année de sa vie, cela doit paraître moins étrange lorsqu'on
observe qu'il est déjà roussâtre dans le premier âge, et qu'il
émigre dans ce premier plumage : au reste la couleur
rousse est propre à plusieurs jeunes coucous étrangers ;
elle est rayée et variée de couleurs métalliques dans les
espèces du *Coucou didric* (*Cuculus auratus.*), Lath. et
du *Coucou velouté* (*Cuculus cupreus.*), Lath. *supp.* Le
Cuculus clamosus, Lath. *supp.* , est roussâtre dans son
jeune âge ; mais une espèce bien propre à servir de comparaison, et qui paraît prouver, du moins par analogie,
pour mon opinion, c'est le *Cuculus orientalis*, Lath. ,
dont le *Coucou noir des Indes*, Buffon, *pl. enl.* 274.
f. 1. et le *Coucou gros-bec* de Vaillant, *pl.* 214, sont
synonymes ; espèce qui est très-commune en Afrique et
aux Indes. Tout le plumage de cet oiseau est d'un noir
à reflets pourprés et métalliques ; tandis que les jeunes
de cette espèce sont d'un brun verdâtre mêlé de blanc et
de roux ; ceux-ci se trouvent indiqués dans les systèmes
sous le nom de *Cuculus maculatus*, Lath. , ou le *Coucou
tacheté*, Buff. *pl. enl.* 764, le même que le *Tachirou* de
Vaill. , *Ois. d'Afriq. pl.* 216. Ils paraissent être dans cet
état à l'âge d'un an ; car les jeunes de l'année se reconnaissent facilement au bec et à la nature du plumage ;
voyez les jeunes de l'année sous *Cuculus Mindanensis*,
Lath. , et le *C. de Mindanao*, buff. , *pl. enl.* 277. Les
espèces nominales du *Coucou criard*, Vail. *pl.* 204 *et* 205,

ne diffèrent point autrement du *Coucou solitaire* du même
auteur, *pl.* 206. Ce dernier est le passage du précédent
ou du *criard*, dont *Cuculus Capensis*, Lath., ou le *Coucou du Cap*, Buff. *pl. enl.* 390, paraît l'oiseau à l'âge
d'un an ; et *Cuculus clamosus*, Lath., en est le vieux ou
l'état parfait. Il en est encore de même dans les emplois
doubles, faits de l'espèce du *Cuculus punctatus*, Lath.,
et *pl. enl.* 771, dont les jeunes sont décrits sous *Cuculus
Taïtensis* et *scolopaceus*. Voyez *Mus. Carls. fasc.* 2.
t. 32, et *pl. enl.* 586 : ces derniers ont aussi les caractères, non de jeunes oiseaux de l'année, mais de jeunes
d'un an ; tels que les *Coucous roux* du midi de l'Europe
le sont aux yeux des observateurs *. Il n'existe aucune différence dans le squelette ni dans les organes de ces soit-
disant espèces différentes ; le cri ne m'a paru différer en
rien. Voici la description de ce *Coucou roux*, bien différent du jeune de l'année qui est aussi *roussâtre*, et
dont les auteurs indiqués plus haut ont donné de bonnes
figures.

Le coucou à l'âge d'un an. Sommet de la tête,
nuque, dos et toutes les couvertures des ailes rayés
transversalement de roux foncé et de noir ; rémiges
noirâtres, terminées par une petite tache blanche ;

---

* Quelque surprenantes que les réunions indiquées puissent paraître en examinant les planches des auteurs cités, et en lisant
leurs descriptions, on se convaincra facilement de la vérité à
la vue des différens états de plumage sur les nombreux sujets
qui m'ont servi à constater cette réunion d'espèces nominales ;
elles font presque toutes partie de mon cabinet ; le muséum de
Paris offre également aux curieux une série intéressante des passages d'un plumage à l'autre. Les observations présentées ici
sont, il est vrai, étrangères au plan et au but de notre ouvrage ;
mais j'ai pensé que celles-ci et un petit nombre d'autres sont
trop intéressantes pour en différer la publication.

les taches ovoïdes des barbes intérieures d'un blanc roussâtre ; sur les barbes extérieures des taches carrées, rousses ; pennes de la queue rousses, rayées de bandes noires diagonales ; une large bande transversale vers le bout, et toutes terminées de blanc ; sur les baguettes de petites taches blanches ; côtés et devant du cou d'un blanc roussâtre avec de nombreuses raies noirâtres.

Cuculus hepaticus. Lath. *Ind. v.* 1. *p.* 215. *sp.* 25. — Sparm. *Mus. Carls. t.* 55. — Retz. *Faun. Suec. p.* 100. *n*°. 51. — Frisch. *Vög. t.* 42. — Naum. *Vög. Nachtr. t.* 4. *f.* 9. — Cuculus rufus. Nils. *Orn. Suec. v.* 1. *p.* 119. *sp.* 58. Qui ne sait que faire de cet oiseau, étant persuadé que ce ne peut être le jeune de l'année.

Remarque. Les individus du coucou gris que j'ai reçus du cap de Bonne-Espérance diffèrent constamment un peu de ceux tués en Europe ; ils ont le cendré plus foncé et les taches blanches un peu différentes : ceux d'Égypte ne diffèrent point des individus d'Europe.

DEUXIÈME FAMILLE.

Bec long, droit, conique, tranchant. Pieds, toujours deux doigts devant et deux derrière. Ongles très-crochus.

GENRE TRENTIÈME.

PIC. — *PICUS.* (Linn.)

Bec long ou médiocre, droit, de forme pyramidale, comprimé, tranchant et en forme de ciseaux

vers la pointe ; arête le plus souvent droite. Narines basales, ovales, ouvertes, cachées par des
poils dirigés en avant. Pieds forts, grimpeurs; deux
doigts devant et deux derrière ; rarement un seul
doigt derrière ; les deux doigts de devant soudés à
leur base, les deux de derrière entièrement divisés.
Queue composée de 12 pennes, dont la latérale
est très-courte ; rarement 10 pennes, plus ou moins
étagées, à baguettes fortes, raides et élastiques.
Ailes médiocres, la 1re rémige très-courte, la 2e.
de moyenne longueur, la 3e ou la 4e. la plus longue.

Ces oiseaux vivent solitaires dans les forêts ; ils se cachent
au moindre bruit : c'est à l'aide de leur bec taillé en coin
que les plus grandes espèces entament l'écorce des arbres
et pratiquent des trous pour nicher ; les petites espèces, à
bec plus pointu, nichent dans les trous naturels des arbres.
Ils s'élèvent perpendiculairement ou en spirale le long
des troncs et des grosses branches des arbres, et se servent
à cette fin des pieds et de la queue, qui leur forme un
point d'appui. Leur nourriture consiste principalement en
larves perforeuses, qu'ils dardent entre l'écorce ou dans
les trous perforés, à l'aide de leur langue pointue, armée
d'épines longues et capables de s'allonger beaucoup hors
du bec. La mue est simple et ordinaire; les sexes se distinguent le plus souvent par une large bande ou moustache, ordinairement rouge, qui est propre aux mâles ; les
jeunes diffèrent des vieux seulement jusqu'à l'époque de
leur première mue.

Remarque. Quelques espèces *exotiques*, à bec légèrement arqué, font à terre et contre les rochers ce que nos
pics d'Europe font contre les troncs des arbres. Rien
n'est moins, selon la nature, que de former un genre distinct pour le pic à trois doigts d'Europe et pour un petit

nombre d'espèces étrangères également tridactyles , que par inadvertance , ou faute d'examen , on place parmi celles à quatre doigts ; ces amis des genres nombreux n'ont certainement jamais vu quatre espèces de pics de l'Inde , par lesquels la nature semble avoir voulu passer graduellement des pics à quatre doigts aux espèces tridactyles ; deux de celles-ci ont un doigt postérieur excessivement court , armé d'une très-petite ongle ; le troisième n'a qu'un moignon, et le quatrième qu'une très-petite ongle au lieu de doigt. Il ne faudra maintenant à ces novateurs rien moins de trois genres nouveaux pour classer rigoureusement ces quatre espèces dont deux sont depuis long-temps connues et figurées , mais avec quatre doigts.

PIC NOIR.

PICUS MARTIUS. (Linn.)

Tout le plumage d'un noir profond, à l'exception que, chez le *mâle*, toute la partie supérieure de la tête est d'un rouge vif ; la *femelle*, au contraire, n'a qu'un petit espace de cette couleur sur l'occiput. Les *très-vieux mâles* ont le ventre et l'abdomen teints de roussâtre ; une partie du tarse garni de plumes ; iris d'un blanc jaunâtre ; le cercle nu qui entoure l'œil, ainsi que les pieds noirs ; bec d'un blanc bleuâtre , noir à la pointe. Longueur, 16 à 17 pouces.

Les jeunes mâles, ont les parties supérieures de la tête marquées de taches rouges et noirâtres ; iris d'un cendré blanchâtre. A mesure que le *mâle* vieillit, le rouge de la tête devient plus vif.

Varie accidentellement, le plumage tapiré de

blanc ; rarement le haut de la tête d'un rouge
orange.

PICUS MARTIUS. Gmel. *Syst.* 1. *p.* 424. *sp.* 1. — Lath.
Ind. v. 1. *p.* 224. *sp.* 1. — LE PIC-NOIR. Buff. *Ois. v.* 7.
p. 41. *f.* 2. — Id. *pl. enl.* 596. *le vieux mâle.* — Gérard.
Tab. élém. v. 2. *p.* 4. — GREAT BLACK WOODPECKER. Lath.
Syn. v. 2. *p.* 552. — Id. *supp. v.* 1. *p.* 104. — Alb. *Ois.*
v. 2. *t.* 27. *le vieux mâle.* · SCHWARTZSPECHT. Bechst.
Naturg. Deut. v. 2. *p.* 994. — Meyer, *Tasschenb. Deut.*
v. 1. *p.* 117. — Id. *Vög. Deut. v.* 1. *t. Heft.* 6. *le vieux*
mâle. — Frisch. *t.* 34. *mâle et tête de la femelle.* —
Naum. *t.* 25. *f.* 49. *le mâle.* — SWARTE SPECHT. Sepp,
Nederl. Vög. v. 4. *t. p.* 385. *mâle et femelle.* — PIECHIO
CORVO. *Stor. deg. ucc. v.* 2. *pl.* 172. *jeune mâle.*

Habite : le nord de l'Europe jusqu'en Sibérie ; moins
abondant dans les grandes forêts en montagnes de l'Allemagne et de la France : jamais en Hollande.

Nourriture : larves perforeuses , abeilles , guêpes ,
fourmis et chenilles ; dans des temps de disette , noix , semences et baies.

Propagation : niche dans les trous qu'ils pratiquent
comme dans les creux naturels des arbres ; pond trois
œufs , d'un blanc lustré.

PIC VERT.

PICUS VIRIDIS. (LINN.)

Sommet de la tête, occiput et moustaches d'un
rouge brillant ; face noire ; parties supérieures d'un
beau vert ; croupion teint de jaunâtre ; parties inférieures d'un cendré verdâtre ; rémiges régulièrement marquées de blanchâtre sur leurs barbes extérieures ; queue nuancée de brun et rayée transver-

salement ; articulation du genou garni de plumes ;
bec noirâtre , base de la mandibule inférieure jaunâtre ; iris blanc ; pieds d'un brun verdâtre. Longueur, 12 pouces 6 lignes. *Le mâle.*

La femelle, a moins de rouge sur la tête et
moins de noir à l'entour des yeux ; les moustaches
sont noires.

Les jeunes, au sortir du nid, ont un peu de
rouge sur la tête ; le reste est d'un cendré jaunâtre ; toutes les couleurs vertes sont plus pâles et
marquées sur le dos de taches cendrées ; quelques
taches noires et blanchâtres forment les moustaches ; le reste des parties inférieures est d'un
blanc verdâtre avec des bandes transversales brunes ; iris d'un cendré noirâtre.

Varie accidentellement : d'un blanc pur et la
tête jaunâtre ; le plumage blanchâtre avec les couleurs ordinaires faiblement prononcées ; souvent
plus ou moins tapiré de blanc.

Picus viridis. Gmel. *Syst.* 1. *p.* 433. *sp.* 12. — Lath.
Ind. v. 1. *p.* 534. *sp.* 27. — Le Pic-vert. Buff. *Ois. v.* 7.
p. 23. *t.* 1. — Id. *pl. enl.* 371. *figure mal colorée ; et
pl.* 879. *le vieux mâle.* — Gérard. *Tab. élém. v.* 2. *p.* 6.
— Greed woodpecker. Lath. *Syn. v.* 2. *p.* 577. — Id.
supp. v. 1. *p.* 110. — Penn. *Brit. Zool. t.* E. *p.* 78. —
Grunspecht. Bechst. *Natury. Deut. v.* 2. *p.* 1007. —
Meyer, *Tasschenb. v.* 1. *p.* 118. — Frisch. *t.* 35. *le mâle
de l'année et la tête de la femelle jeune âge.* —
Naum. *t.* 26. *f.* 50. *le mâle.* — Groenspecht. Sepp. ,
Nederl. Vog. v. 4. *t. p.* 373. *le vieux mâle, et la
variété blanche.* — Picchio verde. *Stor. deg. ucc. v.* 2.
pl. 165. *le vieux mâle.*

Habite : les forêts, les bois et les parcs sur toute l'é-
tendue de l'Europe ; peu abondant en Hollande.

Nourriture : fourmis, chenilles, larves perforeuses,
abeilles et rarement des noix.

Propagation : niche dans les trous d'arbres ; pond de
cinq jusqu'à huit œufs, blancs.

PIC-CENDRÉ.

PICUS CANUS. (Gmel.)

Le front d'un rouge cramoisi ; trait entre l'œil
et le bec noir ; deux bandes noires très-étroites se
prolongent sur les côtés du cou et forment des
moustaches ; sur le sommet de la tête sont quelques taches noires longitudinales ; occiput, joues
et cou d'un cendré clair ; dos d'un vert clair ; croupion jaunâtre ; ailes d'un vert olivâtre ; des taches
blanches sur les barbes extérieures des rémiges ;
parties inférieures cendrées avec une légère nuance
de vert ; seulement les deux pennes du milieu de
la queue rayées transversalement, les autres d'un
brun uniforme ; articulation du genou emplumé ;
bec couleur de corne, iris d'un rouge clair. Longueur, 11 pouces 8 ou 9 lignes. *Le mâle.*

La femelle, totalement dépourvue de rouge au
front ; les traits noirs qui vont du bec aux yeux,
et ceux des moustaches sont moins apparens ; sur
le front sont quelques petites taches noires ; tout
le reste est cendré, ainsi que les parties inférieures ; dos et ailes d'un cendré olivâtre.

Les jeunes mâles, se distinguent même avant

leur sortie du nid *des femelles*, par le rouge du front et par les bandes noires; la *jeune femelle*, à cet âge, n'a point le noir des moustaches visible; le bord extérieur de l'iris d'un gris blanchâtre, le reste rougeâtre.

Remarque. On a toujours confondu cette espèce avec le *Pic-vert.* — Cette remarque, faite dans la première édition, parce que dans le plus grand nombre des cabinets on voit ce *Pic* sous l'indication de *Pic-vert variété*, m'a attiré, de la part de M. Vieillot, une de ses élégantes phrases dont il est si prodigue lorsqu'il voit une chance pour me critiquer. *Où Temminck a-t-il vu qu'on a toujours confondu cette espèce avec le Pic-vert? c'est encore une des assertions déplacées de cet Hollandais.* S'il n'est pas encore bien prouvé que M. Vieillot est le premier des naturalistes, on ne peut lui refuser la palme comme homme de lettres; on chercherait en vain des phrases aussi élégantes et aussi correctes.

Picus viridis norvegicus. Briss. *Orn. v.* 4. *p.* 18. *sp.* 4. — Picus canus. Gmel. *Syst.* 1. *p.* 434. *sp.* 45. — Picus norvegicus. Lath. *Ind. v.* 1. *p.* 236. *sp.* 33. — Picus viridi-canus. Meyer, *Tasschenb. v.* 1. *p.* 120. — Picus caniceps. — Nilss. *Orn. Suec. v.* 1. *p.* 105. *sp.* 50. — Grey-headed green woodpecker. Lath. *Syn. v.* 2. *p.* 583. — Penn. *Arct. Zool. v.* 2. *n°.* 277. — Edw. *Glan. t.* 65. *le jeune mâle.* Der grauköpfige specht. Bechts. *Naturg. Deut. v.* 2. *p.* 1017. — Naum. *Vög. t.* 26. *f.* 1. — (représentation exacte de la femelle, donnée comme la femelle du Pic-vert). — Noordsche specht. Sepp. *Nederl. Vog. v.* 4. *t. p.* 389. *la femelle.* — Picchio verde di norvegia. *Stor. degl. ucc. v.* 2. *pl.* 177. *la femelle.* — Grüngraue specht. Meyer, *Vög. Deut. v.* 2. *Heft.* 22. *figures exactes du mâle et de la femelle.* — Naum. *Vög. Nachtr. t.* 35. *f.* 68. *le mâle.*

Habite : plus particulièrement le nord de l'Europe , de l'Asie et de l'Amérique ; abondant en Norwége, en Russie et eu Allemagne ; plus rare en France et en Suisse ; jamais en Hollande.

Nourriture : comme la précédente.

Propagation : niche dans les trous des arbres ; pond quatre ou six œufs , blancs.

PIC ÉPEICHE.

PICUS MAJOR. (Linn.)

Sur le front une bande transversale blanchâtre, sommet de la tète noir ; un espace rouge sur l'occiput; une large bande noire part de l'angle du bec, entoure les tempes , et vient se joindre d'une part sur la nuque, tandis que de l'autre elle s'avance en s'élargissant jusque sur la poitrine ; dos et ailes d'un noir profond ; tempes, une tache sur la partie latérale du cou; scapulaires, moyennes couvertures et parties inférieures d'un blanc pur ; des taches blanches sur les deux barbes des pennes alaires ; abdomen et couvertures de la queue cramoisi ; pennes latérales de celle-ci terminées de blanc avec quelques taches noires; les quatre du milieu noires ; iris rouge Longueur. 9 pouces. *Le mâle.*

La femelle, n'a point de rouge cramoisi sur l'occiput.

Les jeunes avant la mue, ont le front gris ; tout le sommet de la tête d'un rouge mat ; occiput noir ; le noir du plumage teint de brun ; le blanc des parties inférieures terne et parsemé de petits points noirâtres.

Remarque. La couleur rouge du sommet de la tête, dans *les jeunes,* disparaît après la première mue pour faire place à la couleur noire; et l'occiput, qui est noir dans *les jeunes,* devient rouge chez les *mâles adultes.* Cette particularité dans le changement de livrée sert encore à distinguer infailliblement *les jeunes* de cette espèce, de ceux des espèces suivantes.

Picus major. Gmel. *Syst.* 1. *p.* 436. *sp.* 17. — Lath. *Ind.* v. 1. *p.* 228. *sp.* 13. — Le pic varié ou épeiche. Buff. *Ois.* v. 7. *p.* 57. — Id. *pl. enl.* 196 *et* 595. *mâle et femelle.* — Gérard. *Tab. élém. v.* 2. *p.* 10. — Greater spotted woodpecker. Lath. *Syn. v.* 2. *p.* 564. — Penn. *Brit. Zool. p.* 79. *t. E. le mâle.* — Der bunt-specht. Bechst. *Naturg. Deut. v.* 2. *p.* 1022. — Meyer, *Tasschenb. v.* 1. *p.* 121. — Id. *Vög. Deut. v.* 1. *t. mâle et femelle.* — Frisch. *t.* 36. *mâle.* — Naum. *Vög. t.* 27. *f.* 52 *et* 53. *mâle et femelle.* — Picchio vario maggiore. *Stor. deg. ucc. v.* 2. *pl.* 167 *et* 168. *deux mâles.* — Bonte specht. Sepp. *Nederl. Vog. v.* 1. *t. p.* 41. *le mâle et les jeunes.*

Habite : les bois et les parcs, souvent les buissons et les vergers; assez commun, jusqu'en Hollande.

Nourriture : hannetons, abeilles, sauterelles, fourmis, larves perforeuses et autres; souvent des semences et des noix de différentes espèces.

Propagation : niche dans les trous naturels des arbres; pond de quatre jusqu'à six œufs blancs.

PIC LEUCONOTE.

PICUS LEUCONOTUS. (Bechst.)

Bande du front d'un blanc jaunâtre; haut de la tête et occiput d'un rouge vif; joues, côtés et devant du cou, poitrine, milieu du ventre, dos et croupion d'un blanc pur; une bande déliée part de

l'angle du bec, entoure les tempes et vient se joindre d'une part sur la nuque, tandis que de l'autre
elle s'avance en s'élargissant sur les côtés de la
poitrine ; de larges bandes blanches sur les couvertures des ailes ; une multitude de grandes taches
blanches sur les pennes ; flancs roses avec des
taches noires longitudinales ; abdomen et couvertures inférieures de la queue cramoisis ; pennes latérales de celle-ci blanches avec quelques taches
noires ; les deux du milieu noires, iris orange.
Longueur, 10 pouces 8 lignes.

La femelle, n'a point de rouge cramoisi sur le
haut de la tête et sur l'occiput ; ces parties sont
noires.

Picus leuconotus. Bechst. *Naturg. Deut. v. 2. p.* 1034.
t. 25. *f.* 1 *et* 2. *mâle et femelle.* — Meyer, *Vög. Liv. und.
Esthl. p.* 60. *sp.* 4. — Beseke. *n°.* 61. — Picus leuconotus.
Bechst. *Orn. Tasschenb. p.* 66, *et la mauvaise figure
de la femelle.* — Picchio vario massimo. *Stor. degli. ucc.
v.* 2. *pl.* 169. *le vieux mâle.* — Weissrückiger spechtels-
ter. specht. Meyer, *Tasschenb. Deut. v.* 1. *p.* 123. — Id.
Vög. Deut. v. 1. *t. Heft.* 11. *mâle et femelle.* — Naum.
Vög. Nacht. t. 35. *f.* 69. *figure très-exacte du vieux
mâle.*

Remarque. Ce pic, souvent confondu avec le précédent,
forme une espèce distincte dont les caractères sont inva-
riables.

Habite : dans le nord, d'où ils émigrent accidentellement dans les provinces septentrionales de l'Allemagne, où
il ne se montre qu'en hiver ; assez abondant en Silésie, en
Curlande et en Livonie ; demeure dans les bois de haute
futaie, mais jamais dans les forêts noires ; vit assez près des
habitations rustiques.

Nourriture : fourmis, abeilles, hannetons, et particulièrement des punaises de bois.

Propagation : niche dans le nord, le plus souvent dans
les trous naturels d'arbres pouris; pond quatre ou ciuq
œufs, d'un blanc lustré.

PIC MAR.

PICUS MEDIUS. (Linn.)

Bec court, comprimé et pointé; plumes coronales et occipitales rouges, effilées et allongées.

Bande du front cendrée; sommet de la tête et
occiput à plumes allongées, d'un rouge cramoisi;
joues, cou et poitrine blanchâtres; une bande
brune, comme effacée, part de l'angle du bec;
cette bande devient noire au-dessous des yeux, et
se dirige sur les parties latérales de la poitrine;
dos et ailes d'un noir profond; moyennes couvertures, scapulaires et les taches sur les deux barbes
des pennes alaires blancs; flancs roses avec des
taches longitudinales; abdomen et couvertures inférieures de la queue cramoisis; pennes latérales de
celle-ci terminées de blanc avec des raies noires,
les quatre du milieu noires; iris brun, mais entouré
d'un cercle blanchâtre. Longueur, 8 pouces 2 ou
3 lignes. *Le vieux mâle.*

La femelle, un peu moins grande, a le rouge du
sommet de la tête et de l'occiput moins vif, et les
plumes de cette partie sont moins allongées; la
bande brune de l'angle du bec semble plus effacée
et est moins apparente.

Les jeunes, avant leur première mue, ont seulement un très-petit espace d'un rouge brun sur le haut de la tête; le blanc du plumage comme terni et parsemé sur les flancs d'un grand nombre de taches longitudinales; couvertures inférieures de la queue d'un rose clair.

Remarque. Je me flatte que les courtes descriptions de ces trois pics serviront à bien distinguer ces espèces voisines; elles forment trois espèces distinctes, que les naturalistes ont souvent confondues.

Picus medius. Gmel. *Syst.* 1. *p.* 436. *sp.* 18. — Lath. *Ind. v.* 1. *p.* 229. *sp.* 14. — Le Pic varié a tête rouge. Buff. *pl. enl.* 611. *le mâle* — Middle spotted woodpecker. Lath. *Syn. v.* 2. *p.* 565. — Id. *supp. v.* 1. *p.* 107. — Weisbunt specht. Bechst. *Naturg. Deut. v.* 2. *p.* 1029. — Meyer. *Tasschenb. v.* 1. *p.* 122. — Naum. *Vög. Nachtr. t.* 4. *f.* 7. — De middelslag bont specht. Sepp. *Nederl. Vog. v.* 4. *t. p.* 347. *le mâle.* — Picchio vario sarto. Stor. *deg. ucc. v.* 2. *pl.* 166. *le mâle.*

Habite : la lisière des bois, les parcs et les jardins; plus abondant dans le midi que dans le nord; très-rare et accidentellement en Hollande.

Nourriture : le plus souvent des fourmis et autres insectes, qu'il prend dans les fentes de l'écorce des arbres; au besoin des noisettes, des noix de hêtre et des semences.

Propagation : niche dans les trous naturels des arbres; pond trois ou quatre œufs d'un blanc lustré.

PIC ÉPEICHETTE.

PICUS MINOR. (Linn.)

Tout le front, région des yeux, côtés du cou et parties inférieures d'un blanc terni; de fines raies longitudinales sur la poitrine et sur les flancs ; sommet de la tête rouge ; occiput, nuque, haut du dos et des ailes noirs ; sur le reste des parties supérieures des bandes noires et blanches ; une bande noire va de l'angle du bec sur les côtés du cou ; pennes latérales de la queue terminées de blanc et rayées de noir ; iris rouge. Longueur, 5 pouces 6 lignes. *Le vieux mâle.*

La femelle, n'a point de rouge, le blanc du plumage est nuancé de brun, et porte un plus grand nombre de taches et de raies noires que chez le mâle ; le noir des parties supérieures est aussi plus terne.

Varie accidentellement, d'un blanc pur, d'un blanc jaunâtre avec le noir du plumage faiblement prononcé ; quelquefois tapiré de plumes blanches.

Picus minor. Gmel. *Syst.* 1. *p.* 437. *sp.* 19. — Lath. *Ind. v.* 1. *p.* 229. *sp.* 15. — Le petit Épeiche. Buff. *Ois. v.* 7. *p.* 62. *et* Id. *pl. enl.* 698. *f.* 1 *et* 2. — Gérard. *Tab. élém. v.* 2. *p.* 12. — Lesser spotted woodpecker. Lath. *Syn. v.* 2. *p.* 566. — Id. *supp. v.* 1. *p.* 107. — Penn. *Brit. Zool. p.* 79. *t.* E. *mâle.* — Grasspecht. Bechst. *Naturg. Deut. v.* 2. p. 1039. — Meyer, *Tasschenb. v.* 1. *p.* 124. — Frisch. *Vög. t.* 37. *mâle et femelle.* — Naum. *t.* 27. *f.* 54 *et* 55. — Picchio sarto minore. *Stor. deg. ucc. v.* 2. *p.* 170. *f.* 1. *le mâle, et f.* 2. *variété blanche.* — Kleinste bonte specht. Sepp. *Nederl. Vog. v.* 4. *t. p.*357. *mâle et femelle.*

Habite : les bois en montagnes et les grandes forêts de sapins et de pins ; quelquefois l'hiver dans les vergers ; vit en grand nombre dans le nord ; plus rare dans le midi ; se trouve en Suisse, en France, sur les Vosges et en Allemagne ; très-rarement en Hollande.

Nourriture : toutes sortes d'insectes et leurs larves, qu'il saisit dans les fentes de l'écorce des arbres.

Propagation : niche dans les trous naturels des arbres; pond quatre ou cinq œufs d'un blanc verdâtre.

Remarque. La nature semble avoir voulu passer des *Pics à quatre doigts* aux *Pics à trois doigts*, en observant une certaine gradation ; il existe, dans les climats étrangers de l'ancien continent, des pics qui ont l'un des doigts postérieurs très-court ; une espèce nouvelle de l'Inde a ce doigt si court, que l'ongle s'aperçoit à peine; un quatrième n'a de visible qu'un petit ongle : il ne convient par conséquent, en aucune manière, de former un genre distinct pour ces *Pics à trois doigts*, comme certains méthodistes le veulent.

PIC TRIDACTYLE ou PICOIDE.

PICUS TRIDACTYLUS. (Linn.)

Front varié de noir et de blanc; sommet de la tête d'un jaune d'or ; occiput et joues d'un noir lustré; une moustache noire qui se prolonge sur la poitrine; une étroite raie blanche derrière les yeux et une plus large au-dessous ; devant du cou et poitrine d'un blanc pur ; haut du dos, côtés de la poitrine, flancs et abdomen rayés de noir et de blanc; ailes d'un noir terne, seulement quelques petites taches blanches sur les pennes ; une partie du haut du tarse couvert de plumes ; mandibule supérieure du bec brune, inférieure blanchâtre jusqu'à la pointe ; iris bleu. Longueur, 9 pouces. *Le mâle.*

La femelle, a le sommet de la tête d'un blanc
lustré ou argentin, varié de fines raies noires. *Le
vieux mâle*, a le jaune de la tête plus vif ; il a plus
de blanc sur les parties inférieures, mais ce blanc
toujours rayé transversalement de noir.

Picus tridactylus. Gmel. *Syst.* 1. *p.* 439. *sp.* 21.—Lath.
Ind. v. 1. *p.* 243. *sp.* 56. — Picus hirsutus. Vieill. *Ois.
d'Am. sept. v.* 2. *p.* 68. *pl.* 124. *le très-vieux mâle.* —
Norther three-toad woodpecker. Edw. *Glan. t.* 114. *le
mâle.* — Lath. *Syn. v.* 2. *p.* 600. — Id. *supp. v.* 1. *p.* 112.
Dbeizehiger specht. Bechst. *Naturg. Deut. v.* 2. 1044.
—Meyer, *Tasschenb. v.* 1. *p.* 125. — Naum. *Vög. Nacht.
t.* 41. *f.* 81. *figure très-exacte.* — Picchio a tre-dita.
Stor. deg. ucc. v. 2. *pl.* 180.

Remarque. L'Épeiche, ou *Pic varié ondé* de Buffon,
v. 7. *p.* 78, est une description qu'on doit exclure de la
liste des synonymes du pic de cet article ; sa *pl. enl. n°.*
553, représente un pic à quatre doigts, et ne doit également
point faire nombre des citations.

Les individus rapportés de l'Amérique septentrionale,
sont un peu plus forts de taille, et les couleurs sont plus
vives.

Habite : les vastes forêts en montagnes du nord de l'Europe, de l'Asie et de l'Amérique ; très-abondant en Sibérie ;
assez commun sur les Alpes de la Suisse ; rare en France et
en Allemagne, où il ne passe qu'accidentellement ; jamais
en Hollande.

Nourriture : larves de différentes espèces de charançons
et des insectes ; aussi les baies de l'aubépine.

Propagation : niche dans le nord et en Suisse dans les
trous naturels des arbres ; pond quatre ou cinq œufs d'un
blanc lustré.

GENRE TRENTE ET UNIÈME.

TORCOL. — *YUNX* (Linn.)

Bec court, droit, en cône déprimé, effilé vers la pointe; arête arrondie; mandibules sans échancrures. Narines basales, percées dans les bords concaves de l'arête, nues, en partie fermées par une membrane. Pieds, deux doigts devant soudés à leur origine, deux derrière divisés. Ailes médiocres, la 1re. rémige un peu moins longue que la 2°., qui est la plus longue.

Ces oiseaux n'ont point, comme les pics, l'habitude de grimper en s'élevant contre les arbres; le peu de fermeté des pennes de la queue rend ce mouvement d'ascension impossible; ils se contentent de se cramponner aux troncs des arbres pour saisir entre les fentes de l'écorce les fourmis et d'autres insectes dont ils se nourrissent; leur langue peut s'allonger comme chez les pics; on les voit le plus souvent à terre, grimpant sur les dômes des nids de fourmis. M. Cuvier dit que le nom de notre torcol d'Europe vient de la singulière habitude qu'il a, quand on le surprend, de tordre son cou et sa tête en différens sens. La mue n'a lieu qu'une fois; les sexes et les jeunes se ressemblent au point qu'il est difficile de les distinguer.

TORCOL ORDINAIRE.

YUNX TORQUILLA. (Linn.)

Le fond du plumage des parties supérieures d'un cendré roux, taché irrégulièrement de brun et de noir; une large bande brune s'étend depuis l'occi-

put jusque sur le haut du dos ; sur les barbes exté·
rieures des·pennes alaires sont des taches rousses,
carrées; pennes de la queue rayées de zigzags noirs;
gorge et devant du cou roussâtres avec de petites
raies transversales ; les autres parties inférieures
blanchâtres, parsemées de taches triangulaires; bec
et pieds d'un brun olivâtre; iris d'un brun jaunâtre.
Longueur, 6 pouces 6 lignes.

La femelle, a les teintes plus faibles ; la bande
du milieu de la nuque et celle du dos sont moins
longues.

Varie, d'un blanc pur ou d'un blanc jaunâtre

Yunx torquilla. Gmel. *Syst.* 1. *p.* 423. — Lath. *Ind.*
v. 1. *p.* 223. — Le Torcol. Buff. *Ois. v.* 7. *p.* 84. *t.* 3. —
Id. *pl. enl.* 698. — Gérard. *Tab. élém. v.* 2. *p.* 14. —
Wryneck. Lath. *Syn. v.* 2. *p.* 548. — Die wendehals.
Bechst. *Naturg. Deut. v.* 2. *p.* 1048. — Meyer, *Tasschenb.*
v. 1. *p.* 127. — Id. *Vög. Deut. v.* 1. *t. Heft.* 9. — Frisch.
t. 38. — Naum. *t.* 28. *f.* 56. — Torcicollo. *Stor. deg. ucc.*
v. 2. *pl.* 186. *figure mal colorée.* — Draaihals. Sepp.
Nederl. Vog. v. 4. *t. p.* 343.

Habite : dans le nord , mais rarement plus avant que la
Suède; se trouve aussi dans le midi et dans les provinces
du centre de l'Europe; très-rare en Hollande ; vit dans les
bois en montagnes, et souvent dans les plaines.

Nourriture : fourmis et larves d'insectes.

Propagation : niche dans les trous naturels des arbres;
pond de cinq jusqu'à dix œufs d'un blanc d'ivoire.

ORDRE SIXIÈME.

ANISODACTYLES. — *ANISO-DACTYLI.*

Bec plus ou moins arqué, souvent droit, toujours subulé, effilé et grêle, moins large que le front. Pieds, trois doigts devant et un derrière; l'extérieur soudé à sa base au doigt du milieu, le postérieur le plus souvent long; tous pourvus d'ongles assez longs et courbés.

Tous les genres d'oiseaux tant indigènes qu'exotiques, que j'ai cru devoir réunir dans cet ordre, participent plus ou moins des habitudes et des mœurs des *Zigodactyles grimpeurs*; comme eux, la plupart escaladent les troncs et les branches des arbres ou les pans verticaux des rochers, ou bien ils se cramponnent fortement à ceux-ci; presque tous sont insectivores et se nourrissent, quoique avec d'autres moyens, à la manière des *Pics*; leur langue, terminée en dard ou bien en pinceau à nombreux filamens *, est plus ou moins extensible, et leur sert à prendre les insectes entre les fentes des arbres ou des rochers; celle de quelques genres exotiques, qui l'ont également allongée,

---

* Comme presque toutes les espèces d'oiseaux à langue en brosse qui vivent dans les climats de l'Austral-Asie,

mais bifide et en tuyau, est propre à pomper le nectar des fleurs *, ou à saisir de petits animalcules imperceptibles qui y restent collés, et dont ils composent leur nourriture principale **.

Remarque. Celle que je fis pour l'ordre *Zigodactyle*, est également applicable pour celui-ci.

GENRE TRENTE-DEUXIÈME.

SITELLE. — *SITTA*. (Linn.)

Bec droit, médiocre, déprimé, cylindrique, conique, tranchant à la pointe. Narines basales, arrondies, recouvertes à claire-voie par des poils dirigés en avant. Pieds, trois doigts devant dont l'extérieur soudé à sa base au doigt du milieu; le doigt de derrière très-long, avec un ongle long et courbe. Queue composée de 12 pennes, carrées ou légèrement étagées, à baguettes faibles. Ailes médiocres, la 1re. rémige très-courte, la 2e. moins longue que les 3e. et 4e., qui sont les plus longues.

Ils s'attachent aux arbres, grimpent en montant comme en descendant le long des troncs des arbres, en quoi ils diffèrent des *Pics*, qui ne grimpent qu'en montant. Ces oiseaux se nourrissent d'insectes et de leurs larves; ils nichent dans les trous naturels des arbres. Leur manière de

---

* Comme les oiseaux qui composent le genre souimanga (*Nectarinia*).

** Comme les deux divisions qui forment le genre oiseaux-mouches (*Trochilus*).

vivre a des rapports avec celle des *Mésanges.* Leur mue
n'a lieu qu'une fois l'année ; les sexes offrent des disparités
très-peu marquées ; et les jeunes, jusqu'à leur première
mue, diffèrent également très-peu des vieux.

SITELLE TORCHEPOT.

SITTA EUROPEA. (Linn.)

'Toutes les parties supérieures d'un cendré bleuâtre ; gorge blanche ; une bande noire, partant de
l'angle du bec, passe sur l'œil et se dirige sur l'o-
rifice auditif; devant du cou, poitrine et ventre
d'un roux jaunâtre ; flancs et cuisses d'un roux
marron ; pennes latérales de la queue noires ; les
quatre extérieures ont une tache blanche vers le
bout, et sont terminées de cendré ; les deux du
milieu sont entièrement de cette couleur; bec d'un
cendré bleuâtre; pieds gris; iris noisette. Longueur,
5 pouces 6 lignes.

La femelle, est plus petite de taille ; elle a en
général les couleurs moins pures; la bande noire
est moins distincte.

Sitta europea. Gmel. *Syst.* 1. *p.* 440. — Lath. *Ind.*
v. 1. *p.* 261. *sp.* 1. — Sitta cæsia. Meyer, *Tasschenb.*
Deut. v. 1. *p.* 128. — La Sitelle ou torchepot. Buff.
Ois. v. 5. *p.* 460. *t.* 20. — Id. *pl. enl.* 623. *f.* 1. —
Gérard. *Tab. élém. v.* 1. *p.* 360 *et* 363. *nᵒˢ.* 1 *et* 2. —
Nuthath. Lath. *Syn. v.* 2. *p.* 648. — Kleiber. Bechst.
Naturg. Deut. v. 2. *p.* 1061. — Frisch. *Vög. t.* 39. —
Naum. *t.* 28. *f.* 57. *le mâle.* — Picchio grigio. *Stor. deg.*
ucc. v. 2. *pl.* 193.

Remarque. La prétendue *petite Sitelle* d'Europe des

auteurs n'est point une espèce distincte ; c'est un jeune de l'année ou bien un individu dont la taille est plus petite. La *Sitelle à tête noire* est une espèce distincte, propre à l'Amérique septentrionale.

Habite : jusque fort avant dans le nord et dans le midi ; assez abondant au centre de l'Europe ; sédentaire dans tous les climats ; vit dans les bois en futaie, dans les buissons, et l'hiver dans les jardins.

Nourriture : insectes et leurs larves, souvent des noix de hêtres et des noisettes.

Propagation : niche dans les trous naturels des arbres, pond cinq ou sept œufs grisâtres, marqués de petites taches rouges.

GENRE TRENTE-TROISIÈME.

GRIMPEREAU. — *CERTHIA.*
(ILLIG.)

BEC long ou de moyenne longueur, plus ou moins arqué, triangulaire, comprimé, effilé. NA-RINES basales, nues, percées horizontalement, à moitié fermées par une membrane voûtée. PIEDS, trois doigts devant, l'extérieur soudé à sa base au doigt du milieu ; un doigt derrière. ONGLES très-courbés, celui de derrière le plus long. QUEUE étagée, à baguettes raides et piquantes. AILES médiocres, la 1re. rémige courte, les 2e. et 3e. étagées, moins longues que la 4e., qui est la plus longue.

Ces oiseaux, dont une seule espèce vit en Europe, grimpent contre les arbres à la manière des *Pics*, en s'ap-

puyant sur les pennes fortes et élastiques de leur queue.
Ils nichent dans les fentes et dans les trous naturels des
arbres ; leur nourritnre consiste en petits insectes et en semences : leur mue est simple et ordinaire; les sexes diffèrent très-peu dans les couleurs du plumage , et les jeunes
se. distinguent moins encore par leur livrée. M. Brehm ,
Saxon, veut avoir trouvé en Europe une seconde espèce
de grimpereau qu'il désigne sous le nom de *Certhia bra-
chidactyla* , mais elle n'existe point comme telle; j'en ai
reçu deux individus ; et , nonobstant les comparaisons les
plus minutieuses avec le grimpereau ordinaire , il ne m'a
pas été possible de trouver à ces individus, envoyés par
M. Brehm , aucun caractère bien marqué : j'ai bien vu que
notre grimpereau varie comme tant d'autres oiseaux , dans
les formes et dans les dimensions du bec et des pieds ; mais
ce sont des variétés accidentelles qui dépendent de causes
locales.

Remarque. Le genre *Certhia* ne comprend que deux ou
trois espèces étrangères , conformées comme notre *Grimpereau ;* toutes les autres , classées par Gmelin et par Latham dans ce genre, n'y sont point à leur place. Tels sont
les *Souimangas* (*Nectarinia*, Illig.), où viennent se joindre
certains *Héorotaires* à langue en trompe ; d'autres *Héorotaires*, à bec en faucille et à langue courte, forment un genre
bien caractérisé ; encore d'autres *Héorotaires*, avec quelques
espèces des genres *Merops*, *Turdus*, *Certhia* et *Gracula* de Latham , indiquées en partie dans la 1ʳᵉ. édition ,
page 251 ; viennent se réunir en deux sections dans le genre
Melliphaga de Lewin , *ou Philedon* de Cuvier : ce genre,
très-nombreux en espèces nouvelles, est composé d'oiseaux
à langue en brosse ou en pinceau, qui toutes ont l'Austral-
Asie pour patrie. Tout le genre *Cœreba* de Brisson , ou les
Guit-guits de Buffon, se trouve encore confondu dans
le genre *Certhia*, parmi lequel on voit aussi figurer le
genre suivant.

LE GRIMPEREAU.

CERTHIA FAMILIARIS. (Linn.)

Parties supérieures marquées de blanc, de roux et de noirâtre; ces couleurs sont disposées par traits allongés; croupion roux; au-dessus des yeux une bande blanchâtre; gorge, poitrine et ventre blancs; abdomen d'un blanc roussâtre; pennes des ailes d'un brun foncé, terminées par une tache d'un jaune blanchâtre; une bande jaune roussâtre occupe le milieu des pennes alaires, à commencer de la 4°.; les pennes de la queue d'un cendré roussâtre, terminées en piquans; mandibule supérieure brune, inférieure jaunâtre; pieds gris; iris noisette. Longueur, 5 pouces, 3, 4 ou 5 lignes.

La femelle, est moins grande; elle n'a point de jaunâtre sur les parties supérieures; la bande du milieu des pennes alaires est blanche; les parties inférieures sont d'un blanc moins pur.

Les jeunes, ont le bec moins arqué, même presque droit.

Certhia familiaris. Gmel. *Syst.* 1. *p.* 469. *sp.* 1. — Lath. *Ind. v.* 1. 280. — Le Grimpereau, Buff. *Ois. v.* 5. *p.* 581. *t.* 21. *f.* 1. — Id. *pl. enl.* 681. *f.* 1. — Gérard. *Tab. élém. v.* 1. *p.* 365. — Common creeper. Lath. *Syn. v.* 2. *p.* 701. — Id. *Supp. v.* 1. *p.* 126. — Gemeine baumlaufer. Bechst. *Naturg. Deut. v.* 2. *p.* 1085. — Meyer. *Tasschenb. v. p.* 130. — Frisch. *Vög. t.* 39. *f.* 1 et 2. — Naum. *t.* 28. *f.* 58. *le mâle.* — Picchio passerino. *Stor. deg. ucc. v.* 2. *pl.* 195.

Habite : les différentes parties de l'Europe, de passage dans quelques-unes ; l'hiver très-commun en Hollande, rare en Sibérie ; vit dans les bois, les parcs et les jardins.

Nourriture : de petits insectes, qu'il saisit entre l'écorce des arbres, des larves et des cocons ; particulièrement la punaise des pins.

Propagation : niche dans les fentes et dans les trous des arbres ; pond de six jusqu'à neuf œufs, d'un blanc pur parsemé de nombreuses taches claires et foncées d'un brun roussâtre.

GENRE TRENTE-QUATRIÈME.

TICHODROME. — *TICHODROMA.*
(ILLIG.)

Bec très-long, faiblement arqué, grêle, cylindrique, base angulaire, pointe déprimée. Narines basales, nues, percées horizontalement, à moitié fermées par une membrane voûtée. Pieds, trois doigts devant, l'extérieur soudé à sa base au doigt du milieu ; un doigt derrière portant un ongle trèslong. Queue arrondie, à baguettes faibles. Ailes amples, la 1re. rémige courte, les 2e. et 3e. étagées, les 4e., 5e. et 6e. les plus longues.

Ce que le *Grimpereau* fait sur les arbres, le *Tichodrome* le fait contre les pans verticaux des rochers, sur lesquels il se cramponne fortement, sans cependant monter et descendre en grimpant ; il s'assujettit seulement le long des fentes et des crevasses des rochers et des murailles de vieux édifices isolés, quelquefois, mais plus rarement le long du tronc des arbres. Il se nourrit d'insectes et de larves, et

niche dans les fentes des rochers. Il mue deux fois dans
l'année; les mâles seuls preunent au printemps du noir à
la gorge, et cet ornement disparaît le premier avant que
les autres plumes tombent; les femelles muent aussi deux
fois, mais les couleurs ne changent point, ce qui fait qu'on
ne peut distinguer les sexes, après le temps des noces et de
l'incubation; les jeunes se distinguent des vieux avant leur
première mue; mais en hiver on ne voit plus de différences. Le genre *Tichodrome*, dont on ne connaît jusqu'ici que la seule espèce européenne, a été confondu par
Linnée et par Latham dans le genre *Certhia*.

TICHODROME ÉCHELETTE.

TICHODROMA PHOENICOPTERA. (Mihi.)

Sommet de la tête d'un cendré foncé; nuque,
dos et scapulaires d'un cendré clair; gorge et devant du cou d'un noir profond; parties inférieures
d'un cendré noirâtre; couvertures des ailes et partie supérieure des barbes extérieures des pennes
d'un rouge vif; extrémité des pennes alaires noire;
ces pennes ont deux grandes taches blanches, disposées sur la barbe intérieure; queue noire, terminée de blanc et de cendré; bec, iris et pieds
noirs. Longueur, 6 pouces 6 lignes. *Le mâle en
habit de noces, au printemps.*

La femelle, a le sommet de la tête du même
cendré clair que le dos, la gorge et le devant du
cou d'un blanc très-légèrement teint de cendré; le
reste comme dans *le mâle*.

Remarque. Cette espèce est sujette à une double mue.
C'est seulement pendant le court espace de temps que dure
la reproduction et l'éducation des jeunes, que l'on voit des

mâles qui ont la gorge ainsi que le devant du cou d'un noir profond et le haut de la tête d'un cendré foncé ; ils perdent ces plumes dès le commencement de la mue d'automne ; à cette époque, comme aussi en hiver, *le mâle* ne diffère point de *la femelle* [*].

Certhia Muraria. Gmel. *Syst.* 1. *p.* 473. *sp.* 2. — Lath. *Ind. v.* 1. *p.* 294. *sp.* 40. — Blumenb. *Abh. Naturhist. gegens. t.* 76. — Le Grimpereau de muraille. Buff. *Ois. a.* 5. *p.* 487. *t.* 22. — Id. *pl. enl.* 372. *f.* 1 et 2. (mâle au printemps, et femelle ou mâle en automne.) — Gérard. *Tab. élém. v.* 1. *p.* 367. — Le Vaill. *Ois. de Parad. etc. v.* 3. *pl.* 20. *le mâle en été*, et *pl.* 21. *la femelle ou le mâle en hiver.* — Wall creeper. Lath. *Syn. v.* 2. *p.* 730. — Id. *supp. v.* 1. *p.* 129. — Edw. *Gl. t.* 361. *la femelle.* Mauer baumlaufer. Bechst. *Naturg. Deut. v.* 2. *p.* 1093. Meyer, *Tasschenb. v.* 1. *p.* 131. — Picchio muraiolo. *Stor. degl. ucc. v.* 2. *pl.* 197. *la femelle.* — Naum. *Vög. Nachtr. t.* 41. *f.* 82. *une figure exacte de la femelle ou du mâle en hiver.*

Habite : les contrées méridionales ; assez abondant sur les Alpes suisses, en Espagne et en Italie ; toujours sur les rochers les plus élevés ; très-rare sur les montagnes d'une hauteur moyenne ; jamais dans le nord.

Nourriture : insectes , leurs larves et leurs cocons, mais particulièrement des araignées et leurs œufs.

Propagation : niche dans les fentes des rochers les plus escarpés et dans les crevasses des masures situées à une haute élévation.

---

[*] Ici M. Vieillot, qui peut-être n'a jamais observé l'espèce en état de liberté, dit : *Si l'on en croyait Temminck*, etc. *Voyez* le *Dict. v.* 26. *p.* 106. Je sollicite les naturalistes de ne pas me croire, mais d'examiner la nature. M. Vieillot ne ferait aussi pas mal de vérifier, par ses propres observations, si j'ai raison ou tort ; sans cela ses critiques feront peu d'effet.

GENRE TRENTE-CINQUIÈME.

HUPPE. — *UPUPA.* (Linn.)

Bec très-long, faiblement arqué, grêle, triangulaire, comprimé. Narines basales, latérales, ovoïdes, ouvertes, surmontées par les plumes du front. Pieds, trois doigts devant, l'extérieur soudé à celui du milieu jusqu'à la première articulation; un doigt derrière. Ongles courts et peu courbés, celui de derrière presque droit. Queue carrée, composée de 10 pennes. Ailes médiocres, la 1re. rémige de moyenne longueur, les 2°. et 3°. moins longues que les 4°. et 5°., qui sont les plus longues.

Ce que le *Grimpereau* et le *Tichodrome* font sur les arbres et le long des murailles, la *Huppe* le fait à terre; c'est en courant sur le niveau du terrain, dans les prés et les autres lieux humides, que la *Huppe* déterre les larves et les insectes qui s'y engendrent; elle se pose plus rarement sur les arbres, où cependant on la voit suspendue aux branches, en se balançant pour saisir les insectes qui s'attachent au-dessous des feuilles, et où le mâle se pose ordinairement lorsqu'il fait entendre son chant langoureux. La huppe niche de préférence dans les fentes et dans les crevasses des rochers ou des masures; quelquefois, et selon la localité, dans les trous naturels des arbres; elle vit solitaire. La mue n'a lieu qu'une fois l'année; les sexes diffèrent très-peu, et les jeunes de l'année ne se distinguent que par le bec qu'ils ont plus droit et plus court, et par la huppe qui est aussi moins touffue et moins longue.

Remarque. Dans le genre *Upupa* de Linnée et de Latham se trouvent plusieurs oiseaux désignés vulgairement sous les noms de *Promérops* ou de *Promérupe;* ceux-ci forment un genre distinct que M. Cuvier propose de nommer *Epimachus;* outre ceux-ci, on voit encore réunis dans le genre *Upupa* des oiseaux de mon genre *Pastor*, du genre *Nectarinia* d'Illiger, et même un du genre *Muscicapa* de Linnée. Le genre *Huppe* se borne jusqu'ici à deux espèces distinctes, dont l'une est nouvelle et propre à l'Afrique. *L'Upupa Capensis* que des méthodistes laissent encore avec les *Huppes*, est un vrai *Martin* de mon genre *Pastor*, dont il a les formes et tout le genre de vie.

LA HUPPE.

UPUPA EPOPS. (Linn.)

Deux rangées de longues plumes forment sur la tête une huppe arquée; ces plumes sont rousses, terminées de noir; tête, cou et poitrine d'un vineux roussâtre; haut du dos gris vineux; une large bande transversale sur le dos; les ailes et la queue noires; les premières portent cinq bandes transversales d'un blanc jaunâtre, et la seconde une bande blanche, qui est très-large vers le milieu des pennes; vers les trois quarts de la longueur des rémiges est une large bande blanche; abdomen blanc avec quelques taches longitudinales sur les cuisses; bec couleur de chair à sa base et noir vers la pointe; pieds et iris bruns. Longueur, à peu près 11 pouces. *Le vieux mâle.*

La femelle, est moins grande; sa huppe est plus courte, et les teintes du plumage sont moins pures.

Upupa epops. Gmel. *Syst.* 1. *p.* 466. — Lath. *Ind. v.* 1.

p. 277. — La Huppe. Buff. *Ois. v.* 6. *p.* 439. *t.* 21 — Id.
pl. enl. 52. — Gérard. *Tab. élém. v.* 1. *p.* 373.—Le Vaill.
Ois. de Parad. et Promér. v. 3. *pl.* 22. *figure peu exacte.*
Hoppoe Lath. *Syn. v.* 2. *p.* 687. Edw. *Glan. t.* 345. —
Penn, *Brit. Zool. t. L. p.* 83. — Gebanderter wiedehopf.
Meyer, *Tasschenb. Deut. v.* 1. *p.* 114. — Frisch. *Vög.*
t. 43. — Naum. *t.* 38. *f.* 85. — Upupa rubbola. *Stor. deg.*
ucc. v. 2. *pl.* 205.

Les jeunes de l'année, ont au sortir du nid, le
bec court, presque droit, un peu cylindrique vers
la pointe; les plumes de la huppe courtes et souvent terminées de noir; sans qu'il y ait du blanc
au-dessous de cette couleur; la bande blanche de
la queue plus rapprochée du croupion; le plumage lavé de cendré; les bandes des ailes moins
prononcées et plus jaunâtres; enfin, une plus
grande quantité de taches longitudinales sur le
ventre et sur les cuisses. La *Huppe d'Afrique*,
dont les auteurs font une espèce distincte; diffère
peu, dans l'état d'adulte, de celle d'Europe.

Upupa africana. Bechst. *Kurtze ubers. der Vög. Nacht.*
— Lath. *Ind. p.* 172. *sp.* 2. — La Huppe variété. Buff.
Ois. v. 6. — Huppe d'Afrique. Vieill. *Hist. des Promér.*
p. 13. *pl.* 2. — De Hoppe. Sepp. *Nederl. Vog. v.* 2. *t.*
p. 119.

Remarque. Les individus que j'ai reçus du cap de Bonne-
Espérance, diffèrent peu de ceux tués en Europe; ceux
envoyés du Sénégal ressemble absolument aux individus
du midi de l'Afrique.

Habite : en Suède, en Allemagne, en Hollande et dans
les autres contrées du nord; plus abondant dans le midi
que vers le cercle arctique; de passage régulier et pério-

dique ; vit dans les bois et les buissons, qui sont situés dans le voisinage des terres basses et humides.

Nourriture : scarabées, taupes-grillons, fourmis, frai de grenouilles et divers insectes.

Propagation : niche dans les trous des arbres, et plus rarement dans les crevasses des rochers et des masures ; pond quatre ou cinq œufs d'un gris blanchâtre, nuancé de gris foncé.

ORDRE SEPTIÈME.

ALCYONS. — *ALCYONES.*

Bᴇᴄ médiocre ou long, pointu, presque quadrangulaire, faiblement arqué ou droit. Pɪᴇᴅs à tarse très-court; trois doigts devant, réunis; un doigt derrière.

Ce nouvel ordre d'oiseaux que je crois nécessaire d'établir, se rapproche beaucoup par ses caractères habituels des genres qui composent l'ordre suivant ou les *Chélidons;* comme eux, les *Alcyons* volent avec une grande célérité; leurs mouvemens sont prompts et brusques; ils ne peuvent, par la forme de leurs pieds, *ni marcher, ni grimper;* ils saisissent leur nourriture en plein vol, souvent à fleur d'eau; se posent rarement, et le moins souvent à terre; ils nichent dans des trous pratiqués en terre le long des rives. La mue n'a lieu qu'une fois l'année; le plumage des mâles ne diffère presque point de celui des femelles; les jeunes de l'année en diffèrent également très-peu.

GENRE TRENTE-SIXIÈME.

GUÊPIER. — *MEROPS.* (Lɪɴɴ.)

Bᴇᴄ médiocre, tranchant, pointu, légèrement courbé, arête élevée, sans échancrure. Nᴀʀɪɴᴇs basales, latérales, ovoïdes, ouvertes, cachées à claire-voie par des poils dirigés en avant. PIEDS à tarse court; des trois doigts de devant, l'extérieur soudé jusqu'à la seconde articulation au doigt du milieu, et celui-ci avec l'intérieur jusqu'à la pre mière articulation; doigt de derrière large à sa base. ONGLES, celui de derrière le plus petit. AILES, la 1ʳᵉ. rémige presque nulle, la 2ᵉ. la plus longue.

Remarque. Plusieurs espèces exotiques, à narines entièrement nues, dont les ailes ont la 1ʳᵉ. rémige de moyenne longueur, la 2ᵉ. moins longue que la 3ᵉ., qui est la plus longue, forment une section dans ce genre.

Ces oiseaux vivent d'abeilles et de guêpes, qu'ils saisissent au vol; leur nid est construit dans des coteaux de terre ou dans les bords escarpés des fleuves; ils le creusent obliquement jusqu'à une profondeur assez considérable, se servent à cette fin des pieds et du bec; le fond du nid est garni de mousse. Ces oiseaux, confinés dans les parties chaudes de l'ancien continent, sont de passage périodique dans quelques contrés du midi. Il est difficile de savoir d'une manière positive, si la mue est double ou simple; mais il est très-probable qu'elle est simple et ordinaire; les couleurs du plumage ne changent point. Les femelles ont les mêmes distributions de couleurs que les mâles, mais les teintes en sont plus faibles; les jeunes ont aussi des nuances moins vives que les vieux.

Remarque. Dans le genre *Merops* de Gmelin et surtout de Latham, se trouvent une multitude d'espèces propres au genre *Melliphaga* de Lewin dont j'ai fait mention à l'article *Certhia*.

GUÊPIER VULGAIRE.

MEROPS APIASTER. (Linn.)

Front d'un blanc nuancé de verdâtre ; occiput, nuque et haut du dos marrons ; le reste du dos d'un roux jaunâtre ; milieu de l'aile d'un roux foncé ; pennes de celles-ci et de la queue d'un vert olivâtre ; une bande noire va de l'angle du bec sur les yeux et couvre l'orifice auditif ; gorge d'un jaune d'or, terminée par un demi-collier noir, parties inférieures d'un vert bleuâtre ; les deux pennes du milieu de la queue excèdent les autres d'un pouce ; bec noir ; iris rouge ; pieds bruns. Longueur, 11 pouces. *Le mâle.*

La femelle, a en général les couleurs plus ternes ; une bande jaunâtre au-dessus des yeux ; le jaune de la gorge plus clair ; le vert bleuâtre de la poitrine nuancé de roussâtre.

Les jeunes, ont les parties supérieures d'un brun verdâtre ; au-dessus des yeux une bande rousse ; la goage d'un jaune mat, dépourvue du demi-collier noir ; toutes les pennes de la queue d'égale longueur ; le bec faible et moins long, l'iris rose.

Merops apiaster. Gmel. *Syst.* 1. *p.* 490. — Lath. *Ind.* v. 1. *p.* 269. — Merops chrysocephalus. Lath. *Ind. Orn.* v. 1. *p.* 273. — Merops schæghaga. Forsk. *Faun. Arab.* p. 1 et 3. — Le Guépier. Buff. *Ois.* v. 6. *p.* 480. *t.* 23. — Id. *pl. enl.* 938. — Gérard. *Tab. élém.* v. 1. *p.* 377. — Le Vaill. *Ois. de Parad et Promér.* v. 3. *pl.* 1. *et* 2. — Common

BEE-EATER. Lath. *Syn. v.* 2. *p.* 667.—Id. *supp. v.* 1. *p.* 119.
Alb. *Ois. v.* 2. *t.* 44.—YELLOW-THROATED BEE-EATER. Lath.
Syn. v. 2. *p.* 678. — BIENFRESSER. Bechst. *Naturg. Deut.
v.* 2. *p.* 1099. — Meyer. *Tasschenb. Deut. v.* 1. *p.* 132.
— Id. *Vög. Deut. v.* 1. *t. Heft.* 10. *mâle et femelle.* —
Frisch. *Vög. t.* 221. *la femelle, t.* 222. *le mâle.* — Naum.
Vög. Nachtr. t. 27. *f.* 56. *le mâle.*

Habite : quoiqu'en petit nombre, les parties méridionales de l'Allemagne, en Suisse et en France, où il est
plus abondant; moins rare en Italie ; commun en Espagne,
en Sicile, dans l'Archipel et en Turquie; jamais dans le
nord; émigre en automne vers l'Égypte. Les individus du
cap de Bonne Espérance ne diffèrent en rien de ceux tués
en Europe.

Nourriture : abeilles, guêpes, bourdons, sauterelles,
hannetons, cousins et autres insectes.

Propagation : niche dans des trous profonds, pratiqués
dans le sable des bords des rivières; pond de cinq jusqu'à
sept œufs, d'un blanc pur.

GENRE TRENTE-SEPTIÈME.

MARTIN-PÊCHEUR. — *ALCEDO.*
(LINN.)

BEC long, droit, quadrangulaire, pointu, tranchant, très-rarement déprimé. NARINES basales,
latérales, percées obliquement, presque entièrement fermées par une membrane nue. PIEDS
courts, nus au-dessus du genou; trois doigts
devant, dont l'extérieur soudé au doigt du milieu

jusqu'à la seconde articulation, et celui-ci avec
l'intérieur jusqu'à la première articulation; doigt
de derrière large à sa base. Ongles, celui de derrière le plus petit. Ailes, la 1ʳᵉ. rémige ainsi que
la 2°., moins longues que la 3°., qui est la plus
longue.

Ces oiseaux, dont une espèce seulement vit en Europe,
se nourrissent principalement de petits poissons, mais aussi
de plusieurs espèces d'insectes aquatiques, de vers et de
limaçons ; la digestion faite, les particules dures des corps
sont vomies par petites pelotes. Ils sont défians et farouches ; leur vol est prompt et véloce, mais ils n'ont
point la faculté de grimper ou de marcher ; on les voit souvent posés sur des buttes de pierres ou de bois, également
sur des branches au-dessus de l'eau, d'où ils s'élancent
pour saisir leur proie ; ils nichent dans les trous en terre,
le long des bords escarpés des fleuves. Leur mue n'a lieu
qu'une fois l'année ; le mâle et la femelle de de l'espèce indigène, se distinguent au plumage, quoique les différences
oient peu marquées ; chez certaines espèces étrangères,
les dissemblances sont très-faciles à saisir ; les jeunes ressemblent aux femelles, mais on les reconnaît toujours à
la couleur du bec et des pieds.

Remarque. Le seul *Alcedo gigantea* de Latham ou le
Fusca de Gmelin, n'est point à sa place dans ce genre ;
M. Leach, naturaliste anglais très-distingué, en a formé le
genre *Dacelo*, séparation très-bien vue d'après les mœurs
et les formes extérieures. Le genre *Ceix*, formé pour deux
espèces à trois doigts, n'est pas aussi bien vu ; ceux qui
veulent séparer par des caractères rigoureux les martins-
pêcheurs à trois doigts de ceux à quatre doigts, ignorent
probablement qu'il existe deux espèces dans les climats de
l'Inde, dont l'une n'a qu'un moignon dépourvu d'ongle et
à peine visible, et l'autre qu'un ongle au lien de doigt ; ce

seront là encore deux nouveaux genres pour ceux qui mul-
tiplient les noms. Il en est du genre *Alcyon* à cet égard
comme du genre *Picus*. *Alcedo tribrachys* de Shaw a
un rudiment du quatrième doigt, sans ongle.

MARTIN-PÈCHEUR ALCYON.

ALCEDO ISPIDA. (Linn.)

Parties supérieures d'un vert bleuâtre, marqué
sur la tête et sur les couvertures des ailes de petites taches d'un bleu azur ; cette couleur occupe
le milieu du dos et couvre tout le croupion ; un
espace roux au-dessous des yeux, suivi d'un autre
espace d'un blanc pur ; une bande d'un vert azur
s'étend depuis l'angle du bec jusqu'à l'insertion des
ailes ; gorge et devant du cou d'un blanc pur ; le
reste des parties inférieures d'un roux de rouille ;
pieds rouges en hiver, rougeâtres en été ; du rouge
à la base du bec, le reste brun. Longueur, 7
pouces. *Le mâle.*

La femelle, a des teinses plus foncées et la couleur azurée du plumage se nuance en vert.

Les jeunes, ont les parties supérieures d'un
vert bleuâtre très-foncé ; les parties inférieures
d'un roux jaunâtre ; le bec noir ; l'iris d'un brun
très-foncé ; les pieds couleur de chair nuancés de
noirâtre.

Alcedo ispida. Gmel. *Syst.* 1. *p.* 448. *sp.* 3. — Lath.
Ind. v. 1. *p.* 252. *sp.* 20. — Gracula athis. Gmel. *Syst.*
1. *p.* 398. *sp.* 8. — Lath. *Ind. v.* 1. *p.* 192. *sp.* 10. —
Ispida Senegalensis. Briss. *Orn. v.* 4. *p.* 485. *sp.* 7. *t.* 39.

f. 1. — Le Martin-pécheur. Buff. *Ois. v.* 7. 164. *t.* 9. — Le Baboucard. Id. *v.* 7. *p.* 193. — Id. *pl. enl.* 77. — Gérard. *Tab. élém. v.* 1. *p.* 380. — Kingsficher. Lath. *Syn. v.* 2. *p.* 626. — Id. *supp. p.* 115. Penn. *Brit. Zool. p.* 82. *t. H. I. K.* — Gemeine eisvogel. Bechts. *Naturg. Deut. v.* 2. *p.* 1106. — Meyer , *Tasschenb. v.* 1. *p.* 134. — Frisch. *t.* 223. — Naum. *t.* 72. *f.* 113.

Remarque. L'Ispida Senegalensis major de Brisson , ou alcedo Senegalensis de Gmel. *sp.* 10., est une espèce distincte à laquelle on doit rapporter, Lath. *Syn. v.* 2. *p.* 618. *var. A*, citation placée par erreur dans *l'Index* de cet auteur, comme synonyme avec l'espèce de l'Alcedo ispida.

Habite : en plus grand nombre dans le midi que dans le nord; se trouve cependant en Angleterre et en Hollande où l'espèce n'est point très-répandue; vit le long des eaux et des fleuves dont les bords sont boisés.

Nourriture : petits poissons, frai, insectes aquatiques, vers, sangsues et limaçons.

Propagation : niche dans les trous en terre, le plus souvent dans ceux abandonnés par les rats d'eaux; le long des bords escarpés des fleuves; souvent sous les racines des arbres, dans les creux des arbres, et quelquefois dans les trous des rochers; pond depuis six jusqu'à huit œufs., d'un blanc lustré.

ORDRE HUITIÈME.

CHÉLIDONS. — *CHELIDONES.*

Bec très-court, très-déprimé, très-large à sa base; mandibule supérieure courbée à sa pointe. Pieds courts, trois doigts devant, entièrement divisés ou unis à la base par une courte membrane; le doigt de derrière souvent réversible; les ongles très-crochus. Ailes longues.

Le vol de ces oiseaux est rapide et brusque; leur vue est perçante, leur cou court, le gosier large, leur large bec, que le plus habituellement ils tiennent entr'ouvert ou bâillant, sert à engloutir les insectes qui se présentent à l'entour d'eux; leur nourriture consiste purement en insectes, ils ne touchent à aucun autre aliment.

GENRE TRENTE-HUITIÈME.

HIRONDELLE. — *HIRUNDO.* (Linn.)

Bec court, triangulaire, large à sa base, déprimé, fendu jusque près des yeux; mandibule supérieure un peu crochue à sa pointe. Narines basales, oblongues, en partie fermées par une membrane; surmontées par les plumes du front. P𝐈𝐄𝐃𝐒 courts, à doigts et ongles gréles ; des trois doigts de devant, l'extérieur uni jusqu'à la première articulation au doigt du milieu ; un doigt derrière. Q𝐔𝐄𝐔𝐄 composée de 12 pennes. A𝐈𝐋𝐄𝐒 longues, la 1ʳᵉ. rémige la plus longue.

Les *Hirondelles* aiment à vivre dans des lieux arrosés d'eau, où les mouches et les autres insectes volans qu'ils saisissent avec une grande dextérité, sont les plus multipliés ; leur vol est long-temps soutenu, très-rapide ; ils semblent nager dans le vague de l'air ; leurs mouvemens sont brusques pour se rendre maîtres d'une proie également agile ; c'est en rasant la surface de l'eau qu'ils étanchent leur soif, et c'est même en plein vol qu'on les voit se baigner. Les nids formés par toutes les espèces qui composent ce genre, ont à l'extérieur une construction solide formée de matières dures ; mais l'intérieur des nids sur lequel les œufs sont déposés est toujours composé de matières molles. Je dois à M. Natterer de Vienne, l'observation particulièrement intéressante, que les *Hirondelles* et les *Martinets* muent une fois l'année en février, par conséquent dans le temps de leur séjour dans les climats chauds de l'Afrique et de l'Asie ; un fait d'ailleurs qui prouve incontestablement contre la prétendue torpeur ou sommeil hivernal de ces oiseaux. Les observations de M. Natterer ont été faites sur des hirondelles élevées en cage, dont un petit nombre a vécu huit et neuf ans en domesticité. Les jeunes ne diffèrent des vieux que jusqu'à l'époque de leur première mue ; il est rare que les sexes diffèrent beaucoup ; ceci a lieu chez quelques espèces exotiques.

HIRONDELLE DE CHEMINÉE.

HIRUNDO RUSTICA. (Linn.)

Front et gorge d'un brun marron; toutes les parties supérieures, les côtés du cou et une large bande sur la poitrine d'un noir à reflets violets ; une grande tache blanche sur les barbes intérieures des pennes de la queue, si on en excepte les deux du milieu; penne extérieure de chaque côté très-longue et effilée ; ventre et abdomen d'un blanc terne ou roussâtre. Longueur, 6 pouces 6 lignes. *Le mâle.*

La femelle, a moins de roux sur le front ; la bande noire de la poitrine n'est point aussi large; les parties inférieures sont plus blanches, et les pennes extérieures de la queue plus courtes.

Varie accidentellement, d'un blanc pur , d'un blanc jaunâtre sur lequel les couleurs sont faiblement ébauchées, souvent plus ou moins tapiré de blanc.

Hirundo rustica. Gmel. *Syst.* 1. *p.* 1015. — Lath. *Ind.* *v.* 2. *p.* 572. — Hirondelle de cheminée ou domestique. Buff. *Ois. v.* 6. *p.* 591. *t.* 25. *f.* 1. — Id. *pl. enl.* 543. *f.* 1. — Gérard. *Tab. élém. v.* 1. *p.* 340. — Chimney swallow. Lath. *Syn. v.* 4. *p.* 561. — Id. *supp. v.* 1. *p.* 192. — Alb. *Ois. v.* 1. *t.* 45. — Die rauch-schwalbe. Bechst. *Naturg. Deut. v.* 3. *p.* 902. — Meyer, *Tasschenb. v.* 1. *p.* 276. — Naum. *t.* 42. *f.* 96 *et* 97. — Huis zwaluw. Sepp. *Nederl. Vog. v.* 1. *t. p.* 31. — Rondine domestica. Stor. *deg. ucc. v.* 4. *pl.* 409.

Habite : en Europe, partout où l'homme est établi ; émigre régulièrement, mais ne pousse point ses voyages au delà du tropique.

Nourriture : mouches, cousins, mottes et autres insectes ailés.

Propagation : construit son nid avec de la terre-glaise, et le place jusque dans les granges et les chambres ; pond depuis quatre jusqu'à six œufs blancs, marqués de petites taches brunes et violettes.

HIRONDELLE DE FENÊTRE.

HIRUNDO URBICA. (Linn.)

Tête, nuque et haut du dos d'un noir à reflets violets ; ailes, queue et grandes couvertures de celle-ci d'un noir mat ; cette dernière fourchue ; toutes les parties inférieures et le croupion d'un blanc pur ; pieds et doigts couverts de plumes rares. Longueur, 5 pouces.

La femelle, a la gorge d'un blanc sale.

Varie accidentellement, comme l'espèce précédente.

Hirundo urbica. Gmel. *Syst.* 1. *p.* 1017. *sp.* 3. — Lath. *Ind. v.* 2. *p.* 573. *sp.* 3. — Hirondelle a cul-blanc ou de fenêtre. Buff. *Ois. v.* 6. *p.* 614. *t.* 25. *f.* 2. — Id. *pl. enl.* 542. *f.* 2. (sous le faux nom de petit martinet). — Gérard. *Tab. élém. v.* 1. *p.* 344. — Martin. Lath. *Syn. v.* 4. *p.* 564. — Id. *supp. v.* 1. *p.* 192. — Penn. *Brit. Zool. t. Q. f.* 2. *p.* 96. — Hausschwalbe. Bechst. *Naturg. Deut. v.* 3. *p.* 915. — Meyer, *Tasschenb. v.* 1. *p.* 277. — Frisch. *t.* 17. *f.* 2. — Naum. *t.* 43. *f.* 98. *le mâle,* et *f.* 99. *variété blanche.* — Boeren zwaluw. Sepp. *Nederl.*

Vog. v. i. *t. p.* 33. — RONDINE COMMUNE. *Stor. deg. ucc.*
v. 4. *pl.* 408. *f.* 3.

Habite : dans le voisinage des habitations rustiques; n'é-
migre point au delà du tropique.

Nourriture : comme l'espèce précédente.

Propagation : niche à l'extérieur des maisons et des
granges; pond six œufs, de forme arrondie, d'un blanc
pur.

HIRONDELLE DE RIVAGE.

HIRUNDO RIPARIA. (LINN.)

Toutes les parties supérieures, les joues et une
large bande sur la poitrine d'un cendré brun ou
gris de souris; ailes d'un brun noirâtre; gorge,
devant du cou, ventre et couvertures du dessous
de la queue d'un blanc pur; queue fourchue, tarse
et doigts nus, garnis seulement de quatre ou de
cinq petites plumes placées à l'insertion du doigt
postérieur; iris noisette. Longueur, 5 pouces.

La femelle, a les couleurs plus ternes.

Les jeunes, *au sortir du nid*, ont toutes les
plumes bordées d'un peu de roux; les couvertures
des ailes et les pennes les plus proches du corps
ont ces bordures larges et très-prononcées; celles
de la queue bordées de roux blanchâtre.

Varie accidentellement, comme l'espèce précédente.

HIRUNDO RIPARIA. Gmel. *Syst.* 1. *p.* 1019. *sp.* 4. — Lath.
Ind. v. 2. *p.* 575. *sp.* 10. — Wils. *Amér. Orn. v.* 5. *p.* 46.
pl. 38. *f.* 4. — L'HIRONDELLE DE RIVAGE. Buff. *Ois. v.* 6.
p. 632. — Id. *pl. enl.* 543. *f.* 2. *le jeune.* — Gérard. *Tab.*

élém. v. 1. *p.* 347. — Sᴀɴᴅᴍᴀʀᴛɪɴ. Lath. *Syn. v.* 4. *p.* 568. Uғᴇʀsᴄʜᴡᴀʟʙᴇ. Bechst. *Naturg. Deut. v.* 3. *p.* 922. — Meyer, *Tasschenb. v.* 1. *p.* 278. — Frisch. *t.* 18. *f.* 2. *A.* — Naum. *t.* 42. *f.* 100. — Rᴏɴᴅɪɴᴇ ʀɪᴘᴀʀɪᴀ. *Stor. deg. uce. v.* 4. *pl.* 408. *f.* 1. — OEvᴇʀ ᴢᴡᴀʟᴜᴡ. Sepp. *Nederl. Vog. v.* 1. *t. p.* 35.

Remarque. L'oiseau décrit par M. Le Vaillant, *Ois. d'Af. v.* 5. *p.* 121. *pl.* 246. *f.* 2. , sous le nom *d'Hirondelle de marais ou la brunette*, est assez probablement la même espèce que notre *Hirondelle de rivage.* •

Habite : le long des bords des rivières et des digues; l'espèce paraît également propre à l'Afrique méridionale, où elle ne diffère point sensiblement de celle d'Europe.

Nourriture : mouches et autres insectes ailés, qui volent au-dessus des eaux et des marais.

Propagation : niche dans les trous des berges et des lits des rivières, souvent dans les fentes des rochers qui en couvrent les bords, quelquefois dans les trous des arbres ; pond cinq ou six œufs oblongs, d'un blanc pur.

HIRONDELLE DE ROCHER.

HIRUNDO RUPESTRIS. (Lɪɴɴ.)

Parties supérieures d'un brun clair, d'une seule nuance, les rémiges un peu plus foncées; toutes les parties inférieures d'un blanc sale légèrement teint de roussâtre sur les flancs et à l'abdomen ; couvertures inférieures de la queue d'un brun clair; tarses garnis d'un duvet grisâtre ; queue à pennes presque d'égale longueur; les deux pennes du milieu de la couleur du dos sans taches; sur toutes les autres pennes une grande tache ovale d'un blanc pur ; ces taches paraissent lorsque l'oi-

seau étale la queue, se trouvant placées sur les
barbes intérieures près du bout des pennes; iris
couleur aurore; bec et pieds bruns. Longueur,
5 pouces 2 lignes. *Le vieux des deux sexes.*

HIRUNDO RUPESTRIS. Gmel. *Syst.* 1. *p.* 1019. *sp.* 20. —
Lath. *Ind. v.* 2. *p.* 576. *sp.* 11. — L'HIRONDELLE GRISE DES
ROCHERS. Buff. *Ois. v.* 6. *p.* 641. — Gérard. *Tab. élém.*
v. 1. *p.* 349. — ROCK SWALLOW. Lath. *Syn. v.* 4. *p.* 569 ,
et probablement aussi HIRUNDO MONTANA. Gmel. *p.* 1020.
sp. 21. — Lath. *Ind. v.* 2. *sp.* 12. — HIRUNDO MONTANA
CAUDA NON FURCATA. *Stor. deg. ucc. v.* 4. *pl.* 409. *f.* 2. —
GRAG SWALLOW and ROCK SWALLOW. Lath. *Syn. v.* 4. *p.* 569
et 570. *sp.* 11.

Les jeunes de l'année, ont toutes les plumes du
manteau et des ailes bordées de roussâtre clair; la
gorge est blanchâtre avec quelques petits points
plus foncés; toutes les autres parties inférieures
sont de couleur roussâtre ou isabelle; le plus souvent quatre pennes du milieu de la queue sans
taches; la tache blanche des pennes latérales beaucoup plus petite que chez les vieux. C'est alors,

HIRONDELLE FAUVE. Vaill. *Ois. d'Afriq. v.* 5. *p.* 120.
pl. 246. *f.* 1.

Habite : les rochers escarpés des contrées méridionales
de l'Europe; abondant le long des bords de la Méditerranée; commun en Savoie et dans le Piémont ; moins nombreux en Suisse, rare en Allemagne, de passage dans quelques départemens méridionaux de la France. Les individus
d'Afrique et ceux de l'Amérique méridionale ne diffèrent
presque point.

Nourriture : mouches et autres insectes volans.

Propagation : niche dans les fentes des rochers ; pond cinq ou six œufs blancs , marqués de petits points bruns.

GENRE TRENTE-NEUVIÈME.

MARTINET. — *CYPSELUS*. (Illig.)

Bec très-court, triangulaire, large à sa base, peu apparent , déprimé , fendu jusqu'au-dessous des yeux ; mandibule supérieure crochue à la pointe. Narines fendues longitudinalement au haut du bec près de l'arête, ouvertes, les bords élevés garnis de petites plumes. Pieds très-courts, les quatre doigts dirigés en avant, entièrement divisés ; doigts et ongles courts et gros. Queue composée de 10 pennes. Ailes très-longues, la 1ʳᵉ. rémige un peu plus courte que la 2ᵉ.

Les *Martinets* sont encore plus que les *Hirondelles* , continuellement en mouvement dans les airs ; ils remuent peu les ailes, et semblent voguer dans cet élément en tournoyant ; rarement les voit-on se poser sur des lieux élevés , mais jamais à terre ; ils nichent dans les fentes des rochers ou des masures, et choisissent à cette fin une surface plane où ils pratiquent les nids qui sont composés de toutes sortes de matières molles , que ces oiseaux enduisent d'une substance visqueuse qui paraît leur être fournie par des glandes propres ; toute la partie intérieure du nid est enduite de cette matière qui se durcit à l'air , et sur laquelle les œufs sont disposés. La mue a lieu comme chez les *Hirondelles*. Les jeunes ne diffèrent des vieux que par des bordures rous-

sâtres aux plumes des parties supérieures ; après la première mue il n'existe plus de différences , elle est presque
nulle chez les sexes.

MARTINET A VENTRE BLANC.

CYPSELUS ALPINUS. (Mihi.)

Un gris brun uniforme est répandu sur toutes
les parties supérieures; cette couleur dessine une
large bande sur la poitrine, s'étend le long des
flancs sur l'abdomen et sur les couvertures inférieures de la queue; on remarque , *suivant les
âges*, quelques bordures blanches sur les plumes
des flancs ; gorge et milieu du ventre d'un blanc
pur; pieds couverts de plumes brunes; iris noisette. Longueur, à peu près 9 pouces. *Le mâle.*

La femelle, a le collier moins large et la couleur du plumage moins foncée.

Hirundo melba. Gmel. *Syst.* 1. *p.* 1013. *sp.* 11. —Lath.
Ind. v. 2. *p.* 582. *sp.* 11. — Hirundo alpina. Scop. *Ann.* 1.
p. 166. *n°.* 252. — Micropus alpinus. Meyer, *Tasschenb.*
Deut. v. 1. *p.* 282. — Grand Martinet a ventre blanc.
Buff. *Ois. v.* 6. *p.* 660. — Greatest martin. Edw. *Glan.*
t. 27. *le vieux mâle.* White bellied swift. Lath. *Syn.*
v. 4. *p.* 586. — Alpen schwalde. Bechst. *Naturg. Deut.*
v. 3. *p.* 935. — Meyer, *Vög. Deut. v.* 1. *t. Heft.* 8. *le
vieux mâle.* — Rondine maggiore. *Stor. deg. ucc. pl.* 413.
le vieux mâle.

Remarque. Les individus de cette espèce qui m'ont été
envoyés de l'Afrique méridionale, ne diffèrent de ceux
tués en Europe, que par le brun de la poitrine, qui est
plus étendu sur le bas du cou, et par cette même couleur

qui occupe plus d'espace sur les flancs. Ce sera CYPSELUS ALPINUS AFRICANUS et LE MARTINET A GORGE BLANCHE. Le Vaill. *Ois d'Af. v. 5. p.* 110. *pl.* 242.

Habite : les Alpes du midi , en Suisse, dans le Tyrol , sur les côtés de la Méditerranée ; très-abondant sur les rochers de Gibraltar, de la Sardaigne, de Malte et dans tout l'Archipel.

Nourriture : toutes sortes d'insectes , qui vivent dans les régions élevées de l'air.

Propagation : niche dans les fentes des rochers et des masures ; pond trois ou quatre œufs oblongs, d'un blanc d'ivoire.

MARTINET DE MURAILLE.

CYPSELUS MURARIUS. (Mihi.)

Gorge d'un blanc cendré ; sur tout le reste du plumage d'un brun noirâtre ou couleur de suie ; tarses garnis de petites plumes ; iris d'un brun foncé. Longueur , 7 pouces 10 lignes.

Aucune différence remarquable entre le *mâle et la femelle*.

Les jeunes, ont la gorge et le tour du bec d'un blanc pur ; les pennes des ailes et celles de la queue bordées d'un liséré très-fin , blanc ; couvertures du dessous des ailes également bordées de blanc.

HIRUNDO APUS. Gmel. *Syst.* 1. *p.* 1020. *sp.* 6. — Lath. *Ind. v.* 1. *p.* 582. *sp.* 32. — MICROPUS MURARIUS. Meyer, *Tasschenb. Deut. v.* 1. *p.* 281. — BRACHIPUS MURARIUS. Id. *Vög. Liv-und. Esthl.* 143*. — LE MARTINET NOIR OU GRAND

---

* Nous avons maintenant assez de noms différens pour désigner ce genre ; M. Cuvier en fait son sous-genre *Apus*.

Martinet. Buff. *Ois. v.* 6. *p.* 6/3. —Id. *pl. enl.* 542. *f.* 2.
— Gérard. *Tab. élém. v.* 1. *p.* 350. — Swift. Lath. *Syn.*
v. 4. *p.* 584. — Alb. *Ois. v.* 2. *t.* 55. — Thurm schwalbe.
Bechst. *Naturg. Deut. v.* 3. *p.* 929. — Frisch. *Vög. t.* 17.
f. 1. — Naum. *Vög. t.* 42. *f.* 95. — Meyer, *Vög. v.* 1.
t. Heft. 4. — Gier zwaluw. Sepp. *Nederl: Vog. v.* 1. *t.*
p. 37. — Rondine maggiore volgarm. *Stor. deg. ucc.*
p. 312. *f.* 1.

Habite : dans les vieux édifices et dans les tours, même
jusque dans les villes ; souvent dans les vieux chênes
creux ; n'émigre point au delà du tropique.

Nourriture : insectes de haut vol, souvent des mouches
et des insectes qui vivent sur les eaux.

Propagation : niche dans les trous et dans les crevasses
des tours d'églises ; pond trois ou quatre œufs d'un blanc
pur.

mmmmmmmmm

GENRE QUARANTIÈME.

ENGOULEVENT. — *CAPRIMUL-GUS.* (Linn.)

Bec très-court, flexible, déprimé, légèrement
courbé, peu apparent, fendu jusqu'au delà des
yeux ; mandibule supérieure crochue à la pointe ,
garnie de poils raides dirigés en avant. Narines basales, larges, fermées par une membrane surmontée par les plumes du front. Pieds, trois doigts devant et un derrière ; les doigts antérieurs réunis
par une membrane jusqu'à la première articulation ; le doigt de derrière réversible. Ongles

courts, celui du milieu long, édenté en scie ou lisse *chez quelques espèces étrangères.* QUEUE arrondie ou fourchue, composée de 10 pennes. AILES longues, la 1re. rémige plus courte que la 2e, qui est la plus longue.

Ces oiseaux ont de grands yeux et de grandes oreilles ; comme les *Chouettes,* ils ont la vue offusquée par la clarté du soleil ; ils ne sortent de leur retraite que pendant le crépuscule du matin ou du soir ; ils chassent aussi les phalènes au clair de la lune ; leur genre de vie a beaucoup de rapport avec celui des *Martinets* et des *Hirondelles*; ces derniers sont oiseaux diurnes, tandis que les *Engoulevens* sont nocturnes; leurs plumes sont douces au toucher, et leur vol, quoique prompt et brusque, est peu bruyant ; ils volent le bec ouvert pour saisir les papillons et les insectes de nuit ; ceux-ci restent collés dans le gosier à une substance glueuse dont l'œsophage est enduit. La mue a lieu une fois l'année; les mâles se distinguent le plus souvent des femelles par des taches blanches dont les pennes latérales de la queue sont terminées; ces taches sont ou roussâtres, où manquent totalement chez les femelles ; les jeunes, lorsqu'ils sont en état de voler, ne se distinguent presque point des vieux. Quelques espèces exotiques portent des ornemens extraordinaires au bec, aux rémiges ou à la queue.

L'ENGOULEVENT ORDINAIRE.

CAPRIMULGUS EUROPÆUS. (LINN.)

Tout le plumage est un mélange de points, de taches et de lignes longitudinales et transversales, cendrées, jaunâtres, rousses et noirâtres; des traits longitudinaux, noirs, sont disposés sur le sommet de la tête et sur le dos; de grands espaces blancs

se dessinent sur la gorge et à la mandibule inférieure ; une bande d'un jaune roussâtre traverse le
haut de l'aile ; des taches rousses, assez distantes
les unes des autres sur les barbes extérieures des
rémiges, dont les trois extérieures ont une grande
tache blanche ; les parties inférieures rayées transversalement ; la queue, qui est presque carrée, rayée
de zigzags noirs, roux et cendrés ; les deux pennes
extérieures terminées de blanc pur ; bec et iris noirs,
pieds bruns. Longueur, 10 pouces 6 lignes. *Le
mâle*.

La femelle, a toutes les couleurs d'une nuance
plus claire, les traits noirs sur le sommet de la tête
et sur le dos sont moins apparens ; elle n'a point
de grandes taches blanches sur la barbe intérieure
des rémiges, ni sur les deux pennes latérales de la
queue.

Les jeunes, *au sortir du nid*, ont déjà tout le
plumage coloré et varié comme les adultes; on les
distingue à leur petite taille et à leur queue plus
courte.

Caprimulgus europæus. Gmel. *Syst.* 1. *p.* 1027. *sp.* 1.
Lath. *Ind.* *v.* 2. *p.* 584. *sp.* 5. — Retz. *Faun. Suec.*
p. 275. *n°.* 265. — Caprimulgus punctatus. Meyer, *Tas-
schenb. Deut. v.* 1. *p.* 284. — L'Engoulevent. Buff. *Ois.*
v. 6. *p.* 512. — Id. *pl. enl.* 193. (sous le faux nom de
crapaud volant.) — Gérard. *Tab. élém. v.* 1. *p.* 356. —
Tagschlafer. Bechst. *Naturg. Deut. v.* 3. *p.* 940. —
Frisch. *t.* 100. — Naum. *t.* 44. *f.* 101. — Geitemelker.
Sepp. *Nederl. Vog. v.* 1. *t. p.* 39.—European goatsukker.
Lath. *Syn. v.* 4. *p.* 593. — Id. *supp. p. v.* 1. *p.* 194. —
Succhia capare ô nottola. *Stor. deg. ucc. v. pl.* 99.

Habite : les bois et les forêts qui avoisinent à des bruyères ou à des prairies ; plus commun dans le midi que dans le nord ; peu abondant en Hollande ; plus commun en France et en Allemagne.

Nourriture : hannetons , guêpes , toutes sortes de phalènes et de papillons.

Propagation : niche à terre , dans les bruyères , au pied des arbres , souvent dans les trous des arbres ou des rochers ; pond deux œufs oblongs , dont le fond est blanc, régulièrement marbré de taches brunes et cendrées.

ENGOULEVENT A COLLIER ROUX.

CAPRIMULGUS RUFICOLLIS. (Mihi.)

Couleurs principales des plumes de la tête, du dos et des ailes, d'un gris clair varié de petits points et de zigzags noirs ; sur le sommet de la tête sont deux bandes noires ; un large collier roux se dessine sur la nuque ; les angles de ce collier viennent aboutir au blanc du devant du cou ; parties inférieures absolument les mêmes que dans l'espèce d'engoulevent ordinaire, de laquelle celle-ci diffère encore par les dimensions totales, et par la parfaite ressemblance du plumage des mâles et des femelles ; les deux sexes ont, comme dans le mâle de l'espèce commune, les grandes taches sur les barbes intérieures des trois premières rémiges, et les deux pennes latérales de la queue sont terminées par un grand espace blanc. Longueur totale, 12 pouces.

Remarque. Cette espèce est très-voisine d'un engoulevent reçu nouvellement de Java ; elle paraît vivre aussi en

Afrique. Nous n'avons pu obtenir aucune espèce d'observation relativement aux mœurs de cet engoulevent. Un
mâle et une femelle, peut-être les seuls qui existent dans
les cabinets, ont été envoyés au Muséum impérial de
Vienne, par M. Natterer, qui a tué ces deux individus à
Algésiras pendant le séjour qu'il a fait à Gibraltar; les sexes
ont été constatés d'après la direction. Ce sont là tous les
détails que je puis donner sur une espèce dont je n'ai vu
que deux dépouilles.

FIN DE LA PREMIÈRE PARTIE.